Gasdynamik der Verbrennung

F. Bartlmä

Springer-Verlag
Wien New York

Priv.-Doz. Dr. techn. FRITZ BARTLMÄ
Deutsche Forschungs- und Versuchsanstalt für Luft- und Raumfahrt e. V.,
Institut für Reaktionskinetik, Stuttgart
(Vorher am Institut für Theoretische Gasdynamik, Aachen)

Mit 125 Abbildungen

Softcover reprint of the hardcover 1st edition 1975

Library of Congress Cataloging in Publication Data. Bartlmä, Fritz. Gasdynamik der Verbrennung. Bibliography: p.
1. Combustion. 2. Gas dynamics. I. Title. QD 516.B 37. 544'.2. 75-23118.

ISBN-13:978-3-7091-8404-2 e-ISBN-13:978-3-7091-8403-5
DOI: 10.1007/978-3-7091-8403-5

Geleitwort

Das Gebiet der Gasdynamik der Verbrennung hat in den letzten Jahrzehnten stark an Interesse gewonnen. Gleichzeitig haben sich sowohl die Thermodynamik der Verbrennungsvorgänge als auch die Gasdynamik lebhaft entwickelt, so daß die Voraussetzungen für die Darstellung des Stoffes in einem eigenen Werk gegeben sind. Der Stoff wäre auch zu umfangreich, als daß seine Unterbringung in einem allgemeinen Buch über Gasdynamik jetzt noch ausreichend möglich wäre.

Der Verfasser ist seit nahezu zwanzig Jahren auf dem einschlägigen Gebiet forschend tätig. Er hat zur Entwicklung des Gebietes durch eine Reihe eigener Arbeiten beigetragen und besitzt darüber hinaus einen ausgezeichneten Einblick in die ausländische Literatur des Westens wie des Ostens.

Das Werk richtet sich einerseits an den Praktiker, der sich über die verschiedenen Arten und Gesetzmäßigkeiten der Verbrennung, die nahezu immer mit gasdynamischen Vorgängen verknüpft ist, unterrichten möchte. Andererseits werden aber auch der fortgeschrittene Student und der forschend tätige Ingenieur, Physiker, Chemiker und Mathematiker das Buch als Einführung in die komplexe Materie und als Ausgangsbasis für eigene wissenschaftliche Arbeit benützen.

Obwohl man gegenwärtig bereits viel über Verbrennungsvorgänge weiß, sind noch sehr viele Fragen unbeantwortet. Ich wünsche dem Verfasser, meinem langjährigen früheren Mitarbeiter, sowie dem Verlag, daß das Werk zur weiten Verbreitung der vorliegenden Erkenntnisse sowie zu neuen Fortschritten in der Beherrschung der Probleme beitragen möge.

Wien, im Herbst 1975 **Klaus Oswatitsch**

Vorwort

Der Ablauf von Verbrennungsvorgängen wird meist in einem hohen Maße von Strömungsvorgängen beeinflußt, ja manchmal sogar beherrscht. Umgekehrt hat die bei der Stoffumsetzung freiwerdende Wärme eine erhebliche Rückwirkung auf die Strömung. Die Gasdynamik der Verbrennung vereint als ein Spezialgebiet der Gasdynamik die Lehre von der Strömung kompressibler Medien mit den chemisch-physikalischen Gesetzen der Reaktionskinetik.

Die Kopplung zwischen Strömung und Verbrennung kann, je nach Zielsetzung und physikalischen Gegebenheiten, auf drei verschiedenen Ebenen betrachtet werden.

Auf der untersten Ebene wird die Verbrennung durch Wärmequellen im Strömungsfeld ersetzt. Dabei kümmert man sich allerdings nicht um die im strömenden Medium stattfindenden chemischen Reaktionen und um die damit verbundenen Änderungen seiner Zusammensetzung. Wird die Wärme längs Fronten zugeführt, gelangt man zu dem Begriff der Reaktionsfront in seiner allereinfachsten Form. Reaktionsfronten nehmen in dem vorliegenden Buch einen breiten Raum ein. Man wird diese simple Modellvorstellung immer dann vorziehen, wenn es darum geht, die Auswirkungen einer Wärmezufuhr auf die Strömungsvorgänge zu studieren. Ihr großer Vorteil liegt in ihrer Allgemeinheit, da man von speziellen Reaktionen unabhängig ist. Ihre erfolgreichste Anwendung findet man in der klassischen Detonationstheorie. Aber auch bei instationären Flammenausbreitungsvorgängen erweist sie ihre Nützlichkeit.

Der zweite logische Schritt ist jener, bei dem man die chemischen Reaktionen zwar berücksichtigt, jedoch noch auf eine sehr einfache Weise. Zum Beispiel kann man sich das strömende Medium als ein Gemisch zweier Substanzen — Frischgas und Reaktionsprodukte — zusammengesetzt denken. Die Reaktion selbst wird dann durch ein globales Reaktionsgesetz simuliert. Die Details des Reaktionsvorganges müssen dabei geopfert werden. Wir gelangen damit zu einem Zweisubstanzenmodell, das ebenalls ausführlich behandelt wird. Die Vorteile dieses Modells liegen auf der Hand. Der Verbrennungsvorgang wird lediglich durch eine einzige zusätzliche unabhängige Variable beschrieben. Man erhält daher für das Studium der gasdynamischen Aspekte von Verbrennungsvorgängen relativ einfache, überschaubare Modelle, ohne daß man jedoch auf die typischen Eigenschaften der Verbrennung, wie etwa die starke Temperaturabhängigkeit der Flammengeschwindigkeit verzichten muß. In zahlreichen Fällen wird der Verlust an Exaktheit durch einen beträchtlichen Gewinn an Übersichtlichkeit bei weitem wettgemacht, was besonders bei grundlegenden Untersuchungen wünschenswert ist.

Die dritte Ebene verbrennungsgasdynamischer Betrachtungen ist schließlich die möglichst vollständige Berücksichtigung des Reaktionsmechanismus. Dieser sind jedoch Grenzen gesetzt, die zum einen in der oft ungenügenden Kenntnis der reaktionskinetischen Daten liegen, zum anderen in dem enormen Aufwand für die numerische Rechnung. Auch hier wird man in der Regel nicht ohne vereinfachende Annahmen auskommen. Die Hauptproblematik wird nun in der numerischen Rechnung liegen.

Das Buch gliedert sich in fünf Teile. Nach einer knappen Einführung in die Grundlagen der chemischen Thermodynamik (Teil I) und der chemisch-physikalischen Grundlagen der Verbrennung (Teil II) beginnt in Teil III die Abhandlung des eigentlichen gasdynamischen Stoffes, und zwar in seiner einfachsten Form, der stationären, eindimensionalen Strömung. Hierzu gehören u. a. die Theorie der senkrechten Reaktionsfront und die klassische Detonationstheorie. Die grundlegenden Unterschiede zwischen Unter- und Überschallverbrennung werden eingehend erörtert. Stationäre räumliche Strömungen mit chemischen Reaktionen hat Teil IV zum Gegenstand. Ausführlich besprochen werden u. a. die schiefen Reaktionsfronten, die sich als wertvolles Hilfsmittel für gasdynamische Untersuchungen, etwa bei Dreifrontkonfigurationen, erweisen. Dieser Teil schließt mit der Anwendung der Überschallverbrennung auf den tragenden Schubkörper bei hohen Überschall- und Hyperschallgeschwindigkeiten. Der letzte Teil (Teil V) ist instationären Verbrennungsvorgängen gewidmet. Hierzu gehören u. a. die Entstehung von Druckwellen an Flammenfronten, Zündvorgänge, die Wechselwirkung von Druckwellen mit Flammenfronten und der damit verbundene Beschleunigungsmechanismus von Flammen. Abschließend wird auf die Struktur von Detonationsfronten kurz eingegangen.

Bei dem großen Umfang des Stoffes mußte natürlich eine Auswahl getroffen werden. Ich habe versucht, diese so zu treffen, daß solche Gebiete weggelassen wurden, die in anderen Büchern bereits ausführlich dargestellt worden sind, so z. B. Strahlflammen (Kap. V, [74]) oder heterogene Verbrennung. Auf diese Weise sollte mit diesem Buch eine Ergänzung der vorhandenen Literatur erreicht werden. Daß diese Auswahl subjektiv ist, konnte wohl nicht vermieden werden.

Das Ziel des Buches ist eine Darstellung der theoretischen Grundlagen der Verbrennungsgasdynamik, wobei nach Möglichkeit einfache Modellvorstellungen benutzt wurden. Ihre allfällige Erweiterung auf kompliziertere Reaktionsmodelle ist im allgemeinen ohne weiteres möglich und stellt im wesentlichen eher programmierungstechnische Probleme dar. Großer Wert wurde auf klare Definitionen gelegt, da gerade auf diesem Gebiet in der Literatur eine ziemliche Verwirrung herrscht.

Dieses Buch ist von Herrn Professor Dr. Dr. e. h. Klaus Oswatitsch angeregt worden. Ihm gilt auch mein besonderer Dank für die zahlreichen Ratschläge und Diskussionen. Meine langjährige Tätigkeit an seinem Institut für Theoretische Gasdynamik der Deutschen Forschungs- und Versuchsanstalt für Luft- und Raumfahrt (DFVLR) in Aachen hat hier ihren Niederschlag gefunden.

Bei Frau Dr. Anneliese Frohn möchte ich mich für die Durchsicht des Manuskriptes und die kritischen Kommentare herzlich bedanken. Frau Hammerschmidt und Frau Osberghaus bin ich für die Erstellung des Manuskriptes sehr verbunden. Nicht zuletzt danke ich dem Springer-Verlag in Wien für die gute Zusammenarbeit und die sorgfältige Herstellung.

Stuttgart, im Herbst 1975 **Fritz Bartlmä**

Inhaltsverzeichnis

I. Thermodynamische Grundlagen

1.1 Einleitung

Bekanntlich ist jede chemische Reaktion außer mit Stoffumsetzungen auch noch mit Energieumsetzungen verbunden. Die Reaktionswärme, die dabei freigesetzt oder verbraucht wird, hat einen erheblichen Einfluß auf die Strömungsvorgänge*. Daher ist es wichtig zu wissen, welche Energiemengen in Form von Wärme der Strömung zu- bzw. abgeführt werden.

Eine Gasdynamik der Verbrennung setzt somit zusätzliche Informationen aus der chemischen Thermodynamik und der Reaktionskinetik voraus. Es ist das Ziel des I. Teiles, die notwendigen thermodynamischen Grundlagen in knapper Form darzustellen sowie die erforderlichen Definitionen und Symbole einzuführen. Es steht zu hoffen, daß damit ein zeitraubendes Studium der Spezialliteratur erspart wird; es ist aber nicht beabsichtigt, diese zu ersetzen. Daher sei hier auf einige der zahlreichen Lehrbücher der Thermodynamik [1] bis [10] hingewiesen.

Worüber die Thermodynamik uns keine Auskunft geben kann, ist die Art und Weise, wie ein System von einem Zustand in den anderen gelangt. Das ist eine Angelegenheit der Reaktionskinetik, welche im darauffolgenden Teil II behandelt wird.

Einen verhältnismäßig breiten Raum nimmt das sogenannte Zweisubstanzenmodell ein. Darunter versteht man das vereinfachte Modell einer Reaktion, bei der eine Substanz (z. B. unverbranntes Gemisch) in eine zweite Substanz (Reaktionsprodukte) übergeführt wird. Man kommt dann mit einer einzigen zusätzlichen unabhängigen thermodynamischen Variablen aus, welche den Reaktionsvorgang beschreibt. Diese kann z. B. die Konzentration der Reaktionsprodukte sein. So einfach solche Modellvorstellungen auch sein mögen, gestatten sie doch in Verbindung mit einem ebenfalls möglichst einfachen Reaktionsgesetz bis zu einem gewissen Grade die Berücksichtigung der Wechselwirkung zwischen Reaktion und Strömungsvorgang ohne großen numerischen Aufwand und ermöglichen oft ein besseres Verständnis. Wenn man ferner bedenkt, daß in vielen Fällen die reaktionskinetischen Daten nur unzureichend bekannt sind, können solche Modelle für grundlegende Untersuchungen durchaus brauchbar sein.

Abschließend sei noch vermerkt, daß im Gegensatz zur chemischen Thermodynamik und Reaktionskinetik gewisse Grundkenntnisse in der Gasdynamik vorausgesetzt werden müssen, welche u. a. in den Monographien [11] bis [18] gefunden werden können.

---

* Umgekehrt haben natürlich auch die Strömungsvorgänge eine starke Rückwirkung auf den Reaktionsmechanismus. Näheres darüber in Teil II.

1.2 Allgemeine Begriffe und Definitionen; Zustandsgleichung idealer Gase

Als *System* bezeichnet man in der Thermodynamik eine durch wirkliche oder gedachte Wände abgeschlossene Substanzmenge; das Medium außerhalb des Systems, einschließlich der Wände selbst, ist dann die *Umgebung* des Systems. Je nach Art der Wechselwirkung zwischen System und Umgebung können wir folgende Unterscheidungen machen:

Für ein *isoliertes System* ist keinerlei Wechselwirkung mit seiner Umgebung möglich. Bei einem *geschlossenem System* lassen die Wände zwar einen Energieaustausch mit der Umgebung zu, aber keinen Stoffaustausch. Die Masse eines geschlossenen Systems bleibt daher immer konstant. Das ist das Gebiet der klassischen Thermodynamik. Ein Spezialfall des geschlossenen Systems ist das *adiabatische System.* Seine Wände sind wärmeundurchlässig, und die einzig mögliche Wechselwirkung mit der Umgebung besteht in einer positiven bzw. negativen Arbeitsleistung am System oder durch das System. *Offene Systeme* dagegen lassen sowohl Energie- als auch Stoffaustausch mit der Umgebung zu. Mit ihnen beschäftigt sich die Thermodynamik der irreversiblen Prozesse [19, 20, 21].

Die Gesamtheit aller makroskopisch meßbaren Eigenschaften eines Systems nennt man seinen *Zustand,* und die Größen, welche diesen charakterisieren, *Zustandsgrößen* oder *Zustandsvariable.* Der Ausdruck „Zustandsgrößen" deutet bereits an, daß die Variablen allein vom thermischen Zustand des Mediums abhängen und nicht etwa von seiner Vorgeschichte.

Wir unterscheiden zwischen *extensiven* und *intensiven* Zustandsgrößen. Erstere sind masseabhängig, wie z. B. Volumen, Wärmekapazität, Energie usw. Die intensiven Größen sind von der Masse unabhängig, z. B. Druck, Temperatur und alle spezifischen Größen.

Im einfachsten Fall wird der thermodynamische Zustand eines Systems durch zwei beliebige Zustandsgrößen, etwa durch die Dichte ϱ (Masse der Volumeneinheit)* und die absolute Temperatur T vollständig bestimmt. Eine dritte Zustandsvariable, z. B. der Druck p, ist damit bereits festgelegt. Dieser Zusammenhang ist durch die *Zustandsgleichung* gegeben:

$$p = p(\varrho, T). \tag{1.1}$$

Dies ist die allgemeinste Form der Zustandsgleichung. Sie gilt für jeden Aggregatzustand, solange Isotropie vorausgesetzt werden darf, d. h. solange die Eigenschaften des Mediums unabhängig von der Richtung sind.

Für genügend verdünnte Gase nimmt die Zustandsgleichung (1.1) eine sehr einfache Form an und kann auf verschiedene Weise geschrieben werden:

$$\frac{p}{\varrho} = \frac{R}{\mu} T; \quad pV = nRT; \quad p\mathscr{V} = RT. \tag{1.2}$$

---

* Anstelle der Dichte ϱ wird häufig auch mit ihrem Kehrwert, dem spezifischen Volumen v, gerechnet. v ist dann das Volumen der Masseneinheit des Mediums.

Dabei ist μ die Molmasse [g/mol oder kg/kmol], n die Anzahl der Mole im Volumen V des Systems. n hängt mit der Molmasse durch die Beziehung $m = \mu n$ zusammen, wobei m die Masse des Systems bedeutet. $\mathcal{V} = \mu v = V/n$ ist das Molvolumen und R die allgemeine Gaskonstante. Letztere ist eine universelle Konstante und hat den Wert:

$$R = 1{,}986 \frac{\text{cal}}{\text{mol °K}} = 8{,}314 \frac{\text{Joule}}{\text{mol °K}} = 848 \frac{\text{m Kp}}{\text{kmol °K}} = 0{,}08205 \frac{\text{at}}{\text{°K}}.$$

Die sogenannte spezielle Gaskonstante R/μ hat dann die Dimension Energie pro Masseneinheit und Grad. Wir wollen hierfür kein eigenes Symbol einführen.

Ein Gas, welches der Zustandsgleichung (1.2) bei konstantem μ bzw. n gehorcht, wird als *thermisch ideales Gas* bezeichnet und man nennt daher die Gleichung (1.2) manchmal auch „thermische Zustandsgleichung". Werden außerdem die spezifischen Wärmen als konstant angenommen, so spricht man von *kalorisch idealem Gas.*

Es ist zweckmäßig, extensive Zustandsgrößen zu intensiven, also zu massenunabhängigen Zustandsgrößen zu machen, indem man sie entweder durch die Masse des Systems m oder durch die Molmasse μ dividiert. Wir erhalten so die *spezifischen* Größen bzw. *molaren* Größen. Erstere sind für gasdynamische Rechnungen vorzuziehen, letztere werden mit gutem Grund in der chemischen Thermodynamik und in der Chemie verwendet. Wir werden im weiteren von beiden Gebrauch machen.

1.3 Zustandsgleichungen für reale Gase

Der Begriff des „idealen Gases" ist natürlich ein Modell. Daher kann das Verhalten realer Gase durch die ideale Gasgleichung (1.2) nur näherungsweise beschrieben werden. Es weicht mit zunehmender Dichte davon ab. Ein Maß, das für die Abweichung vom idealen Gas üblicherweise verwendet wird, ist der *Kompressibilitätsfaktor* Z, der beim thermisch idealen Gas den Wert 1 annimmt.

$$Z = \frac{R}{\mu} \frac{\varrho T}{p}. \tag{1.3}$$

Diese Abweichung ist bei Dichten, die klein sind im Vergleich zu den Flüssigkeits- und Festkörperdichten, gering, solange keine Änderung der Molmasse als Folge von Dissoziation oder Ionisation eintritt, so daß wir sie in vielen Fällen in völlig befriedigender Näherung vernachlässigen können.

Es gibt zahlreiche Zustandsgleichungen, welche das Verhalten eines wirklichen Gases zu beschreiben versuchen. Nur einige davon sollen hier angegeben werden. Wohl die bekannteste ist die *Zustandsgleichung* von VAN DER WAALS:

$$\left(p + \frac{a}{\mathcal{V}^2}\right)(\mathcal{V} - b) = RT. \tag{1.4}$$

$\mathcal{V}$ bedeutet hier wieder das Molvolumen, a und b sind individuelle Konstante, welche vom jeweiligen Stoff abhängen. a berücksichtigt die Anziehungskraft der Moleküle, b das Volumen derselben. Für $\mathcal{V} \gg b$ geht die Gleichung (1.4) in die

Zustandsgleichung für ideale Gase (1.2) über. Trotz ihrer einfachen Form beschreibt die van der Waalssche Gleichung die Zustandsänderung für viele Stoffe innerhalb kleinerer Temperaturbereiche gut. Sie wird in der Gasdynamik allerdings wenig verwendet.

Eine wesentlich allgemeinere und über größere Temperaturbereiche gültige Zustandsgleichung erhalten wir durch den *Virialansatz,* der bereits auf R. CLAUSIUS zurückgeht.

$$p\mathcal{V} = RT + \frac{B(T)}{\mathcal{V}} + \frac{C(T)}{\mathcal{V}^2} + \frac{D(T)}{\mathcal{V}^3} + \cdots \tag{1.5a}$$

oder

$$p\mathcal{V} = RT + B'(T)\,p + C'(T)\,p^2 + D'(T)\,p^3 + \cdots. \tag{1.5b}$$

Die Funktionen $B(T)$, $C(T)$, ..., bzw. $B'(T)$, $C'(T)$, ... werden zweiter, dritter, ... usw. Virialkoeffizient genannt. Außer von der Temperatur hängen diese auch noch von der Natur des Gases ab. Der zweite Virialkoeffizient berücksichtigt im wesentlichen die Abweichung vom idealen Gas infolge binärer Zusammenstöße der Moleküle, der dritte berücksichtigt hauptsächlich Dreierstöße. Die Virialkoeffizienten können nach verschiedenen Methoden experimentell ermittelt werden. Über die Berechnung derselben siehe näheres in [22].

Während bei mäßigen Drücken nur die ersten beiden Glieder der Entwicklung (1.5) mitgenommen werden müssen, benötigen wir mit zunehmender Dichte immer mehr Glieder, so daß die Virialgleichung schließlich unbrauchbar wird.

Für hohe Drücke erweist sich die *Zustandsgleichung* von BEATTIE und BRIDGEMAN als vorteilhaft.

$$p\mathcal{V} = RT\,(1-\delta)\frac{(\mathcal{V}+B)}{\mathcal{V}} - \frac{A}{\mathcal{V}} \tag{1.6}$$

mit

$$A = A_0\left(1 - \frac{a}{\mathcal{V}}\right); \quad B = B_0\left(1 - \frac{b}{\mathcal{V}}\right); \quad \delta = \frac{c}{\mathcal{V}T^3}.$$

Leider sind die fünf Konstanten a, b, c, A_0, B_0 nur für einige Fälle bekannt und müssen daher gegebenenfalls erst empirisch ermittelt werden. (Siehe [23].)

Eine weitere, sehr einfache Form der Zustandsgleichung ist die ABEL*sche Zustandsgleichung,* welche ebenfalls für hohe Drücke gilt.

$$p(v-b) = \frac{R}{\mu}\,T. \tag{1.7}$$

Durch die Konstante b wird das Eigenvolumen der Moleküle, das sogenannte *Kovolumen* berücksichtigt. Dagegen wird, zum Unterschied von der van der Waalsschen Gleichung, der Einfluß der inneren Massenkräfte vernachlässigt. Diese Gleichung kann vor allem bei der Untersuchung von Vorgängen in Brennkammern von Feststoffraketen oder in Geschützrohren verwendet werden, da wir es hier mit hohen Drücken zu tun haben.

1.4 Erster Hauptsatz der Wärmelehre

Wir betrachten ein geschlossenes System, welches definitionsgemäß mit seiner Umgebung im Energieaustausch steht, einen Stoffaustausch mit dieser jedoch nicht zuläßt. Konkret können wir uns darunter z. B. vorstellen, das Gas befinde sich in einem zylindrischen Gefäß, welches durch einen beweglichen Kolben verschlossen sei. Führen wir nun dem Gas in irgendeiner Form Wärme zu, etwa durch Beheizung des Gefäßes von außen, so können wir auf ein solches System den Satz von der Erhaltung der Energie anwenden und bekommen damit den ersten Hauptsatz der Wärmelehre bei quasistatischer Volumsänderung in folgender Form:

$$Q = \Delta E + A. \tag{1.8}$$

Danach dient die zugeführte Wärmemenge Q teilweise zur Erhöhung der inneren Energie E und teilweise zur Leistung von mechanischer Arbeit A. In unserem Beispiel wäre dies die Expansionsarbeit, welche vom Gas bei der Bewegung des Kolbens geleistet wird.

Selbstverständlich müssen in Gleichung (1.8) alle Größen in derselben Einheit gemessen werden. Auf eine Mitnahme des mechanischen Wärmeäquivalents in den Gleichungen wird hier und im folgenden verzichtet. Ferner soll die Kalorie immer auf die Grammasse bezogen werden und nicht, wie im technischen Schrifttum vielfach üblich, auf das Grammgewicht bei Normalschwerebeschleunigung.

Nehmen wir an, bei der mechanischen Arbeitsleistung des Gases sei die Kolbengeschwindigkeit klein genug, so daß sich innerhalb des Gefäßes zu jedem Zeitpunkt völliger Druckausgleich einstellt. Dies nennt man einen quasistatischen Vorgang. Man hat also eine Folge von Gleichgewichtszuständen, — eine Modellvorstellung, die sich später als sehr brauchbar und in vielen Fällen als durchaus zulässig erweisen wird. Die Arbeitsleistung $\mathrm{d}A$ des Mediums ist dann das Produkt aus Kraft auf den Kolben pF und Kolbenweg dn. Dabei ist F die Fläche des Kolbens und das Produkt $F \cdot dn$ stellt somit die Volumszunahme $\mathrm{d}V$ des Gases dar. Daher gilt für die mechanische Arbeitsleistung bei quasistatischer Volumsänderung:

$$\mathrm{d}A = pF\,\mathrm{d}n = p\,\mathrm{d}V. \tag{1.9}$$

Bezieht man alle Zustandsgrößen auf die Masseneinheit, was durch Kleinschreibung der Symbole für die betreffenden Zustandsgrößen zum Ausdruck kommen soll, so kann man den ersten Hauptsatz der Wärmelehre unter Verwendung von (1.9) in Differentialform wie folgt schreiben:

$$\mathrm{d}q = \mathrm{d}e + p\,\mathrm{d}v = \mathrm{d}e + p\,\mathrm{d}\left(\frac{1}{\varrho}\right). \tag{1.10}$$

Anstelle der inneren Energie kann eine neue Zustandsvariable eingeführt werden, welche nicht nur in der Thermodynamik, sondern auch in der Gasdynamik eine überaus wichtige Rolle spielt. Sie wird „*Enthalpie*" oder „*Wärmeinhalt*" genannt und, hier auf die Masseneinheit bezogen, wie folgt definiert:

$$i = e + pv = e + \frac{p}{\varrho}. \tag{1.11}$$

Mit ihr erhält man eine wichtige Alternativform des ersten Hauptsatzes:

$$\mathrm{d}q = \mathrm{d}i - v\,\mathrm{d}p = \mathrm{d}i - \frac{1}{\varrho}\,\mathrm{d}p. \tag{1.12}$$

Die beiden Gleichungen (1.10) bzw. (1.12) machen keinerlei Einschränkungen in bezug auf die Art des Mediums und gelten daher für beliebige Substanzen. Ihre Gültigkeit erstreckt sich auch noch auf Fälle, in denen innerhalb des Systems chemische Reaktionen stattfinden. Die bei der chemischen Reaktion frei werdende Wärme Q wird demnach wieder zur Änderung der inneren Energie und zur Leistung mechanischer Arbeit aufgewendet.

Sowohl innere Energie als auch Enthalpie sind Zustandsgrößen und können im einfachsten Falle eines homogenen, nichtreagierenden Gases als Funktionen von zwei unabhängigen Zustandsvariablen angegeben werden, z. B. von Druck und Temperatur.

$$e = e(p, T); \tag{1.13}$$

$$i = i(p, T). \tag{1.14}$$

Der Zusammenhang (1.13), der aus dem Versuch ermittelt werden kann, wird auch als *kalorische* Zustandsgleichung bezeichnet, zum Unterschied von der *thermischen* Zustandsgleichung (1.1).

Bei *idealen Gasen* hängen innere Energie und Enthalpie nur mehr von der Temperatur allein ab.

$$e = e(T); \tag{1.15}$$

$$i = i(T). \tag{1.16}$$

Dies gilt nicht mehr für den Fall chemischer Reaktionen. Dann hängen nämlich e bzw. i auch noch von der Zusammensetzung des reagierenden Gemisches ab.

1.5 Spezifische Wärmen

Unter *spezifischer Wärme* c versteht man jene Wärmemenge, die der Masseneinheit eines Stoffes zugeführt werden muß, um ihre Temperatur um 1° zu erhöhen.

$$c = \frac{\mathrm{d}q}{\mathrm{d}T}. \tag{1.17}$$

Die Definition (1.17) gilt für beliebige Substanzen. Sie ist jedoch für kompressible Medien nicht eindeutig, da bei diesen die spezifische Wärme nicht nur von den Stoffeigenschaften allein, sondern auch von der Art der Zustandsänderung abhängt. Man kann daher für Gase verschiedene spezifische Wärmen definieren.

Mit dem ersten Hauptsatz (1.10) bzw. (1.12) kann man für c auch schreiben:

$$c = \frac{\mathrm{d}e}{\mathrm{d}T} + p\,\frac{\mathrm{d}v}{\mathrm{d}T} = \frac{\mathrm{d}i}{\mathrm{d}T} - v\,\frac{\mathrm{d}p}{\mathrm{d}T}. \tag{1.18}$$

Für $v =$ konst. ergibt sich aus Gleichung (1.18) sofort die spezifische Wärme bei konstantem Volumen:

$$c_v = \left(\frac{\partial q}{\partial T}\right)_v = \left(\frac{\partial e}{\partial T}\right)_v = \left(\frac{\partial i}{\partial T}\right)_v - v\left(\frac{\partial p}{\partial T}\right)_v. \tag{1.19}$$

Analog erhält man für den Fall $p =$ konst. die spezifische Wärme bei konstantem Druck:

$$c_p = \left(\frac{\partial q}{\partial T}\right)_p = \left(\frac{\partial i}{\partial T}\right)_p = \left(\frac{\partial e}{\partial T}\right)_p + p\left(\frac{\partial v}{\partial T}\right)_p. \tag{1.20}$$

Für ideale Gase gilt dann wegen (1.15) und (1.16):

$$c_v = \frac{\mathrm{d}e}{\mathrm{d}T}; \tag{1.21}$$

$$c_p = \frac{\mathrm{d}i}{\mathrm{d}T}. \tag{1.22}$$

Es interessiert ferner noch der Zusammenhang zwischen den beiden spezifischen Wärmen. Er soll zunächst ganz allgemein für ein beliebiges Gas, das nicht der idealen Zustandsgleichung (1.2) gehorcht, abgeleitet werden. Zu diesem Zweck fassen wir die Enthalpie der Masseneinheit i als Funktion von Druck und Temperatur auf, so daß wir für $i = i(p, T)$ schreiben können:

$$\mathrm{d}i = \left(\frac{\partial i}{\partial T}\right)_p \mathrm{d}T + \left(\frac{\partial i}{\partial p}\right)_T \mathrm{d}p. \tag{1.23}$$

Daraus folgt:

$$\left(\frac{\partial i}{\partial T}\right)_v = \left(\frac{\partial i}{\partial T}\right)_p + \left(\frac{\partial i}{\partial p}\right)_T \left(\frac{\partial p}{\partial T}\right)_v. \tag{1.24}$$

Führen wir diesen Ausdruck in die Gleichung (1.19) ein, so erhalten wir zusammen mit (1.20) den gewünschten Zusammenhang:

$$c_v = c_p + \left[\left(\frac{\partial i}{\partial p}\right)_T - v\right]\left(\frac{\partial p}{\partial T}\right)_v. \tag{1.25}$$

Auf ähnliche Weise können wir noch eine weitere Beziehung zwischen c_p und c_v ableiten, indem wir die innere Energie der Masseneinheit e als Funktion von spezifischem Volumen und Temperatur auffassen und den so erhaltenen Ausdruck für $e = e(v, T)$ in die Gleichung (1.20) einführen:

$$c_p = c_v + \left[\left(\frac{\partial e}{\partial v}\right)_T + p\right]\left(\frac{\partial v}{\partial T}\right)_p. \tag{1.26}$$

Für ideale Gase vereinfachen sich die Gleichungen (1.25) und (1.26) zu

$$c_v = c_p - v\left(\frac{\partial p}{\partial T}\right)_v; \tag{1.27}$$

$$c_p = c_v + p\left(\frac{\partial v}{\partial T}\right)_p, \tag{1.28}$$

da die innere Energie bzw. die Enthalpie nur mehr von der Temperatur abhängen. Aus der Zustandsgleichung für ideale Gase folgt, daß

$$v\left(\frac{\partial p}{\partial T}\right)_v = p\left(\frac{\partial v}{\partial T}\right)_p = \frac{R}{\mu}$$

ist, und man kommt daher auf den wohlbekannten Zusammenhang

$$c_p - c_v = \frac{R}{\mu} = \frac{p}{\varrho T}. \tag{1.29}$$

Bei Gasen, deren Verhalten von dem idealer Gase abweicht, muß somit im Falle der Erwärmung bei konstantem Volumen noch die Zunahme der Enthalpie mit dem Druck berücksichtigt werden. Im Falle der Erwärmung bei konstantem Druck kommt noch die Änderung der inneren Energie mit der Dichte hinzu.

Schließlich ergibt sich aus der Gleichung (1.26) sofort, daß bei inkompressiblen Medien $c_p = c_v = c$ ist.

In der Chemie zieht man es vor, anstatt mit den spezifischen Wärmen mit den molaren spezifischen Wärmen oder kurz Molwärmen C_v bzw. C_p zu rechnen. Sie sind über die Molmasse μ mit den spezifischen Wärmen verknüpft.

$$C_v = \mu c_v; \tag{1.30}$$

$$C_p = \mu c_p. \tag{1.31}$$

Der Zusammenhang zwischen den beiden Molwärmen ist dann für ideales Gas gegeben durch:

$$C_p - C_v = R. \tag{1.32}$$

Beim thermisch idealen Gas ist somit die Differenz der Molwärmen konstant und für alle Gase gleich groß.

Wichtig ist noch, vor allem auch in der Gasdynamik, neben der Differenz der spezifischen Wärmen deren Verhältnis $\varkappa$.

$$\varkappa = \frac{c_p}{c_v} = \frac{C_p}{C_v}. \tag{1.33}$$

Aus der kinetischen Gastheorie folgt für ideales Gas mit einer festen Anzahl von Freiheitsgraden f:

$$C_v = \frac{f}{2}R; \quad C_p = \frac{f+2}{2}R; \quad \varkappa = \frac{f+2}{f}. \tag{1.34}$$

Mit $R = 1{,}986 \approx 2$ kcal/kmol °K erhält man dann folgende Tabelle:

Tabelle I.1. *Theoretische Werte für die molaren spezifischen Wärmen idealer Gase aus der kinetischen Gastheorie*

	f	C_v $\frac{\text{kcal}}{\text{kmol °K}}$	C_p $\frac{\text{kcal}}{\text{kmol °K}}$	$\varkappa$ —
Einatomiges Gas	3	3	5	1,666
Zweiatomiges Gas	5	5	7	1,40

Bei mehratomigen Gasen werden die Werte für C_v und C_p noch größer, sind aber untereinander nicht mehr gleich groß. Der Betrag von $\varkappa$ geht mit zunehmender Atomzahl gegen 1.

Es zeigt sich, daß die gaskinetischen Resultate sehr gut mit den Versuchen übereinstimmen. Daher können sie, durchaus berechtigt, einem großen Teil der gasdynamischen Berechnungen zugrunde gelegt werden.

1.6 Temperaturabhängigkeit der spezifischen Wärmen

Bei höheren Ansprüchen hinsichtlich der Rechengenauigkeit muß die Temperaturabhängigkeit der spezifischen Wärmen berücksichtigt werden. Diese ist experimentell zu ermitteln. Zahlenwerte für die spezifischen Wärmen verschiedener Gase finden sich u. a. in den Tabellenwerken [23, 24, 25, 26]. In Abb. 1.1 sind die spezifischen Wärmen bei konstantem Druck für einige Gase aufgetragen.

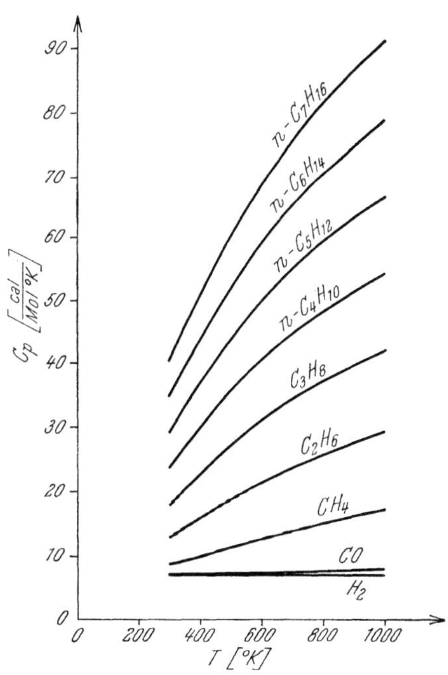

Abb. 1.1 Spezifische Wärmen für einige Gase (Zahlenwerte aus [25])

Manchmal ist es wünschenswert, die Temperaturabhängigkeit der spezifischen Wärmen in analytischer Form zur Verfügung zu haben. Zu diesem Zweck können die Versuchswerte durch Potenzreihen dargestellt werden.

$$C_p = a + bT + cT^2 + \mathrm{d}T^3 \tag{1.35}$$

oder

$$C_p = a + bT + \frac{c'}{T^2}. \tag{1.36}$$

Die Koeffizienten der beiden Gleichungen sind für verschiedene Gase in Tabelle I.2 angegeben.

Häufig genügt es aber, mit mittleren spezifischen Wärmen zu rechnen. Die Mittelwertbildung für einen Temperaturbereich zwischen T_1 und T_2 erfolgt gemäß den Gleichungen

$$[C_v]_{T_1}^{T_2} = \frac{\int\limits_{T_1}^{T_2} C_v \, \mathrm{d}T}{(T_2 - T_1)}; \tag{1.37}$$

$$[C_p]_{T_1}^{T_2} = \frac{\int\limits_{T_1}^{T_2} C_p \, \mathrm{d}T}{(T_2 - T_1)}. \tag{1.38}$$

Auch diese Werte werden manchmal tabelliert.

Tabelle I.2. *Konstanten für die Berechnung der Temperaturabhängigkeit der molaren spezifischen Wärmen nach Gl.* (1.35) *für einen Temperaturbereich von* 300—1500°K, *aus* [27]

Bis auf den Kohlenstoff befinden sich alle Substanzen in gasförmigem Zustand. Die Dimension der Konstanten ist so gewählt, daß C_p die Dimension cal/(mol °K) hat.

Substanz	Formel	a	$b \cdot 10^3$	$c \cdot 10^7$
Sauerstoff	O_2	6,148	3,102	— 9,23
Wasserstoff	H_2	6,9469	— 0,1999	4,808
Stickstoff	N_2	6,524	1,250	— 0,01
Wasser	H_2O	7,256	2,298	2,83
Chlor	Cl_2	7,5755	2,4244	— 9,650
Brom	Br_2	8,4228	0,9739	— 3,555
Kohlenstoff*	C (Graphit)	—1,265	14,008	—103,31
Kohlenmonoxid	CO	6,420	1,665	— 1,96
Kohlendioxid	CO_2	6,214	10,396	— 35,45
Methan	CH_4	3,381	18,044	— 43,00
Äthan	C_2H_6	2,247	38,201	—110,49
Propan	C_3H_8	2,410	57,195	—175,33
n-Butan	C_4H_{10}	4,453	72,270	—222,14
n-Pentan	C_5H_{12}	5,910	88,449	—273,88
Benzol	C_6H_6	—0,409	77,621	—264,29

* $d = 2{,}751 \cdot 10^{-9}$

1.7 Innere Energie und Enthalpie

Mit Hilfe der spezifischen Wärmen kann nun ohne Schwierigkeiten die Temperaturabhängigkeit von innerer Energie und Enthalpie berechnet werden.

Für thermisch ideales Gas erhalten wir durch Integration der Gleichungen (1.21) und (1.22):

$$e = e_1 + \int_{T_1}^{T} c_v(T)\,\mathrm{d}T; \tag{1.39}$$

$$i = i_1 + \int_{T_1}^{T} c_p(T)\,\mathrm{d}T. \tag{1.40}$$

e_1 bzw. i_1 sind Integrationskonstante. Sie sind weder thermodynamisch noch molekulartheoretisch zugänglich. Ihre Kenntnis ist aber meist nicht erforderlich. In der Regel interessieren nur die Differenzbeträge von innerer Energie bzw. Enthalpie, weil man in der Thermodynamik meist nur mit Zustandsänderungen rechnet. Für die Auswertung der Integrale in (1.39) und (1.40) müssen die spezifischen Wärmen als Funktion der Temperatur bekannt sein. Sind sie analytisch gegeben, etwa durch einen Potenzreihenansatz von der Art der Gleichung (1.35) oder (1.36), so kann die Integration sofort ausgeführt werden, und wir erhalten z. B. für die Enthalpie:

$$i = i_1 + a(T - T_1) + \frac{b}{2}(T - T_1)^2 + \frac{c}{3}(T - T_1)^3 + \cdots. \tag{1.41}$$

Die Konstanten a, b, c, ... haben jetzt allerdings eine andere Dimension als in (1.35) oder (1.36), da es sich hier um die Enthalpie der Masseneinheit handelt. Eine ähnliche Beziehung kann auch für die innere Energie angegeben werden.

Genügt es, mit Mittelwerten der spezifischen Wärmen zu rechnen, so gilt nach Gleichung (1.37) bzw. (1.38):

$$i = i_1 + [c_p]_{T_1}^{T}\,(T - T_1); \tag{1.42}$$

$$e = e_1 + [c_v]_{T_1}^{T}\,(T - T_1). \tag{1.43}$$

Für thermisch und kalorisch ideales Gas, d. h. für ideales Gas konst. spez. Wärme, ergibt sich schließlich zusammen mit der Zustandsgleichung (1.2):

$$e = e_1 + c_v(T - T_1) = e_1 + \frac{1}{\varkappa - 1}\left(\frac{p}{\varrho} - \frac{p_1}{\varrho_1}\right); \tag{1.44}$$

$$i = i_1 + c_p(T - T_1) = i_1 + \frac{\varkappa}{\varkappa - 1}\left(\frac{p}{\varrho} - \frac{p_1}{\varrho_1}\right). \tag{1.45}$$

Der Zustand 1 ist hier wiederum ein beliebiger Bezugszustand.

Vorsichtiger müssen wir dagegen bei der Integration sein, wenn es sich um ein Gas handelt, das nicht der Gasgleichung (1.2) gehorcht, da Enthalpie und innere Energie nun nicht mehr Funktionen der Temperatur allein sind. Die Integration soll hier nur für die Enthalpie, welche aus praktischen Gründen für uns wichtiger ist, vorgeführt werden.

Wir fassen die Enthalpie wiederum als Funktion von Druck und Temperatur auf. Für $i = i(p, T)$ gilt dann die Gleichung (1.23), und wir erhalten unter Berücksichtigung von (1.20):

$$i_2 = i_1 + \left[\int_{T_1}^{T_2} c_p \, \mathrm{d}T\right]_{p_1} + \left[\int_{p_1}^{p_2} \left(\frac{\partial i}{\partial p}\right)_T \mathrm{d}p\right]_{T_2} \quad \text{(Integrationsweg I);} \qquad (1.46\text{a})$$

oder

$$i_2 = i_1 + \left[\int_{T_1}^{T_2} c_p \, \mathrm{d}T\right]_{p_2} + \left[\int_{p_1}^{p_2} \left(\frac{\partial i}{\partial p}\right)_T \mathrm{d}p\right]_{T_1} \quad \text{(Integrationsweg II).} \qquad (1.46\text{b})$$

Wie man sieht, ist die Integration gemäß Gleichung (1.46) auf zwei Wegen möglich (Abb. 1.2). In einem Fall integriert man vom Punkt 1 ausgehend längs einer Kurve $p = p_1$ bis zur Temperatur T_2 und anschließend bei konstanter Temperatur T_2 von p_1 nach p_2 (Integrationsweg I). Dies soll durch die Indizes p_1 und T_2 in Gleichung (1.46a) angedeutet werden. Die zweite Möglichkeit besteht darin, daß man zuerst bei konstanter Temperatur T_1 integriert und dann längs der Kurve $p = p_2$ (Integrationsweg II). Beide Möglichkeiten sind natürlich gleichwertig. $c_p(p, T)$ und $(\partial i/\partial p)_T$ müssen bekannt sein.

Beim idealen Gas wird i vom Druck unabhängig, und die Kurven für $p =$ konst. fallen in eine einzige Kurve zusammen. Diese geht für ideales Gas konst. spez. Wärme in eine Gerade mit der Steigung $c_p = \mathrm{d}i/\mathrm{d}T$ über.

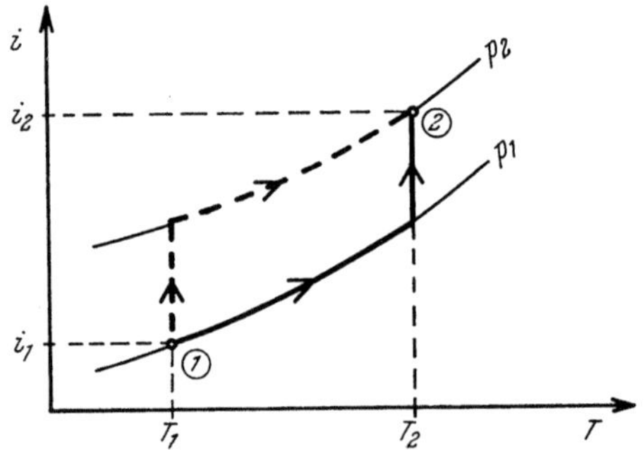

Abb. 1.2 Zur Berechnung der Enthalpieänderung
——— Integrationsweg I, – – – – Integrationsweg II

Für die innere Energie gilt sinngemäß dasselbe. Für $e = e(v, T)$ wird:

$$e_2 = e_1 + \left[\int_{T_1}^{T_2} c_v \, \mathrm{d}T\right]_{v_1} + \left[\int_{v_1}^{v_2} \left(\frac{\partial e}{\partial v}\right)_T \mathrm{d}v\right]_{T_2} \quad \text{(Integrationsweg I);} \qquad (1.47\text{a})$$

oder

$$e_2 = e_1 + \left[\int_{T_1}^{T_2} c_v \, \mathrm{d}T\right]_{v_2} + \left[\int_{v_1}^{v_2} \left(\frac{\partial e}{\partial v}\right)_T \mathrm{d}v\right]_{T_1} \quad \text{(Integrationsweg II).} \tag{1.47b}$$

Wiederum müssen $c_v(v, T)$ und $(\partial e/\partial v)_T$ bekannt sein.

1.8 Reaktionswärmen

Wie bereits eingangs festgestellt wurde, ist jede chemische Reaktion außer mit Stoffumsetzungen auch mit Energieumsetzungen verbunden. Die bei exothermen Reaktionen frei werdende oder bei endothermen Reaktionen verbrauchte Wärme nennt man *Reaktionswärme* oder *Wärmetönung*. Sie ist ein Maß für die Energieumsetzung, aber nicht für die Reaktionsgeschwindigkeit.

An dieser Stelle eine Bemerkung zur Vorzeichenfestlegung. In der Chemie und folglich auch in der chemischen Thermodynamik ist es üblich, die an die Umgebung abgegebene Wärmemenge als positiv zu definieren. Die Reaktionswärmen exothermer Reaktionen haben daher ein negatives Vorzeichen. In der Gasdynamik dagegen ist eine dem strömenden Medium zugeführte Wärmemenge positiv.

Um das vorhandene Tabellenmaterial unverändert benutzen zu können und um Fehlerquellen zu vermeiden, sollen hier die Konventionen der chemischen Thermodynamik beibehalten werden. Dies gestattet auch einen direkten Übergang zur einschlägigen Spezialliteratur. Allerdings müssen wir diesen Umstand für die späteren gasdynamischen Rechnungen im Auge behalten.

Hinsichtlich der Reaktionswärme können wir zwei Spezialfälle von großer praktischer Bedeutung unterscheiden. Zunächst nehmen wir an, die Reaktion gehe bei konstantem Volumen, z. B. in einem geschlossenen Behälter, vor sich. Für $v =$ konst. wird die Expansionsarbeit null, und aus Gl. (1.10) ergibt sich für die *Reaktionswärme* der Masseneinheit *bei konstantem Volumen*:

$$(\mathrm{d}q)_v = \mathrm{d}e \tag{1.48}$$

oder

$$(\Delta q)_v = \Delta e. \tag{1.49}$$

Die bei einer Reaktion in einem konstanten Volumen frei werdende Wärmemenge ist gleich der Änderung der inneren Energie.

Im Falle einer Reaktion bei konstantem Druck, z. B. einer Verbrennung bei Atmosphärendruck, folgt aus Gl. (1.12) für die *Reaktionswärme* der Masseneinheit *bei konstantem Druck*:

$$(\mathrm{d}q)_p = \mathrm{d}i \tag{1.50}$$

oder

$$(\Delta q)_p = \Delta i. \tag{1.51}$$

Die Reaktionswärme bei konstantem Druck ist gleich der Änderung der Enthalpie.

Es interessiert uns noch der Zusammenhang zwischen den beiden Reaktionswärmen, der sich ebenfalls aus dem ersten Hauptsatz errechnet:

$$(\Delta q)_p - (\Delta q)_v = \Delta(pv) \tag{1.52}$$

Bei chemischen Reaktionen ist es im allgemeinen praktischer, mit den molaren spezifischen Wärmen zu rechnen, welche durch Großbuchstaben gekennzeichnet werden sollen.

Ist eine chemische Reaktion durch die Gleichung

$$\nu_A A + \nu_B B + \cdots \to \nu_M M + \nu_N N + \cdots + Q \qquad (1.53)$$

gegeben, so kann man anstelle von Gl. (1.52) schreiben:

$$(\Delta Q)_p - (\Delta Q)_v = (\nu_M + \nu_N + \cdots - \nu_A - \nu_B - \cdots)\, RT = (\Delta n)\, RT \qquad (1.54)$$

mit

$$\Delta n = \sum(\nu_i)_e - \sum(\nu_i)_a . \qquad (1.55)$$

$A, B, \ldots$ symbolisieren die Substanzen des Ausgangsgemisches (Index a), $M, N, \ldots$ die Komponenten des Endproduktes der Reaktion (Index e). ν_i sind die Molzahlen der einzelnen Substanzen. Nur die ν_i der gasförmigen Komponenten treten in den Gleichungen (1.54) bzw. (1.55) in Erscheinung.

Im allgemeinen wird der Unterschied zwischen $(\Delta Q)_p$ und $(\Delta Q)_v$ nur gering sein. Er wird um so größer, je größer der Unterschied zwischen den Molzahlen vor und nach der Reaktion ist. Hierzu ein Beispiel:

Für die Wasserstoff-Knallgasreaktion

$$2\,H_2 + O_2 \to 2\,H_2O$$

soll die Differenz der Reaktionswärmen $(\Delta Q)_p$ und $(\Delta Q)_v$ berechnet werden.

Nehmen wir an, daß bei der Reaktion Wasser in Form von Wasserdampf entsteht, dann ist $\Delta n = 2 - 2 - 1 = -1$ und mit $R \cong 2$ Cal/(Mol °K) erhalten wir: $(\Delta Q)_p - (\Delta Q)_v = -596$ Cal.

Entsteht bei der Reaktion aber Wasser statt Wasserdampf, dann hat man mit $\Delta n = 0 - 2 - 1 = -3$: $(\Delta Q)_p - (\Delta Q)_v = 1788$ Cal.

Der Differenzbetrag der Reaktionswärmen beträgt im zweiten Fall das Dreifache des ersten. Trotzdem ist der Unterschied zwischen beiden Reaktionswärmen immer klein, verglichen mit den Reaktionswärmen selbst. ($\Delta Q \cong 115600$ Cal bei Wasserdampf.)

Da pdv ein unvollständiges Differential ist, ist die Expansionsarbeit vom Integrationsweg abhängig. Ebenso ist auch die Reaktionswärme vom Integrationsweg abhängig. In den beiden Sonderfällen $v =$ konst. und $p =$ konst. dagegen wird der Integrationsweg festgelegt. Wegen (1.48) und (1.50) sind die Reaktionswärmen bei konstantem Volumen bzw. bei konstantem Druck Zustandsgrößen und somit lediglich vom thermodynamischen Zustand des Systems und von der Art der Anfangs- und Endprodukte abhängig, nicht aber vom Weg, auf dem dieser Endzustand erreicht worden ist.

Es ist jedoch für den thermischen Effekt einer chemischen Reaktion völlig gleichgültig, ob die Reaktion in einem Schritt oder in mehreren Zwischenstufen verläuft. Die Summe der bei den Einzelschritten auftretenden Reaktionswärmen muß gleich der Reaktionswärme der direkten Umsetzung sein. Diese Tatsache ist als *Heßscher Satz der konstanten Wärmesummen* schon lange bekannt und wurde ursprünglich empirisch gefunden. Aus dem Heßschen Satz, welcher nichts anderes als eine Folgerung aus dem ersten Hauptsatz ist, ergeben sich wichtige Konsequenzen, auf die wir noch zurückkommen.

1.9 Bildungswärmen und Standardenthalpien

Unter *Bildungswärme* versteht man jene Reaktionswärme, die bei der Bildung eines Mols einer chemischen Verbindung aus ihren Elementen auftritt oder auftreten würde.

Um die Bildungswärmen verschiedener Substanzen miteinander vergleichen zu können, muß für die Reaktion ein Standardzustand festgelegt werden. Ferner muß der physikalische Zustand der einzelnen Substanzen bekannt sein.

Als *Standardzustand* wird für Gase im allgemeinen ein Druck von 0 at und eine Temperatur von 25 °C (298,16 °K) festgesetzt. Bei Flüssigkeiten und Feststoffen beträgt der Druck 1 at. Als physikalischen Zustand der einzelnen Komponenten wählt man die beim Standardzustand jeweils stabilste Form.

Unter diesen Voraussetzungen ist die Bildungswärme eine Reaktionswärme bei konstantem Druck und damit gleichbedeutend einer Enthalpieänderung. Daher spricht man auch von *Bildungsenthalpie* oder *Standardenthalpie* und bezeichnet sie mit ΔI_T^0. Der obere Index soll anzeigen, daß es sich um eine Standardenthalpie handelt, der Index T gibt die Standardtemperatur an. In Tabelle I.3 sind die Standardenthalpien für einige Substanzen zusammengestellt. Zur näheren Erläuterung seien willkürlich einige Reaktionen aus dieser Tabelle herausgegriffen:

$$C_{(\text{Graphit})} + \frac{1}{2}\,\text{O}_{2(g)} = \text{CO}_{(g)} - 26416\ \text{Cal/Mol},$$

$$\text{H}_{2(g)} + \frac{1}{2}\,\text{O}_{2(g)} = \text{H}_2\text{O}_{(f)} - 68317\ \text{Cal/Mol},$$

$$\frac{1}{2}\,\text{O}_{2(g)} = \text{O}_{(g)} + 59159\ \text{Cal/Mol}.$$

Das negative Vorzeichen der Reaktionsenthalpie der ersten beiden dieser hypothetischen Reaktionen zeigt an, daß es sich um exotherme Reaktionen handelt. In den Reaktionsgleichungen ist der physikalische Zustand der einzelnen Komponenten durch die Bezeichnungen g (gasförmig) und f (fest) angegeben.

Ferner geht aus diesen Beispielen hervor, daß die Bildungswärme der einzelnen Elemente auf der linken Seite der Reaktionsgleichungen null gesetzt worden sind (siehe auch Tabelle I.3). Das ist eine willkürliche Festlegung, und die Standardenthalpien, die eigentlich nun Enthalpiedifferenzen sind, müssen daher als Rechengrößen verstanden werden, die mit den tatsächlichen Werten der Enthalpie nicht verwechselt werden dürfen. Für letztere müßte man noch die Enthalpie der Stoffe am absoluten Nullpunkt kennen, welche durch die Thermodynamik nicht mehr erhalten werden. Wie aber schon mehrfach darauf hingewiesen wurde, interessieren uns im allgemeinen lediglich die Enthalpiedifferenzen. Nur Enthalpiedifferenzen können auch gemessen werden.

Nach dem Heßschen Satz der konstanten Wärmesummen können Reaktionsgleichungen wie algebraische Gleichungen behandelt werden. Man kann mit ihrer Hilfe die Reaktionswärmen anderer Reaktionen berechnen, deren Messung entweder äußerst schwierig oder gar unmöglich ist. Umgekehrt ermittelt man aus gemessenen Reaktionswärmen neue Bildungswärmen.

Der Umstand, daß bei Gasen die Bildungsenthalpien für einen Druck $p = 0$ gegeben sind, ist nicht besonders gravierend. Für die meisten realen Gase beträgt die Abweichung der Bildungsenthalpie bei 1 at nur einige Kalorien und kann für praktische Fälle vernachlässigt werden, zumal die Zahlenwerte für die Bildungsenthalpien in den verschiedenen Tabellenwerken ohnehin häufig differieren. Für ideale Gase hängen die Bildungsenthalpien nicht vom Druck ab.

Die Berechnung der Reaktionswärme einer beliebigen Reaktion aus den Bildungsenthalpien, beim Standardzustand, ist sehr einfach. In diesem Fall setzt sich die Gesamtenthalpie additiv aus den Bildungsenthalpien der einzelnen Komponenten zusammen, weil ΔI nur vom Zustand und der Art der Anfangs- und Endprodukte abhängt*.

Für eine Reaktion nach Gleichung (1.53) bei Standardzustand erhält man:

$$(\Delta Q)_p^0 = \Delta I_{298}^0 = \sum (\nu_i \Delta I_i^0)_e - \sum (\nu_i \Delta I_i^0)_a. \tag{1.56}$$

Die Indizes a und e bedeuten wiederum die Ausgangsstoffe bzw. die Reaktionsprodukte.

Tabelle I.3. *Bildungsenthalpien einiger Substanzen bei* $T = 298{,}16\,°\mathrm{K}$ (*aus* [24] *und* [25])

Substanz	Formel	$\Delta I^0_{29^\circ,16}$ cal/mol	*Substanz*	Formel	$\Delta I^0_{298,16}$ cal/mol
Sauerstoff	O (g)	59159	Kohlenstoff	C (Graphit)	0
	O_2 (g)	0	Kohlenmonoxid	CO (g)	−26416
			Kohlendioxid	CO_2 (g)	−94052
Wasserstoff	H (g)	52089			
	H_2 (g)	0	Methan	CH_4 (g)	−17889
			Äthan	C_2H_6 (g)	−20236
Wasser	H_2O (g)	−57798	Propan	C_3H_8 (g)	−24820
	H_2O (f)	−68317	n-Butan	C_4H_{10} (g)	−30150
			i-Butan	C_4H_{10} (g)	−31452
Fluor	F (g)	18300	n-Pentan	C_5H_{12} (g)	−35000
	F_2 (g)	0	n-Hexan	C_6H_{14} (g)	−39960
Fluorwasserstoff	HF (g)	−64200	n-Heptan	C_7H_{16} g)	−44890
Chlor	Cl (g)	29012	Methanol	CH_3OH (g)	−47080
	Cl_2 (g)	0		CH_3OH (f)	−57020
Chlorwasserstoff	HCl (g)	−22063	Äthanol	C_2H_5OH (f)	−66356
Brom	Br (g)	26710	Benzol	C_6H_6 (g)	19820
	Br_2 (g)	7340	Toluol	C_7H_8 (g)	11950
Bromwasserstoff	HBr (g)	− 8660	o-Xylol	C_8H_{10} (g)	4540
			m-Xylol	C_8H_{10} (g)	4120
Jod	J (g)	25482	p-Xylol	C_8H_{10} (g)	4290
	J_2 (g)	14876			
Jodwasserstoff	HJ (g)	6200			

* Bei Flüssigkeiten müßte man noch zusätzlich die Mischungswärme berücksichtigen.

1.10 Temperaturabhängigkeit der Reaktionswärmen

Vielfach wird man sich für die Reaktionswärmen bei Temperaturen, die von der Standardtemperatur abweichen, interessieren. Nach dem im vorhergehenden Abschnitt gesagten kann man die Enthalpieänderung ΔI für eine Reaktion bei konstantem Druck, entsprechend der Gleichung (1.56), ganz allgemein wie folgt schreiben:

$$\Delta I = Q_p = \sum (\nu_i I_i)_e - \sum (\nu_i I_i)_a. \tag{1.57}$$

Die Enthalpie I_i für die an der Reaktion beteiligten Substanzen ergibt sich aus der Gleichung für die Molwärme der Komponente i bei konstantem Druck

$$C_{pi} = \left(\frac{\partial I_i}{\partial T}\right)_p \tag{1.58}$$

durch Integration zu:

$$I_i = I_{0i} + \int_{T_0}^{T} C_{pi} \, dT. \tag{1.59}$$

Dabei ist I_{0i} eine Integrationskonstante. (1.59) in Gleichung (1.57) eingesetzt, erhalten wir schließlich die Beziehung für die Temperaturabhängigkeit der Reaktionswärme:

$$\Delta I = \sum (\nu_i I_{0i})_e - \sum (\nu_i I_{0i})_a + \int_{T_0}^{T} [\sum (\nu_i C_{pi})_e - \sum (\nu_i C_{pi})_a] \, dT \tag{1.60}$$

$$\Delta I = \Delta I_0 + \int_{T_0}^{T} \Delta C_p \, dT$$

oder

$$Q_p = Q_{p0} + \int_{T_0}^{T} \Delta C_p \, dT. \tag{1.61}$$

Der Index 0 bezeichnet einen beliebigen Bezugszustand.

Um ΔI als Funktion von T berechnen zu können, muß man außer der Temperaturabhängigkeit der Molwärmen auch noch den Betrag von ΔI für irgendeine Temperatur kennen. Letzteres ist für die Bestimmung der Integrationskonstanten ΔI_0 erforderlich. Dies kann mit Hilfe der Bildungsenthalpien geschehen.

Ein Beispiel soll das oben gesagte veranschaulichen: Die Temperaturabhängigkeit der Reaktionswärme Q_p der Reaktion

$$2CO + O_2 \rightarrow 2CO_2 + Q_p$$

soll berechnet werden. Der Druck wird als konstant angenommen. Alle an der Reaktion beteiligten Substanzen seien Gase.

Die Temperaturabhängigkeit der Molwärmen bei konstantem Druck für die einzelnen Komponenten ist durch die Gleichung (1.35) gegeben. Die Koeffizienten dafür findet man in Tabelle I.2.

$$C_{p(CO_2)} = 6{,}241 + 10{,}396 \cdot 10^{-3}\, T - 35{,}45 \cdot 10^{-7}\, T^2,$$
$$C_{p(CO)} = 6{,}420 + 1{,}665 \cdot 10^{-3}\, T - 1{,}96 \cdot 10^{-7}\, T^2,$$
$$C_{p(O_2)} = 6{,}148 + 3{,}102 \cdot 10^{-3}\, T - 9{,}23 \cdot 10^{-7}\, T^2.$$

Daraus ergibt sich für ΔC_p:

$$\Delta C_p = -12{,}708 + 11{,}258 \cdot 10^{-3}\, T - 48{,}520 \cdot 10^{-7}\, T^2$$

und nach Integration:

$$\Delta I = \Delta I_0 - 12{,}708\, T + 5{,}629 \cdot 10^{-3}\, T^2 - 16{,}173 \cdot 10^{-7}\, T^3.$$

Zur Bestimmung der Integrationskonstanten gehen wir von den Standardenthalpien (Tabelle I.3) aus und erhalten für $T = 298\,°\mathrm{K}$ nach Gleichung (1.56):

$$\Delta I^0_{298} = -2 \cdot 94052 - 2 \cdot 26416 = -135270 \text{ cal/mol}.$$

Damit ergibt sich die Integrationskonstante zu:

$$\Delta I_0 = -131940 \text{ cal/mol},$$

und wir erhalten schließlich die Gleichung für die Temperaturabhängigkeit der Reaktionswärme:

$$Q_p = \Delta I = -131940 - 12{,}708\, T + 5{,}629 \cdot 10^{-3}\, T^2 - 16{,}173 \cdot 10^{-7}\, T^3.$$

Die Reaktionswärme sowie der Zahlenwert des Integrals sind in Tabelle I.4 für einige Temperaturen zusammengestellt.

Tabelle I.4. *Temperaturabhängigkeit der Reaktionswärme Qp der Reaktion* $2\,CO + O_2 \rightarrow 2\,CO_2$

T	°K	298	500	750	1000
ΔI	cal/mol	−135270	−137090	−138990	−140640
$\int_{T=298}^{T} \Delta C_p \,\mathrm{d}T$	cal/mol	−3330	−5150	−7050	−8700
Relativer Fehler	%	0	1,3	2,7	4,0

Können wir die Temperaturabhängigkeit der Molwärmen vernachlässigen und nehmen wir ferner an, daß es sich um eine Gasreaktion handelt, bei der sich die Molzahl während der Reaktion nicht ändert, so ist:

$$Q_p = Q_{p0} = \text{konst.} \qquad (1.62)$$

Der Fehler, den man dabei macht, wird in den meisten Fällen nur wenige Prozent betragen. Für das oben angeführte Beispiel wurde der relative Fehler in Tabelle I.4 eingetragen. Er beträgt nur 4% bei einer Temperatur von 1000 °K. Daher ist die Berücksichtigung der Temperaturabhängigkeit der Reaktionswärmen nur bei sehr genauen Rechnungen sinnvoll.

1.11 Der Heizwert von Brennstoffen

Technische Verbrennungsvorgänge gehen in überwiegender Mehrzahl in Luft vor sich. Der thermische Effekt der Verbrennung, die Verbrennungswärme, hängt dann nur vom Brennstoff ab. Es ist daher naheliegend, die Verbrennungswärme auf die Mengeneinheit des Brennstoffes zu beziehen.

Tabelle I.5. *Heizwerte von Brenngasen, DIN 1972* (*aus* [28])

Gase	Molekulargewicht μ	Molvolumen bei 0 °C, 760 Torr $Nm^3/kmol$	Heizwerte					
			H_0 kcal/kmol	H_u kcal/kmol	H_0 kcal/kg	H_u kcal/kg	H_0 $kcal/Nm^3$	H_u $kcal/Nm^3$
Wasserstoff	2,0156	22,43	68350	57590	33910	28570	3050	2570
Methan	16,03	22,36	212800	191290	13280	11930	9520	8550
Äthan	30,05	22,16	372800	340530	12410	11330	16820	15370
Äthylen	28,03	22,24	340000	318490	12130	11360	15290	14320
Acetylen	26,02	22,22	313000	302240	12030	11620	14090	13600
Propan	44,06	21,82	530600	487580	12040	11070	24320	22350
Propylen	42,05	21,96	495000	462730	11770	11000	22540	21070
Butan	58,08	21,49	687900	634120	11840	10920	32010	29510
Isobutan	58,08	21,77	686300	632520	11820	10890	31530	29050
Butylen	56,06	(22,4)	652000	608980	11630	10860	(29110)	(27190)
Benzoldampf	78,05	(22,4)	791000	758730	10130	9720	(35310)	(33870)
Methylchlorid	50,48	21,88	170000	153870	3370	3050	7770	7030
Kohlenoxid	28,00	22,40	67700	67700	2420	2420	3020	3020
Ammoniak	17,031	22,08	91000	74870	5340	4400	4120	3390
Schwefelwasserstoff								
(Verbrennung zu SO_2)	34,08	22,14	136000	125240	3990	3680	6140	5660
(Verbrennung zu SO_3)	34,08	22,14	159500	148740	4680	4360	7200	6720

Der *Heizwert* eines Brennstoffes ist die bei der vollständigen Verbrennung von 1 kg (1 kmol oder 1 nm³) desselben in Luft frei werdende Wärmemenge, wenn man die Verbrennungsprodukte auf die Ausgangstemperatur rückkühlt. Zu Vergleichszwecken wird ein Standardzustand festgelegt. Wie die Reaktionswärme kann auch der Heizwert bei konstantem Druck oder bei konstantem Volumen gemessen werden. Die Umrechnung von der einen auf die andere Form erfolgt genau auf dieselbe Weise wie bei den Reaktionswärmen.

Beim *oberen Heizwert* H_0 befindet sich das in den Verbrennungsprodukten gebildete Wasser in flüssigem Zustand. Beim *unteren Heizwert* H_u ist das Wasser in den Verbrennungsprodukten in Form von Wasserdampf vorhanden. Daher ist der untere Heizwert um die Verdampfungswärme des Wassers niedriger. Diese beträgt 585 kcal je kg vorhandenen Wassers bei 20 °C.

Bei technischen Gasen macht der Unterschied zwischen dem oberen und dem unteren Heizwert ca. 5—15% des oberen Heizwertes aus.

In praktischen Fällen ist das Wasser meist in Form von Wasserdampf in den Verbrennungsprodukten vorhanden, so daß der untere Heizwert maßgebend ist. Zahlenwerte für die Heizwerte gasförmiger und flüssiger Brennstoffe findet man in den Tabellen I.5 und I.6, sowie u. a. in [28].

Tabelle I.6. *Heizwerte flüssiger Brennstoffe (aus* [28])

Brennstoff	Dichte-verhältnis	Zusammensetzung		Heizwert	
		C %	H %	H_0 kcal/kg	H_u kcal/kg
Kraftsprit	0,80—0,81	52	13	7140	6440
Flugbenzin	0,70—0,74	84,5—85,5	14,5—15,0	11200—11500	10000—10300
Motorenbenzin	0,72—0,75	84,5—85,5	14,5—15,0	10800—11500	9800—10500
Motorenbenzin mit 10% Alkoholzusatz	0,74—0,76	81—82	14,5—15	10800—11000	10000—10200
Motorenbenzol	0,86—0,88	90—92	8,2—8,4	10000—10200	9550— 9750
Petroleum	0,80—0,82	85—86	14 —15	10000—10500	9500—10000
Gasöl	0,84—0,86	86—87	13 —14	10600—10900	10100—10400
Dieselöl	0,85—0,88	86—88	12 —13	10600—10800	9800—10100
Braunkohlenteeröl für Dieselmotoren	0,86—0,90	86—88	8 —10	10400—10600	9700— 9900
Steinkohlenteeröl für Dieselmotoren	0,95—0,97	86—88	9 —10	9200— 9500	8700— 9200
Steinkohlenteer-Heizöl	1,04—1,08	88—90	7 — 8	9300— 9500	9000— 9300

1.12 Zweiter Hauptsatz der Wärmelehre

Der erste Hauptsatz der Wärmelehre gibt uns keinerlei Auskunft darüber, ob irgendein physikalischer oder chemischer Vorgang unter den gegebenen Bedingungen überhaupt möglich ist und in welche Richtung er läuft. Als sehr allgemeine Form des Satzes von der Erhaltung der Energie verneint er lediglich die Möglichkeit eines Perpetuum mobile erster Art: Energie kann weder aus dem Nichts entstehen, noch völlig verschwinden.

Dagegen würde ein von selbst vor sich gehender Wärmeübergang von einem kälteren zu einem wärmeren Körper dem ersten Hauptsatz nicht widersprechen. Die aus der Erfahrung bekannte Unmöglichkeit dieses Vorganges hat der zweite Hauptsatz der Wärmelehre in seiner Formulierung von Clausius zum Inhalt, welche besagt: „Wärme kann nicht *von selbst* von einem kälteren zu einem wärmeren Körper übergehen.“ Der Ausdruck „von selbst“ soll andeuten, daß nicht etwa eine zusätzliche Arbeitsleistung zur Hebung der Wärme von einem tieferen zu einem höheren Temperaturniveau aufgewendet wird, wie dies z. B. bei Kältemaschinen der Fall ist.

Vorgänge, welche von selbst nur in einer Richtung verlaufen, nennen wir „*nicht umkehrbar*“ oder „*irreversibel*“. Typische Beispiele dafür sind neben der Wärmeleitung die Diffusion und die Verwandlung von mechanischer Arbeit in Reibungswärme. Als „*umkehrbar*“ oder „*reversibel*“ bezeichnen wir Vorgänge, bei denen eine Zustandsänderung wieder rückgängig gemacht werden kann und zwar so, daß keine Änderung des Zustandes in der Umgebung zurückbleibt. Das ist eine Idealisierung, welche nur näherungsweise zu erfüllen ist. Man hilft sich hier jedoch mit der Vorstellung quasistationärer Vorgänge, nach der das System in langsamen, kleinen (infinitesimalen) Schritten eine Reihe von Gleichgewichtszuständen durchläuft.

Die Irreversibilität der beschriebenen Vorgänge läßt sich durch eine weitere, auf Thomson zurückgehende Form des zweiten Hauptsatzes ausdrücken: „Es gibt keine periodisch arbeitende Maschine, die Wärme restlos in Arbeit verwandelt.“ Eine solche Maschine nennt man ein Perpetuum mobile zweiter Art.

Wie der erste Hauptsatz ist auch der zweite, auf bloßer Erfahrung beruhend, rein axiomatischer Natur und nicht weiter zu beweisen.

Zur mathematischen Formulierung des zweiten Hauptsatzes führen wir eine neue Zustandsgröße, die Entropie, ein. Für ein abgeschlossenes System ist sie für $e = e(T, p)$ usw. (hier auf die Masseneinheit bezogen) definiert durch:

$$T\,\mathrm{d}s = \mathrm{d}e + p\,\mathrm{d}v. \tag{1.63}$$

Es ist eine Aussage des zweiten Hauptsatzes, daß s eine thermodynamische Zustandsgröße und damit der Ausdruck $[1/T\,\mathrm{d}e + p/T\,\mathrm{d}v]$ ein vollständiges Differential ist.

Aus Gleichung (1.63) erhalten wir zusammen mit dem ersten Hauptsatz (1.10) für die Entropie eines reversiblen Prozesses:

$$\mathrm{d}s = \frac{\mathrm{d}q_{\mathrm{rev}}}{T}. \tag{1.64}$$

Daß die Gleichung (1.64) nur für reversible Wärmezufuhr gilt, hängt mit den Voraussetzungen für die Beziehung (1.10) zusammen. Abgesehen von der Beschränkung auf rein mechanische Arbeitsleistung, setzt (1.10) die Existenz einer kalorischen Zustandsgleichung $e = e(p, v)$ voraus, welche aber nur bei Systemen anwendbar ist, die sich in mechanischem und chemischem Gleichgewicht befinden.

Betrachten wir nun ein geschlossenes System, das mit seiner Umgebung im Energieaustausch steht, so können wir für die gesamte Entropieänderung schreiben:

$$\Delta S = \Delta S_a + \Delta S_i. \tag{1.65}$$

Dabei ist ΔS_a die endliche Entropieänderung infolge der Wechselwirkung zwischen System und Umgebung, etwa infolge Wärmezu- oder Abfuhr nach Beendigung des Prozesses. ΔS_i ist die entsprechende Änderung der Entropie im Inneren des Systems infolge beliebiger irreversibler Prozesse, z. B. chemischer Reaktionen (Abb. 1.3).

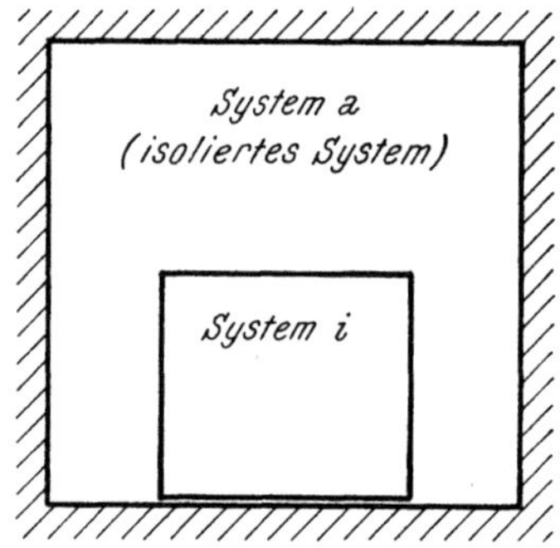

Abb. 1.3 Schematische Darstellung der betrachteten Systeme

Demnach ist

$$\Delta S_a = \int \frac{\mathrm{d}Q_{\mathrm{rev}}}{T}, \tag{1.66}$$

wobei Temperaturgleichgewicht zwischen System i und System a angenommen wurde.

Wie wir ferner aus der Erfahrung wissen, ist

$$\begin{aligned} \Delta S_i &> 0 \quad \text{für irreversible Prozesse,} \\ \Delta S_i &= 0 \quad \text{für reversible Prozesse.} \end{aligned} \tag{1.67}$$

Hieraus folgt schließlich wegen (1.65) für die Gesamtentropie:

$$\begin{aligned} \Delta S &> \frac{\mathrm{d}Q_{\mathrm{rev}}}{T} \quad \text{für irreversible Prozesse,} \\ \Delta S &= \frac{\mathrm{d}Q_{\mathrm{rev}}}{T} \quad \text{für reversible Prozesse.} \end{aligned} \tag{1.68}$$

Daher nimmt im Falle eines isolierten Systems die Gesamtentropie bei irreversiblen Prozessen zu, bei reversiblen Prozessen bleibt sie konstant.

1.13 Entropiefunktion

Durch Kombination von erstem und zweitem Hauptsatz der Wärmelehre erhalten wir für die Entropie der Masseneinheit folgenden Ausdruck in differentieller Form:

$$\mathrm{d}s = \frac{\mathrm{d}e + p\,\mathrm{d}v}{T} = \frac{\mathrm{d}i - v\,\mathrm{d}p}{T}, \tag{1.69}$$

oder in Form einer endlichen Zustandsänderung:

$$s = \int \frac{\mathrm{d}e + p\,\mathrm{d}v}{T} + \text{Konst.} = \int \frac{\mathrm{d}i - v\,\mathrm{d}p}{T} + \text{Konst.} \tag{1.70}$$

Die Integrationskonstante hängt von der Natur des Gases ab und kann mit den Mitteln der klassischen Thermodynamik nicht gefunden werden. Man kann jedoch, ähnlich wie wir es bereits bei der Enthalpie getan haben, einen Bezugszustand wählen, von dem aus die Entropie gezählt wird. Die Beziehungen (1.69) und (1.70) gelten noch ganz allgemein für jedes beliebige physikalisch homogene Medium in einem geschlossenen System.

Wir erhalten mit Hilfe der Zustandsgleichung (1.2) sowie mit den Gleichungen (1.21), (1.22) und (1.29):

$$\mathrm{d}s = c_v \frac{\mathrm{d}T}{T} + (c_p - c_v)\frac{\mathrm{d}v}{v} = c_p \frac{\mathrm{d}T}{T} - (c_p - c_v)\frac{\mathrm{d}p}{p} = c_v \frac{\mathrm{d}p}{p} + c_p \frac{\mathrm{d}v}{v}. \tag{1.71}$$

Die Integration kann sofort ausgeführt werden, wenn wir uns auf ideales Gas konst. spez. Wärme beschränken, wobei der Index 1 einen beliebigen Bezugszustand kennzeichnet.

$$\begin{aligned} s - s_1 &= c_v \ln \frac{T}{T_1} + (c_p - c_v) \ln \frac{v}{v_1} = c_p \ln \frac{T}{T_1} - (c_p - c_v) \ln \frac{p}{p_1} \\ &= c_v \ln \frac{p}{p_1} + c_p \ln \frac{v}{v_1}. \end{aligned} \tag{1.72}$$

Aus Zweckmäßigkeitsgründen in Hinblick auf spätere Anwendung kann noch das Verhältnis der spezifischen Wärmen $\varkappa$ eingeführt und das spezifische Volumen durch die Dichte ersetzt werden.

$$\begin{aligned} \frac{s - s_1}{c_p} &= \frac{1}{\varkappa} \ln \frac{T}{T_1} - \frac{\varkappa - 1}{\varkappa} \ln \frac{\varrho}{\varrho_1} = \ln \frac{T}{T_1} - \frac{\varkappa - 1}{\varkappa} \ln \frac{p}{p_1} \\ &= \frac{1}{\varkappa} \ln \frac{p}{p_1} - \ln \frac{\varrho}{\varrho_1}. \end{aligned} \tag{1.73}$$

Bei Gasen, die nicht der Zustandsgleichung (1.2) für ideale Gase gehorchen, und, wenn außerdem die Veränderlichkeit der spezifischen Wärmen nicht mehr vernachlässigt werden kann, ist die Integration etwas komplizierter.

Wir fassen die Entropie beispielsweise als Funktion von Druck und Temperatur auf. Dann ist das vollständige Differential für $s = s(T, p)$ gegeben durch:

$$\mathrm{d}s = \left(\frac{\partial s}{\partial T}\right)_p \mathrm{d}T + \left(\frac{\partial s}{\partial p}\right)_T \mathrm{d}p. \tag{1.74}$$

Andererseits erhalten wir durch Einsetzen von (1.23) in (1.69) die Gleichung

$$\mathrm{d}s = \frac{1}{T}\left(\frac{\partial i}{\partial T}\right)_p \mathrm{d}T + \frac{1}{T}\left[\left(\frac{\partial i}{\partial p}\right)_T - \frac{1}{\varrho}\right] \mathrm{d}p. \tag{1.75}$$

Vergleichen wir die Koeffizienten von (1.74) und (1.75), so ergibt sich unter Berücksichtigung von (1.20):

$$\left(\frac{\partial s}{\partial T}\right)_p = \frac{1}{T}\left(\frac{\partial i}{\partial T}\right)_p = \frac{c_p}{T} \tag{1.76}$$

und

$$\left(\frac{\partial s}{\partial p}\right)_T = \frac{1}{T}\left[\left(\frac{\partial i}{\partial p}\right)_T - \frac{1}{\varrho}\right]. \tag{1.77}$$

Differenzieren wir ferner Gleichung (1.76) nach p bei konstantem T und Gleichung (1.77) nach T bei konstantem p

$$\left(\frac{\partial \left(\frac{\partial s}{\partial T}\right)_p}{\partial p}\right)_T = \frac{\partial^2 s}{\partial p\,\partial T} = \frac{1}{T}\,\frac{\partial^2 i}{\partial T\,\partial p}, \tag{1.78}$$

$$\left(\frac{\partial \left(\frac{\partial s}{\partial p}\right)_T}{\partial T}\right)_p = \frac{\partial^2 s}{\partial p\,\partial T} = \frac{1}{T}\left[\frac{\partial^2 i}{\partial p\,\partial T} - \left(\frac{\partial v}{\partial T}\right)_p\right] - \frac{1}{T^2}\left[\left(\frac{\partial i}{\partial p}\right)_T - \frac{1}{\varrho}\right] \tag{1.79}$$

und setzen die erhaltenen Ausdrücke einander gleich, so folgt:

$$\left(\frac{\partial i}{\partial p}\right)_T = \frac{1}{\varrho} - T\left(\frac{\partial \frac{1}{\varrho}}{\partial T}\right)_p. \tag{1.80}$$

Führen wir diese Gleichung in (1.77) ein, ergibt sich schließlich in Verbindung mit (1.76) für das vollständige Differential der Entropie:

$$\mathrm{d}s = \frac{c_p}{T}\,\mathrm{d}T - \left(\frac{\partial \frac{1}{\varrho}}{\partial T}\right)_p \mathrm{d}p. \tag{1.81}$$

Die Integration der Gleichung (1.81) kann wieder analog zu Abschnitt 1.7 auf zwei verschiedenen Wegen erfolgen, welche beide gleichwertig sind.

$$s_2 - s_1 = \left[\int_{T_1}^{T_2} \frac{c_p}{T}\,\mathrm{d}T\right]_{p_1} - \left[\int_{p_1}^{p_2} \left(\frac{\partial \frac{1}{\varrho}}{\partial T}\right)_p \mathrm{d}p\right]_{T_2} \quad \text{(Integrationsweg I)} \tag{1.82a}$$

oder

$$s_2 - s_1 = \left[\int_{T_1}^{T_2} \frac{c_p}{T}\,\mathrm{d}T\right]_{p_2} - \left[\int_{p_1}^{p_2} \left(\frac{\partial \frac{1}{\varrho}}{\partial T}\right)_p \mathrm{d}p\right]_{T_1} \quad \text{(Integrationsweg II)} \tag{1.82b}$$

Im ersten Fall erfolgt die Integration in einer $T - s$ Ebene zuerst vom Zustand 1 ausgehend längs einer Kurve $p = p_1$ bis zur Temperatur T_2 und anschließend bei konstanter Temperatur T_2 zum Punkt 2. Entsprechendes gilt für den zweiten Integrationsweg.

1.14 Thermodynamisches Gleichgewicht

Bekanntlich strebt jedes sich selbst überlassene thermodynamische System einem Endzustand zu. Nach Erreichen dieses Endzustandes, welcher ohne Eingriffe von außen unbeschränkt lange aufrecht erhalten werden kann, sind meßbare Veränderungen nicht mehr festzustellen. Wir sprechen dann von *ungehemmtem thermodynamischem Gleichgewicht.*

Thermodynamisches Gleichgewicht umfaßt Spezialfälle wie thermisches und chemisches Gleichgewicht sowie Umwandlungsgleichgewicht. Im allgemeinen werden sich mechanisches und thermisches Gleichgewicht, das sind Druck- und Temperaturgleichheit, rasch einstellen. Besonders schnell stellt sich ersteres ein, so daß sogar im Zylinder eines schnellaufenden Kolbenmotors in jedem Augenblick örtlicher Druckausgleich in guter Näherung angenommen werden kann. Wir werden daher bei unseren Problemen stets Druck- und Temperaturgleichgewicht voraussetzen.

Phasengleichgewicht oder chemisches Gleichgewicht dagegen, welche dadurch gekennzeichnet sind, daß die entsprechende Phasenänderung abgeschlossen ist, bzw. alle Teilsubstanzen eines reagierenden Gemisches den ihrem Endzustand entsprechenden Massenanteil angenommen haben, benötigen erheblich mehr Zeit. So kann es vorkommen, daß die für den Strömungsablauf beanspruchten Zeiten von derselben Größenordnung, unter Umständen sogar wesentlich kürzer sind. In letzterem Fall spricht man von gefrorenem Zustand, da die Reaktion, verglichen mit dem rasch ablaufenden Strömungsvorgang, sozusagen als erstarrt erscheint. Häufig wird eine Substanz durch den raschen Ablauf daran gehindert, in die Reaktion oder Phasenänderung überhaupt einzutreten. Man nennt diese Art von Gleichgewichtszustand *gehemmtes Gleichgewicht.* Dies ist z. B. dann der Fall, wenn ein an sich reaktionsfähiges Gemisch zweier Stoffe nicht in der Lage ist, bei dem bestehenden thermodynamischen Zustand zu reagieren. Fügt man jedoch einen Katalysator hinzu, der selbst an der Reaktion gar nicht teilnimmt, so kann dadurch diese Hemmung aufgehoben werden und es kommt zu einer spontanen Reaktion. Das gehemmte Gleichgewicht geht dann mittels eines irreversiblen Vorganges in den Zustand des ungehemmten Gleichgewichts über. Ein beliebtes Beispiel hierfür ist ein Wasserstoff-Knallgasgemisch bei Raumtemperatur, das durch einen Platinkatalysator zur Reaktion gebracht werden kann. Auch der vorhin erwähnte gefrorene Zustand kann als eine Art gehemmtes Gleichgewicht angesehen werden.

1.15 Gemische einfacher Substanzen; Zweisubstanzenmodell

Eine „*einfache Substanz*" ist dadurch charakterisiert, daß ihr thermodynamischer Zustand durch die Angabe zweier Zustandsgrößen, etwa von Temperatur und Druck oder Temperatur und Dichte, eindeutig bestimmt ist. Dabei kann diese selbst wiederum aus einem Gemisch verschiedener Substanzen bestehen. Ein reaktionsfähiges Gasgemisch, unter Umständen sogar ein Gemisch von Luft und Brennstofftröpfchen, kann noch als einfache Substanz angesehen werden, vorausgesetzt, es ist keine merkbare Reaktion vorhanden. Sobald jedoch die Reaktion einsetzt, kann von einer einfachen Substanz nicht mehr gesprochen werden, da nun der thermodynamische Zustand von mehr als zwei Variablen abhängt. Die Bezeichnung „einfach" bezieht sich somit nicht auf die Zusammensetzung des Mediums, sondern auf die kleinstmögliche Anzahl unabhängiger thermodynamischer Variabler, die zur Beschreibung seines Zustandes erforderlich sind. Man muß sich dabei jedoch nicht notwendigerweise auf ideale Gase beschränken. Es genügt, wenn die Substanz einer Zustandsgleichung (1.1) gehorcht.

Von „*Zweisubstanzenmodell*" soll dann die Rede sein, wenn eine einfache Substanz in eine andere einfache Substanz übergeht, etwa durch eine chemische Reaktion, und dieser Vorgang durch eine einzige zusätzliche Variable, die Reaktionslaufzahl ω, beschrieben werden kann. Es sei dahingestellt, ob es sich dabei um eine exakte Einzelreaktion oder um das vereinfachte Modell einer globalen Reaktion handelt, welche durch *eine* Variable charakterisiert werden kann. Im Fall einer globalen Reaktion ist die eine Komponente das unverbrannte Gemisch und die andere Komponente wird aus den Reaktionsprodukten gebildet. Dies mag auf den ersten Blick eine zu grobe Vereinfachung der tatsächlichen Verhältnisse scheinen. Für das Studium der gasdynamischen Aspekte von Verbrennungsvorgängen müssen wir aber wegen der großen mathematischen Schwierigkeiten bzw. wegen des enormen Aufwandes bei numerischen Rechnungen nach Wegen suchen, welche uns überschaubare Modelle liefern, ohne jedoch auf typische Eigenschaften zu verzichten. Der Verlust an Exaktheit wird durch einen wesentlichen Gewinn an Übersichtlichkeit wettgemacht, wobei wegen der meist ungenügenden Kenntnise der reaktionskinetischen Daten der Begriff „Exaktheit" ohnehin in vielen Fällen fragwürdig ist.

Eine Erweiterung der in den folgenden Abschnitten abgeleiteten Beziehungen auf eine beliebige Anzahl von Substanzen kann ohne weiteres erfolgen. Wo dies nötig erscheint, werden überdies die entsprechenden Gleichungen für beliebig viele Komponenten zusätzlich angegeben.

Nehmen wir an, daß es sich um einen Verbrennungsvorgang handelt, dann wird mit dem Index U das unverbrannte Gemisch und mit dem Index V das Verbrannte bezeichnet. Die Indizes U und V beziehen sich daher nicht auf einen bestimmten Zustand, sondern lediglich auf die beiden Komponenten Frischgas und Verbrennungsprodukte. Einzelne Zustände müssen gegebenenfalls durch weitere Indizes angezeigt werden. Dafür werden, wie bisher, Zahlen verwendet.

Da die Summe der beiden Massenanteile, m_U und m_V, konstant sein muß, gilt:

$$m_U + m_V = m = \text{konst.} \quad \text{oder} \quad \frac{m_U}{m} + \frac{m_V}{m} = 1, \tag{1.83}$$

und für die relativen Massenkonzentrationen:

$$\frac{m_V}{m} = \omega, \quad \frac{m_U}{m} = 1 - \omega. \tag{1.84}$$

Der Massenanteil ω der Reaktionsprodukte ist daher die einzige zusätzliche Variable, welche beim Zweisubstanzenmodell zur Charakterisierung des Reaktionsablaufes notwendig ist. $\omega = 0$, wenn noch keine Reaktion stattgefunden hat, und $\omega = 1$, wenn die Reaktion voll abgelaufen ist.

Bei *Gemischen idealer Gase* ist bekanntlich der Gesamtdruck p gleich der Summe der Partialdrücke:

$$p = p_U + p_V. \tag{1.85}$$

Da beide Gase denselben Raum ausfüllen, ergibt sich für die Gesamtdichte ϱ:

$$\varrho = \varrho_U + \varrho_V \tag{1.86}$$

und für die Partialdichten:

$$\frac{\varrho_V}{\varrho} = \omega, \qquad \frac{\varrho_U}{\varrho} = 1 - \omega. \tag{1.87}$$

Für reale Gase gelten diese Gleichungen nur näherungsweise.

Bei der *Mischung zweier Phasen* ist dagegen das Gesamtvolumen gleich der Summe der Volumina der Einzelteile:

$$V = V_U + V_V, \tag{1.88}$$

woraus folgt:

$$\frac{1}{\varrho} = (1 - \omega)\frac{1}{\varrho_U} + \omega\frac{1}{\varrho_V}. \tag{1.89}$$

Wegen ihrer starken Durchmischung befinden sich beide Anteile im Druckgleichgewicht.

$$p = p_U = p_V. \tag{1.90}$$

Bevor wir wieder zum Gemisch zweier idealer Gase zurückkehren, ein paar Worte über die *Konzentrationsmaße*. Diese können auf vielfache Weise ausgedrückt werden.

Von den Chemikern wird die Molkonzentration c, das ist die Zahl der Mole (Moleküle) pro Volumeneinheit, bevorzugt:

$$c = \frac{n}{V}. \tag{1.91}$$

Dabei ist n die Anzahl der Mole im Volumen V.

Hat man Strömungsvorgänge mit chemischen Reaktionen, so ist die Massenkonzentration ϱ, die Masse pro Volumeneinheit, in der Regel vorzuziehen.

$$\varrho = \frac{m}{V}. \tag{1.92}$$

Sie hängt über die Molmasse mit der Molkonzentration zusammen.

$$\varrho = \mu c. \tag{1.93}$$

Meist rechnet man aber mit den dimensionslosen Relativkonzentrationen, entweder mit der relativen Molkonzentration r_i der Komponente i, auch Molenbruch genannt,

$$r_i = \frac{c_i}{c}; \quad \sum_i r_i = 1, \tag{1.94}$$

oder mit der relativen Massenkonzentration ω_i:

$$\omega_i = \frac{\varrho_i}{\varrho}; \quad \sum_i \omega_i = 1. \tag{1.95}$$

Von letzterer machen wir noch ausführlichen Gebrauch.

Wir setzen nun unsere Betrachtung des Zweisubstanzenmodells fort und wollen der Einfachheit halber annehmen, die beiden Komponenten seien ideale Gase konst. spez. Wärme. Dann gelten für die beiden Komponenten die Zustandsgleichungen:

$$\frac{p_U}{\varrho_U} = \frac{R}{\mu_U} T = (c_{pU} - c_{vU})\, T; \quad \frac{p_V}{\varrho_V} = \frac{R}{\mu_V} T = (c_{pV} - c_{vV})\, T. \tag{1.96}$$

Daraus ergibt sich wegen (1.85) für das Gesamtgemisch:

$$\frac{p}{\varrho} = \frac{R}{\mu} T = (c_p - c_v)\, T = (1 - \omega) \frac{p_U}{\varrho_U} + \omega \frac{p_V}{\varrho_V}. \tag{1.97}$$

Dabei haben wir thermisches Gleichgewicht angenommen. Dies bedeutet Temperaturgleichheit der beiden Anteile. Bei den meisten Problemen der Gasdynamik ist dieser Temperaturausgleich im Gemisch weitgehend verwirklicht und soll daher beim Zweisubstanzenmodell immer vorausgesetzt werden.

Aus den Gleichungen (1.95) und (1.96) folgt für die Molmasse μ des Gesamtgemisches:

$$\frac{1}{\mu} = (1 - \omega) \frac{1}{\mu_U} + \omega \frac{1}{\mu_V}. \tag{1.98}$$

Für die spezifischen Wärmen des Gesamtgemisches kann man schreiben:

$$\begin{aligned} c_v &= \left(\frac{\partial e}{\partial T}\right)_{\varrho,\omega} = (1 - \omega)\, c_{vU} + \omega c_{vV}, \\ c_p &= \left(\frac{\partial i}{\partial T}\right)_{p,\omega} = (1 - \omega)\, c_{pU} + \omega c_{pV}. \end{aligned} \tag{1.99}$$

Ferner sei noch die Zustandsgleichung für das Gesamtgemisch in Differentialform angegeben:

$$\frac{\mathrm{d}p}{p} = \frac{\mathrm{d}\varrho}{\varrho} + \frac{\mathrm{d}T}{T} + \left(\frac{\mu}{\mu_V} - \frac{\mu}{\mu_U}\right) \mathrm{d}\omega = \frac{\mathrm{d}\varrho}{\varrho} + \frac{\mathrm{d}T}{T} + \frac{(c_{pV} - c_{vV}) - (c_{pU} - c_{vU})}{(c_p - c_v)}\, \mathrm{d}\omega. \tag{1.100}$$

Abschließend soll darauf hingewiesen werden, daß die Annahme konst. spez. Wärmen für die beiden Komponenten eine Änderung der spezifischen Wärmen bzw. der Molmasse des Gesamtgemisches infolge der Reaktion immer noch zuläßt.

1.16 Innere Energie und Enthalpie im Zweisubstanzenmodell

Die innere Energie der Masseneinheit eines Gemisches zweier einfacher Substanzen e ist gegeben durch:

$$e = \frac{m_U}{m} e_U + \frac{m_V}{m} e_V = (1 - \omega) e_U + \omega e_V, \tag{1.101}$$

oder in Differentialform:

$$de = (1 - \omega) de_U + \omega de_V + (e_V - e_U) d\omega. \tag{1.102}$$

Analog können wir für die Enthalpie der Masseneinheit i schreiben:

$$i = \frac{m_1}{m} i_U + \frac{m_2}{m} i_V = (1 - \omega) i_U + \omega i_V, \tag{1.103}$$

oder

$$di = (1 - \omega) di_U + \omega di_V + (i_V - i_U) d\omega. \tag{1.104}$$

Sind die beiden Komponenten ideale Gase konst. spez. Wärme, so vereinfachen sich die Gleichungen (1.102) und (1.104) zu:

$$de = c_v(\omega) dT + (e_V - e_U) d\omega; \tag{1.105}$$

$$di = c_p(\omega) dT + (i_V - i_U) d\omega. \tag{1.106}$$

c_p bzw. c_v sind hier immer noch gemäß den Gleichungen (1.99) von der Zusammensetzung des Gesamtgemisches abhängig. Können wir jedoch die Änderung der Molmasse während der Reaktion oder, was dasselbe ist, die Änderung der mittleren spezifischen Wärmen vernachlässigen, so erhalten wir nach Integration der Gleichungen (1.105) und (1.106) mit den Randbedingungen $e = e_1 : \omega = 0$ bzw. $i = i_1 : \omega = 0$:

$$e = e_1 + c_v(T - T_1) + \int_0^\omega (e_V - e_U) d\omega = e_{th} + e_{chem}; \tag{1.107}$$

$$i = i_1 + c_p(T - T_1) + \int_0^\omega (i_V - i_U) d\omega = i_{th} + i_{chem}. \tag{1.108}$$

Der Index 1 bezeichnet irgendeinen Bezugszustand, z. B. den Zustand vor Beginn der Reaktion. ω muß durch ein Reaktionsgesetz gegeben sein, welches eine Angelegenheit der Reaktionskinetik ist. (Näheres hierzu in Teil II.)

Wie man sieht, zerfallen unter der Voraussetzung konst. spez. Wärmen die innere Energie und die Enthalpie in einen rein thermischen und in einen rein chemischen Anteil. Ersterer stellt die Energie- bzw. Entropieerhöhung infolge des Temperaturanstieges dar, letzterer berücksichtigt die Änderungen infolge der Umwandlung von Frischgemisch in Reaktionsprodukte. Daher kann man auch von einer Art verallgemeinerter innerer Energie oder Enthalpie sprechen.

Einen Vorgang mit Energieumsatz kann man auf zwei völlig verschiedene Arten betrachten. Man kann z. B. die Verbrennung entweder als eine Wärmequelle auffassen, welche auf der linken Seite des ersten Hauptsatzes aufscheint. In diesem Fall ist die Enthalpie mit der thermischen Enthalpie i_{th} identisch.

$$\mathrm{d}q = \mathrm{d}i_{\text{th}} - \frac{1}{\varrho}\,\mathrm{d}p. \tag{1.109}$$

Die Reaktionswärme bei konstantem Druck unter der Voraussetzung konstanter spezifischer Wärme ist dann:

$$\mathrm{d}q_p = \mathrm{d}i_{\text{th}} = c_p\,\mathrm{d}T. \tag{1.110}$$

Oder man sieht die Verbrennung als eine innere Angelegenheit eines gegen seine Umgebung adiabatisch abgeschlossenen Teilchens an, dann gilt mit der verallgemeinerten Enthalpie der Masseneinheit nach Gleichung (1.104) für den ersten Hauptsatz:

$$0 = \mathrm{d}i - \frac{1}{\varrho}\,\mathrm{d}p. \tag{1.111}$$

Für $p =$ konst. und konstanter spezifischer Wärme ergibt sich:

$$-(i_V - i_U)\,\mathrm{d}\omega = (1 - \omega)\,\mathrm{d}i_U + \omega\,\mathrm{d}i_V = c_p\,\mathrm{d}T. \tag{1.112}$$

Auf der rechten Gleichungsseite steht die Zunahme der Enthalpie der beiden Teilsubstanzen, auf der linken Seite steht eine Wärmezufuhr, welche die Enthalpieerhöhung bewirkt.

1.17 Entropie im Zweisubstanzenmodell; freie Enthalpie

Wie die innere Energie und die Enthalpie ist auch die Entropie im Zweisubstanzenmodell gleich der Summe der Teilentropien.

$$s = (1 - \omega)\,s_U + \omega s_V, \tag{1.113}$$

und in Differentialform:

$$\mathrm{d}s = (1 - \omega)\,\mathrm{d}s_U + \omega\,\mathrm{d}s_V + (s_V - s_U)\,\mathrm{d}\omega. \tag{1.114}$$

Für die beiden Komponenten gilt entsprechend der Entropiedefinition

$$\begin{aligned} T\,\mathrm{d}s_U &= \mathrm{d}e_U + p_U\,\mathrm{d}\left(\frac{1}{\varrho_U}\right) = \mathrm{d}i_U - \frac{1}{\varrho_U}\,\mathrm{d}p_U, \\ T\,\mathrm{d}s_V &= \mathrm{d}e_V + p_V\,\mathrm{d}\left(\frac{1}{\varrho_V}\right) = \mathrm{d}i_V - \frac{1}{\varrho_V}\,\mathrm{d}p_V. \end{aligned} \tag{1.115}$$

Damit erhalten wir die Gibbsche Fundamentalgleichung für die Entropie im Sonderfall des Zweisubstanzenmodells:

$$T\,\mathrm{d}s = \mathrm{d}i - \frac{1}{\varrho}\,\mathrm{d}p - (g_V - g_U)\,\mathrm{d}\omega \tag{1.116}$$

mit

$$g_U = i_U - Ts_U \quad \text{und} \quad g_V = i_V - Ts_V. \tag{1.117}$$

g ist die Gibbsche freie Enthalpie der Masseneinheit. Sie ist eine thermodynamische Zustandsgröße und gehört wegen ihres Potentialcharakters neben der inneren Energie, der Enthalpie und der freien Energie zu den sogenannten thermodynamischen Potentialen. Die Gleichung (1.116) gilt noch ganz allgemein auch für nichtideale Gase.

Bei einer beliebigen Anzahl von k Komponenten lautet die Gibbsche Fundamentalgleichung:

$$T\,\mathrm{d}s = \mathrm{d}i - \frac{1}{\varrho}\,\mathrm{d}p - \sum_{i=1}^{k} \bar{\mu}_i\,\mathrm{d}\omega_i. \tag{1.118}$$

$\bar{\mu}_i$ ist das chemische Potential der Komponente i und ist gegeben durch:

$$\bar{\mu}_i = \left(\frac{\partial g}{\partial \omega_i}\right)_{T,p,\omega_{j \neq i}}. \tag{1.119}$$

Betrachten wir den wichtigen Sonderfall einer adiabatischen Zustandsänderung $0 = \mathrm{d}i - 1/\varrho\,\mathrm{d}p$ und fragen nach der Bedingung für thermodynamisches Gleichgewicht, dann muß die Gesamtentropie eines solchen Prozesses nach unseren Überlegungen im Abschnitt 1.12 konstant sein. Daher folgt aus Gleichung (1.116):

$$(g_V - g_U)\,\mathrm{d}\omega = 0.$$

Thermodynamisches Gleichgewicht kann danach in zwei Fällen erreicht werden. Im ersten Fall ist $\mathrm{d}\omega = 0$, das bedeutet eingefrorenen Zustand, d. h. gehemmtes Gleichgewicht. Im zweiten Fall ergibt sich die Bedingung für ungehemmtes Gleichgewicht:

$$g_V = g_U \quad \text{oder} \quad i_V - Ts_V = i_U - Ts_U. \tag{1.120}$$

Dies besagt, wie im folgenden noch eingehender gezeigt werden soll, daß im thermodynamischen Gleichgewicht die Zusammensetzung des Gesamtgemisches, charakterisiert durch ω, entweder konstant oder über die Bedingung (1.120) fest mit dem thermodynamischen Zustand gekoppelt ist. Sowohl im ungehemmten als auch im gehemmten Gleichgewicht verringert sich die Anzahl der unabhängigen Variablen wieder auf zwei, und wir können so tun, als ob wir eine einzige einfache Substanz vor uns hätten. Allerdings werden die funktionalen Zusammenhänge entsprechend komplizierter.

Wir wenden nun die Gleichgewichtsbedingung (1.120) auf die Substanzen U und V an, wobei wir annehmen, beide Substanzen befinden sich in jedem Augenblick miteinander im Gleichgewicht. Ferner soll vorausgesetzt werden, beide Substanzen seien ideale Gase oder Gasgemische.

Da die Gleichung (1.120) auch für den Anfangszustand (Index a) gilt, kann man für den Entropieunterschied schreiben:

$$(s_V - s_{Va}) - (s_U - s_{Ua}) = \frac{i_V - i_U}{T} - \frac{i_{Va} - i_{Ua}}{T_a}. \tag{1.121}$$

Dabei läßt sich die Enthalpiedifferenz $i_V - i_U$ ausdrücken durch:

$$i_V - i_U = i_{Va} - i_{Ua} + (c_{pV} - c_{pU})\,(T - T_a)\,, \tag{1.122}$$

und man bekommt:

$$(s_V - s_{Va}) - (s_U - s_{Ua}) = \left[c_{pV} - c_{pU} - \frac{i_{Va} - i_{Ua}}{T_a}\right]\left(1 - \frac{T_a}{T}\right). \tag{1.123}$$

Ersetzt man auf der linken Gleichungsseite die Entropie mit Gleichung (1.72) durch Temperatur und Dichte und führt $\omega = \varrho_V/\varrho$ bzw. $\omega_a = \varrho_{Va}/\varrho_a$ ein, so erhält man nach einiger Rechnung:

$$\begin{aligned} &\frac{\mu_U}{\mu_V}\ln\frac{\bar\omega}{\bar\omega_a} - \ln\frac{1-\bar\omega}{1-\bar\omega_a} = -\left(\frac{\mu_U}{\mu_V} - 1\right)\ln\frac{\varrho}{\varrho_a} \\ &+ \frac{\mu_U}{R}\left[c_{pV} - c_{pU} - \frac{i_{Va} - i_{Ua}}{T_a}\right]\left(1 - \frac{T_a}{T}\right) + \frac{\mu_U}{R}\,(c_{vV} - c_{vU})\ln\frac{T}{T_a}. \end{aligned} \tag{1.124}$$

Dabei sind $\bar\omega$ und $\bar\omega_a$ die Gleichgewichtswerte von ω bzw. ω_a. Die soeben abgeleitete Beziehung (1.124) ist vor allem für Dissoziationsvorgänge von Bedeutung, doch soll hier nicht näher darauf eingegangen werden. (Vergl. [33].)

Für einen isotherm und isobar verlaufenden Vorgang, etwa eine Verbrennung bei Atmosphärendruck mit anschließender Rückkühlung der Verbrennungsprodukte auf die Ausgangstemperatur, vereinfacht sich die Gleichung (1.124) zu:

$$\frac{\bar\omega^{\mu_U}}{(1-\bar\omega)^{\mu_V}} = K(p, T)\,. \tag{1.125}$$

Dies ist nichts anderes als das bekannte Massenwirkungsgesetz von Guldber und Waage für den Spezialfall des Zweisubstanzenmodells.

1.18 Massenwirkungsgesetz von Guldberg und Waage

Im vorhergehenden Abschnitt haben wir die Gleichgewichtsbedingungen für das Zweisubstanzenmodell formuliert und abschließend das Massenwirkungsgesetz für diesen Spezialfall erhalten. Nun wollen wir das Massenwirkungsgesetz für den allgemeinen Fall einer beliebigen Reaktion von der Form

$$\nu_A A + \nu_B B + \cdots \rightleftharpoons \nu_M M + \nu_N N + \cdots$$

angeben. $A, B, \ldots$ sind wieder die Summenformeln der reagierenden Substanzen und $\nu_A, \nu_B, \ldots$ die zugehörigen stöchiometrischen Koeffizienten.. Das Zeichen $\rightleftharpoons$ deutet an, daß die Reaktion in beiden Richtungen verlaufen kann und daß damit der Gleichgewichtszustand von beiden Seiten erreichbar ist. Ferner möge die Reaktion wiederum isobar und isotherm verlaufen.

Ausgehend von der Gleichgewichtsbedingung

$$dg = 0 \tag{1.126}$$

läßt sich zeigen, daß für gegebenen Druck und gegebene Temperatur die Konzentration der Ausgangssubstanzen c_A, c_B, ... in einer bestimmten Beziehung zu den Konzentrationen der Endprodukte c_M, c_N, ... stehen:

$$\frac{c_M^{\nu_M} \cdot c_N^{\nu_N} \cdot \ldots}{c_A^{\nu_A} \cdot c_B^{\nu_B} \cdot \ldots} = K_c \quad \text{oder} \quad \prod_i c_i^{\nu_i} = K_c. \tag{1.127}$$

Chemisches Gleichgewicht als Spezialfall des thermodynamischen Gleichgewichts vorausgesetzt, ist die Zusammensetzung des Gemisches durch das Massenwirkungsgesetz von GULDBERG und WAAGE (1.127) für einen gegebenen thermodynamischen Zustand festgelegt. K_c nennt man die Gleichgewichtskonstante. Der Index c soll kennzeichnen, daß K durch die Konzentrationen ausgedrückt wird. Den allgemeinen Gepflogenheiten entsprechend, wurden in Gleichung (1.127) die Molkonzentrationen und nicht wie bisher die Massenkonzentrationen verwendet. Bei der rechten Gleichung (1.127) ist noch zu beachten, daß für die stöchiometrischen Koeffizienten ν_i der Reaktionsprodukte Ausgangsprodukte ein negatives Vorzeichen zu nehmen ist.

Mit Hilfe der Zustandsgleichung für ideale Gase (1.2) und der Definition von c_i (1.91) kann die Gleichgewichtskonstante auch durch die Partialdrücke definiert werden:

$$K_c = \frac{p_M^{\nu_M} \cdot p_N^{\nu_N} \cdot \ldots}{p_A^{\nu_A} \cdot p_B^{\nu_B} \cdot \ldots} (RT)^{\Delta\nu} = K_p (RT)^{\Delta\nu} \tag{1.128}$$

mit

$$\Delta\nu = \nu_M + \nu_N + \cdots - \nu_A - \nu_B - \cdots$$

und

$$K_p = \frac{p_M^{\nu_M} \cdot p_N^{\nu_N} \cdot \ldots}{p_A^{\nu_A} \cdot p_B^{\nu_B} \cdot \ldots} = \prod_i p_i^{\nu_i}. \tag{1.129}$$

Für ideales Gas ist die Gleichgewichtskonstante K_p vom Gesamtdruck unabhängig und lediglich eine Funktion der Temperatur. Die Temperaturabhängigkeit der Gleichgewichtskonstanten ist dann gegeben durch:

$$\left(\frac{\partial \ln K_c}{\partial T}\right)_v = -\frac{q_v}{RT^2}; \quad \left(\frac{\partial \ln K_p}{\partial T}\right)_p = -\frac{q_p}{RT^2}. \tag{1.130}$$

Aus der Sicht der Reaktionskinetik kann das Massenwirkungsgesetz folgendermaßen interpretiert werden: Die chemische Reaktion geht gleichzeitig in beiden Richtungen vor sich. Herrscht chemisches Gleichgewicht, so halten sich Hin- und Rückreaktion gerade die Waage.

Große Werte von K_c bzw. K_p bedeuten, daß im Gleichgewichtszustand die Endprodukte gegenüber den Ausgangsprodukten überwiegen und umgekehrt. Daher ist der Absolutwert der Gleichgewichtskonstanten ein Maß für die „Ausbeute" der Reaktion. Zahlenwerte der Gleichgewichtskonstanten finden sich u. a. in [24].

1.19 Schallgeschwindigkeit in einem reagierenden Gasgemisch

Chemische Reaktionen benötigen zu ihrer Vollendung, d. h. zum Erreichen des thermodynamischen Gleichgewichtes, Zeit. Bei der Strömung eines reagierenden Gasgemisches kann es vorkommen, daß die Änderung des äußeren Zustandes so schnell vor sich geht, daß die Reaktion nachhinkt. Dieses „Nachhinken" nennt man *Relaxation*. Setzen wir die Reaktionszeit τ_R zu einer charakteristischen Zeit für den Strömungsvorgang $\tau_S = l/u$ ins Verhältnis, wobei l eine charakteristische Länge des Strömungsfeldes und u eine charakteristische Geschwindigkeit ist, so gibt dies ein Maß für die Relaxation:

$$Da = \frac{\tau_S}{\tau_R} = \frac{l}{u\tau_R}. \tag{1.131}$$

Da ist die sogenannte Damköhlerzahl. Sie darf nicht mit einer weiteren Kennzahl dieses Namens verwechselt werden, die wir später noch kennenlernen werden.

Neben chemischer Relaxation kann auch noch thermische Relaxation eintreten. Die inneren Freiheitsgrade der Moleküle (Translation, Rotation und Vibration) haben keine Zeit, jenen Endzustand zu erreichen, welcher den äußeren Bedingungen (Druck, Temperatur usw.) entspricht. Im allgemeinen wird die chemische Relaxationszeit größer als die thermische Relaxationszeit sein.

Bei einem Vorgang mit Relaxation können wir zwei Grenzfälle unterscheiden. Im ersten Grenzfall geht die Reaktion so langsam vor sich, daß keine merkbare Änderung der Zusammensetzung eintritt ($\tau_R \to \infty$, $\bar{\omega} =$ konst.). Daher spricht man von *gefrorenem Gleichgewicht.*

Im zweiten Grenzfall geht die Reaktion im Vergleich zur Änderung des äußeren Zustandes so schnell vor sich, daß praktisch immer Gleichgewicht herrscht. Die Gasteilchen durchlaufen ungehemmte thermodynamische Gleichgewichte [$\tau_R \to 0$, $\bar{\omega} = \bar{\omega}(p, \varrho)$]. $\bar{\omega}$ ist der Gleichgewichtswert von ω. Er hängt vom thermodynamischen Zustand des strömenden Mediums ab. Dabei setzen wir voraus, daß ein solcher für jeden Wert von p und ϱ existiert.

Nehmen wir wiederum an, die chemische Reaktion kann durch eine einzige Variable ω beschrieben werden und betrachten wir die Enthalpie als Funktion von Druck, Dichte und ω, so können wir für $i = i(p, \varrho, \omega)$ schreiben:

$$\mathrm{d}i = \left(\frac{\partial i}{\partial p}\right)_{\varrho,\omega} \mathrm{d}p + \left(\frac{\partial i}{\partial \varrho}\right)_{p,\omega} \mathrm{d}\varrho + \left(\frac{\partial i}{\partial \omega}\right)_{p,\varrho} \mathrm{d}\omega. \tag{1.132}$$

Für $s =$ konst. und $\omega =$ konst. folgt daraus zusammen mit (1.116) für gefrorenes Gleichgewicht:

$$\left(\frac{\partial p}{\partial \varrho}\right)_{s,\omega} = -\frac{\left(\frac{\partial i}{\partial \varrho}\right)_{p,\omega}}{\left(\frac{\partial i}{\partial p}\right)_{\varrho,\omega} - \frac{1}{\varrho}} = c_f^2. \tag{1.133}$$

c_f ist die *gefrorene Schallgeschwindigkeit.*

Im Fall des ungehemmten Gleichgewichtes hängt i nur mehr von p und ϱ ab, und für die *Gleichgewichtsschallgeschwindigkeit* c_e ergibt sich:

$$\left(\frac{\partial p}{\partial \varrho}\right)_{s} = -\frac{\left(\frac{\partial i}{\partial \varrho}\right)_{p}}{\left(\frac{\partial i}{\partial p}\right)_{\varrho} - \frac{1}{\varrho}} = c_e^2. \tag{1.134}$$

An dieser Stelle sei nochmals darauf hingewiesen, daß der Gleichgewichtswert $\tilde{\omega}$ nicht konstant, sondern vom thermodynamischen Zustand abhängig ist.

Für ideales Gas konst. spez. Wärme erhalten wir die aus der klassischen Gasdynamik wohlbekannte Beziehung:

$$c^2 = \varkappa \frac{p}{\varrho} = (\varkappa - 1)\, c_p T \tag{1.135}$$

Ganz allgemein ist

$$c_f > c_e \tag{1.136}$$

als eine Folge des zweiten Hauptsatzes der Thermodynamik [30]. Diese Ungleichung wird später noch von Bedeutung sein.

Mittels der Theorie der Schallfortpflanzung läßt sich anhand der Dispersionsgleichung zeigen [31], daß die Schallgeschwindigkeit der gefrorenen Strömung c_f der Fortpflanzungsgeschwindigkeit einer Schallwelle von sehr hoher Frequenz entspricht. Umgekehrt entspricht die Gleichgewichtsschallgeschwindigkeit c_e einer Schallwelle von verschwindender Frequenz.

Abschließend noch eine Bemerkung zur Strömung in der Nähe des thermodynamischen Gleichgewichtes. Die Reaktionsgleichung, welche die zeitliche Änderung von ω angibt, kann man hier in folgender linearisierter Näherung schreiben [32]:

$$\frac{d\omega}{dt} = \frac{1}{\tau_R} (\tilde{\omega} - \omega). \tag{1.137}$$

Die Reaktionszeit τ_R ist in der Nähe des thermodynamischen Gleichgewichtes sehr kurz, verglichen mit der Zustandsänderung eines Gaselementes ($\tau_R \to 0$). Der Ausdruck $(\tilde{\omega} - \omega)$ in Gleichung (1.137) wird wegen $\omega \to \tilde{\omega}$ ebenfalls sehr klein. Da jedoch gleichzeitig $1/\tau_R$ sehr groß wird, bleibt die Reaktionsgeschwindigkeit $d\omega/dt$ endlich und darf nicht vernachlässigt werden.

Wir können uns die Verhältnisse leicht noch klarer machen, wenn wir die Gleichung (1.137) für $\tau_R =$ konst. mit der Anfangsbedingung $t = 0$, $\omega = 0$ integrieren:

$$\omega = \tilde{\omega}\left(1 - e^{-\frac{t}{\tau}}\right). \tag{1.138}$$

Hieraus sieht man, daß das Gleichgewicht theoretisch erst nach unendlich langer Zeit erreicht wird. Ein stetiger Übergang zum vollständigen Gleichgewicht im Endlichen ist also nicht möglich. Dieser Umstand ist für die Anwendung der Charakteristikenmethode auf Nichtgleichgewichtsströmungen wichtig.

1.20 Literatur

1. Sommerfeld, A.: Vorlesungen über theoretische Physik, Bd. V, Thermodynamik und Statistik. Wiesbaden: Klemm. 1952.
2. Rossini, D. (Ed.): Thermodynamics and physics of matter. Vol. I, High speed aerodynamics and jet propulsion. Princeton, N. J.: Princeton University Press. 1955.
3. Guggenheim, E. A.: Thermodynamics, an advanced treatment for chemists and physicists. 3. Aufl. Amsterdam: North Holland. 1957.

4. BOŠNJAKOVIĆ, F.: Technische Thermodynamik, I. und II. Teil, 5. Aufl. Dresden: Steinkopff. 1967.
5. SCHMIDT, E.: Einführung in die technische Thermodynamik und in die Grundlagen der chemischen Thermodynamik. 10. Aufl. Berlin—Göttingen—Heidelberg: Springer. 1963.
6. PISCHINGER, A.: Technische Thermodynamik. Wien: Springer. 1951.
7. ZEMANSKY, M. W.: Heat and thermodynamics. New York: McGraw-Hill. 1957.
8. BAEHR, H. D.: Thermodynamik. 3. Aufl. Berlin—Heidelberg—New York: Springer. 1973.
9. PENNER, S. S.: Thermodynamics. Reading, Mass.: Addison-Wesley. 1968.
10. PRIGOGINE, I., and DEFAY, R.: Chemical thermodynamics. London: Longmans. 1962.
11. SAUER, R.: Einführung in die theoretische Gasdynamik. Berlin—Göttingen—Heidelberg: Springer. 1951.
12. OSWATITSCH, K.: Gasdynamik. Wien: Springer. 1952.
13. SHAPIRO, A. H.: The dynamics and thermodynamics of compressible flow. New York: Ronald Press. 1954.
14. LIEPMANN, H. W., and ROSHKO, A.: Elements of gasdynamics. New York: Wiley & Sons. 1957.
15. EMMONS, H. W. (Ed.): Fundamentals of gas dynamics. High speed aerodynamics and jet propulsion, Bd. III. Princeton, N. J.: Princeton University Press. 1958.
16. ZIEREP, J.: Vorlesungen über theoretische Gasdynamik. Karlsruhe: Braun. 1963.
17. BECKER, E.: Gasdynamik. Stuttgart: Teubner. 1965.
18. LANDAU, L. D., und LIFSCHITZ, E. M.: Hydrodynamik. Lehrbuch der theoretischen Physik, Bd. IV. (Übers. a. d. Russischen.) Berlin: Akademie-Verlag. 1966.
19. DE GROOT, S. R.: Thermodynamik irreversibler Prozesse. Mannheim: Bibliographisches Institut. 1960.
20. DE GROOT, S. R., und MAZUR, P.: Non-equilibrium thermodynamics. Amsterdam: North-Holland. 1962.
21. PRIGOGINE, I.: Introduction to thermodynamics of irreversible processes. 3. Aufl. New York: Wiley & Sons. 1967.
22. HIRSCHFELDER, J. O., CURTISS, G. F., and BIRD, R. B.: Molecular theory of gases and liquids. New York: Wiley & Sons. 1954.
23. LANDOLT-BÖRNSTEIN: Zahlenwerte und Funktionen aus Physik, Chemie, Astronomie, Geophysik und Technik. 6. Aufl., Bd. II, 4. Teil. Berlin—Göttingen—Heidelberg: Springer (seit 1952).
24. ROSSINI, F. D., WAGMAN, D. D., EVANS, W. H., LEVINE, S., and JOFFE, J.: Selected values of chemical thermodynamic properties. Circular 500 of the National Bureau of Standards, Washington, D. C.: United States Government Printing Office. 1952.
25. ROSSINI, F. D., PITZER, K. S., ARNETT, R. L., BRAUN, R. M., and PIMENTEL, G. C.: Selected values of physical and thermodynamic properties of hydrocarbon and related compounds. Pittsburgh, Pa.: Carnegie Press. 1953.
26. WEAST, R. C. et al. (Herausg.): Handbook of chemistry and physics. 46. Aufl. Cleveland, Ohio: The Chemical Rubber Co. 1966.
27. KLOTZ, I. M., and YOUNG, T. F.: Chemical thermodynamics. New York: Benjamin. 1964.
28. D'ANS, J., und LAX, E.: Taschenbuch für Chemiker und Physiker. 3. Aufl. Berlin—Heidelberg—New York: Springer. 1964—66.
29. OSWATITSCH, K.: Abriß der Strömungsthermodynamik. DLR Forschungsber. 69—59, (1969).
30. BECKER, E.: Neuere Probleme der Dynamik realer Gase. ZAMM **47**, Sonderheft GAMM-Tagung, (1967).
31. BROER, L. J. F.: Characteristics of the equations of motion of a reacting gas. Journ. Fluid Mech. **4**, 276—282 (1958).
32. BARTLMÄ, F.: Ebene Strömung mit Relaxation. DLR-Forschungsbericht 65—34, (1965).
33. OSWATITSCH, K.: Grundlagen der Gasdynamik. Wien—New York: Springer. 1976.

II. Allgemeine Grundlagen der Verbrennung

2.1 Einleitung

In diesem Teil sollen die chemisch-physikalischen Grundlagen der Verbrennung kurz zusammengefaßt werden, soweit sie zum Verständnis der Gasdynamik der Verbrennung notwendig sind. Für ein tieferes Eindringen in die Reaktionskinetik und in die Physik der Verbrennungsvorgänge sei auf die zahlreichen einschlägigen Darstellungen verwiesen, z. B. [1] bis [15].

Unter der Bezeichnung „*Verbrennung*" wird eine große Anzahl z. T. sehr verschiedener Vorgänge zusammengefaßt. Diese reichen vom Abbrennen einer Kerze über die Vorgänge in einer Gasturbinenbrennkammer bis zur Detonation eines Sprengstoffes. Will man eine Definition der Verbrennung auf Grund des äußeren Erscheinungsbildes geben, so stellt sich sehr schnell heraus, daß die landläufige Vorstellung, es handle sich dabei um einen rasch ablaufenden Oxydationsvorgang mit starker Wärmeentwicklung und Lichtemission, nicht ausreicht.

Erstens muß eine Verbrennung nicht notwendigerweise unter Beteiligung von Sauerstoff vor sich gehen*. Ein Gemisch aus Wasserstoff und Chlor „brennt" mit einer hellen Flamme. Metalle können in Chlor „brennen". Darüber hinaus gibt es Explosionsvorgänge, die auf bloßer Zersetzung beruhen (z. B. Zerfall von Ozon oder Azetylen).

Zweitens kann auch die Wärmeentwicklung nicht unbedingt als typisch für eine Verbrennung angesehen werden. Man denke an die sogenannten „kalten Flammen", bei denen die chemische Reaktion im wesentlichen auf katalytischen Wirkungen beruht (z. B. Verbrennung von Äther). Ferner ist die Temperaturerhöhung in den Brennkammern von Staustrahltriebwerken, die mit hoher Machzahl angeströmt werden, ebenfalls nur verhältnismäßig gering. Die chemische Energie wird hier größtenteils für die Dissoziation der Moleküle der Verbrennungsprodukte verwendet. Die Umsetzung derselben durch Rekombination in Wärme und gleichzeitig in kinetische Energie erfolgt erst in der anschließenden Düse.

Wir machen uns daher die Vorstellungen von D. A. Frank-Kamenetzky [5] zu eigen, wonach nicht die chemische Natur der Reaktion charakteristisch für einen Verbrennungsvorgang ist, sondern entscheidend sind die chemisch-physikalischen

---

* Der Begriff Oxydation hat sich im Laufe der Zeit stark gewandelt. Ursprünglich verstand man darunter nur die chemische Vereinigung des Sauerstoffs mit irgendwelchen anderen Elementen. Mit dem Aufkommen des Bohrschen Atommodells und der elektrochemischen Deutung der chemischen Prozesse wurde der Oxydationsbegriff erheblich erweitert. Heute bezeichnet man mit Oxydation ganz allgemein einen Entzug von Elektronen aus den Atomen eines Elements durch das Oxydationsmittel.

Umstände derselben. Eine grundlegende Eigenschaft der Verbrennung ist ihre Fähigkeit, sich die für einen schnellen Reaktionsablauf nötigen Bedingungen selbst zu schaffen. Dies kann entweder durch die Akkumulation von Wärme (thermische Verbrennung) oder durch Akkumulation von gewissen Zwischenprodukten, welche die Reaktion beschleunigen, wie Radikalen, freien Atomen usw., geschehen. Eine weitere grundlegende Eigenschaft der Verbrennung ist folgende: Hat man z. B. ein Gemisch aus Wasserstoff und Sauerstoff bei Zimmertemperatur und normalem Druck und erhöht die Temperatur, so wird bei einem gewissen kritischen Wert derselben die Reaktion spontan einsetzen.

Das oben erwähnte Hyperschallstaustrahltriebwerk macht uns außerdem mit einem neuen Aspekt der Verbrennung bekannt, nämlich mit jenem, bei dem der Verbrennungsvorgang in hohem Maße durch die Gasdynamik bestimmt wird. Die in einem Querschnitt der Düse frei werdende Wärmemenge hängt außer von der chemischen Energie auch noch vom jeweiligen Strömungszustand ab. Ähnliches gilt für die bereits in der Einleitung erwähnte stoßinduzierte Verbrennung, wie sie bei Detonationswellen vorkommt.

Schließlich hat die Verbrennung noch die Eigenschaft, sich in das brennbare Medium hineinzubewegen. Hier kommen wir bereits zum Problemkreis der Flammenausbreitung, und wir müssen je nach Flammenfortpflanzungsgeschwindigkeit zwischen *Unterschall-* und *Überschallverbrennung* unterscheiden. Zu ersterer gehört z. B. die normale laminare oder turbulente Flammenausbreitung, zu letzterer die Detonation. Laminare und turbulente Flammenausbreitung werden in diesem Teil behandelt, die Erörterung der detonativen Flammenausbreitung muß wegen der mit ihr verbundenen gasdynamischen Vorgänge einem späteren Abschnitt vorbehalten bleiben.

2.2 Einige Grundbegriffe aus der Reaktionskinetik und der Physik der Verbrennung

Als erstes sollen einige Definitionen gegeben und einige grundlegende Begriffe kurz erläutert werden, ohne jedoch allzusehr ins Detail zu gehen. Hier muß nochmals auf die bereits eingangs zitierten Monographien [1] bis [15] verwiesen werden.

Hinsichtlich der Zusammensetzung der am Verbrennungsvorgang beteiligten Komponenten können wir drei große Gruppen von Verbrennungsvorgängen unterscheiden:

1. *Homogene Verbrennung:* Alle Komponenten befinden sich in Gasphase. Sind Brennstoff und Oxydationsmittel bereits vor der Zündung gemischt, so spricht man von *chemisch gleichförmigen Systemen.* Dies ist der physikalisch einfachste Fall, nämlich die Flammenausbreitung in vorgemischten Gasen. Bei *chemisch ungleichförmigen Systemen* sind Brennstoff und Oxydator ursprünglich voneinander getrennt. Zündung und Verbrennung finden gleichzeitig mit der Mischung statt. Das ist der Fall der „Diffusionsverbrennung“ oder „Diffusionsflammen“. Er ist schon wesentlich komplizierter als jener der Verbrennung in vorgemischten Gasen. Diffusionsflammen spielen außer bei Triebwerken u. a. bei industriellen Feuerungen in Form von sogenannten Strahlflammen eine wichtige Rolle.

2. *Heterogene Verbrennung:* Ein Teil der Komponenten befindet sich in festem oder flüssigem Zustand, der Rest ist gasförmig. Bei der heterogenen Verbrennung in strengem Sinne findet die Verbrennung an der Grenzfläche zwischen den beiden Phasen statt. Wir wollen zu dieser Gruppe aber auch noch jene häufigen Fälle hinzuzählen, in denen die feste bzw. flüssige Komponente an der Oberfläche verdampft und die Verbrennung sich im Mischungsgebiet zwischen dem Dampf und der gasförmigen Komponente abspielt. Das bekannteste Beispiel der heterogenen Verbrennung ist die Verbrennung von Kohle. Unserer Definition entsprechend gehört aber auch die Tröpfchenverbrennung, wie sie z. B. in Dieselmotoren vorkommt, in diese Gruppe.

3. *Systeme mit kondensierten Phasen:* Alle Komponenten befinden sich in fester oder flüssiger Phase.

Wir wollen uns im Rahmen dieses Buches hauptsächlich mit der ersten Gruppe beschäftigen.

Die Frage nach der *Reaktionsgeschwindigkeit,* also nach der Geschwindigkeit, mit der die einzelnen Substanzen im Verlauf der Reaktion entstehen oder verschwinden, muß uns die *chemische Kinetik* beantworten. Die *klassische chemische Kinetik* befaßt sich mit chemischen Reaktionen in zeitlich und räumlich unveränderlichen Systemen unter sehr idealisierten Bedingungen. Bei der Verbrennung überlagern sich jedoch der chemischen Reaktion physikalische Vorgänge wie Wärmeleitung, Diffusion und Strömungsvorgänge. Diese können im Verlauf der Reaktion sogar eine dominierende Rolle annehmen. Die sogenannte *makroskopische Kinetik** berücksichtigt auch diese physikalischen Vorgänge.

Bei einer homogenen Reaktion versteht man unter Reaktionsgeschwindigkeit die pro *Volumen-* und Zeiteinheit umgesetzte Substanzmenge und damit die zeitliche Konzentrationsänderung dieser Substanz. Im Falle einer heterogenen Reaktion ist es die pro *Flächen-* und Zeiteinheit umgesetzte Stoffmenge. Zwischen ihr und der Konzentrationsänderung besteht kein direkter Zusammenhang mehr.

Im allgemeinen hängt die Reaktionsgeschwindigkeit von Temperatur und Konzentration der reagierenden Stoffe ab. Hängt sie außer von der Temperatur nur von der Konzentration der Ausgangsstoffe ab, so spricht man von *einfachen Reaktionen.* In der Mehrzahl der Fälle werden im Verlauf der Reaktion Zwischenprodukte auftreten, deren Natur sehr verschieden sein kann. Hängt nun die Reaktionsgeschwindigkeit auch noch von der Konzentration dieser Zwischenprodukte oder von der Konzentration der Endprodukte bzw. von beiden ab, so ist dies eine *zusammengesetzte Reaktion.*

Nimmt die Reaktionsgeschwindigkeit mit steigender Konzentration eines der sich bildenden Stoffe zu, nennt man dies eine *autokatalytische Reaktion.* Je nachdem es sich dabei um End- oder Zwischenprodukte handelt, hat man zwischen Autokatalyse durch End- bzw. Zwischenprodukte zu unterscheiden.

Zusammengesetzte Reaktionen sind in der Regel sehr kompliziert. Häufig sind die Zwischenprodukte Radikale oder freie Atome, deren Art und Wirkungsweise nur unzureichend bekannt sind. Eine wichtige Form der zusammengesetzten

---

* Diese Bezeichnung stammt von D. A. Frank-Kamenetzki [5], der neben G. Damköhler u. a. zu den Begründern dieses Zweiges der chemischen Kinetik gehört. Im deutschen Sprachgebrauch werden dafür auch die Ausdrücke „Chemische Reaktionskinetik“ und „Technische Reaktionsführung“ verwendet.

Reaktionen sind die im nächsten Abschnitt behandelten *Kettenreaktionen*, mit denen man es bei Verbrennung immer wieder zu tun hat.

Eine gute Darstellung der reaktionskinetischen Grundlagen findet man u. a. in [16].

2.3 Kettenreaktionen

Wir haben bereits gesehen, daß im Verlauf von zusammengesetzten Reaktionen aktive Zwischenprodukte, z. B. in Form von Radikalen oder freien Atomen, entstehen können. Erfolgt ihre Bildung in so ausreichenden Mengen, daß sie die Reaktion weiterzutragen vermögen, so spricht man von *Kettenreaktionen*. Wir wollen diesen Vorgang anhand eines einfachen Beispieles näher erläutern:

Ein Gemisch, bestehend aus gleichen Raumanteilen Wasserstoff und Chlor, wird durch Licht zur Explosion gebracht. Die Bruttoformel für diese Reaktion lautet:

$$H_2 + Cl_2 \rightarrow 2\,HCl.$$

Die tatsächliche Reaktion hat aber folgenden Verlauf:

(a)	$Cl_2 + h\nu \rightarrow Cl + Cl$	Startreaktion
(b)	$Cl + H_2 \rightarrow HCl + H$	1. Reaktionskette
(c)	$H + Cl_2 \rightarrow HCl + Cl$	
(b)	$Cl + H_2 \rightarrow HCl + H$	2. Reaktionskette
(c)	$H + Cl_2 \rightarrow HCl + Cl$	
	usw.	
(d)	$Cl + Cl \rightarrow Cl_2$	Kettenabbruch
(e)	$H + Cl \rightarrow HCl$	

Bei der *Startreaktion* (a) erfolgt die erste Bildung des aktiven Zwischenproduktes aus den Ausgangsstoffen. Sie ist im vorliegenden Beispiel eine photochemische Reaktion, bei der sich durch Belichtung des Chlors die Chlormoleküle in Chloratome aufspalten. Die aktiven Produkte, in unserem Fall die Chloratome, sind die sogenannten Kettenträger. Die Chloratome reagieren mit den Wasserstoffmolekülen nach Gleichung (b) und werden anschließend gemäß Gleichung (c) wieder regeneriert. Dieser zyklische Vorgang, der charakteristisch für eine solche Kettenreaktion ist, kann sich beliebig wiederholen. Schließlich wird die Kette durch die Reaktionen (d) oder (e) gebrochen. Die Reaktionen (d) und (e) werden daher *Kettenabbruch* genannt.

Auf dem Vorgang des Kettenabbruchs beruht auch die Wirkung der Zusätze an gewissen Bleiverbindungen im Benzin als Antiklopfmittel. Im Zylinder des Motors entsteht ein feiner Bleistaub, an dem die Reaktionsketten abbrechen. Auf diese Weise können heftige Explosionen im Zylinder vermieden werden.

Nicht jede Reaktionsfolge ist eine Kettenreaktion. Erst der zyklische Charakter unterscheidet eine Kettenreaktion von einer gewöhnlichen Reaktionsfolge.

Es gibt aber auch noch einen weiteren Mechanismus bei der Kettenreaktion, welcher zu außerordentlich hohen Reaktionsgeschwindigkeiten führt, die *Kettenverzweigung*. Hierbei produziert jeder Zyklus einer Reaktionskette einen Überschuß an Kettenträgern (Radikale oder freie Atome). Man spricht daher auch von „Kettenexplosion". Das bekannteste Beispiel hierfür ist die Knallgasreaktion:

$$2\,H_2 + O_2 \rightarrow 2\,H_2O.$$

Folgende Reaktionen treten u. a. dabei auf, wobei (M) einen beliebigen Dreierstoßpartner bedeutet.

$H_2 + (M) \rightarrow H + H + (M)$	Startreaktion
$H + O_2 \rightarrow OH + O$ $O + H_2 \rightarrow H + OH$ $OH + H_2 \rightarrow H_2O + H$ usw.	1. Reaktionskette mit Kettenverzweigung
$H + H + (M) \rightarrow H_2 + (M)$	Kettenabbruch

Bei jeder Reaktionskette entstehen somit zusätzlich zwei H-Atome.

Der hier angedeutete Verlauf der Knallgasreaktion ist allerding stark vereinfacht. In Wirklichkeit kommen noch eine Anzahl weiterer Elementarreaktionen dazu.

2.4 Temperatur- und Konzentrationsabhängigkeit der Reaktionsgeschwindigkeit

Die Reaktionsgeschwindigkeit W einer homogenen Reaktion, d. h. die zeitliche Änderung der Konzentration einer Substanz, kann als das Produkt zweier Funktionen geschrieben werden, von denen die eine die Temperaturabhängigkeit $k(T)$ und die andere die Konzentrationsabhängigkeit $F(c)$ angibt:

$$W(T, c) = \frac{dc}{dt} = k(T) \cdot F(c). \tag{2.1}$$

T ist die absolute Temperatur, t die Zeit und c die Molkonzentration der umgesetzten Substanz (Zahl der Mol pro Volumeneinheit). W wird als positiv angenommen, wenn letztere bei der Reaktion entsteht, und negativ, wenn sie verbraucht wird.

Die Temperaturabhängigkeit $k(T)$ der Reaktionsgeschwindigkeit wird durch das *Arrheniusgesetz* meist sehr gut dargestellt:

$$k(T) = k_0\, e^{-\frac{E}{RT}}. \tag{2.2}$$

k_0 ist der sogenannte Häufigkeitsfaktor. Er kann als konstant angesehen werden, da seine schwache Temperaturabhängigkeit gegenüber der Exponentialfunktion vernachlässigt werden kann. R ist die universelle Gaskonstante und E die Aktivierungsenergie.

Die Funktion $k(T)$ wird auch Geschwindigkeitskonstante der Reaktion genannt. Der Ausdruck „Konstante" sollte jedoch nicht über die durch die e-Potenz bedingte starke Temperaturabhängigkeit derselben hinwegtäuschen.

Unter *Aktivierungsenergie E* versteht man jenen Energiebetrag, der notwendig ist, um eine Reaktion in Gang zu bringen. Wie das Beispiel der Knallgasreaktion zeigt, muß ein an sich hochexplosives Gemisch bei Zimmertemperatur und Atmosphärendruck keineswegs reagieren. Erst durch eine Zündung, etwa in Form eines elektrischen Funkens, setzt die Reaktion sofort ein. Man erklärt sich dies damit, daß Moleküle (bzw. Atome) nicht immer reaktionsbereit sind. Nur wenn der Energiegehalt von Molekülen einen bestimmten Betrag E überschreitet, können sie als reaktionsfähig, als „aktiv", angesehen werden. Ist diese Energiebarriere einmal überwunden, so erfolgt die Reaktion im oben erwähnten Beispiel spontan und verläuft in der vorhin beschriebenen Weise.

Das Arrheniusgesetz ist seinem Ursprung nach eine empirische Beziehung. Man kann ihm aber sowohl eine thermodynamische als auch eine statistische Deutung geben. Letztere ist die modernere. Danach ist $\mathrm{e}^{-E/RT}$ der Bruchteil jener Moleküle, die bei der Temperatur T eine Energie $E' \geqq E$ besitzen. k_0 entspricht der Gesamtzahl der Kollisionen.

Die Konzentrationsabhängigkeit der Reaktionsgeschwindigkeit $F(c)$ wird im Falle einer einfachen Reaktion üblicherweise durch einen Potenzansatz dargestellt:

$$F(c) = c_A^{n_A} c_B^{n_B} \cdots. \tag{2.3}$$

$c_A, c_B, \ldots$ sind die Molkonzentrationen der Substanzen $A, B, \ldots$ des Ausgangsgemisches. Die Exponenten $n_A, n_B, \ldots$ bedeuten die Ordnung der Reaktion in bezug auf die entsprechende Komponente.

Für die Reaktionsgeschwindigkeit einer bestimmten Komponente $W(T, c)$ erhält man schließlich:

$$W(T, c) = k(T)\, c_A^{n_A} c_B^{n_B} \cdots = k_0 c_A^{n_A} c_B^{n_B} \cdots \mathrm{e}^{-\frac{E}{RT}} \cong k(T)\, c^n. \tag{2.4}$$

Zuweilen wird die Ordnung der Gesamtreaktion durch die Summe der Exponenten definiert.

Setzt sich eine chemische Reaktion aus mehreren aufeinanderfolgenden Elementarreaktionen zusammen, so wird die Reaktionsgeschwindigkeit der Gesamtreaktion durch die Geschwindigkeit der langsamsten Teilreaktion bestimmt.

2.5 Ordnung von Reaktionen

Die chemischen Reaktionen können nach der Anzahl der an der Reaktion beteiligten Teilchen (Moleküle, Atome, Ionen) eingeteilt werden. Für Elementarreaktionen stöchiometrischer Gemische gilt nach VAN'T HOFF:

1. *Unimolekulare Reaktionen* oder Reaktionen 1. Ordnung, $(n = 1)$.

$$A \rightarrow M + N + \cdots.$$

$$W(T, c) = \frac{\mathrm{d}c_A}{\mathrm{d}t}\, k(T)\, c_A. \tag{2.5}$$

Dies ist eine Zerfallsreaktion. Beispiele wären der Zerfall von Fluoroxid $F_2O_2 \rightarrow F_2 + O_2$ oder von gasförmigem Stickstoffpentoxid $N_2O_5 \rightarrow N_2O_3 + O_2$*.

---

* Hier handelt es sich allerdings um komplexe Reaktionen, die den Gesetzen unimolekularer Reaktionen gehorchen.

Obwohl keine Stöße zwischen den Molekülen erforderlich sind, hängt die Reaktionsgeschwindigkeit doch von der Konzentration ab. Dies ist so zu verstehen, daß nicht alle Moleküle reaktionsbereit sind, sondern nur jener Bruchteil, der aktiviert ist.

2. *Bimolekulare Reaktionen* oder Reaktionen 2. Ordnung, ($n = 2$).

$$A + B \rightarrow M + N + \cdots .$$

$$W(T, c) = -\frac{\mathrm{d}c_A}{\mathrm{d}t} = -\frac{\mathrm{d}c_B}{\mathrm{d}t} = k(T)\, c_A c_B . \tag{2.6}$$

An dieser Reaktion nehmen zwei Moleküle teil. Bimolekulare Reaktionen sind die am häufigsten vorkommenden. Beispiele für solche Reaktionen, wie sie in Flammen vorkommen, wären: $H + O_2 \rightarrow OH + O$; $O + H_2 \rightarrow H + OH$; $OH + H_2 \rightarrow H_2O + H$ (vgl. Abschnitt 2.3).

3. *Trimolekulare Reaktionen* oder Reaktionen 3. Ordnung, ($n = 3$).

$$A + B + C \rightarrow M + N + \cdots .$$

$$W(T, c) = -\frac{\mathrm{d}c_A}{\mathrm{d}t} = k(T)\, c_A c_B c_C . \tag{2.7}$$

Solche Reaktionen, die auf Dreierstößen beruhen, sind schon sehr selten.

Reaktionen höherer Ordnung brauchen überhaupt nicht mehr in Betracht gezogen zu werden, da die Wahrscheinlichkeit eines gleichzeitigen Zusammentreffens von vier oder mehr Molekülen sehr gering ist.

Die wichtigsten Elementarreaktionen sind zweifellos die Reaktionen 1. und 2. Ordnung. Für sie wird die Temperaturabhängigkeit der Geschwindigkeitskonstanten der Reaktion $k(T)$ durch das Arrheniusgesetz (2.2) sehr gut wiedergegeben. Bei Reaktionen 3. Ordnung dagegen ist die Temperaturabhängigkeit von $k(T)$ nur gering und wird durch den Exponentialansatz

$$k(T) = k_0' T^{\gamma} \tag{2.8}$$

mit $\gamma \cong 1$ besser beschrieben.

Die Definition der Ordnung der Reaktion im Sinne von VAN'T HOFF gilt nur für Elementarreaktionen stöchiometrischer Gemische. Aber auch komplexe, aus mehreren aufeinanderfolgenden Elementarreaktionen bestehende Reaktionen können sich z. B. wie eine unimolekulare oder bimolekulare Reaktion verhalten. Dann nämlich, wenn die bestimmende Teilreaktion, die langsamste, von 1. bzw. 2. Ordnung ist. Die Gesamtordnung von solchen komplexen Reaktionen, die nicht mehr den stöchiometrischen Gesetzen gehorchen, muß nicht notwendigerweise eine ganze Zahl sein. Häufig ist die Gesamtordnung einer solchen komplexen Reaktion nicht ohne weiteres von vornherein anzugeben.

2.6 Druckabhängigkeit der Reaktionsgeschwindigkeit

Um die Abhängigkeit der Reaktionsgeschwindigkeit vom Druck zu untersuchen, wollen wir die einzelnen Komponenten des reagierenden Gasgemisches als ideale Gase betrachten. Dann haben ihre Zustandsgleichungen die folgende

Form:

$$\begin{aligned} p_A &= c_A RT, \\ p_B &= c_B RT, \\ &\vdots \\ p &= cRT. \end{aligned} \tag{2.9}$$

$p_A, p_B, \ldots$ sind die Partialdrücke der Substanzen $A, B, \ldots$; $c_A, c_B, \ldots$ wiederum deren Molkonzentrationen. Ferner ist p der Gesamtdruck des Gemisches und c die Gesamtzahl der Mole pro Volumeneinheit. Daraus ergibt sich für die Konzentrationen der Komponenten:

$$\begin{aligned} c_A &= \frac{p_A}{RT} = \frac{p}{RT}\, r_A, \\ c_B &= \frac{p_B}{RT} = \frac{p}{RT}\, r_B, \\ &\vdots \end{aligned} \tag{2.10}$$

mit $r_A = c_A/c$, $r_B = c_B/c$, ... als relative Molkonzentrationen.

Setzen wir diese Ausdrücke in die Gl. (2.4) für die Reaktionsgeschwindigkeit ein, so erhalten wir z. B. für die zeitliche Änderung der Konzentration der Komponente A im Falle einer Reaktion 1. Ordnung:

$$W(T, c_A) = -\frac{\mathrm{d}c_A}{\mathrm{d}t} = k(T)\, r_A \frac{p}{RT}; \tag{2.11}$$

für eine Reaktion 2. Ordnung:

$$W(T, c_A) = -\frac{\mathrm{d}c_A}{\mathrm{d}t} = k(T)\, r_A r_B \frac{p^2}{(RT)^2} \tag{2.12}$$

und schließlich für eine Reaktion 3. Ordnung:

$$W(T, c_A) = -\frac{\mathrm{d}c_A}{\mathrm{d}t} = k(T)\, r_A r_B r_C \frac{p^3}{(RT)^3}. \tag{2.13}$$

Folglich gilt für die Druckabhängigkeit einer Reaktion n-ter Ordnung:

$$W(T, c) \sim p^n. \tag{2.14}$$

Die Ordnung der Reaktion entspricht somit dem Exponenten des Druckes.

Das bisher Gesagte gilt nur für die zeitliche Änderung der *Konzentration* irgendeiner Komponente. Häufiger wird aber aus Gründen der Zweckmäßigkeit die Reaktionsgeschwindigkeit als die zeitliche Änderung der *relativen Konzentration* definiert. Dann gilt für die zeitliche Änderung z. B. von r_A im Falle einer Reaktion n-ter Ordnung, wie leicht einzusehen ist:

$$W(T, r_A) = -\frac{\mathrm{d}r_A}{\mathrm{d}t} = k(T)\, r_A r_B \cdots \frac{p^{n-1}}{(RT)^{n-1}}. \tag{2.15}$$

Für die zeitliche Änderung der relativen Konzentration irgendeiner Komponente hat man also

$$W(T, r_A) \sim p^{n-1}.$$

Das bedeutet, daß eine Reaktion 1. Ordnung in dieser Darstellung vom Druck unabhängig ist.

2.7 Stationäre Flammenausbreitung in vorgemischten Gasen

Die Ausbreitung von Flammen in vorgemischten Gasen war schon sehr früh Gegenstand experimenteller Untersuchungen. Erste Versuche unternahm H. DAVY. Man war zu dieser Zeit noch nicht in der Lage, Messungen, etwa der Laufgeschwindigkeit einer Flamme, auszuführen, dennoch kam DAVY zu einer richtigen Beobachtung, nämlich dem Verlöschen von Flammen in engen Rohren. Diese führte 1815 zur Konstruktion der Gruben-Sicherheitslampe. 1866 machte R. H. BUNSEN erstmals den Versuch einer quantitativen Bestimmung der Flammenfortpflanzungsgeschwindigkeit in Wasserstoff-Knallgas. Er bestimmte die Ausflußgeschwindigkeit aus einem Behälter, bei der die Flamme gerade zurückschlägt. Der von ihm ermittelte Wert von 35 m/sec war zwar viel zu hoch, seine Methode aber wurde später zu einem wichtigen Hilfsmittel zur Bestimmung der laminaren Flammengeschwindigkeit.

Der Beginn systematischer Untersuchungen zur Flammenausbreitung in vorgemischten Gasen und damit der Beginn einer eigentlichen Theorie der Verbrennung geht auf die französischen Chemiker M. BERTHELOT und P. VIEILLE [17, 18, 19] sowie E. MALLARD und H. LE CHATELIER [20, 21] zurück. Sie gelangten zu einer Reihe von Ergebnissen, welche heute noch Gültigkeit haben:

Bei Zündung am offenen Ende eines mit brennbarem Gemisch gefüllten Rohres läuft die Flamme zunächst mit einer konstanten Geschwindigkeit, welche vom Gemisch und dessen thermodynamischen Zustand abhängig ist, in das Rohr hinein. Ihr Betrag liegt unter 30 m/sec und ist ab einem bestimmten Rohrdurchmesser auch von diesem unabhängig. In manchen Fällen treten nach einer gewissen Lauflänge der Flamme Unregelmäßigkeiten und Fluktuationen auf, die mit einer starken Zunahme der Flammengeschwindigkeit verbunden sind. Schließlich kommt es entweder bei sehr starken Schwingungen zum Verlöschen der Flamme, oder es stellt sich ein ganz neuer stationärer Fortpflanzungsmechanismus ein, welchen man heute als Detonationswelle oder kurz Detonation bezeichnet*. Er ist gekennzeichnet durch eine enorm hohe Ausbreitungsgeschwindigkeit von über 1000 m/sec. Die Endgeschwindigkeit einer solchen Detonation ist wiederum nur von der Gemischzusammensetzung abhängig, nicht aber von der Art der Zündung oder vom Rohrdurchmesser, vorausgesetzt, daß dieser einen gewissen Wert nicht unterschreitet.

BERTHELOT und VIEILLE erkannten als erste bereits richtig den Wellencharakter dieses Ausbreitungsvorganges. MALLARD und LE CHATELIER bestätigten dies.

* Der Begriff der „Detonation" ist nicht zu verwechseln mit dem der „Explosion". Letztere ist durch eine sehr starke Volumsvergrößerung charakterisiert. Eine stoßinduzierte Verbrennung ist dabei nicht Voraussetzung.

Bemerkenswert ist ferner, daß erstere nicht nur die Geschwindigkeit der Flammenfront gemessen haben, sondern 1883 auch noch versuchten, dieselbe zu berechnen. Allerdings ist die Theorie noch sehr grob, teilweise falsch und daher nur mehr von historischer Bedeutung. In diesem Zusammenhang sei auch darauf hingewiesen, daß VIEILLE bei seinen Versuchen wohl als erster ein Stoßwellenrohr benutzte. Damit haben wir bereits die beiden grundsätzlich verschiedenen Mechanismen der Flammenausbreitung in vorgemischten Gasen, die *laminare Flammausbreitung* und die *Detonation*, kennengelernt.

Der Mechanismus der laminaren Flammenausbreitung besteht in der kontinuierlichen Aufheizung von aufeinanderfolgenden Schichten des unverbrannten Gasgemisches durch Wärmeleitung, bis bei einer bestimmten Temperatur Zündung eintritt. Dabei strömt das Frischgas mit einer Geschwindigkeit in die Flammenfront hinein, die nur wenige Meter pro Sekunde beträgt. Zur Wärmeleitung kommen im allgemeinen auch noch Diffusionsvorgänge hinzu, durch die Verbrennungsprodukte in das unverbrannte Gas gelangen. Diese müssen als zusätzlicher Faktor der Wärmeübertragung angesehen werden und können außerdem noch katalytische Wirkung haben. Wegen der schichtweisen Aufheizung des Frischgases erfolgte die Bezeichnung „laminare" Flammen.

Der zweite Ausbreitungsmechanismus, die Detonation, ist charakterisiert durch ihre hohe Laufgeschwindigkeit von 1,5 bis 3 Kilometern pro Sekunde, verbunden mit starkem Druckanstieg. Wesentlich ist, daß bei ihr das unverbrannte Gasgemisch durch einen Verdichtungsstoß auf Zündtemperatur gebracht wird. Man spricht daher auch von *stoßinduzierter Verbrennung*. Ist die Detonation erst einmal in Gang gebracht, so läuft sie mit konstanter Geschwindigkeit weiter. Der Verdichtungsstoß wird durch die bei der chemischen Reaktion frei werdende Energie aufrecht erhalten. Wärmeleitung spielt nur mehr eine geringe Rolle.

Detonation und langsame laminare Verbrennung sind die beiden stationären Grenzfälle der Flammenausbreitung. Selbstverständlich können sich Flammen auch mit Geschwindigkeiten fortpflanzen, die zwischen diesen beiden Grenzfällen liegen, jedoch wird es sich dabei immer um instationäre Verbrennungsvorgänge handeln.

Detonationsgeschwindigkeit und laminare Verbrennungsgeschwindigkeit dagegen sind physikalische Eigenschaften eines bestimmten Gemisches. Bei der laminaren Flammengeschwindigkeit wurde das allerdings lange nicht erkannt, sondern höchstens manchmal vermutet, da man die Krümmung der Flammenfront außer acht ließ. Es ist das Verdienst von V. A. MICHELSON (1889) [22], gezeigt zu haben, daß für die laminare Flammenausbreitung die Geschwindigkeit der Flamme in bezug auf das unverbrannte Gasgemisch *senkrecht* zu ihrer Oberfläche maßgeblich ist. Dies leuchtet ein, da der beherrschende Mechanismus, der Wärmetransport durch Wärmeleitung und Diffusion, ebenfalls senkrecht zur Flammenoberfläche erfolgt. MICHELSON nennt diese Geschwindigkeit „normale Flammengeschwindigkeit". Sie ist in der Literatur unter zahlreichen weiteren Bezeichnungen wie: normale Zündgeschwindigkeit, fundamentale Flammengeschwindigkeit oder Brenngeschwindigkeit* bekannt.

---

* In der englischsprachigen Literatur ist der Ausdruck „burning velocity" üblich.

In einem Rohr wird die Flammenfront normalerweise nicht eben, sondern gekrümmt sein (Abb. 2.1). Dies folgt allein schon aus der ungleichförmigen Geschwindigkeitsverteilung. Dazu kommen noch Kühlungseffekte an der Wand. Maßgebend für die chemische Reaktion ist, wie schon bemerkt, die Brenn-

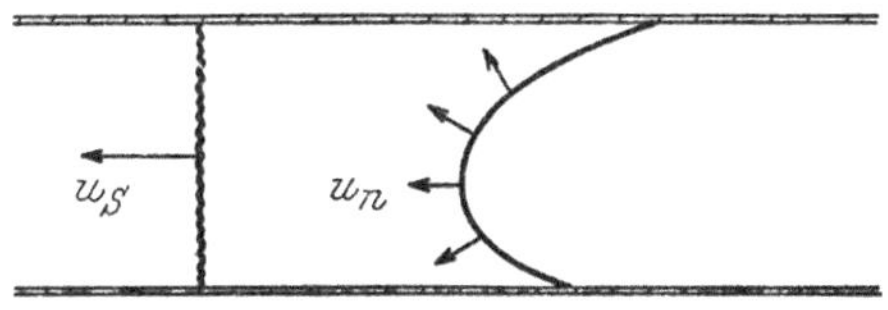

Abb. 2.1 Brenngeschwindigkeit und scheinbare Flammengeschwindigkeit

geschwindigkeit u_n senkrecht zur Flammenoberfläche F_{fl}, mit der das Frischgas in die Flamme eintritt. Aus Gründen der Massenerhaltung unter der Annahme, daß die Stromdichte an jedem Punkt der Brennfläche konstant ist, gilt:

$$u_s = \frac{F_{\text{fl}}}{F} \cdot u_n . \tag{2.16}$$

u_s ist die scheinbare Flammengeschwindigkeit, welche beim Versuch gemessen wird und F der Rohrquerschnitt. Da u_n konstant bleibt, solange sich das Gemisch nicht ändert, hängt u_s nur vom Flächenverhältnis $F_{\text{fl}}/F > 1$ ab. Gl. (2.16) nennt man die *Flächenregel der Flammenausbreitung*. Sie kann zur Bestimmung der Brenngeschwindigkeit u_n herangezogen werden, indem man u_s und F_{fl} mißt. Da es jedoch sehr schwierig ist, die Flammenoberfläche zu bestimmen, ist diese Methode ziemlich ungenau.

Aus Gl. (2.16) geht sofort hervor, daß jede Vergrößerung der Flammenoberfläche zu einer Zunahme an Brennstoffverbrauch führt und damit eine Zunahme der pro Masseneinheit frei werdenden Wärmemenge bedeutet. Dies hat wiederum eine Beschleunigung der Flamme zur Folge.

2.8 Grundlagen der Theorie thermischer Flammenausbreitung

Wir nehmen eine ebene Flammenfront an, die mit einer konstanten Geschwindigkeit u_n senkrecht zu ihrer Oberfläche in das unverbrannte Gemisch hineinläuft. Ebensogut könnten wir uns aber auch vorstellen, das Frischgemisch besitze die Geschwindigkeit u_n und die Flammenfront befinde sich in Ruhe. Dies ist bei bestimmten Brennern tatsächlich der Fall.

Innerhalb der Flammenfront findet eine rasche Änderung von Temperatur und Konzentration statt (Abb. 2.2). c ist die Molkonzentration einer reagierenden Komponente, welche im Verlauf der Reaktion ganz oder teilweise verschwindet. Zusätzlich ist noch der Konzentrationsverlauf eines Zwischenproduktes c_z angedeutet. Mit den Indizes a und e wird Beginn bzw. Ende der laminaren Flammenzone bezeichnet. Die Dicke b_1 derselben ist im allgemeinen verhältnismäßig klein. b_1 beträgt für die meisten Gemische bei normalem Druck weniger als 1 mm und ist somit in vielen Fällen tatsächlich klein gegen die charakteristischen Abmessungen der Strömung (z. B. Rohrdurchmesser). Die vereinfachte Darstellung der Flamme als Diskontinuität, von der auch wir im folgenden noch häufiger Gebrauch machen werden, ist also, zumindest für laminare Flammen, gar nicht so schlecht.

Es besteht nun das Problem einer simultanen Behandlung von chemischer Reaktion, Diffusion und Wärmeleitung. Wir betrachten in diesem Abschnitt den allereinfachsten Fall einer stationären, laminaren Flamme mit einer Einstufenreaktion. Darunter versteht man eine im allgemeinen fiktive Reaktion, welche nach der Bruttoformel verläuft, ohne daß man sich um die Elementarreaktionen

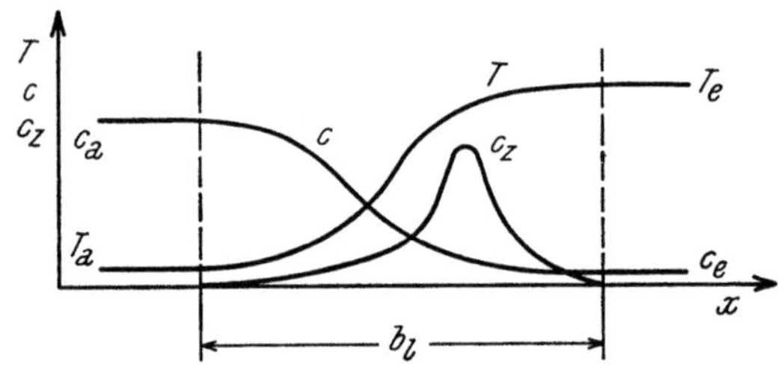

Abb. 2.2 Temperatur- und Konzentrationsverlauf in einer laminaren Flamme (schematisch)

im einzelnen kümmert. Darüber hinaus soll vorausgesagt werden, daß der Reaktionsablauf durch das Verhalten einer Komponente beschrieben werden kann. Wir sehen somit den Brennstoff als eine einzige reagierende Komponente an, welche zusammen mit dem Oxydator die Reaktionsprodukte ergibt. Autokatalytische Reaktionen werden ausgeschlossen. Nur Wärmeleitung und Diffusion senkrecht zur Flammenfront werden berücksichtigt. Wärmetransport an die Rohrwand durch Konvektion und Strahlung werden vernachlässigt. Ausgangsgemisch und Reaktionsprodukte seien ideale Gase. Die Änderung der mittleren Molmasse des Gemisches sei gering, so daß sie ebenfalls vernachlässigt werden kann.

Unter diesen Voraussetzungen haben wir folgende Ausgangsgleichungen* für ideales Gas konstanter spezifischer Wärme (vgl. [I, 12], S. 144):

$$\varrho u = \varrho_a u_n = \text{konst.} \qquad \text{Kontinuitätsbedingung,} \tag{2.17}$$

$$u \frac{\partial u}{\partial x} + \frac{1}{\varrho} \frac{\partial p}{\partial x} = 0 \qquad \text{Eulergleichung,} \tag{2.18}$$

$$\frac{\partial}{\partial x}\left[\varrho u \left(\frac{u^2}{2} + i\right)\right] = \frac{\partial}{\partial x}\left(\lambda \frac{\partial T}{\partial x}\right) + \Phi \qquad \text{Energiesatz,} \tag{2.19}$$

mit $u_a = u_n$.

Hierin sind λ die Wärmeleitfähigkeit und Φ die Stärke einer Wärmequelle je Volumen- und Zeiteinheit. In den Gleichungen wurde stillschweigend Reibungsfreiheit und das Fehlen äußerer Kräfte angenommen. Der Energiesatz (2.19) kann mit Hilfe der Kontinuitätsbedingung (2.17) und der Eulergleichung (2.18) noch

* Die Grundgleichungen werden von Fall zu Fall in der jeweils benötigten Form ohne Ableitungen angegeben, da diese in allen einschlägigen Lehrbüchern zu finden sind.

etwas umgeformt werden:

$$\frac{\partial}{\partial x}\left(\lambda \frac{\partial T}{\partial x}\right) - \varrho_a u_n c_p \frac{\partial T}{\partial x} + u \frac{\partial p}{\partial x} + \Phi = 0. \tag{2.19a}$$

Die Massenbilanz der Komponente B (Brennstoff) ergibt sich zu:

$$\frac{\mathrm{d}(\varrho_B u_B)}{\mathrm{d}x} = \Psi. \tag{2.20}$$

Ψ ist die Stärke einer Massenquelle pro Volumen- und Zeiteinheit, u_B ist die mittlere Geschwindigkeit der Teilchen der Komponente B in bezug auf die Rohrwand. Sie setzt sich aus der mittleren Geschwindigkeit u des Gemisches und der Diffusionsgeschwindigkeit v_B zusammen.

$$u_B = u + v_B. \tag{2.21}$$

In die Gleichung (2.20) eingesetzt, erhalten wir:

$$\frac{\mathrm{d}}{\mathrm{d}x}(\varrho_B u) + \frac{\mathrm{d}}{\mathrm{d}x}(\varrho_B v_B) = \Psi. \tag{2.22}$$

Die Diffusionsstromdichte $\varrho_B v_B$ ist durch das Ficksche Gesetz (siehe etwa [23]) gegeben:

$$\varrho_B v_B = -\varrho D \frac{\mathrm{d}\omega_B}{\mathrm{d}x}. \tag{2.23}$$

$\omega_B = \varrho_B/\varrho$ ist die relative Massenkonzentration des Brennstoffs und D die Diffusionszahl. Das negative Vorzeichen in (2.23) deutet an, daß der Diffusionsstrom in Richtung abnehmender Konzentration verläuft. Der Einfluß der Thermodiffusion ist bei Flammen im allgemeinen klein und kann daher vernachlässigt werden.

Für die Stromdichte der Komponente B kann man ferner schreiben:

$$\varrho_B u = \omega_B \varrho u = \omega_B \varrho_a u_n.$$

Man erhält damit die Diffusionsgleichung (2.22) in ihrer endgültigen Form:

$$\varrho_a u_a \frac{\mathrm{d}\omega_B}{\mathrm{d}x} - \frac{\mathrm{d}}{\mathrm{d}x}\left(\varrho D \frac{\mathrm{d}\omega_B}{\mathrm{d}x}\right) = \Psi. \tag{2.24}$$

Die Wärmequellstärke Φ und die Massenquellstärke Ψ können noch durch die Reaktionsgeschwindigkeit $W_B(c_B, T)$ ausgedrückt werden:

$$\Phi = Q_B W_B(c_B, T), \tag{2.25}$$

$$\Psi = -W_B(c_B, T). \tag{2.26}$$

$W_B(c_B, T)$ muß durch ein Reaktionsgesetz gegeben sein. Das negative Vorzeichen in Gl. (2.26) zeigt an, daß es sich um eine verschwindende Komponente handelt. Q_B ist die bei der Reaktion pro Masseneinheit Brennstoff freiwerdende Wärmemenge.

Da sich der Druck in einer laminaren Flamme wegen ihrer geringen Geschwindigkeit nur wenig ändert, kann in der Energiegleichung (2.19a) das Glied mit dem Druckgradienten gegenüber dem Temperaturgradienten in sehr guter Näherung vernachlässigt werden. Damit wird auch die Eulergleichung nicht mehr benötigt*.

Die älteren Theorien, beginnend mit E. MALLARD und H. LE CHATELIER (1883), E. JOUGUET (1913) sowie W. NUSSELT (1915) [24], später von P. J. DANIELL (1930) [25] u. a. berücksichtigen zwar die Wärmeleitung und die chemische Reaktion, nicht aber die Diffusion. Die Diffusionszahl D in Gl. (2.24) wird Null gesetzt. Damit entspricht die Reaktionszone einem festen Körper mit Wärmeleitung, bei dem die Änderung der Zusammensetzung allein auf Grund der Reaktion und nicht durch Mischung erfolgt, obwohl bei Gasen Wärmeleitung und Diffusion von gleicher Größenordnung sind. Man nennt diese Theorien „reine Wärmetheorien" zum Unterschied von den „erweiterten Wärmetheorien", welche die Diffusion mit berücksichtigen. In Übereinstimmung mit D. A. FRANK-KAMENETZKI [5] soll hier der gesamte, auch die Diffusion enthaltende Vorgang als *thermische Flammenausbreitung* verstanden werden.

Hingegen versteht man unter *Diffusionsflammen* im allgemeinen Flammen, bei denen die Reaktionskomponenten Brennstoff und Oxydationsmittel ursprünglich voneinander getrennt sind. Bei ihnen hängt die Verbrennungsgeschwindigkeit vom Ineinanderdiffundieren der beiden Komponenten ab.

Die moderne Theorie der laminaren Flammenausbreitung geht auf B. LEWIS und G. VON ELBE [26], YA. B. ZELDOVICH und D. A. FRANK-KAMENETZKI [27, 28, 29] sowie N. N. SEMENOV [30] zurück. Diffusion von Frischgas in die Flamme bzw. Diffusion von Verbrennungsprodukten in das unverbrannte Gemisch wird in den Rechnungen mit berücksichtigt.

2.9 Ähnlichkeit zwischen Temperatur- und Konzentrationsfeld in der laminaren Flamme

Zur Lösung des im vorhergehenden Abschnitt aufgestellten Gleichungssystems fehlt noch eine Beziehung zwischen Temperatur- und Konzentrationsänderung. Diese kann sehr einfach durch die folgende Überlegung gefunden werden:

Wir gehen von der Energiegleichung (2.19a) und der Diffusionsgleichung (2.23) aus, welche unter Berücksichtigung von (2.24) und (2.25) sowie der Tatsache einer vernachlässigbaren Druckänderung in der Flammenzone in nachstehender Form geschrieben werden können.

$$\frac{\mathrm{d}}{\mathrm{d}x}\left(\lambda \frac{\mathrm{d}T}{\mathrm{d}x}\right) - \varrho_a u_n c_p \frac{\mathrm{d}T}{\mathrm{d}x} + Q_B W_B = 0, \tag{2.27}$$

$$\frac{\mathrm{d}}{\mathrm{d}x}\left(\varrho D \frac{\mathrm{d}\omega_B}{\mathrm{d}x}\right) - \varrho_a u_n \frac{\mathrm{d}\omega_B}{\mathrm{d}x} - W_B = 0, \tag{2.28}$$

---

* Die Annahme p = konst. ist gleichbedeutend mit der Vernachlässigung der kinetischen Energie. Es darf jedoch keineswegs daraus die Schlußfolgerung gezogen werden, daß sich die Geschwindigkeit in der Flamme nicht ändert. Dies würde auch konstante Dichte bedeuten, was selbstverständlich völlig falsch wäre.

mit den Randbedingungen: $x = -\infty$: $T = T_a$, $\omega_B = \omega_{Ba}$,
$x = +\infty$: $T = T_e$, $\omega_B = \omega_{Be} = 0$.

Wir führen nun die neuen Variablen

$$\vartheta = \frac{T - T_a}{T_e - T_a} \quad \text{und} \quad \eta = \frac{\omega_{Ba} - \omega_B}{\omega_{Ba}} \tag{2.29}$$

in die Gleichungen ein und erhalten für konstante spezifische Wärme:

$$\frac{\mathrm{d}}{\mathrm{d}x}\left(\frac{\lambda}{c_p}\frac{\mathrm{d}\vartheta}{\mathrm{d}x}\right) + \varrho_a u_n \frac{\mathrm{d}\vartheta}{\mathrm{d}x} + \frac{Q_B W_B}{c_p(T_e - T_a)} = 0, \tag{2.30}$$

$$\frac{\mathrm{d}}{\mathrm{d}x}\left(\varrho D \frac{\mathrm{d}\eta}{\mathrm{d}x}\right) - \varrho_a u_n \frac{\mathrm{d}\eta}{\mathrm{d}x} + \frac{W_B}{\omega_{Ba}} = 0 \tag{2.31}$$

mit den neuen Randbedingungen: $x = -\infty$: $\vartheta = 0, \eta = 0$,
$x = +\infty$: $\vartheta = 1, \eta = 1$.

Während der Reaktion werden pro Masseneinheit Brennstoff Q_B cal Wärme frei. Dann ist der Temperaturanstieg in der Verbrennung:

$$Q_B\omega_{Ba} = c_p\,(T_e - T_a). \tag{2.32}$$

Damit werden die letzten Terme der beiden Gleichungen identisch.

Ferner sind bei Gasen im allgemeinen die Temperaturleitzahl a und die Diffusionszahl D nicht sehr voneinander verschieden, so daß man für die sogenannte Lewiszahl Le annehmen kann:

$$Le = \frac{D}{a} \cong 1 \quad \text{mit} \quad a = \frac{\lambda}{c_p \varrho}.$$

Unter dieser Annahme werden auch die restlichen Glieder der Gleichungen (2.30) und (2.31) einander gleich. Diffusions- und Wärmeleitungsgleichung sind identisch. Aus $\vartheta = \eta$ folgt:

$$\frac{\omega_{Ba} - \omega_B}{\omega_{Ba}} = \frac{T - T_a}{T_e - T_a}. \tag{2.33}$$

Da auch die Randbedingungen einander gleich sind, bedeutet das Ähnlichkeit von Temperatur- und Konzentrationsfeld. Durch Gl. (2.33) ist der gewünschte Zusammenhang zwischen Temperatur und Konzentration gegeben. Eliminieren wir $(T_e - T_a)$ in Gl. (2.33) mit Hilfe von (2.32), so ergibt sich:

$$c_p T + Q_B\omega_B = c_p T_a + Q_B\omega_{Ba} = I_0 = \text{konst.} \tag{2.34}$$

Für $D = a$ ist die Gesamtenthalpie konstant.

Berücksichtigt man die Abweichung der Lewiszahl vom Wert eins, stimmen die Gleichungen (2.32) und (2.33) nicht mehr (Abb. 2.3).

Überwiegt die Wärmeleitung ($D < a$), wie dies z. B. bei der Verbrennung von Kohlenwasserstoffen der Fall ist, so hat I innerhalb der Flammenfront ein Maximum. Umgekehrt hat sie ein Minimum bei Gasen mit großen Diffusionskoeffizienten ($D > a$), wie z. B. Wasserstoff. Das Energieprinzip wird dabei natürlich nicht verletzt, da sich die Diffusionsgeschwindigkeit entsprechend ändert.

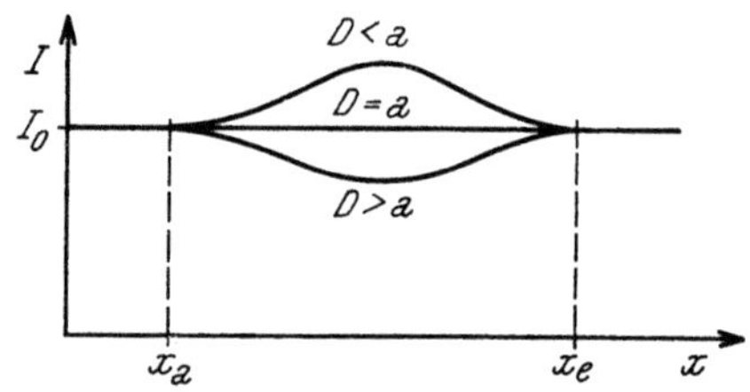

Abb. 2.3 Änderung der Gesamtenthalpie innerhalb einer laminaren Flamme (schematisch)

2.10 Die Theorie der thermischen Flammenausbreitung von Zeldovich und Frank-Kamenetzki

Unter der Annahme $D = a$ reduziert sich das Problem auf die Lösung der Energiegleichung (2.27), wobei die Hauptschwierigkeit in ihrer Nichtlinearität liegt. Es muß daher eine Näherungslösung gefunden werden, die einerseits die typische Temperaturabhängigkeit der Reaktionsgeschwindigkeit richtig wiedergibt, andererseits einen stationären Wert für die Flammenfortpflanzungsgeschwindigkeit u_n liefert.

Weitere Schwierigkeiten ergeben sich mit den Randbedingungen. Diese können zwar ohne weiteres am Ende der Flammenzone erfüllt werden, weil sich die Verbrennungsprodukte im allgemeinen im thermischen Gleichgewicht befinden, nicht aber auf der kalten Seite. Im Frischgas findet gemäß den eingangs beschriebenen Reaktionsgesetzen immer eine, wenn auch geringe Reaktion statt, solange dasselbe eine endliche Temperatur besitzt. Eine stationäre Lösung für u_n ist dann nicht möglich. Man kann sich aber dadurch helfen, daß man, mehr oder weniger willkürlich, eine Zündtemperatur T_z einführt, bei der die Reaktion plötzlich beginnt. Physikalisch ist dagegen nichts einzuwenden, solange die laminare Flammenausbreitungsgeschwindigkeit u_n von der Annahme für T_z nicht abhängt [31].

Somit hat man in der Flamme zwei Zonen zu unterscheiden (Abb. 2.4). In der *Vorwärmzone* ($T_a < T < T_z$) von der Dicke δ_V wird das unverbrannte Gas durch Wärmeleitung und Diffusion auf die Temperatur T_z gebracht. Es wird angenommen, daß sich in dieser Zone noch keine nennenswerten Reaktionen abspielen. Für $W_B = 0$ und $\lambda =$ konst. gilt dann die Gleichung:

$$\lambda \frac{d^2T}{dx^2} - \varrho_a u_n c_p \frac{dT}{dx} = 0 \tag{2.35}$$

mit den Randbedingungen $x = -\infty : T = T_a$; $x = 0 : T = T_z$.

Daraus ergeben sich der Temperaturgradient in der Vorwärmzone:

$$\left(\frac{\mathrm{d}T}{\mathrm{d}x}\right)_V = (T_z - T_a)\,\frac{u_n}{a}\,\mathrm{e}^{\frac{u_n}{a}x} \tag{2.36}$$

und die Temperaturverteilung:

$$T = T_a + (T_z - T_a)\,\mathrm{e}^{\frac{u_n}{a}x}, \tag{2.37}$$

$$\text{mit } a = \frac{\lambda}{c_p \varrho_a}.$$

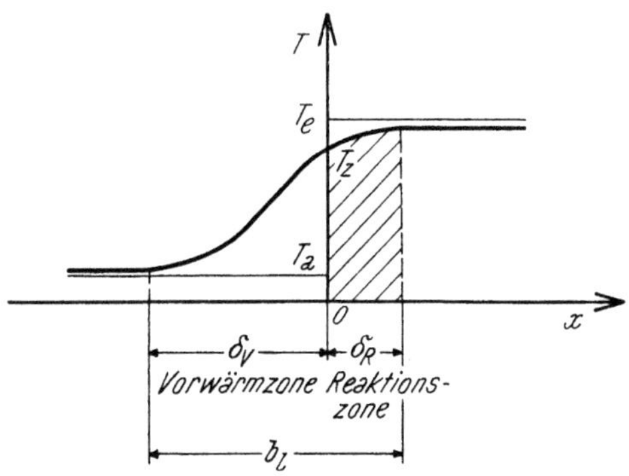

Abb. 2.4 Temperaturverteilung in der laminaren Flammenfront (schematisch)

Bei der Temperatur T_z setzt die Reaktion ein, und der gesamte Reaktionsvorgang spielt sich innerhalb einer schmalen Zone, der *Reaktionszone* ($T_z < T < T_e$) ab. Dies führt zu der für die Theorie von YA. B. ZELDOVICH, D. A. FRANK-KAMENETZKI und N. N. SEMENOV [27] bis [30] wesentlichen Annahme, daß die Zündtemperatur T_z nahe an der Endtemperatur T_e liegt und deshalb der Temperaturgradient in Gl. (2.27) für die Reaktionszone vernachlässigt werden kann. Diese Annahme stimmt um so besser, je höher die Aktivierungsenergie ist. Eine wichtige Folgerung aus der Annahme $T_z \simeq T_e$ ist, daß die zur Aufheizung der Reaktionszone von T_z auf T_e notwendige Wärmemenge klein ist im Vergleich zur gesamten Wärme, die bei der Reaktion frei wird. Es kann daher mit guter Näherung angenommen werden, daß praktisch die gesamte Reaktionswärme an die Vorwärmzone abgeführt wird. Die Verbrennungswärme dient also hauptsächlich zum Aufheizen des Gases auf die Zündtemperatur und nur zu einem kleinen Teil zur Heizung nach der Zündung.

Für die Reaktionszone erhält man demnach folgende Differentialgleichung:

$$\frac{\mathrm{d}^2T}{\mathrm{d}x^2} + \frac{Q_B W_B}{\lambda} = 0, \tag{2.38}$$

mit den Randbedingungen: $x = 0 : T = T_z;\ x = +\infty : T = T_e$.

Ihre Integration ergibt unter Berücksichtigung, daß $(\mathrm{d}T/\mathrm{d}x)_x = \delta_R = 0$ ist:

$$\left(\frac{\mathrm{d}T}{\mathrm{d}x}\right)_{x=0} = \sqrt{2\,\frac{Q_B}{\lambda}\int\limits_{T_z}^{T_e} W_B\,\mathrm{d}T}\,. \tag{2.39}$$

Durch Gleichsetzen von (2.39) mit Gl. (2.36) an der Stelle $x = 0$ erhält man die grundlegende Gleichung der Theorie von ZELDOVICH und FRANK-KAMENETZKI:

$$u_n = \frac{1}{\varrho_a c_p (T_e - T_a)} \sqrt{2\lambda Q_B \int_{T_z}^{T_e} W_B \, dt}. \tag{2.40}$$

Diese Gleichung gilt noch ganz allgemein für eine Reaktion beliebiger Ordnung unter der Voraussetzung $D = a$. Übrigens kann sie auch aus einer Dimensionsbetrachtung gewonnen werden [5].

Um das Integral in Gl. (2.40) ausrechnen zu können, muß man sich nun für ein Reaktionsgesetz entscheiden. In der vorliegenden Theorie wurde dieses wie folgt angenommen:

$$W_B = k_0 c_B^n \, \mathrm{e}^{-\frac{E}{RT}}. \tag{2.41}$$

Im allgemeinen wird der Zusammenhang $W_B = W_B(x)$ sehr komplex sein, da sich die Konzentration c_B innerhalb der Reaktionszone infolge molekularer Transportvorgänge wie Diffusion und Wärmeleitung ändert. Zusätzlich wird c_B auch noch durch die Temperaturänderung in der Reaktionszone beeinflußt. Für $Le = 1$ werden die Verhältnisse jedoch einfach, da ja der Zusammenhang zwischen Temperatur und Konzentration durch die Gl. (2.33) gegeben ist.

Wegen des geringen Temperaturunterschiedes in der Reaktionszone gilt für $\theta/T_e \ll 1$:

$$\frac{E}{RT} = \frac{E}{RT_e\left(1 - \frac{\theta}{T_e}\right)} \cong \frac{E}{RT_e}\left(1 + \frac{\theta}{T_e}\right) \qquad \text{mit} \qquad \theta = T_e - T$$

und daher

$$\mathrm{e}^{-\frac{E}{RT}} \cong \mathrm{e}^{-\frac{E}{RT_e}} \, \mathrm{e}^{-\frac{E}{RT_e^2}\theta}. \tag{2.42}$$

Die Molkonzentration c_B kann mit Hilfe von Gl. (2.33) und der Zustandsgleichung ausgedrückt werden, wobei daran erinnert sei, daß sich voraussetzungsgemäß der Gesamtdruck und das mittlere Molekulargewicht nicht ändern.

$$c_B = \frac{T_a}{T} \frac{T_e - T}{T_e - T_a} c_{Ba} = \frac{T_a}{T_e - T_a} \frac{\theta}{T_e} c_{Ba}. \tag{2.43}$$

Die Gleichung für die Reaktionsgeschwindigkeit hat damit die Form:

$$W_B = k_0 c_{Ba}^n \left(\frac{T_e - T}{T_e - T_a}\right)^n \left(\frac{T_a}{T}\right)^n \mathrm{e}^{-\frac{E}{RT}}. \tag{2.44}$$

Für den einfachsten Fall einer Reaktion nullter Ordnung, welche unabhängig von der Konzentration der reagierenden Substanz ist, erhält man für das Integral*:

$$\int_{T_z}^{T_e} W_B \, \mathrm{d}T = k_0 \frac{RT_e^2}{E} \mathrm{e}^{-\frac{E}{RT_e}} \left[1 - \mathrm{e}^{-\frac{E}{RT_e^2}(T_e - T_a)}\right]. \tag{2.45}$$

* Selbstverständlich darf bei der Integration von der Annahme $T_z = T_e$ kein Gebrauch gemacht werden, da sonst das Integral verschwinden würde, was eine Reaktionszone ohne Wärmeentwicklung bedeutet.

Der zweite Term im Klammerausdruck ist im allgemeinen klein und wird vernachlässigt. So beträgt er z. B. für $T_e = 2000\,°\mathrm{K}$, $(T_e - T_z) = 300\,°\mathrm{K}$, und $E = 40000$ cal/mol nur ca. 0,2; für $E = 60000$ cal/mol bei sonst gleichen Werten 0,1. Die Annahme wird um so besser, je höher die Aktivierungsenergie E und je niedriger die Endtemperatur T_e ist. Auf diese Weise fällt die Zündtemperatur T_z aus der Rechnung heraus, und für die *Reaktion nullter Ordnung* ergibt sich:

$$u_n = \sqrt{\frac{2\lambda k_0}{\varrho_a c_p (T_e - T_a)\, c_{Ba}} \frac{R T_e^2}{E} \mathrm{e}^{-\frac{E}{R T_e}}}, \tag{2.46}$$

wobei Q_B durch Gl. (2.32) ausgedrückt wurde. Es ist interessant festzustellen, daß bei einer Reaktion nullter Ordnung zwar die Reaktionsgeschwindigkeit unabhängig ist von der Konzentration, nicht aber die Flammenfortpflanzungsgeschwindigkeit.

Auf ähnliche Weise kann die Integration für Reaktionen höherer Ordnung erfolgen

Schließlich findet man für die Fortpflanzungsgeschwindigkeit einer *Reaktion erster Ordnung*:

$$u_n = \sqrt{\frac{2\lambda k_0}{\varrho_a c_p (T_e - T_a)^2} \frac{T_a}{T_e} \left(\frac{R T_e^2}{E}\right)^2 \mathrm{e}^{-\frac{E}{R T_e}}}, \tag{2.47}$$

und für eine *Reaktion zweiter Ordnung*:

$$u_n = \sqrt{\frac{4\lambda k_0 c_{Ba}}{\varrho_a c_p (T_e - T_a)^3} \left(\frac{T_a}{T_e}\right)^2 \left(\frac{R T_e^2}{E}\right)^3 \mathrm{e}^{-\frac{E}{R T_e}}}. \tag{2.48}$$

Der Wert λ ist bei der Temperatur T_e zu nehmen, für c_p ist ein Mittelwert einzusetzen. Hinsichtlich der Dimension von k_0 ist zu bemerken, daß sie in den oben stehenden Gleichungen die Form $[\mathrm{cm}^{3(n-1)}/\mathrm{sec} \cdot \mathrm{mol}^{n-1}]$ hat.

Für spätere Zwecke kann es vorteilhaft sein, die Reaktionswärme bei konstantem Druck q_p einzuführen. Unter den bestehenden Voraussetzungen ist sie gegeben durch:

$$q_p = c_p\,(T_e - T_a). \tag{2.49}$$

Aus den Gleichungen (2.46), (2.47) und (2.48) sehen wir, daß die charakteristische Temperaturabhängigkeit in Form einer e-Potenz erhalten geblieben ist, was in den älteren, rein thermischen Theorien nicht der Fall war. Damit gibt diese Theorie trotz aller Vereinfachungen das grundsätzliche Verhalten laminarer Flammen richtig wieder. Ihr Hauptvorteil liegt in den geschlossenen analytischen Ergebnissen. Freilich darf man, von einigen Sonderfällen wie Ozonzerfall abgesehen, an quantitative Ergebnisse keine allzu großen Ansprüche stellen. Die Theorie von Zeldovich und Frank-Kamenetzki darf jedoch nicht für laminare Verbrennung in Wandnähe angewendet werden, da hier der Wärmetransport quer zur Flammenfront nicht mehr vernachlässigt werden kann.

2.11 Verfeinerte Theorie der laminaren Flammenausbreitung

Die bei weitem stärkste Einschränkung in der vorstehenden Theorie wurde zweifellos in bezug auf den Reaktionsverlauf gemacht. Dagegen ist die Annahme $p =$ konst. für die stationäre, laminare Flamme eine sehr gute Näherung. Innere Reibung und Thermodiffusion sind ebenfalls gering.

Die vollständigste Form der Gleichungen für die laminare Flammenausbreitung wurde von J. O. HIRSCHFELDER und Mitarbeitern [32] formuliert. In diesem Abschnitt soll lediglich ein Gleichungssystem aufgestellt werden, welches die Berücksichtigung beliebig komplizierter Reaktionen gestattet, jedoch die Vernachlässigung der Reibung, der Druckänderung in der Flammenzone und aller Vorgänge quer zur Flammenfront beibehält.

Wenn man mit u wiederum die mittlere Massengeschwindigkeit des Gasgemisches und mit v_i die Diffusionsgeschwindigkeit der Komponente i bezeichnet, so ist die mittlere Geschwindigkeit der Teilchen der Sorte i in bezug auf die Rohrwand gegeben durch:

$$u_i = u + v_i. \tag{2.50}$$

Für die Gesamtstromdichte gilt im Falle stationärer Strömung mit (1.93):

$$\varrho u = \sum_j \varrho_i u_i = \sum_j \mu_i c_i u_i = \text{konst.} \tag{2.51}$$

und für die Stromdichte der Komponente i:

$$\frac{\mathrm{d}}{\mathrm{d}x}(\varrho_i u_i) = W_i \qquad \text{oder} \qquad \frac{\mathrm{d}}{\mathrm{d}x}[\varrho_i(u + v_i)] = W_i. \tag{2.52}$$

W_i ist die Umsetzungsgeschwindigkeit (z. B. Bildungsgeschwindigkeit) der Komponente i. Sie setzt sich zusammen aus den Umsetzungsgeschwindigkeiten W_{ij} der Komponente i bei den einzelnen Reaktionen j, an denen sie teilnimmt.

$$W_i = \sum_j W_{ij}. \tag{2.53}$$

Der Verlauf der Reaktion mit sämtlichen Zwischenreaktionen und die entsprechenden Reaktionsgesetze für die einzelnen Reaktionsgeschwindigkeiten W_{ij} müssen natürlich bekannt sein.

Manchmal ist es zweckmäßig, die dimensionslose Stromdichte

$$G_i = \frac{\varrho_i u_i}{\varrho u} \tag{2.54}$$

als neue Unbekannte einzuführen. Die Massenbilanz der Komponente i (2.52) kann dann geschrieben werden:

$$\frac{\mathrm{d}G_i}{\mathrm{d}x} = \frac{W_i}{\varrho u}. \tag{2.55}$$

Aus den Gleichungen (2.50) und (2.51) erhält man unter Berücksichtigung von

$$\varrho = \sum_j \varrho_i = \sum_j \mu_i c_i$$

die Beziehung

$$\sum_j \varrho_i v_i = 0. \tag{2.56}$$

Der Gesamtimpuls, berechnet aus den Diffusionsgeschwindigkeiten, muß Null sein.

Wegen der Annahme $p =$ konst. fällt die Eulergleichung wiederum weg und ebenso die kinetische Energie in der Energiebilanz, so daß man jetzt bekommt:

$$\frac{\mathrm{d}}{\mathrm{d}x}(\varrho u i) = -\frac{\mathrm{d}j}{\mathrm{d}x}. \tag{2.57}$$

i bedeutet die Gesamtenthalpie pro Masseneinheit und j den Wärmestrom pro Flächen- und Zeiteinheit. Erstere kann durch die Enthalpien der einzelnen Komponenten ausgedrückt werden:

$$i = \sum_j \frac{\varrho_i}{\varrho} i_i = \sum_j \omega_i i_i. \tag{2.58}$$

Der Wärmestrom j besteht aus den Wärmemengen, welche durch Wärmeleitung bzw. Diffusion transportiert werden.

$$j = -\lambda \frac{\mathrm{d}T}{\mathrm{d}x} + \sum_j \varrho_i v_i i_i. \tag{2.59}$$

Setzt man (2.58) und (2.59) in die Energiegleichung (2.57) ein, so erhält man mit (2.50) und (2.51):

$$\varrho u \frac{\mathrm{d}}{\mathrm{d}x}\left(\sum_j G_i i_i\right) - \frac{\mathrm{d}}{\mathrm{d}x}\left(\lambda \frac{\mathrm{d}T}{\mathrm{d}x}\right) = 0$$

und nach einmaliger Integration mit der Randbedingung $\mathrm{d}T/\mathrm{d}x = 0$ für $x = x_0$:

$$\varrho u \left[\left(\sum_j G_i i_i\right)_x - \left(\sum_j G_i i_i\right)_{x_0}\right] = \lambda \frac{\mathrm{d}T}{\mathrm{d}x}. \tag{2.60}$$

x_0 kann hier sowohl den Anfangs- als auch den Endquerschnitt bedeuten, also $x = -\infty$ oder $x = +\infty$.

Es fehlt uns noch ein Satz Gleichungen für die Diffusionsgeschwindigkeiten v_i. Er ist durch die Gleichung für die Diffusionsstromdichte eines Mehrkomponentengemisches gegeben [I.2 22] [33].

$$c_i v_i = \frac{c}{\mu} \sum_{j \neq i} \mu_j D_{ij} \frac{\mathrm{d}r_j}{\mathrm{d}x}. \tag{2.61}$$

D_{ij} ist die verallgemeinerte Diffusionszahl für ein Mehrkomponentengemisch, abhängig von c, c_i, c_j, μ_i, μ_j und der binären Diffusionszahl D_{ij}.

Da die Berechnung von D_{ij} mit den Methoden der statistischen Nichtgleichgewichtsthermodynamik ziemlich umständlich ist [I, 22], empfiehlt sich die Verwendung einer Näherungsgleichung [33, 4]:

$$c_i v_i = -c \frac{\left(1 - \frac{\mu_i}{\mu} r_i\right)}{\sum\limits_{j \neq i} \left(\frac{r_j}{D_{ij}}\right)} \frac{\mathrm{d}r_i}{\mathrm{d}x}. \tag{2.62}$$

Mit der Massenbilanz (2.52) oder (2.55), der Energiebilanz (2.60) und der Diffusionsgleichung (2.61) oder (2.62) haben wir das gewünschte Gleichungssystem, welches numerisch gelöst werden muß.

Was die Randbedingungen betrifft, so stößt man wiederum auf die bereits im vorhergehenden Abschnitt beschriebenen Schwierigkeiten am kalten Ende der Flamme. Dies zwingt zu zusätzlichen Maßnahmen. Meist wird, ähnlich wie bei der Theorie von Zeldovich und Frank-Kamenetzki, eine Zündtemperatur eingeführt. Einen anderen Weg beschreiten Hirschfelder und Mitarbeiter [32], indem sie einen idealisierten Flammenhalter annehmen.

Die numerische Lösung dieses Systems gekoppelter, nichtlinearer Differentialgleichungen 1. Ordnung wird selbst schon bei verhältnismäßig einfachen Reaktionen ziemlich aufwendig. Außerdem sind die Werte der Transportkoeffizienten bzw. der reaktionskinetischen Daten und ihre Temperaturabhängigkeit vielfach nur unzureichend bekannt.

Die Zahl der Verfahren zur Berechnung der Ausbreitungsgeschwindigkeit laminarer Flammen ist sehr groß. Von den älteren sei hier nur das von T. von Kármán und Mitarbeitern [34, 35] erwähnt, aus neuerer Zeit die numerische Methode von D. B. Spalding und Mitarbeitern [36]. Bei allen diesen Verfahren wird versucht, durch mehr oder weniger einleuchtende Annahmen den Rechenaufwand auf ein akzeptables Maß herabzudrücken oder gar geschlossene Lösungen zu erhalten. Zum Teil beschränkt man sich auf sehr spezielle Reaktionen.

Die Ähnlichkeitstheorie gestattet gewisse Aussagen über die Abhängigkeit der Flammengeschwindigkeit von den verschiedenen Parametern, ohne daß die Differentialgleichungen gelöst werden müssen. Dieser Weg wurde von F. Schultz-Grunow [37] beschritten (siehe auch [5]).

Ein guter Überblick über die Vielzahl der Theorien zur laminaren Flammenausbreitung findet man in den ausführlichen Übersichtsartikeln von M. W. Evans [38] bzw. C. Franze und H. Gg. Wagner [39].

Die laminare Flammenausbreitung hat eine viel geringere praktische Bedeutung als die turbulente, da sie viel seltener vorkommt. Der Wert der zahlreichen, z. T. recht aufwendigen Rechenmethoden liegt wohl darin, daß man sie zur Ermittlung reaktionskinetischer Daten heranziehen kann. Für uns ist jedoch wichtiger, daß die laminare Flammenausbreitung den Ausgangspunkt für verschiedene Theorien der turbulenten Flammen bildet.

2.12 Einige allgemeine Bemerkungen zur laminaren Flammenausbreitung

Vergleicht man die Meßergebnisse mit der Theorie, so kann festgestellt werden, daß bei entsprechendem Rechenaufwand im großen und ganzen gute Übereinstimmung erzielt werden kann. Wo dies nicht der Fall ist, dürfte es eher an der unzulänglichen Kenntnis der reaktionskinetischen Daten liegen als an der Theorie selbst. Auch ist eine exakte Messung von u_n offenbar schwierig, wie eine gewisse Streuung der experimentellen Daten beweist. Vergleicht man die Ergebnisse von verschiedenen Meßmethoden, auf die hier nicht näher eingegangen werden kann, wird dies besonders augenfällig.

In Tabelle II.1 sind die gemessenen Werte der laminaren Flammengeschwindigkeit für einige Gemische angegeben. Sie sollen lediglich einen gewissen Überblick vermitteln. Weitere Werte sowie nähere Angaben über Meßmethoden usw. findet man in [39].

Abschließend noch einige Bemerkungen zum Verhalten der laminaren Flammengeschwindigkeit in bezug auf die verschiedenen Parameter, welche sie beeinflussen.

a) Einfluß der *Gemischzusammensetzung*: Variiert man die Brennstoffkonzentration, so nimmt u_n von der unteren Fortpflanzungsgrenze ausgehend zu, erreicht in der Nähe der stöchiometrischen Zusammensetzung ein Maximum und nimmt dann wieder bis zur oberen Fortpflanzungsgrenze ab. Für Kohlenwasserstoffe liegt dieses Maximum auf der Seite fetter Gemische. In Tabelle II.1 sind die Maximalwerte von u_n eingetragen.

b) *Druckabhängigkeit* der laminaren Flammengeschwindigkeit: Aus den Gleichungen (2.46) bis (2.48) geht hervor, daß

$$u_n = \sqrt{\text{konst.}\, a k_0 c_{Ba}^{(n-1)}}$$

ist. n im Exponenten von c_{Ba} bedeutet die Ordnung der Reaktion. $k_0 \cdot c_{Ba}^{(n-1)}$ hat die Dimension $\sec^{-1}$, kann also als der Kehrwert einer Reaktionszeit τ_R aufgefaßt werden. Somit ist die laminare Flammengeschwindigkeit proportional $\sqrt{a/\tau_R}$.

$$u_n \sim \sqrt{\frac{a}{\tau_R}} \sim \sqrt{\frac{D}{\tau_R}}. \tag{2.63}$$

Diese Beziehung gilt auch noch für veränderliche Temperaturleitzahl bzw. Diffusionszahl.

Für die Reaktionsgeschwindigkeit kann man näherungsweise schreiben:

$$\frac{\mathrm{d}c_B}{\mathrm{d}t} \sim \frac{\Delta c_B}{\tau_R}.$$

Die Änderung der Brennstoffkonzentration ist dem Druck proportional, die Reaktionsgeschwindigkeit ist nach Gl. (2.14) proportional p^n. Danach gilt für die

Reaktionszeit:

$$\tau_R \sim \frac{1}{p^{n-1}} \tag{2.64}$$

Die mittleren Werte von a bzw. D sind umgekehrt proportional dem Druck, so daß sich schließlich für die Druckabhängigkeit der laminaren Flammengeschwindigkeit für nicht allzu große Druckbereiche ergibt:

$$u_n \sim p^{\frac{n}{2}-1}. \tag{2.65}$$

Bei geringen Drücken unter 1 at ist allerdings zu beachten, daß sich die Transportkoeffizienten stark ändern, für genauere Rechnungen müssen die Details des Reaktionsverlaufes berücksichtigt werden.

c) Eine Änderung der *Ausgangstemperatur* T_a bringt eine relativ geringe Änderung der Flammenendtemperatur T_e und damit eine Verschiebung des gesamten Temperaturverlaufes in der Flammenzone mit sich. Dies wiederum beeinflußt die Transportkoeffizienten. Bei zu starker Erhöhung der Frischgastemperatur erhält man außerdem eine Vorreaktion, die ihrerseits wiederum von u. a. der Dauer der Temperatureinwirkung abhängt.

d) *Inertgaszusätze* haben eine Herabsetzung der Flammenendtemperatur und damit eine Verringerung der Flammengeschwindigkeit zur Folge. Nach Tabelle II.1 beträgt die maximale laminare Flammengeschwindigkeit des Wasserstoff-Sauerstoff-Gemisches fast das vierfache von der eines Wasserstoff-Luft-Gemisches. Die meisten Kohlenwasserstoff-Sauerstoff-Gemische haben sogar eine zehnmal größere maximale laminare Ausbreitungsgeschwindigkeit als die Gemische mit Luft.

Tabelle II.1. *Geschwindigkeiten laminarer Flammen, aus* [39]

Stoff	u_n cm/sec	Konzentration*	Stoff	u_n cm/sec	Konzentration
Wasserstoff—Luft	305	~ 1,42	Äthylen —Luft	68,3	1,137
Wasserstoff—O_2	1120	~ 1,25	Acetylen —Luft	~ 145	—
Kohlenmonoxid—Luft	47	~ 1,3	Methanol —Luft	54	1,09
Kohlenmonoxid—O_2	109	~ 1,3	Äthanol —Luft	52	1,09
Methan — Luft	33,8	1,053	Benzol —Luft	54	—
Äthan — Luft	40,1	1,113	Benzin —Luft	46	—
Propan — Luft	39,0	1,132	H_2—Cl_2 —Luft	410	~ 1,2 (60% H_2)
n-Butan — Luft	37,9	1,129	H_2—Br_2 —Luft	32	~ 1,2
n-Pentan — Luft	38,5	1,148	CH_4—Cl_2 —Luft	67	~ 80% Cl_2
n-Hexan — Luft	38,5	1,168			
n-Heptan — Luft	38,6	1,158			

* Die Konzentrationen sind entweder als Sauerstoffzahl $\alpha = O_{2\text{stöch}}/O_2$ oder in Vol.-% angegeben.

2.13 Turbulente Flammenausbreitung in vorgemischten Gasen

In der technischen Anwendung hat man es überwiegend mit *turbulenter Verbrennung* zu tun, ob es sich nun um Verbrennung in industriellen Feuerungen, Verbrennungsmotoren oder in Brennkammern von Gasturbinen, Staustrahltriebwerken, Raketen usw. handelt. Die mit der Turbulenz verbundene erhöhte Flammenausbreitungsgeschwindigkeit führt zu einer Intensivierung des Verbrennungsvorganges, und hierin liegt die Bedeutung der *turbulenten* Verbrennung.

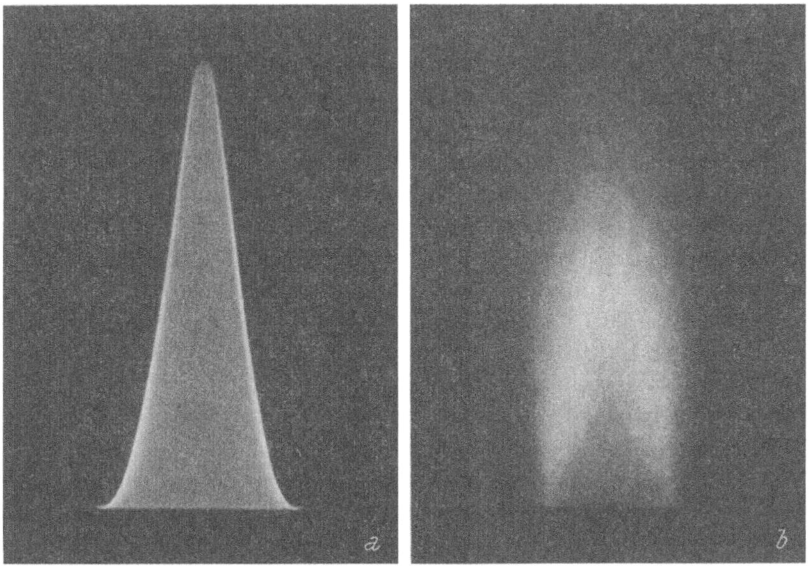

Abb. 2.5 Laminare (a) und turbulente Flamme (b) eines Bunsenbrenners*

Schon E. MALLARD und H. LE CHATELIER (1883) [21] erkannten den Einfluß der Turbulenz auf die Flammenausbreitung, ohne jedoch den Mechanismus zu verstehen. Erst G. DAMKÖHLER (1940) [40] gibt eine Erklärung für die Ursache der Flammenbeschleunigung und stellt eine empirische Beziehung zwischen Turbulenz und Flammengeschwindigkeit her. Trotz intensiver Arbeit auf diesem Gebiet, vor allem in jüngerer Zeit, werden immer noch nicht alle Einzelheiten befriedigend verstanden. Während bei der Theorie der laminaren Verbrennung — wie bereits erwähnt — die Grenzen eher durch ungenügende Kenntnis der reaktionskinetischen Daten gegeben sind, gibt es für die turbulente Flammenausbreitung derzeit noch keine geschlossene Theorie, ja noch nicht einmal einheitliche Gesichtspunkte. Einer der Hauptgründe dafür ist in der Unzulänglichkeit der Turbulenztheorie selbst zu suchen. Darüber hinaus werden sowohl die

* Die Bilder 2.5a bzw. 2.5b wurden freundlicherweise von den Herren Dr. J. FLOSSDORF (vormals Inst. für Physikal. Chemie, Univ. Göttingen) und Dr. H. EBERIUS (Inst. für Reaktionskinetik, DFVLR, Stuttgart) zur Verfügung gestellt.

experimentellen als auch die theoretischen Schwierigkeiten durch das Hinzukommen der Verbrennung erheblich vergrößert. Daher stößt man bei näherer Betrachtung von Theorie und Experiment häufig auf bisher noch nicht geklärte Widersprüche.

Für die viel höhere Ausbreitungsgeschwindigkeit turbulenter Flammen kann man zwei Gründe angeben. Erstens hat die Turbulenz einen intensiveren Wärmeaustausch zur Folge, ohne dabei den Reaktionsvorgang direkt zu beeinflussen. Zweitens kann die Reaktionsgeschwindigkeit selbst durch die Turbulenz erhöht werden.

Neben der erhöhten Flammenfortpflanzungsgeschwindigkeit sind für turbulente Flammen das Geräusch und viel größere Dicke* charakteristisch. Ferner ist die Flamme nun nicht mehr scharf abgegrenzt, sondern ihre Konturen erscheinen verschwommen, was eine Folge der turbulenten Schwankungen ist (Abb. 2.5). Der Begriff der Flammenoberfläche wird problematisch und damit die Bestimmung der turbulenten Flammenausbreitungsgeschwindigkeit u_t. Die Verhältnisse sind einfach, solange die mittlere Geschwindigkeit in allen Querschnitten gleich groß ist, wie das bei der laminaren Flamme der Fall ist. Dies trifft jedoch normalerweise für die turbulente Flamme nicht mehr zu. Daher muß ein Querschnitt definiert werden, für den u_t gemessen oder berechnet wird. Leider herrscht auch in dieser Frage noch keine Übereinstimmung. G. Damköhler und zahlreiche andere messen z. B. u_t am inneren Rand des Flammenkonus am Bunsenbrenner. Eine zweite Möglichkeit besteht darin, daß man u_t in jenem Querschnitt mißt, bei dem im Mittel die Hälfte der Reaktionswärme frei geworden ist. Schließlich kann als turbulente Verbrennungsgeschwindigkeit noch die Fortpflanzungsgeschwindigkeit der Zündstelle angenommen werden. Alle drei Modelle haben ihre Vor- und Nachteile, jedoch scheinen die beiden letzteren die besseren zu sein.

Wie auch immer man die turbulente Flammengeschwindigkeit definiert, bleibt ihr Wert zweifelhaft. Die experimentell bestimmten turbulenten Flammengeschwindigkeiten sind stark von der Versuchseinrichtung abhängig. Rückschlüsse von der mit einer bestimmten Vorrichtung gemessenen turbulenten Flammengeschwindigkeit auf die einer anderen Konfiguration bei gleicher Gemischzusammensetzung sind derzeit offenbar noch nicht möglich. Außerdem ist fraglich, ob es eine „stationäre" turbulente Flammengeschwindigkeit überhaupt gibt.

Zur Berechnung der turbulenten Flammengeschwindigkeit u_t bedient man sich verschiedener mehr oder weniger hypothetischer Rechenmodelle. Nach Ye. S. Shchetinkov [12] unterscheidet man: 1. Das Oberflächenmodell, 2. das gestreckte, laminare Flammenmodell (Volumenverbrennungsmodell), 3. das Mikrovolumenmodell.

Beim *Oberflächenmodell* (Abb. 2.6a) beult sich die ursprünglich laminare Flammenfront unter dem Einfluß der Turbulenz mehr und mehr aus. Ist die Turbulenz stark genug, so zerreißt die Front, es bilden sich einzelne Ballen, die jeweils von einer dünnen laminaren Flammenfront umgeben sind.

Das *gestreckte laminare Flammenmodell* (Abb. 2.6b) unterscheidet sich im Prinzip vom laminaren Flammenmodell überhaupt nicht, nur die Reaktionszone ist erheblich dicker geworden. Da man innerhalb derselben eine Volumenreaktion

* Unter „Dicke" der Flammenzone versteht man hier ihren zeitlichen Mittelwert.

annimmt, spricht man auch von Volumenverbrennungsmodell oder kurz von Volumenmodell. Bei Volumenverbrennung nimmt man bekanntlich zu jedem Zeitpunkt im gesamten betrachteten Volumen gleiche Zustände an, was natürlich eine starke Idealisierung ist.

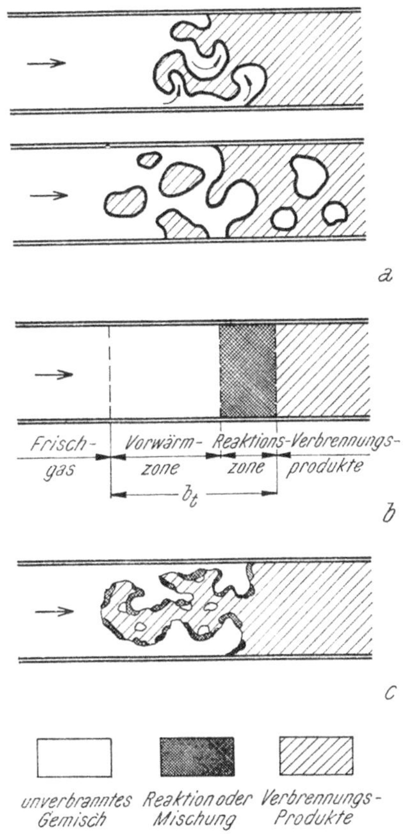

Abb. 2.6 Turbulente Verbrennungsmodelle nach Ye. S. Shchetinkov [12]. a Oberflächenmodell; b Gestrecktes laminares Flammenmodell (Volumenverbrennungsmodell); c Mikrovolumenmodell

Beim *Mikrovolumenmodell* (Abb. 2.6c) wird ein Zerfall der Flamme in kleine Elemente angenommen, die entweder Frischgas, Reaktionsprodukte oder beides enthalten. In den aus Frischgas bestehenden Elementen nimmt man Volumenreaktionen an. Sie sind ungleichmäßig über die ganze Dicke b_t der Verbrennungsfront verteilt. Im Anwendungsbereich liegt das Mikrovolumenmodell zwischen dem Oberflächenmodell und dem gestreckten laminaren Flammenmodell.

Wegen der unzureichenden Kenntnisse über molekulare Mischungsvorgänge in turbulenten Strömungen gibt es derzeit noch keine praktisch brauchbare Berechnungsmethode für dieses Modell. Erste Ansätze, basierend auf einem sehr einfachen turbulenten Diffusionsmodell, gehen auf E. S. Shetinkov [41, 42] zurück.

Bevor wir zur ausführlichen Besprechung der beiden ersten Verbrennungsmodelle übergehen, wollen wir einige allgemeine Eigenschaften turbulenter Strömungen erörtern.

2.14 Allgemeine Eigenschaften turbulenter Strömungen

Die turbulente Flammenausbreitung kann nicht verstanden werden ohne die Kenntnis der Eigenschaften turbulenter Strömungen. Daher sei ein kurzer Ausflug in das Gebiet der Turbulenztheorie erlaubt. Die theoretische Behandlung dieser überaus komplizierten Strömungsvorgänge ist noch weit von einem befriedigenden Stand entfernt. Es sollen daher lediglich die wichtigsten Grundlagen in knapper Form dargestellt werden. Für ein eingehenderes Studium seien die Monographien [43] bis [45] empfohlen.

Eine turbulente Strömung kann als eine ungeordnete Strömung definiert werden, deren Geschwindigkeit und sonstigen Parameter sich sowohl mit dem Ort als auch mit der Zeit dauernd ändern, wobei diese Parameter im statistischen Sinne als Zufallsvariable aufgefaßt werden können [43]. Der letztere Umstand ist wichtig, da eine Behandlung turbulenter Strömungsvorgänge mit den üblichen Mitteln und Vorstellungen der Strömungsmechanik nicht mehr ohne weiteres möglich ist. Vielmehr müssen die Methoden der Wahrscheinlichkeitslehre und der mathematischen Statistik herangezogen werden.

Zwei Faktoren bestimmen im wesentlichen das Verhalten einer turbulenten Strömung, die Geschwindigkeitsschwankungen und die Größe der Wirbelballen, aus denen man sich — stark vereinfacht — die Strömung zusammengesetzt denkt. Anstelle von „Wirbelballen“ oder „Turbulenzballen“ sollte man vielleicht besser den Ausdruck „Turbulenzelemente“ verwenden.

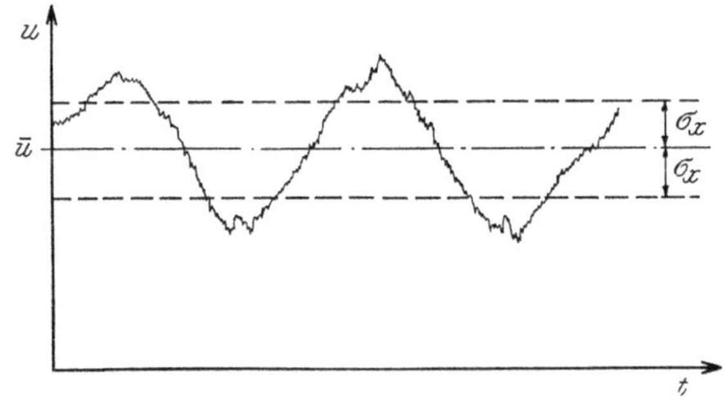

Abb. 2.7 Zeitlicher Verlauf der Geschwindigkeit u in einer turbulenten Strömung

In Abb. 2.7 ist der zeitliche Verlauf der Geschwindigkeit u an einem Punkt der Strömung dargestellt, wie er etwa durch eine Hitzdrahtsonde gemessen wird. Der Momentanwert von u kann dann in folgender Form geschrieben werden:

$$u = \overline{u} + u'.$$

u' ist die Geschwindigkeitsschwankung und $\overline{u}$ der Mittelwert von u.

Der zeitliche Mittelwert der Geschwindigkeitsschwankung $\overline{u'}$ ist zwar Null, was aus ihrer Definition hervorgeht, nicht aber der Mittelwert ihres Quadrates $\overline{u'^2}$. Er ist in der mathematischen Statistik unter dem Begriff „Streuung" oder „Varianz" bekannt. Für die einzelnen Komponenten gilt:

$$\sigma_x = \sqrt{\overline{u'^2}}, \quad \sigma_y = \sqrt{\overline{v'^2}}, \quad \sigma_z = \sqrt{\overline{w'^2}}. \tag{2.66}$$

σ ist ein Maß für die Intensität der Turbulenz. Manchmal gibt man auch den durch die mittlere Geschwindigkeit dimensionslos gemachten Betrag von σ an, der als relative Intensität oder Kármánzahl bezeichnet wird.

Im Sonderfall *isotroper Turbulenz* ist σ unabhängig von der Richtung ($\sigma_x = \sigma_y = \sigma_z$), d. h. die statistischen Eigenschaften der Turbulenz bevorzugen keine Richtung*. Ist σ auch noch vom Ort unabhängig, so spricht man von *homogener isotroper Turbulenz.*

Will man eine Aussage über die räumliche Struktur der Turbulenz erhalten, so muß man die Geschwindigkeitsschwankungen an zwei benachbarten Punkten der Strömung betrachten. Da es sich um die Strömung eines Kontinuums handelt, sind die Geschwindigkeiten an diesen Punkten im allgemeinen statistisch nicht voneinander unabhängig. Dies führt zu der Konzeption der *Korrelationsfunktionen,* welche erstmals von G. I. Taylor eingeführt wurden. Im Fall der isotropen Turbulenz werden sie besonders einfach.

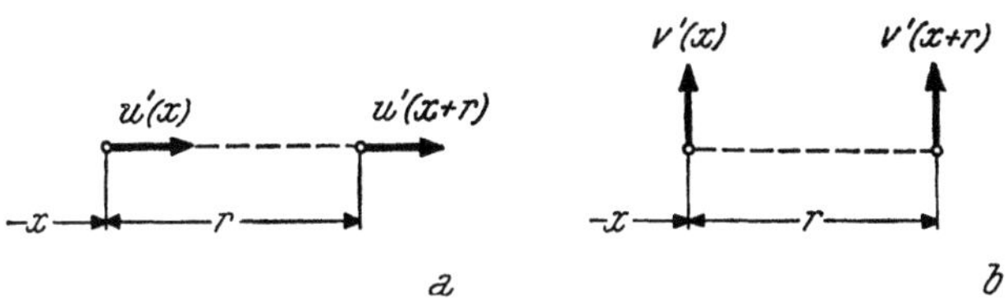

Abb. 2.8 Geschwindigkeitskorrelation.
a Längskorrelation; b Querkorrelation

Die Korrelation etwa zwischen den x-Komponenten der Schwankungsgeschwindigkeiten an zwei Punkten im Abstand r ist gegeben durch $\overline{u'(x) \cdot u'(x + r)}$ (Abb. 2.8), wobei der Querstrich eine zeitliche Mittelung bedeutet. Damit erhält man die Längskorrelationsfunktion im Falle isotroper Turbulenz in ihrer normierten Form:

$$R_{Eu}(r) = \frac{\overline{u'(x) \cdot u'(x + r)}}{\sqrt{\overline{u'^2_{(x)}}}\sqrt{\overline{u'(x + r)^2}}} = \frac{\overline{u'(x) \cdot u'(x + r)}}{\overline{u'^2}}, \tag{2.67}$$

und entsprechend die Querkorrelationsfunktion:

$$R_{Ev}(r) = \frac{\overline{v'(x) \cdot v'(x + r)}}{\overline{v'^2}}. \tag{2.68}$$

* Dieser Fall tritt bei der Strömung durch ein Maschengitter annähernd ein (z. B. in Windkanälen) und wird in der Literatur sehr ausführlich behandelt.

Der Index E bedeutet Eulersche Betrachtungsweise. Wir kommen später noch darauf zurück.

Für $r \to 0$ hat man vollständige Korrelation, $u'(x) = u'(x + r)$ und damit $R_{Eu}(r) = R_{Ev}(r) = 1$. Für $r \to \infty$ verschwindet die Korrelation, es besteht keine statistische Abhängigkeit mehr zwischen den Geschwindigkeiten, $R_{Eu}(r) = R_{Ev}(r) = 0$. Den Verlauf der beiden Korrelationsfunktionen, wenn man bei konstantem x den Abstand r variiert, zeigt Abb. 2.9. $R_{Ev}(r)$ kann auch negative Werte annehmen.

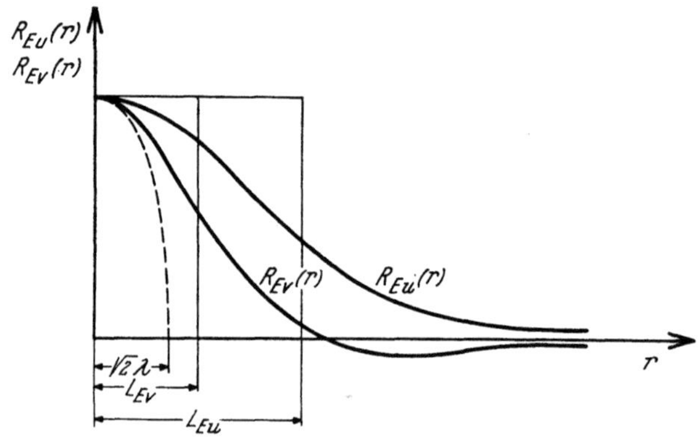

Abb. 2.9 Längs- und Querkorrelationsfunktion bei Variation des Abstandes r (schematisch)

Aus der Theorie isotroper Turbulenzfelder folgt der Zusammenhang zwischen $R_{Eu}(r)$ und $R_{Ev}(r)$:

$$R_{Ev}(r) = R_{Eu}(r) + \frac{r}{2} \frac{\partial R_{Eu}(r)}{\partial r}. \tag{2.69}$$

Mit Hilfe der Korrelationsfunktionen kann man nun verschiedene charakteristische Längenmaße aufstellen.

Die sogenannten *Integral-Längenmaße* oder *Makro-Längenmaße* sind in Eulersche Betrachtungsweise definiert durch:

$$L_{Eu} = \int_0^\infty R_{Eu}(r)\,\mathrm{d}r, \qquad L_{Ev} = \int_0^\infty R_{Ev}(r)\,\mathrm{d}r. \tag{2.70}$$

Unter *Eulersche Betrachtungsweise* versteht man die Beobachtung der Geschwindigkeit verschiedener Gasteilchen an bestimmten, zeitlich und räumlich festen Orten. Physikalisch kann man sich die Integral-Längenmaße in großer Vereinfachung als ein Maß für die Größe der Turbulenzelemente vorstellen.

Da eine turbulente Strömung aus einem ganzen Spektrum verschiedener Maßstäbe besteht, wird sie nicht allein durch Makro-Maßstäbe beschrieben. G. I. TAYLOR hat noch einen weiteren Maßstab, das turbulente *Mikro-Längenmaß* (Abb. 2.9), eingeführt:

$$\frac{1}{\lambda} = -\left(\frac{\partial^2 R_{Eu}}{\partial r^2}\right)_{r=0}. \tag{2.71}$$

Führt man eine Taylor-Entwicklung der Funktion $R_{Eu}(r)$ für $r \to 0$ durch und bricht diese nach dem zweiten Glied ab, so läßt sich zeigen, daß

$$\left(\frac{\partial^2 R_{Eu}}{\partial r^2}\right)_{r=0} \cong -\frac{1}{\overline{u'^2}} \overline{\left(\frac{\partial u'}{\partial x}\right)^2}$$

ist, und man erhält:

$$\overline{\left(\frac{\partial u'}{\partial x}\right)^2} \cong \frac{\overline{u'^2}}{\lambda^2}. \tag{2.72}$$

Eine ähnliche Überlegung kann man auch für die Quer-Mikro-Länge anstellen.

Bisher haben wir die Korrelation der Geschwindigkeitskomponenten zur gleichen Zeit an zwei benachbarten Punkten betrachtet. Nun können wir aber auch die Korrelation zwischen den Geschwindigkeitskomponenten zu verschiedenen Zeiten, jedoch an ein und demselben Punkt studieren und erhalten auf diese Weise mit der Korrelationsfunktion

$$R_{Eu}(t) = \frac{\overline{u'(t_0) \cdot u'(t_0 + t)}}{\overline{u'^2}} \tag{2.73}$$

das *Integral-Zeitmaß* oder *Makro-Zeitmaß*

$$T_{Eu} = \int_0^\infty R_{Eu}(t)\,\mathrm{d}t. \tag{2.74}$$

$R_{Eu}(t)$ kann aus einem Diagramm von der Art der Abb. 2.7 ermittelt werden. Das Integral-Zeitmaß (2.74), welches wiederum im Eulerschen Sinn zu verstehen ist, kennzeichnet die Zeit, welche ein Turbulenzelement zum Passieren des betrachteten Punktes benötigt. Mit ihm kann ebenfalls ein Längenmaß

$$L_{Eu} = \sqrt{\overline{u'^2}} \cdot T_{Eu} = \sqrt{\overline{u'^2}} \int_0^\infty R_{Eu}(t)\,\mathrm{d}t \tag{2.75}$$

definiert werden, welches im Falle homogener Turbulenz mit dem Längenmaß (2.70) identisch ist.

Neben der Eulerschen ist in der Turbulenztheorie auch die *Lagrangesche-Betrachtungsweise,* z. B. für die turbulente Diffusion, wichtig, Zur Zeit t_0 sei die x-Komponente der Schwankungsgeschwindigkeit eines Gasteilchens $u'(t_0)$. Zur Zeit $t_0 + t$ habe sie für dasselbe Teilchen den Betrag $u'(t_0 + t)$. Für nicht zu große Zeiten t gibt es eine Korrelationsfunktion

$$R_{Lu}(t) = \frac{\overline{u'(t_0) \cdot u'(t_0 + t)}}{\overline{u'^2}} \tag{2.76}$$

Sie ist formal gleich der Korrelationsfunktion R_{Eu}, doch haben hier die Geschwindigkeitsschwankungen eine völlig andere Bedeutung. Zum Unterschied von der Eulerschen Darstellung wird bei der Lagrangeschen der Weg einzelner Teilchen verfolgt. Die Mittelwertbildung erfolgt hier über eine Anzahl von Teilchen. Für $t \to 0$ wird $R_{Lu}(t) = 1$ und für $t \to \infty$ ist $R_{Lu}(t) = 0$.

Schließlich kann mit der Korrelationsfunktion $R_{Lu}(t)$ das Lagrangesche *Integral-Zeitmaß*

$$T_{Lu} = \int_0^\infty R_{Lu}(t)\, \mathrm{d}t \tag{2.77}$$

definiert werden. Physikalisch hat man sich darunter etwa die Zeit vorzustellen, während der sich ein Turbulenzelement bewegt, ohne seine Identität zu verlieren. Die zugehörige Strecke ist dann das *Integral-Längenmaß* in Lagrangeschen Koordinaten:

$$L_{Lu} = \sqrt{\overline{u'^2}} \cdot T_{Lu} = \sqrt{\overline{u'^2}} \cdot \int_0^\infty R_{Lu}(t)\, \mathrm{d}T. \tag{2.78}$$

Diese Betrachtungsweise dient hauptsächlich zum grundsätzlichen Studium der turbulenten Diffusion und geht auf die klassische Arbeit von G. I. Taylor [46, 47] zurück.

Eine weitere Möglichkeit, die Beschreibung der Struktur einer turbulenten Strömung mit Hilfe der Spektralfunktion der turbulenten Energie, kann hier nur erwähnt werden.

2.15 Oberflächenmodell

Das Oberflächenmodell ist das älteste und das am weitesten ausgebaute turbulente Flammenmodell. Es geht von der Annahme aus, daß die laminare Verbrennungszone auch bei der turbulenten Flamme erhalten bleibt. Der Einfluß der Turbulenz besteht zunächst darin, daß die Flammenoberfläche F_{fl} vergrößert wird (Abb. 2.6a), was eine Erhöhung der effektiven Ausbreitungsgeschwindigkeit der Flamme zur Folge hat. Aus Gründen der Massenerhaltung ergibt sich für die turbulente Flammengeschwindigkeit u_t:

$$u_t = u_n \frac{F_{\mathrm{fl}}}{F}, \tag{2.79}$$

wenn F die Fläche der ursprünglich ebenen Flamme ist. Dabei wurde angenommen, daß sich die laminare Flammengeschwindigkeit u_n, senkrecht zur Flammenoberfläche, nicht ändert.

Der oben beschriebene Vorgang wird durch die *grobballige Turbulenz* bewirkt. Das charakteristische turbulente Längenmaß ist größer als die Dicke b_1 der laminaren Flammenfront. Die Flammenoberfläche F_{fl} bleibt bei diesem Modell, statistisch gesehen, im Mittel konstant, obwohl sich ihre Form und Lage dauernd ändert.

Der Einfluß der *feinkörnigen Turbulenz*, bei der das charakteristische turbulente Längenmaß kleiner als b_1 ist, äußert sich in einer Intensivierung der Transportvorgänge innerhalb der laminaren Flammenfront. Die Geschwindigkeit u_n nimmt deshalb zu, und man spricht dann von *laminar-turbulenter Flammengeschwindigkeit* $u_{n,t}$. Zum Unterschied von u_n ist $u_{n,t}$ nun keine physikalische Konstante des Gemisches mehr.

Die Unterscheidung zwischen dem Einfluß der grobballigen und der feinballigen Turbulenz wurde erstmals von G. DAMKÖHLER [40] getroffen, und darin liegt wohl die besondere Bedeutung dieser Pionierarbeit.

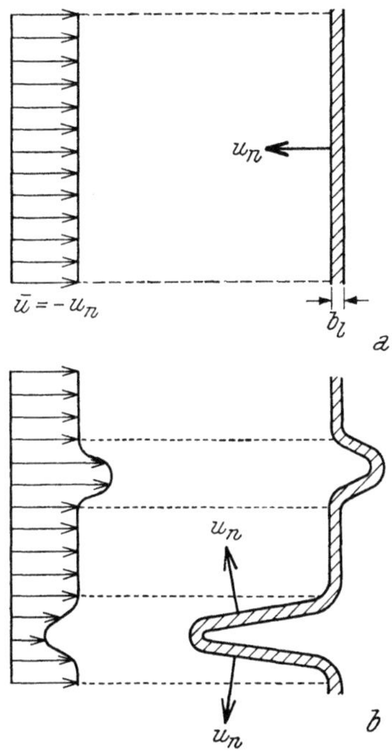

Abb. 2.10 Einfluß der grobkörnigen Turbulenz nach G. DAMKÖHLER [40].
a Laminare Flamme; b Turbulente Flamme

Nach der Theorie von G. DAMKÖHLER wird die turbulente Flamme aus kleinen Kegeln, ähnlich jenen eines Bunsenbrenners, gebildet (Abb. 2.10). Die Kegel entstehen als Folge der turbulenten Geschwindigkeitsschwankungen. Die Turbulenz darf aber nicht zu stark sein, sonst würde sich die Flammenoberfläche in einzelne Teile auflösen. DAMKÖHLER findet, daß die turbulente Flammengeschwindigkeit u_t proportional der Schwankungsgeschwindigkeit u' ist.

$$u_t \sim \sqrt{\overline{u'^2}}. \tag{2.80}$$

Für den Einfluß der feinkörnigen Turbulenz findet er die Beziehung

$$u_t \sim u_n \sqrt{\frac{\varepsilon_t}{\nu}}. \tag{2.81}$$

ν ist die kinematische Zähigkeit und ε_t eine Art turbulenter Zähigkeit, für die sich die Bezeichnungen Wirbelviskosität oder scheinbare Zähigkeit eingebürgert haben. ε_t ist durch den bekannten Austauschsatz von J. BOUSSINESQ definiert.

Der Austauschsatz von BOUSSINESQ gibt in Analogie zum Newtonschen Gesetz $\mu = \varrho\nu$ der Flüssigkeitsreibung eine scheinbare Zähigkeit $A_t = \varrho\varepsilon_t$ an, welche als Austauschgröße bezeichnet wird, Damit erhält man für die Reynoldsche Schubspannung in einer scherenden Parallelströmung:

$$-\varrho\,\overline{u'v'} = A_t\,\frac{d\overline{u}}{dy} = \varrho\varepsilon_t\,\frac{d\overline{u}}{dy}.$$

Die theoretischen Überlegungen von G. DAMKÖHLER wurden von K. I. SCHELKIN [48] erweitert. Beim Einfluß der grobballigen Turbulenz auf die Verbrennung unterscheidet er zusätzlich zwischen starker und schwacher Intensität der Turbulenz*.

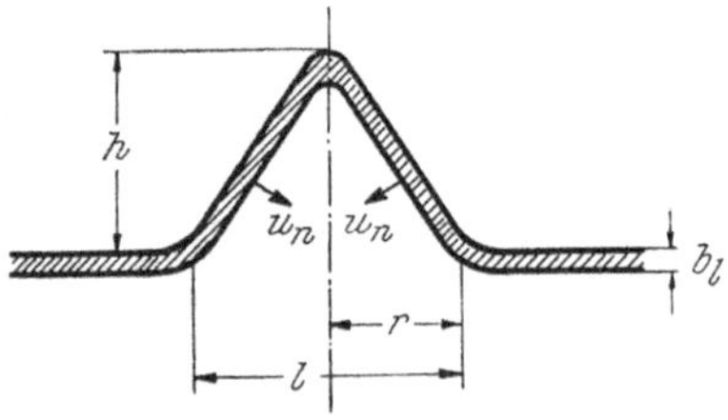

Abb. 2.11 Flammenkegel als Folge einer turbulenten Geschwindigkeitsschwankung

Im Falle schwacher Intensität greift K. I. SCHELKIN auf das Damköhlersche Modell der deformierten laminaren Flammenfront zurück. Für die Strecke h (Abb. 2.11), über welche ein Element der Flammenfront infolge der Geschwindigkeitsschwankung u' getragen wird, macht er die folgende Annahme:

$$h = \frac{\sqrt{\overline{u'^2}}}{u_n}\,r. \tag{2.82}$$

h kann als die turbulente Diffusionslänge eines Elementes der laminaren Flammenfront während der Verbrennungszeit angesehen werden. Mit Gl. (2.82) ergibt sich durch Vergleich von Kegelmantel- und Basisfläche unter Berücksichtigung der Massenerhaltung für die turbulente Flammengeschwindigkeit:

$$u_t = u_n\sqrt{1 + \frac{h^2}{r^2}} = \sqrt{u_n^2 + \overline{u'^2}}. \tag{2.83}$$

Danach ist u_t bei grobballiger Turbulenz unabhängig vom Turbulenzmaßstab. u_t nimmt bei größer werdender Intensität der Turbulenz zunächst nur langsam zu und wird bei großen Werten von u' von der laminaren Verbrennungsgeschwindigkeit u_n unabhängig. Die Schlußfolgerung, daß für starke Turbulenz ($u' \gg u_n$) $u_t \cong u'$ ist, ist ein Widerspruch, da Gl. (2.83) nur für schwache Turbulenz gilt.

Bei grobballiger Turbulenz von starker Intensität wird die Flammenfront nicht nur deformiert, sondern sie löst sich in einzelne Ballen auf. Frischgemisch enthaltende Ballen werden von einer dünnen Flammenfront umgeben (Abb. 2.6a, unteres Bild).

* Die Struktur der Turbulenz, d. h. die Größe der Turbulenzelemente wird durch das Eulersche Längenmaß charakterisiert (s. Abschn. 2.14). Die Intensität der Turbulenz dagegen wird durch die Schwankungsgeschwindigkeit bestimmt.

In Analogie zur laminaren Verbrennung gibt K. I. SHCHELKIN an:

$$u_t \sim \sqrt{\frac{a_t}{\tau}} \qquad \text{mit} \qquad a_t = \frac{\lambda_t}{c_p \varrho}. \tag{2.84}$$

τ ist die Reaktionszeit und wurde mit $\tau = l/\sqrt{\overline{u'^2}}$ angenommen. λ_t ist die turbulente Wärmeleitzahl und l der turbulente Mischungsweg. Mit dem Austauschsatz von BOUSSINESQ gilt

$$a \cong \varepsilon_t = l\sqrt{\overline{u'^2}}$$

und damit

$$u_t \sim \sqrt{\frac{\varepsilon_t}{\tau}} \sim \sqrt{\overline{u'^2}}. \tag{2.85}$$

Dieses Resultat wurde schon von G. DAMKÖHLER, allerdings unter anderen Voraussetzungen, erhalten.

Im Falle der feinkörnigen Turbulenz berücksichtigt K. I. SHCHELKIN sowohl Transportvorgänge infolge Turbulenz als auch molekulare Transportvorgänge.

$$u_t = u_n \sqrt{1 + \frac{\varepsilon_t}{a}} \qquad \text{mit} \qquad a = \frac{\lambda}{c_p \varrho}. \tag{2.86}$$

Solange das charakteristische Längenmaß der Turbulenz kleiner als die laminare Flammenfrontdicke ist, kann die Temperatur wegen der intensiven Transportvorgänge in einer Schicht innerhalb der Flammenzone als konstant angesehen werden ($T \cong \overline{T}$). Damit gilt dann auch für die Reaktionsgeschwindigkeit $W \cong \overline{W}$.

Eine in vielen Fällen nicht gerade gute Übereinstimmung der Theorie mit dem Experiment sowie der bei Gl. (2.83) angedeutete Widerspruch führten zu zahlreichen Arbeiten sowohl theoretisch als auch experimentell, welche untereinander wiederum nicht widerspruchsfrei sind. Zum Beispiel gilt nach B. KARLOVITZ [49] bzw. A. SCURLOCK und J. GROVER [50] die Beziehung $u_t \cong u'$ tatsächlich eher für schwache Turbulenz als für starke. Eine kritische Diskussion dieser Arbeiten findet sich in [10].

Nach dem derzeitigen Stand der Kenntnisse kann festgestellt werden, daß das Oberflächenmodell in der oben beschriebenen Form nur bei schwacher Turbulenz sinnvoll ist. Andernfalls ist die Existenz einer laminaren Flammenfront wegen ihrer überaus großen Empfindlichkeit in bezug auf Störungen offenbar gar nicht möglich. L. KOVASZNAY [51] hat ein Kriterium für die Existenz einer laminaren Flamme in einer turbulenten Strömung vorgeschlagen:

$$\Gamma = \frac{\sqrt{\overline{u'^2}}}{\lambda_E} \frac{b_l}{u_n} < 1. \tag{2.87}$$

Dies ist im wesentlichen das Verhältnis der Verweilzeit eines Teilchens in einer laminaren Flammenfront zu einer charakteristischen Zeit für die Turbulenz. λ_E ist dabei das turbulente Mikro-Längenmaß. In [52] wurde gezeigt, daß es eine

Korrelation zwischen Γ und den experimentellen Werten von u_t/u_n gibt. Der Turbulenzgrad war mit etwa 2% in den Versuchen sehr gering. Leider sind durch das Kriterium (2.87) genauere quantitative Angaben nicht möglich. Eine experimentelle Bestätigung des Vorhandenseins dünner Reaktionsfronten sagt noch nichts darüber aus, ob diese auch tatsächlich laminare Verbrennungsfronten sind. Hierzu sind noch eingehende Studien der Feinstruktur dieser Fronten nötig, welche begreiflicherweise mit beträchtlichen Schwierigkeiten verbunden sind.

Von A. C. Prudnikov [54, 11] und anderen wurden Versuche gemacht, mit Hilfe der Wahrscheinlichkeitstheorie das Oberflächenmodell weiter zu entwickeln. Die Ergebnisse sind nur teilweise befriedigend, da eine strenge Berechnung von $u_{n,t}$ auf der Grundlage der statistischen Turbulenztheorie noch aussteht.

Eine geschlossene Berechnung der turbulenten Flammengeschwindigkeit u_t auf der Basis des Oberflächenmodells ohne Verwendung experimenteller Ergebnisse oder zusätzlicher Annahmen ist somit noch nicht möglich. Dies gilt in um so höherem Maße für die übrigen turbulenten Flammenmodelle.

2.16 Gestrecktes laminares Flammenmodell

In der englischsprachigen Literatur als „gestrecktes laminares Flammenmodell", in der russischen Literatur als „Volumenverbrennungsmodell" bezeichnet, geht dieses vom laminaren Flammenmodell aus. Die turbulente Flamme besteht ebenfalls aus einer Vorwärm- und einer Reaktionszone (Abb. 2.6b), welche allerdings beträchtlich dicker sind als im laminaren Fall. Wie bereits erwähnt, wird die Reaktion als Volumenreaktion angenommen.

Die Gleichungen der thermischen Theorie laminarer Flammen (2.46), (2.47), (2.48) behalten formal ihre Gültigkeit, wenn man die Wärmeleitzahl λ und die molekulare Diffusionszahl D durch die entsprechenden turbulenten Größen λ_t und D_t ersetzt. Unter der Annahme

$$a_t \approx \nu_t \approx D_t ,$$

wobei $a_t = \lambda_t / c_p \varrho$ ist, ergibt sich dann für die turbulente Flammengeschwindigkeit u_t:

$$u_t = u_n \sqrt{\frac{D_t}{D}} . \tag{2.88}$$

Es erhebt sich nun die Frage, unter welchen Bedingungen ein solches Modell denkbar ist. Nehmen wir an, daß das turbulente Makro-Längenmaß im Lagrangeschen Sinne L_L wesentlich kleiner als die Dicke der turbulenten Flammenzone b_t ist, so besteht der Turbulenzeffekt in einer Intensivierung der Transportvorgänge innerhalb derselben. Die Temperaturschwankungen werden vernachlässigbar klein sein, d. h. $T \approx \overline{T}$. Die Zunahme der Flammenfortpflanzungsgeschwindigkeit wird dann gemäß Gleichung (2.88) erfolgen.

Ein zu Gleichung (2.87) analoges Kriterium stammt von E. S. Shchetinkov [12, 42]:

$$\Gamma = \frac{\sqrt{\overline{u'^2}}}{L_L} \frac{\delta_R}{u_n} \gg 1 . \tag{2.89}$$

L_L ist dabei das Lagrangesche Integral-Längenmaß und δ_R ist die Dicke der Reaktionszone in der laminaren Flammenfront, $T_L = L_L/\sqrt{\overline{u'^2}}$ ist das Lagrangesche Integral-Zeitmaß, der zweite Term ist eine charakteristische Reaktionszeit. Das Volumenmodell ist also um so wahrscheinlicher, je kürzer das Lagrangesche Zeitmaß und je geringer die chemische Reaktionsgeschwindigkeit ist.

2.17 Statistische Beziehungen bei turbulenter Verbrennung

Wir nehmen an, daß die Zustandsgrößen innerhalb der turbulenten Flammenzone, wie z. B. Temperatur, Dichte und Geschwindigkeit, als Zufallsvariable angesehen werden können. Diese Annahme rechtfertigt die Anwendung der Wahrscheinlichkeitstheorie, welche einige allgemeine Schlußfolgerungen zuläßt. Sie geht u. a. auf A. G. Prudnikov [54], B. V. Rauschenbach und Mitarbeiter [11] zurück.

Wenn T_a und T_e die Temperaturen zu Beginn und am Ende der Reaktionszone sind, so ist die Wahrscheinlichkeit $P(T_a < T < T_e)$, daß der Augenblickswert der Temperatur im Rohr oder in der Brennkammer in den Bereich zwischen T_a und T_e fällt, nach den Gesetzen der Wahrscheinlichkeitsrechnung gegeben durch:

$$P(T_a < T < T_e) = F(T_e) - F(T_a) = \int_{T_1}^{T_2} p(T)\,\mathrm{d}T. \tag{2.90}$$

Dabei ist $F(T) = P(O < T) = \int_0^T p(T)\,\mathrm{d}T$ die Verteilungsfunktion, d. h. die Wahrscheinlichkeit, daß die beobachtete Temperatur kleiner als ein gegebener Wert T ist. $p(T)$ ist die Wahrscheinlichkeitsdichte (Abb. 2.12).

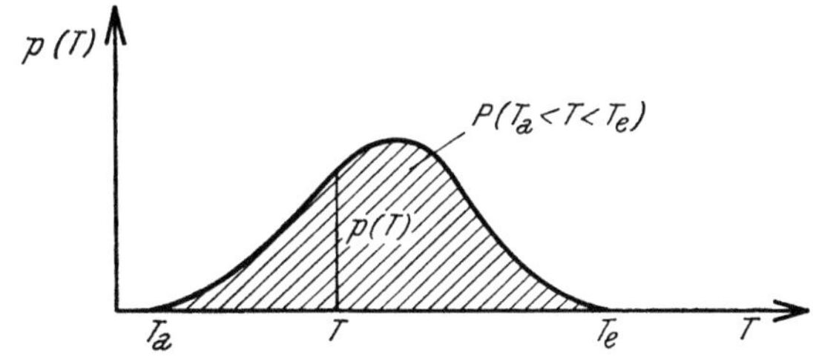

Abb. 2.12 Wahrscheinlichkeitsdichte und Wahrscheinlichkeit $P(T_a < T < T_e)$

Die Wahrscheinlichkeit $P(T_a)$ bedeutet nichts anderes, als daß Frischgas von der Temperatur T_a auftritt. Analog bedeutet $P(T_e)$, daß Reaktionsprodukte von der Temperatur T_e auftreten. $P(T_r)$ ist die Wahrscheinlichkeit, daß Temperaturen zwischen T_a und T_e auftreten, daß es sich also um reagierende Substanzen handelt. Da bei einer turbulenten Flamme nur Temperaturen zwischen $T = T_a$ und $T = T_e$ auftreten können, ist die Summe der Wahrscheinlichkeiten

$$P(T_a) + P(T_r) + P(T_e) = 1. \tag{2.91}$$

Die Beziehung (2.91) gilt ganz allgemein für alle Flammenmodelle. Diese werden durch die Wahrscheinlichkeit $P(T_r)$ charakterisiert.

Beim *Oberflächenmodell* treten Temperaturen zwischen T_a und T_e nur in den dünnen laminaren Flammenfronten auf, während im weitaus größten Teil der Verbrennungszone sich entweder unverbranntes Gasgemisch von der Temperatur T_a oder Verbrennungsprodukte von der Temperatur T_e befinden. Daher ist für dieses Modell $P(T_r) \approx 0$.

Im *gestreckten laminaren Flammenmodell* haben wir eine hohe Mischungsintensität bei verhältnismäßig geringer Reaktionsgeschwindigkeit. Die Wahrscheinlichkeit, daß man innerhalb der Flammenzone Temperaturen zwischen T_a und T_e antrifft, ist demnach sehr hoch. Daraus folgt $P(T_r) \approx 1$.

Beim *Mikrovolumenmodell* liegt der Betrag von $P(T_r)$ irgendwo zwischen den beiden Grenzwerten. Die Lebensdauer der einzelnen Mikrovolumina und damit auch $P(T_r)$ hängt von Zündtemperatur und Reaktionsgeschwindigkeit ab.

2.18 Berechnung der turbulenten Flammengeschwindigkeit auf statistischer Basis

Wir gehen von denselben Voraussetzungen aus wie bei der laminaren Flammenausbreitung im Abschnitt 2.8, jedoch ist die Strömung nun nicht mehr stationär. Wir müssen uns allerdings darüber im klaren sein, daß die eindimensionale Behandlung einer turbulenten Flamme eine starke Idealisierung ist.

Kontinuitätsbeziehung, Eulergleichung, Energiesatz und Diffusionsgleichung nehmen dann für die turbulente, eindimensionale Flammenzone folgende Form an:

$$\frac{\partial \varrho}{\partial t} + \frac{\partial(\varrho u)}{\partial x} = 0, \tag{2.92}$$

$$\frac{\partial u}{\partial t} + u\,\frac{\partial u}{\partial x} + \frac{1}{\varrho}\,\frac{\partial p}{\partial x} = 0, \tag{2.93}$$

$$\frac{\partial}{\partial x}\left(\lambda\,\frac{\partial T}{\partial x}\right) - c_p\varrho\left(\frac{\partial T}{\partial t} + u\,\frac{\partial T}{\partial x}\right) + \frac{\partial p}{\partial t} + u\,\frac{\partial p}{\partial x} + Q_B W_B = 0, \tag{2.94}$$

$$\frac{\partial}{\partial x}\left(\varrho D\,\frac{\partial \omega_B}{\partial x}\right) - \varrho\left(\frac{\partial \omega_B}{\partial t} + u\,\frac{\partial \omega_B}{\partial x}\right) - W_B = 0; \tag{2.95}$$

mit den Randbedingungen

$$x = -\infty,\ t = t_a : T = T_a,\ \omega_B = \omega_{Ba}$$

$$x = +\infty,\ t = t_e : T = T_e,\ \omega_B = \omega_{Be} = 0.$$

Vernachlässigen wir die Druckänderung in der Flamme und führen wir in die Gleichungen (2.94) bzw. (2.95) die neuen Variablen $\vartheta = (T - T_a)/(T_e - T_a)$

und $\eta = 1 - \omega_B/\omega_{Ba}$ ein, so erhalten wir:

$$\frac{\partial}{\partial x}\left(\frac{\lambda}{c_p}\frac{\partial \vartheta}{\partial x}\right) - \varrho\left(\frac{\partial \vartheta}{\partial t} + u\,\frac{\partial \vartheta}{\partial x}\right) + \frac{Q_B W_B}{c_p(T_e - T_a)} = 0,$$

$$\frac{\partial}{\partial x}\left(\varrho D\,\frac{\partial \eta}{\partial x}\right) - \varrho\left(\frac{\partial \eta}{\partial t} + u\,\frac{\partial \eta}{\partial x}\right) + \frac{W_B}{\omega_{Ba}} = 0, \tag{2.96}$$

mit den neuen Randbedingungen

$$x = -\infty,\ t = t_a\colon\ \ \vartheta = 0, \eta = 0$$

$$x = +\infty,\ t = t_e\colon\ \ \vartheta = 1, \eta = 1.$$

Für die Lewiszahl $Le = 1$ und mit der Energiebilanz (2.32) sind die beiden Gleichungen wiederum identisch. Aus $\vartheta = \eta$ ergibt sich der bereits bekannte Zusammenhang (2.33) zwischen Temperatur und Konzentration. Damit wäre die Ähnlichkeit von Temperatur- und Konzentrationsfeld unter der Voraussetzung $D = a$ auch für die turbulente Flamme gezeigt.

Für die weitere Rechnung können wir uns mit der Kontinuitätsbeziehung (2.92) und der Energiegleichung (2.94) begnügen. Letztere kann für $p =$ konst. noch mit Hilfe von (2.92) und der Zustandsgleichung für ideale Gase umgeformt werden:

$$\frac{\partial}{\partial x}\left(\frac{\lambda}{c_p}\frac{\partial T}{\partial x}\right) - \varrho_a T_a\,\frac{\partial u}{\partial x} + \frac{Q_B W_B}{c_p} = 0. \tag{2.94a}$$

Die beiden Gleichungen beschreiben den augenblicklichen Zustand in der Flammenzone. Bekanntlich schwankt dieser in einer turbulenten Strömung um einen Mittelwert, so daß wir für die einzelnen Zustandsgrößen, wie Dichte und Temperatur sowie für die Geschwindigkeit schreiben können:

$$T = \overline{T} + T',\ \varrho = \overline{\varrho} + \varrho',\ u = \overline{u} + u',\ \text{usw.} \tag{2.97}$$

$\overline{T}$, $\overline{\varrho}$, $\overline{u}$ sind die Mittelwerte, T', ϱ', u' die turbulenten Schwankungswerte von T, ϱ, u usw. an irgendeinem Punkt in der turbulenten Flammenzone. Wir interessieren uns jedoch weniger für die momentanen Größen als vielmehr für die zeitlichen Mittelwerte derselben und damit für die quasistationäre Flammenausbreitung.

Zu diesem Zweck nimmt man in den Strömungsgleichungen die Aufteilung in Mittelwerte und Schwankungsgrößen nach Gl. (2.97) vor und führt anschließend Glied für Glied die Mittelwertbildung durch. Bei der zeitlichen Mittelung der Kontinuitätsgleichung (2.92) erhält man wegen $\overline{\varrho}_a = \varrho_a$, $\varrho'_a = 0$ und $u_a = u_t + u'_a$ für $x = -\infty$:

$$\frac{\partial\left(\overline{\varrho u}\right)}{\partial x} = 0,$$

$$\overline{\varrho u} = \overline{(\overline{\varrho} + \varrho')\,(\overline{u} + u')} = \overline{\varrho}\,\overline{u} + \overline{\varrho' u'} = \varrho_a u_t = \text{konst.} \tag{2.98}$$

Die Querstriche sollen die Mittelwertbildung andeuten. Es ist wiederum zu beachten, daß zwar die zeitlichen Mittelwerte der Schwankungsgrößen per Definition Null sind, nicht aber die Mittelwerte des Produktes aus zwei oder mehreren Schwankungsgrößen. In der Statistik nennt man letztere *zentrale Momente.*

Entsprechend erhält man die Energiegleichung (2.94a) in zeitlichen Mittelwerten:

$$\frac{\partial}{\partial x}\left(\frac{\overline{\lambda}}{c_p}\frac{\partial \overline{T}}{\partial x}\right) - \varrho_a T_a \frac{\partial \overline{u}}{\partial x} + \frac{Q_B \overline{W}_B}{c_p} = 0, \tag{2.99}$$

mit den Randbedingungen

$$x = -\infty\colon\ T = T_a,\ \overline{u} = u_t$$

$$x = +\infty\colon\ T = T_e,\ \overline{u} = \overline{u}_e.$$

Nimmt man an, daß die Reaktionsgeschwindigkeit ω_B nur von der Temperatur $T(x)$ und von der Anfangskonzentration ω_{Ba} abhängt, so kann man für ihren zeitlichen Mittelwert schreiben:

$$\overline{W}_B(T, \omega_{Ba}) = \overline{W}_B(x) = \int\limits_{T_a}^{T_e} W_B p(T, x)\,\mathrm{d}T. \tag{2.100}$$

$p(T, x)$ ist die Wahrscheinlichkeitsdichte; d. h. die Wahrscheinlichkeit, daß die Temperatur T an einem Punkt x der Verbrennungszone eintritt.

Setzt man den Ausdruck (2.100) in die Energiegleichung (2.99) ein, so erhält man nach Integration von $x = -\infty$ bis $x = +\infty$:

$$\varrho_a T_a(\overline{u}_e - u_t) = Q_B \int\limits_{-\infty}^{\infty} \int\limits_{T_a}^{T_e} W_B p(T, x)\,\mathrm{d}T\,\mathrm{d}x$$

mit $\left(\frac{\overline{\lambda}}{c_p}\frac{\partial \overline{T}}{\partial x}\right) = 0$ an den Grenzen.

Mit Hilfe der Kontinuitätsbedingung und der Zustandsgleichung ergibt sich schließlich folgende Gleichung für die turbulente Flammengeschwindigkeit:

$$u_t = \frac{Q_B}{\varrho_a c_p\,(T_e - T_a)} \int\limits_{-\infty}^{\infty} \int\limits_{T_a}^{T_e} W_B p(T, x)\,\mathrm{d}T\,\mathrm{d}x. \tag{2.101}$$

Sie gilt für alle turbulenten Verbrennungsmodelle. Die Wahrscheinlichkeitsdichte $p(t, x)$ ist zunächst noch unbekannt und hängt vom jeweiligen Verbrennungsmodell ab.

Der Darstellung von Ye. S. Shchetinkov [12] folgend, kann $p(t, x) \approx p(T_R, x)$ angenommen werden, wobei T_R jene Temperatur ist, für welche die Reaktionsgeschwindigkeit W_B ein Maximum hat. Für die Dicke der turbulenten Reaktionszone $\delta_{R,t}$ gilt dann:

$$\delta_{R,t} = \int\limits_{-\infty}^{\infty} p(T_R, x)\,\mathrm{d}x \tag{2.102}$$

und damit für die turbulente Flammengeschwindigkeit

$$u_t = \frac{Q_B \delta_{R,t}}{\varrho_a c_p\,(T_e - T_a)} \int\limits_{T_a}^{T_e} W_B\,\mathrm{d}T. \tag{2.103}$$

Die Gleichung (2.103) gilt ebenso wie (2.101) für alle Verbrennungsmodelle. Sie hat den Vorteil, daß man sie nach Annahme eines einfachen Reaktionsgesetzes sofort integrieren kann. Es bleibt jedoch $\delta_{R,t}$ unbekannt, und es müssen dafür entsprechende Annahmen gemacht werden.

2.19 Abschließende Bemerkung zur turbulenten Verbrennung

Zum Unterschied von der laminaren Verbrennung und der später behandelten Detonation gibt es für den Fall der turbulenten Verbrennung praktisch noch keine einheitliche und befriedigende Theorie. Die drei beschriebenen Modellgruppen sind eher spekulativer Natur als physikalisch begründet. Ihre Anwendungsbereiche können selbstverständlich nicht scharf voneinander abgegrenzt werden; vielmehr sind die Übergänge fließend. Die Übereinstimmung mit den Experimenten ist in den meisten Fällen schlecht. Messungen bei turbulenter Verbrennung sind, wie leicht einzusehen ist, überaus kompliziert, was wiederum mit die Ursache für die Mängel der theoretischen Modelle ist.

Modelle turbulenter Flammen können auch nach anderen Gesichtspunkten, z. B. mathematischen, eingeteilt werden (vgl. D. B. Spalding [55, 56]).

2.20 Literatur

1. Jost, W.: Explosions- und Verbrennungsvorgänge in Gasen. Berlin: Springer. 1939.
2. Penner, S. S.: Introduction to the study of chemical reactions in flow systems. AGARDograph No. 7. London: Butterworths. 1955.
3. Penner, S. S.: Chemistry problems in jet propulsion. New York: Macmillan. 1956.
4. Lewis, B., Pease, R. N., and Taylor, H. S. (Herausgeber): Combustion processes. High Speed Aerodynamics and Jet Propulsion, Vol. II. Princeton, N. J.: Princeton University Press. 1956.
5. Frank-Kamenetzki, D. A.: Stoff- und Wärmeübertragung in der chemischen Kinetik. Übers. aus dem Russischen; Berlin—Göttingen—Heidelberg: Springer. 1959.
6. Lewis, B., and von Elbe, G.: Combustion, flames and explosions of gases. Second Edition. New York, London: Academic Press. 1961.
7. Vulis, L. A.: Thermal regimes of combustion. Übers. aus dem Russischen. New York, London: Mc Graw-Hill. 1961.
8. Khitrin, L. N.: The physics of combustion and explosion. Übers. aus dem Russischen. Jerusalem: Israel program for scientific translations. 1962.
9. Predvoditelev, A. S. (Herausgeber): Gasdynamics and physics of combustion. Übers. aus dem Russischen. Jerusalem: Israel program for scientific translations. 1962.
10. Sokolik, A. S.: Self-ignition, flame and detonation in gases. Übers. aus dem Russischen. Jerusalem: Israel program for scientific translations. 1963.
11. Rauschenbach, B. V., Belyy, S .A., Bespalov, I. V., Borodachev, V. Ya., Volynskiy, M. S., und Prudnikov, A. G.: Fizicheskiye osnovy rabochego protsessa v kamerakh sgoraniya vozdushno-reaktivnykh dvigateley. Moskau: Izd. „Mashinostroyeniye". 1964.
12. Shchetinkov, E. S.: Fizika Goreniya Gazov. Moskau: Izd. Akad. Nauk SSSR. 1965.
13. Williams, F. A.: Combustion theory. Reading, Mass., Palo Alto, London: Addison-Wesley. 1965.
14. Strehlow, R. A.: Fundamentals of combustion. Scranton, Penns.: International Textbook Comp. 1968.
15. Gaydon, A. G., and Wolfhard, H. G.: Flames. 2. Aufl. London: Chapman and Hall. 1960.
16. Ulrich, H., und Jost, W.: Kurzes Lehrbuch der physikalischen Chemie. 13. Aufl. Darmstadt: Steinkopff. 1960.

17. Berthelot, M.: Sur la vitesse de propagation des phenomenes explosifs dans le gaz. Compt. Rend. Acad. Sci., Paris **93**, 18—22 (1881).
18. Berthelot, M., et Vieille, P.: Sur la vitesse des propagation des phenomenes explosifs dans le gaz. Compt. Rend. Acad. Sci., Paris **94**, 101—108 (1882); 822—823 (1882); Paris **95**, 151—157 (1883).
19. Berthelot, M., et Vieille, P.: L'onde explosive. Ann. Chim. Phys. **28**, Ser. 5, 289—332 (1883).
20. Mallard, E., et le Chatelier, H.: Sur la vitesse de propagation de l'inflammation dans les melanges explosifs. Compt. Rend. Acad. Sci., Paris **93**, 145—148, séance du 18 juillet. (1881).
21. Mallard, E., et Le Chatelier, H.: Recherches experimentales et theoretiques sur la combustion des melanges gaseux explosifs. Ann. Mines 8, 4, 274—568 (1883).
22. Michelson, W. A.: Über die normale Flammengeschwindigkeit von Knallgasgemischen. (1889). Michelson, W. A.: Gesammelte Werke, Moskau 1930.
23. Bird, R. B., Stewart, W. E., and Lightfoot, E. N.: Transport Phenomena. New York, London: Wiley. 1960.
24. Nusselt, W.: Die Zündgeschwindigkeit brennbarer Gasgemische. ZVDI **59**, 872 (1915).
25. Daniell, P. J.: The theory of flame motion. Proc. Roy. Soc., Serie A, **126**, 393—405 (1930).
26. Lewis, B., and von Elbe, G.: On the theory of flame propagation. J. Chem. Phys. **2**, 537 (1934).
27. Zeldovich, Ya. B., und Frank-Kamenetzki, D. A.: Theorie thermischer Flammenausbreitung. Zh. Fiz. Khim. **12**, 100 (1938).
28. Zeldovich, Ya. B., und Semenov, N. N.: Kinetik chemischer Reaktionen in einer Flamme. Zh. Eksperim. i Teor. Fiz. **10**, 1116 (1940).
29. Zeldovich, Ya. B.: Theorie der Gasverbrennung und Gasdetonation. Akad. Nauk SSSR, Moskau (1944).
30. Semenov, N. N.: Grundgleichungen der gegenwärtigen Theorie homogener Verbrennung von homogenen Gasgemischen. Usp. Fiz. Nauk **24**, 433 (1940).
31. von Kármán, T., and Millan, G.: The thermal theory of constant pressure deflagration. Anniversary volume on applied mechanics, dedicated to C. B. Biezeno, Harlem, Holland: N. V. De Technische Uitgeverij H. Stam. 1953.
32. Hirschfelder, J. O., and Curtiss, C. F.: Theory of propagation of flames. Part I: General equations. Henkel, M. J., Spaulding, W. P., and Hirschfelder, J. O.: Theory of propagation of flames. Part II: Approximate solutions. Henkel, M. J., Hummel, H., and Spaulding, W. P.: Theory of propagation of flames. Part II: Numerical integrations. Third Symposium (Int.) on Combustion. Baltimore: Williams & Wilkins. 1949.
33. Hirschfelder, J. O., Curtiss, C. F., Bird, R. B., and Sportz, E. L.: The transport properties of gases and gaseous mixtures. High speed aerodynamics and jet propulsion Vol. I, Thermodynamics and physics of matter. Princeton, N. J.: Princeton University Press. 1955.
34. von Kármán, T. (with cooperation of G. Millan and S. S. Penner): The present status of the theory of laminar flame propagation. Sixth Symposium (Int.) on Combustion, 1—11. New York: Reinhold. 1957.
35. von Kármán, T., and Penner, S. S.: Selected combustion problems. London: Butterworths. 1954.
36. Spalding, D. B., Stephenson, P. L., and Taylor, R. G.: A calculation procedure for the prediction of laminar flame speeds. Combustion & Flame **17**, 155 (1971).
37. Schultz-Grunow, F.: Gesetzmäßigkeiten der lamiaren Flammenfortpflanzung. Z. Physikal. Chemie (N.F.) **5**, 204 (1955).
38. Evans, M. W.: Current theoretical concepts of steady state flame propagation. Chem. Rev. **51**, 263 (1952).
39. Franze, C., und Wagner, H. Gg.: Ausbreitung laminarer Flammen in vorgemischten Gasen. Z. Elektrochem. **60**, 6, 525—556 (1956).
40. Damköhler, G.: Der Einfluß der Turbulenz auf die Flammengeschwindigkeit in Gasgemischen. Z. Elektrochem. **46**, 11, 601 (1940).
41. Shchetinkov, E. S.: Calculation of flame velocity in turbulent stream. Seventh Symposium (Int.) on Combustion, 583. London: Butterworths. 1959.

42. SHCHETINKOV, E. S., SHCHERBINA, YU. A., and SPIRIDONOV, V. A.: Turbulent combustion of gaseous mixtures. Astronautica Acta **15**, 597 (1970).
43. HINZE, J. O.: Turbulence. New York: Mc Graw-Hill. 1959.
44. BATCHELOR, G. K.: The theory of homogeneous turbulence. Cambridge: Cambridge University Press. 1970.
45. ROTTA, J. C.: Turbulente Strömungen. Stuttgart: Teubner. 1972.
46. TAYLOR, G. I.: Diffusion by continuous movements. Proc. London Math. Soc., Ser. 2, **20**, 196 (1921).
47. FRIEDLÄNDER, S. K., and TOPPER, L. (Ed.): Turbulence, classic papers on statistical theory. New York: Interscience. 1961.
48. SHCHELKIN, K. I.: On combustion in a turbulent flow. (Übers. aus dem Russischen). NACA TM 1110 (1947).
49. KARLOVITZ, B.: A turbulent flame theory derived from experiments. AGARD Combustion colloquium on selected combustion problems. 248—262. London: Butterworths. 1954.
50. SCURLOCK, A., and GROVER, J.: Experimental studies on turbulent flames. AGARD Combustion colloquium on selected combustion problems. 215—247. London: Butterworths. 1954.
51. KOVASZNAY, L.: A comment on turbulent combustion. Jet Propulsion **26**, 485 (1956).
52. POVINELLI, L. A., and FUHS, A. E.: The spectral theory of turbulent flame propagation. Eighth Symposium (Int.) on Combustion, 554. Baltimore: Williams & Wilkins. 1962.
53. SUMMERFIELD, M., REITER, S. H., KEVELY, V., and MASCOLO, R. W.: The structure and propagation mechanism of turbulent flames in high speed flow. Jet Propulsion **25**, 8, 377 (1955).
54. PRUDNIKOV, A. G.: Flame turbulence. Seventh Symposium (Int.) on Combustion, 575. London: Butterworths. 1959.
55. SPALDING, D. B.: Mathematisches Modell turbulenter Flammen. VDI Berichtsheft No. 146, Verbrennung und Feuerungen, 25. Düsseldorf: VDI Verlag. 1970.
56. SPALDING, D. B.: Mixing and chemical reactions in steady confined turbulent flames. Thirteenth Symposium (Int.) on Combustion, 649. Pittsburgh; Pa.: The Combustion Institute. 1971.
57. ANDREWS, G. E., BRADLEY, D., and LWAKABAMBA, S. B.: Turbulence and turbulent flame propagation — A critical appraisal. Combustion & Flame **24**, 3, 285—304 (1975).

III. Stationäre, eindimensionale Strömung mit Energiezufuhr

3.1 Vorbemerkung

Die einfachste Form der theoretischen Behandlung von Verbrennungsvorgängen in strömenden Medien ist zweifellos jene, bei der man annimmt, daß die chemische Reaktion innerhalb einer bestimmten Zone stattfindet, wobei deren Ausdehnung in Strömungsrichtung klein gegen die übrigen Abmessungen im Strömungsfeld ist. Wir sprechen dann von Verbrennungs- bzw. Detonationsfronten oder ganz allgemein von *Reaktionsfronten**. Die chemische Reaktion wird im folgenden durch jene Wärmemenge repräsentiert, die bei der Verbrennung frei wird und die der Strömung innerhalb der Reaktionszone zugeführt wird. Somit betrachten wir lediglich die Zustände *vor* und *nach* abgeschlossener Wärmezufuhr, ohne uns um die meist sehr komplizierten Vorgänge im Inneren der Front zu kümmern. Natürlich ist dies eine starke Idealisierung. Sie ist jedoch in vielen Fällen, insbesondere bei Detonationsvorgängen, durchaus sinnvoll, da sie uns Untersuchungen von sehr allgemeiner Art erlaubt, ohne auf eine bestimmte Reaktion eingehen zu müssen. Wir werden andererseits aber auch sehen, daß diese Betrachtungsweise nicht immer ausreicht und bei ihrer Anwendung eine gewisse Vorsicht geboten ist. In vielen Fällen müssen die charakteristischen Einzelheiten der chemischen Reaktion mit berücksichtigt werden, was meist recht schwierig und — wie aus Teil II ersichtlich — auch nicht ohne vereinfachende Annahmen möglich ist. Es kann ferner vorkommen, daß bei gewissen Verbrennungsvorgängen der Frontcharakter überhaupt nicht gegeben ist. Auch dann muß zu anderen Berechnungsverfahren übergegangen werden.

Der Begriff „Reaktionsfront" ist nicht allein auf Verbrennungs- oder Detonationsvorgänge beschränkt, sondern schließt jede andere denkbare Art von Reaktionen ein, seien sie exotherm oder endotherm. Selbst Kondensationsvorgänge können teilweise noch auf diese Art behandelt werden. In der anschließenden Betrachtung wollen wir uns aber im wesentlichen auf exotherme chemische Reaktionen in Gasen beschränken, also auf Strömungsvorgänge mit Wärmezufuhr. Endotherme Reaktionen unterscheiden sich hier nur durch das negative Vorzeichen der zugeführten Wärmemenge.

* Besitzt das Reaktionsgebiet eine endliche Ausdehnung, so soll dieses zum Unterschied von der „Reaktionsfront" als „Reaktionszone" bezeichnet werden.

3.2 Grundgleichungen für stationäre Rohrströmung mit Wärmezufuhr

Der eindimensionalen Behandlung von Strömungsvorgängen liegen zwei wesentliche Voraussetzungen zugrunde: Erstens nimmt man an, daß man eine Parallelströmung oder zumindest eine annähernd parallele Strömung hat. Dies bedeutet konstanten Strömungsquerschnitt oder nur eine schwache Änderung desselben. Zweitens sollen in jeder Ebene konstante Zustände herrschen. Die erste Voraussetzung ist bei der Strömung in Kanälen, die den obenstehenden Bedingungen entsprechen, im allgemeinen recht gut erfüllt. Im Gegensatz dazu ist die zweite Annahme bei der Rohrströmung wegen der Haftbedingung an der Wand keineswegs realisierbar, doch kann man vielfach in guter Näherung mit Mittelwerten rechnen. Die Annahme konstanter Zustände in jedem Querschnitt setzt ferner einen im Vergleich zum Rohrdurchmesser großen Krümmungsradius voraus. Anstelle von Kanälen mit festen Wänden können auch Stromröhren betrachtet werden, dann spricht man von stationärer Fadenströmung.

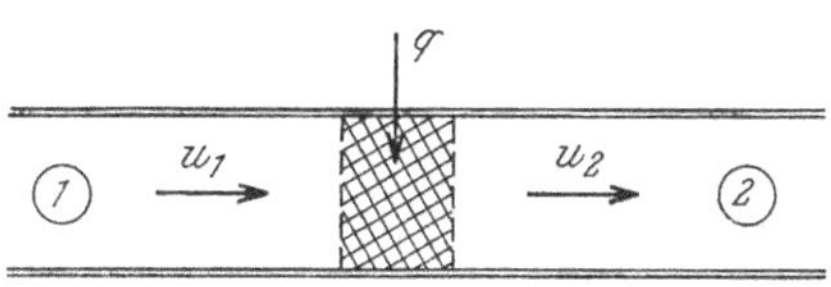

Abb. 3.1 Rohrströmung mit Wärmezufuhr

Als erstes wollen wir die Zustandsänderungen an der senkrechten Reaktionsfront in einem Rohr konstanten Querschnittes berechnen. Wir betrachten eine Rohrströmung, bei der innerhalb einer Zone ein bestimmter Betrag an Wärme pro Zeit- und Masseneinheit gleichmäßig über den Querschnitt zugeführt wird (Abb. 3.1). Über die Art der Wärmezufuhr wird zunächst nichts Näheres ausgesagt. Der Zustand des strömenden Mediums vor der Wärmezufuhr wird mit dem Index 1, der Zustand nach abgeschlossener Wärmezufuhr mit dem Index 2 bezeichnet. Im Falle einer Verbrennung bedeutet 1 also das unverbrannte Gasgemisch, 2 die Verbrennungsprodukte. Die Reaktionsgeeschwindigkeit sei so groß, daß am Ende der Reaktionszone *thermodynamisches* und *chemisches* Gleichgewicht hergestellt sind.

Zusätzlich zu den bisherigen Voraussetzungen werden noch folgende Annahmen gemacht: Wärmeleitung, Diffusion außerhalb der Reaktionsfront und der Einfluß äußerer Kräfte, wie z. B. Wandreibung, seien vernachlässigbar. Es handle sich um ideales Gas konstanter spezifischer Wärme. Schließlich sei das Gas vor und hinter der Reaktionsfront physikalisch homogen. Darunter kann durchaus ein Gemisch verschiedener Substanzen verstanden werden. Auch ein Gemisch von Gas und einer bestimmten Menge Flüssigkeit in Form von kleinen Tropfen kann noch als physikalisch homogen angesehen werden, solange thermodynamisches Gleichgewicht angenommen werden kann. Wie groß die Tröpfchen sein dürfen, hängt von den übrigen Abmessungen im Strömungsfeld ab. Es wird ein Koordinatensystem gewählt, bei dem sich die durch die Reaktionsfront dargestellte Flammen- oder Aufheizfront in Ruhe befindet und mit einer bestimmten Geschwindigkeit u_1 angeströmt wird (siehe Abb. 3.1). Dies ist die übliche *stationäre* Betrachtungsweise.

Den Ausgangspunkt für die Berechnung der Zustandsänderungen an der Reaktionsfront bilden die drei Erhaltungssätze: Kontinuitätsbedingung, Impuls- und Energiesatz. Auf ihre Ableitung im Rahmen dieses Buches kann verzichtet werden. Es sei auf die in Teil I zitierten allgemeinen Darstellungen der Gasdynamik [I.11 bis I.18] verwiesen. An dieser Stelle seien auch die Monographien [1 bis 3] erwähnt, die sich speziell der Gasdynamik mit Verbrennung bzw. mit Energiezufuhr zuwenden.

Bei stationärer, eindimensionaler Strömung mit Wärmezufuhr unterscheiden sich die Grundgleichungen von jener für die Strömung ohne Wärmezufuhr nur durch ein additives Glied im Energiesatz und haben daher die Form

$$\varrho_2 u_2 = \varrho_1 u_1 \qquad \text{Kontinuitätsbedingung} \tag{3.1}$$

$$p_2 + \varrho_2 u_2^2 = p_1 + \varrho_1 u_1^2 \qquad \text{Impulssatz} \tag{3.2}$$

$$\frac{u_2^2}{2} + i_2 = \frac{u_1^2}{2} + i_1 + q \qquad \text{Energiesatz} \tag{3.3}$$

Dazu kommt noch die Zustandsgleichung (1.2) für ideales Gas.

q bedeutet hier die pro Masseneinheit zugeführte Wärmemenge. Bei *Wärmezufuhr* ist das Vorzeichen von q definitionsgemäß positiv. Aus den obenstehenden Grundgleichungen und der Zustandsgleichung (1.2) ergeben sich unter Verwendung der Beziehungen (1.45) und (1.135) nach elementarer Rechnung die Gleichungen der senkrechten, stationären Reaktionsfront für ideales Gas konstanter spezifischer Wärme:

$$\begin{aligned}
\frac{u_2}{c_1} &= M_1 - \frac{1}{\varkappa + 1} \frac{1}{M_1} \left[(M_1^2 - 1) \pm \sqrt{(M_1^2 - 1)^2 - 2(\varkappa + 1) M_1^2 \frac{q}{c_p T_1}} \right], \\
\frac{p_2}{p_1} &= 1 + \frac{\varkappa}{\varkappa + 1} \left[(M_1^2 - 1) \pm \sqrt{(M_1^2 - 1)^2 - 2(\varkappa + 1) M_1^2 \frac{q}{c_p T_1}} \right], \\
\frac{\varrho_1}{\varrho_2} &= 1 - \frac{1}{\varkappa + 1} \frac{1}{M_1^2} \left[(M_1^2 - 1) \pm \sqrt{(M_1^2 - 1)^2 - 2(\varkappa + 1) M_1^2 \frac{q}{c_p T_1}} \right], \\
\frac{T_2}{T_1} &= \left(\frac{c_2}{c_1}\right)^2 = \frac{p_2}{p_1} \cdot \frac{\varrho_1}{\varrho_2}.
\end{aligned} \tag{3.4}$$

Dabei ist $M_1 = u_1/c_1$ die Machzahl der Anströmung.

In den Abbildungen 3.2a bis 3.2d sind die Druck-, Dichte- und Temperaturänderungen an der Reaktionsfront sowie die Machzahl hinter derselben als Funktionen der Anströmmachzahl M_1 aufgetragen, wie sie sich aus den Gleichungen (3.4) ergeben. Parameter ist der dimensionslose Ausdruck für die Wärmezufuhr:

$$Q_1 = \frac{q}{c_p T_1} \tag{3.5}$$

Er wird zuweilen auch Damköhlerzahl genannt.

Soll die Temperaturabhängigkeit der spezifischen Wärmen berücksichtigt werden, so muß entweder ein Mittelwert der spezifischen Wärmen nach den Gleichungen (1.37) und (1.38) genommen werden oder die Enthalpiedifferenz $i_2 - i_1$ ist durch Gl. (1.46) auszudrücken. Solche Feinheiten dürften allerdings von geringem Wert sein, solange man andererseits die chemische Reaktion durch eine Wärmequelle ersetzt.

Bevor wir uns einer eingehenden Diskussion der Grundgleichungen und der verschiedenen Arten von Reaktionsfronten zuwenden, eine kurze Bemerkung zur Wärmemenge q selbst, die der Strömung pro Masseneinheit zugeführt wird. Sie kann für ideales Gas konstanter spezifischer Wärme durch die Differenz der

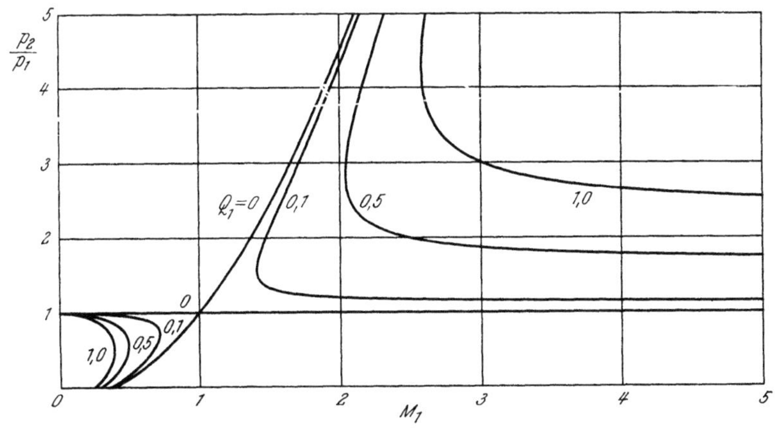

Abb. 3.2a

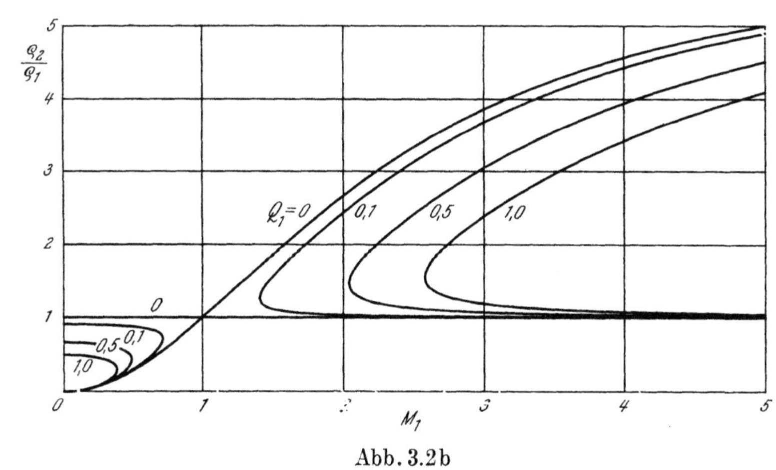

Abb. 3.2b

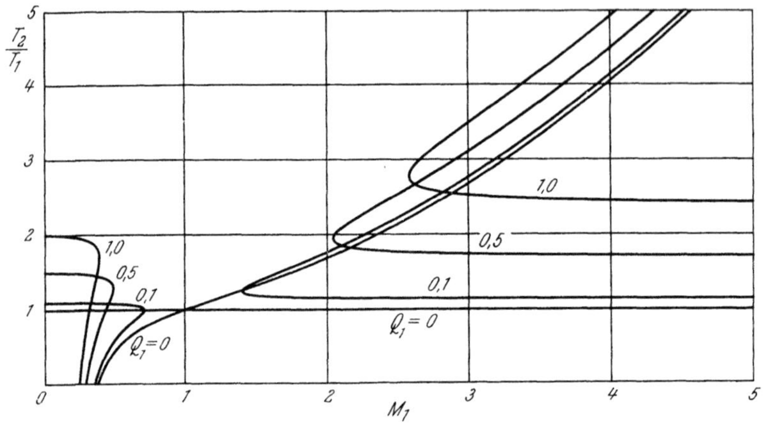

Abb. 3.2c

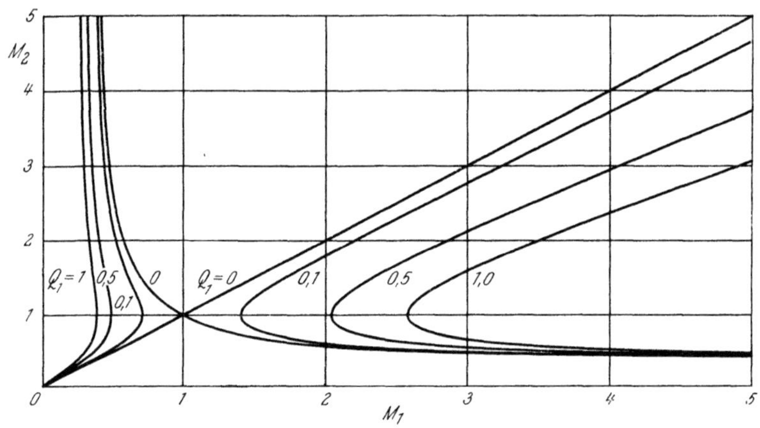

Abb. 3.2d

Abb. 3.2 Zustandsänderungen an der Reaktionsfront als Funktionen der Anströmmachzahl M_1 mit $Q_1 = \frac{q}{c_p T_1}$ als Parameter ($\varkappa = 1{,}4$)

Ruheenthalpien bzw. Ruhetemperaturen wie folgt ausgedrückt werden:

$$q = c_p (T_2 - T_1) + \frac{u_2^2}{2} - \frac{u_1^2}{2} = i_{02} - i_{01} = c_p (T_{02} - T_{01}). \tag{3.6}$$

In vielen Fällen ändert sich der Druck bzw. die Geschwindigkeit an einer Reaktionsfront nur wenig, so daß der Unterschied der kinetischen Energie vernachlässigt werden kann:

$$q \cong c_p (T_2 - T_1) \tag{3.6a}$$

Wie später noch gezeigt werden soll, gilt bei Gleichdruckverbrennung diese Beziehung genau.

3.3 Der senkrechte Verdichtungsstoß als Sonderfall $q = 0$

Die Grundgleichungen für die stationäre Rohrströmung mit Wärmezufuhr haben zwei Lösungen, was durch die beiden Vorzeichen der Wurzeln in den Gleichungen (3.4) zum Ausdruck kommt.

Sie gehen für Überschallanströmung, also für eine Überschallreaktionsfront, mit dem oberen Vorzeichen (+) in die Gleichungen für den stationären, senkrechten Verdichtungsstoß (3.7) über. Mit dem unteren Vorzeichen (—) ergeben sich die Identitäten $p_2 = p_1$, $\varrho_2 = \varrho_1$ usw. Für Unterschallanströmung ergeben sich umgekehrt mit dem oberen Vorzeichen (+) die Identitäten und mit dem unteren (—) die Stoßgleichungen, genau genommen die Gleichungen für den Verdünnungsstoß*. Physikalisch hat somit der letzte Fall keine Bedeutung.

$$\frac{u_2}{c_1} = \frac{1}{M_1}\left[1 + \frac{\varkappa - 1}{\varkappa + 1}(M_1^2 - 1)\right] = M_1\left[1 - \frac{2}{\varkappa + 1}\left(1 - \frac{1}{M_1^2}\right)\right],$$

$$\frac{p_2}{p_1} = 1 + \frac{2\varkappa}{\varkappa + 1}(M_1^2 - 1) = M_1^2\left[1 + \frac{\varkappa - 1}{\varkappa + 1}\left(1 - \frac{1}{M_1^2}\right)\right],$$

$$\frac{\varrho_1}{\varrho_2} = \frac{u_2}{u_1} = \frac{1}{M_1^2}\left[1 + \frac{\varkappa - 1}{\varkappa + 1}(M_1^2 - 1)\right] = 1 - \frac{2}{\varkappa + 1}\left(1 - \frac{1}{M_1^2}\right), \qquad (3.7)$$

$$\frac{T_2}{T_1} = \left(\frac{c_2}{c_1}\right)^2 = \frac{p_2}{p_1} \cdot \frac{\varrho_1}{\varrho_2}$$

$$M_2^2 = \left(\frac{u_2}{c_2}\right)^2 = \frac{1 + \frac{\varkappa - 1}{\varkappa + 1}(M_1^2 - 1)}{1 + \frac{2\varkappa}{\varkappa + 1}(M_1^2 - 1)} = \frac{1 - \frac{2}{\varkappa + 1}\left(1 - \frac{1}{M_1^2}\right)}{1 + \frac{\varkappa - 1}{\varkappa + 1}\left(1 - \frac{1}{M_1^2}\right)}.$$

Der Übersichtlichkeit halber sind in Tabelle III.1 die möglichen Fälle für $q = 0$ zusammengestellt.

Tabelle III.1. *Übergang zu* $q = 0$

$M_1 < 1$		$M_1 > 1$	
oberes Vorzeichen +	unteres Vorzeichen —	oberes Vorzeichen +	unteres Vorzeichen —
Identitäten	Stoßgleichungen (Verdünnungsstoß)	Stoßgleichungen (Verdichtungsstoß)	Identitäten

* Man beachte, daß für $M_1 < 1$ gilt: $\sqrt{(M_1^2 - 1)^2} = 1 - M_1^2$.

3.4 Kritische Wärmezufuhr

Während der vorhergehende Abschnitt den Grenzfall verschwindender Wärmezufuhr zum Gegenstand hatte, soll nun der Grenzfall der maximalen, stationär zuführbaren Wärmemenge betrachtet werden.

Aus den Gleichungen (3.4) geht hervor, daß die Wärmemenge q bei einer bestimmten festliegenden Anströmmachzahl M_1 nicht beliebig erhöht werden kann, wenn der Wurzelausdruck in den erwähnten Gleichungen nicht imaginär werden soll. Der Grenzwert von q, bei dem der Wurzelausdruck Null wird, wird als „*kritische Wärmemenge*" q_{krit} bezeichnet. Dies ist somit der maximale Betrag an Energie, welcher der Strömung bei einer bestimmten Anströmmachzahl M_1 gerade noch zugeführt werden kann. Wird er überschritten, kann der stationäre Strömungszustand nicht mehr aufrechterhalten werden. Die Strömung wird — wie in Teil V gezeigt — durch einen instationären Vorgang verändert werden. Der *kritische Zustand* sei „*thermische Blockierung*" genannt. In der englischsprachigen Literatur ist er unter der Bezeichnung „*thermal choking*" bekannt.

Für die kritische Wärmemenge ergibt sich durch Nullsetzen der Wurzel in den Gleichungen (3.4) der Ausdruck:

$$\frac{q_{\text{krit}}}{c_p T_1} = \frac{1}{2(\varkappa+1)} \frac{(M_1^2-1)^2}{M_1^2} = \frac{1}{2(\varkappa+1)} M_1^2 \left(1 - \frac{1}{M_1^2}\right)^2. \tag{3.8}$$

Auf gleiche Weise erhalten wir für die Zustandsänderungen bei kritischer Wärmezufuhr die sehr einfachen Gleichungen:

$$\begin{aligned}
\frac{u_2}{c_1} &= \frac{c_2}{c_1} = \frac{1}{M_1}\left[1 + \frac{\varkappa}{\varkappa+1}(M_1^2-1)\right] = M_1\left[1 - \frac{1}{\varkappa+1}\left(1 - \frac{1}{M_1^2}\right)\right],\\
\frac{p_2}{p_1} &= 1 + \frac{\varkappa}{\varkappa+1}(M_1^2-1) = M_1^2\left[1 - \frac{1}{\varkappa+1}\left(1 - \frac{1}{M_1^2}\right)\right],\\
\frac{\varrho_1}{\varrho_2} &= \frac{u_2}{u_1} = \frac{1}{M_1^2}\left[1 + \frac{\varkappa}{\varkappa+1}(M_1^2-1)\right] = 1 - \frac{1}{\varkappa+1}\left(1 - \frac{1}{M_1^2}\right),\\
M_2 &= 1.
\end{aligned} \tag{3.9}$$

Es ist charakteristisch für den Fall der kritischen Wärmezufuhr, daß die Geschwindigkeit hinter der Reaktionsfront gleich der örtlichen Schallgeschwindigkeit ist.

In Abb. 3.3 sind die Zustandsänderungen bei kritischer Wärmezufuhr für konstantes $\varkappa$ über der Anströmmachzahl M_1 aufgetragen. Man sieht, daß die kritische Wärmemenge bei Annäherung an die Machzahl 1 rasch abnimmt. Bei $M_1 = 1$ kann überhaupt keine Wärme mehr stationär zugeführt werden.

Bei Unterschallanströmung im Bereich der Anströmmachzahl $1/\sqrt{\varkappa} < M_1 < 1$ nimmt die Temperatur sogar ab. Dies ist zunächst verblüffend, erklärt sich aber aus der starken Änderung der kinetischen Energie in Schallnähe (siehe Abb. 3.3).

Häufig interessiert auch die kritische Anströmmachzahl für eine gegebene Wärmezufuhr:

$$M_{1\,\mathrm{krit}} = \sqrt{1 + \frac{\varkappa + 1}{2} \frac{q}{c_p T_1}} \pm \sqrt{\frac{\varkappa + 1}{2} \frac{q}{c_p T_1}}. \qquad (3.10)$$

Der Zusammenhang (3.10) ist in Abb. 3.4 dargestellt.

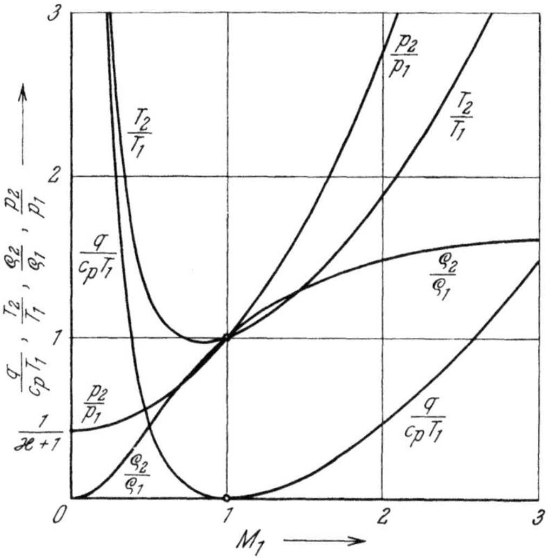

Abb. 3.3 Zustandsänderungen bei kritischer Wärmezufuhr in Abhängigkeit von M_1 für $\varkappa = 1{,}4$

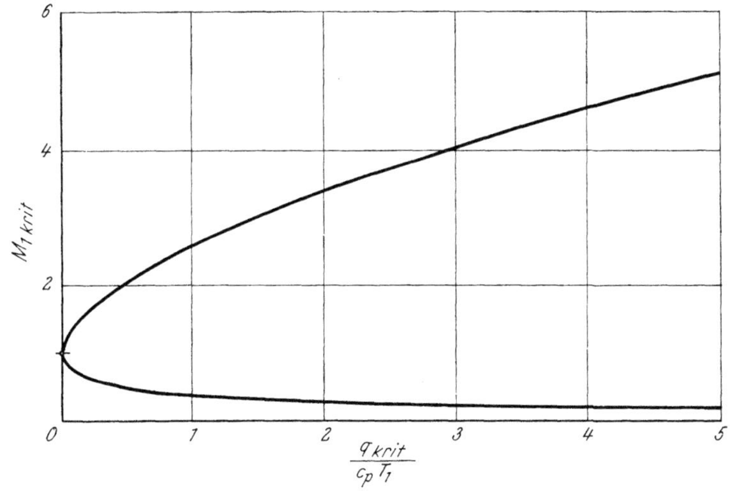

Abb. 3.4 Kritische Anströmmachzahl als Funktion der Wärmezufuhr ($\varkappa = 1{,}4$)

Für jeden Betrag der Wärmezufuhr gibt es eine Überschall- und eine Unterschalllösung. Bei großer Wärmezufuhr nähert sich $M_{1\,\mathrm{krit}}$ dem Betrag Null bzw. dem Wert $2\sqrt{\frac{\varkappa + 1}{2} \frac{q}{c_p T_1}}$.

3.5 Rankine-Hugoniot-Kurve für den Verdichtungsstoß

Durch Elimination der Geschwindigkeiten in den Erhaltungssätzen (3.1), (3.2), (3.3) bekommen wir mit $q = 0$ eine rein thermodynamische Beziehung zwischen Druck und Dichte für den Verdichtungsstoß. Sie wurde erstmals von W. J. M. Rankine [4] und unabhängig davon von H. Hugoniot [5] aufgestellt und ist allgemein als *Rankine-Hugoniot-Gleichung* bekannt.

$$\begin{aligned} i_2 - i_1 &= \frac{1}{2}\left(\frac{1}{\varrho_2} + \frac{1}{\varrho_1}\right)(p_2 - p_1), \\ e_2 - e_1 &= -\frac{1}{2}\left(\frac{1}{\varrho_2} - \frac{1}{\varrho_1}\right)(p_2 + p_1). \end{aligned} \tag{3.11}$$

In der unteren Gleichung (3.11) wurde die Enthalpie der Masseneinheit i durch die innere Energie der Masseneinheit e mit Hilfe der Enthalpiedefinition (1.11) ersetzt. Die Indizes 1 und 2 bezeichnen — wie bisher — die Zustände vor bzw. hinter der Front.

Die Gleichungen (3.11) gelten noch ganz allgemein auch für nichtideales Gas, wobei die Kenntnis der Enthalpie bzw. der inneren Energie als Funktion von Druck und Dichte vorausgesetzt werden muß.

Für ideales Gas konstanter spezifischer Wärme kann die Rankine-Hugoniot-Gleichung in folgende Form gebracht werden:

$$\frac{p_2}{p_1} = \frac{\dfrac{\varkappa + 1}{\varkappa - 1} - \dfrac{\varrho_1}{\varrho_2}}{\dfrac{\varkappa + 1}{\varkappa - 1}\dfrac{\varrho_1}{\varrho_2} - 1}. \tag{3.12}$$

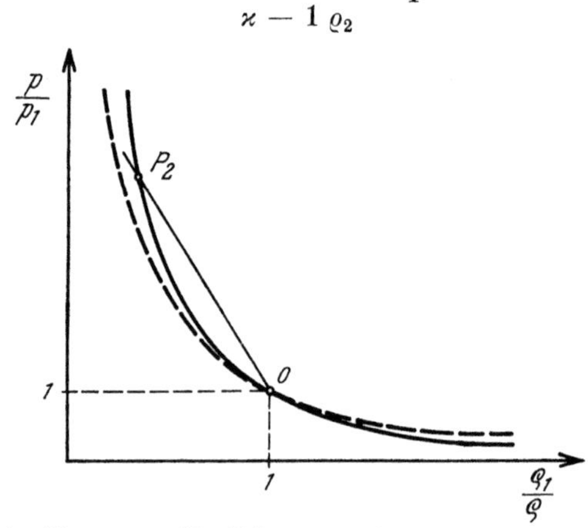

Abb. 3.5 Hugoniot-Kurve von Verdichtungsstoß (———) und Isentrope (— — —)

Die zu Gl. (3.12) gehörende Kurve ist die sogenannte *Rankine-Hugoniot-Kurve* oder *dynamische Adiabate*, manchmal auch kurz Stoßadiabate genannt (Abb. 3.5)*.

* Im folgenden soll der Einfachheit halber immer nur der Ausdruck „Hugoniot-Kurve" verwendet werden.

Die Bezeichnung dynamische Adiabate kommt daher, weil sich der Zusammenhang zwischen Druck und Dichte aus einem dynamischen Problem ergeben hat. Ferner handelt es sich beim Verdichtungsstoß zwar um einen adiabatischen, aber nicht reversibel adiabatischen Vorgang, da kinetische Energie teilweise nichtumkehrbar in Wärme umgesetzt wird und somit die Entropie zunimmt.

Der reversibel adiabatische Vorgang ist die *Isentrope*. Für ideales Gas konstanter spezifischer Wärme erhalten wir:

$$\frac{p}{p_1} = \left(\frac{\varrho}{\varrho_1}\right)^{\varkappa} = \left(\frac{T}{T_1}\right)^{\frac{\varkappa}{\varkappa-1}}, \qquad \frac{\varrho}{\varrho_1} = \left(\frac{T}{T_1}\right)^{\frac{1}{\varkappa-1}}. \tag{3.13}$$

Unter einem adiabatischen Vorgang versteht man — wie in Teil I schon bemerkt — einen thermodynamischen Prozeß in einem thermisch isolierten System. Nicht nur Verdichtungsstöße, sondern bekanntlich auch chemische Reaktionen können in einem isolierten System stattfinden, also adiabatisch verlaufen. Adiabatische Vorgänge können reversibel sein, wie z. B. im Fall einer Schallwelle; die Entropie bleibt dabei konstant. Verdichtungsstoß und Verbrennung sind dagegen irreversible Prozesse.

Die Isentrope oskuliert mit der Stoßadiabate im Ausgangspunkt $0(p_1, \varrho_1)$. Tangente und Krümmung beider Kurven sind in diesem Punkt identisch. Dies kann durch eine Betrachtung des Entropieverlaufes längs der Hugoniot-Kurve leicht gezeigt werden.

Für ein abgeschlossenes System ist die Entropie der Masseneinheit bekanntlich gegeben durch die Beziehung (1.69). Differenziert man die Gleichung (3.11) und setzt sie in (1.69) ein, so erhält man die Entropieänderung längs der Hugoniot-Kurve:

$$T \frac{\mathrm{d}s}{\mathrm{d}\left(\frac{1}{\varrho}\right)} = \frac{1}{2}(p - p_1) - \frac{1}{2}\left(\frac{1}{\varrho} - \frac{1}{\varrho_1}\right) \frac{\mathrm{d}p}{\mathrm{d}\left(\frac{1}{\varrho}\right)}. \tag{3.14}$$

Der Index 2 wurde hierbei der Einfachheit halber weggelassen. Zweimaliges Differenzieren dieser Gleichung ergibt:

$$\frac{\mathrm{d}T}{\mathrm{d}\left(\frac{1}{\varrho}\right)} \frac{\mathrm{d}s}{\mathrm{d}\left(\frac{1}{\varrho}\right)} + T \frac{\mathrm{d}^2 s}{\mathrm{d}\left(\frac{1}{\varrho}\right)^2} = -\frac{1}{2}\left(\frac{1}{\varrho} - \frac{1}{\varrho_1}\right) \frac{\mathrm{d}^2 p}{\mathrm{d}\left(\frac{1}{\varrho}\right)^2}, \tag{3.15}$$

$$\begin{aligned} &\frac{\mathrm{d}^2 T}{\mathrm{d}\left(\frac{1}{\varrho}\right)^2} \frac{\mathrm{d}s}{\mathrm{d}\left(\frac{1}{\varrho}\right)} + 2 \frac{\mathrm{d}T}{\mathrm{d}\left(\frac{1}{\varrho}\right)} \frac{\mathrm{d}^2 s}{\mathrm{d}\left(\frac{1}{\varrho}\right)^2} + T \frac{\mathrm{d}^3 s}{\mathrm{d}\left(\frac{1}{\varrho}\right)^3} \\ &\quad = -\frac{1}{2}\left(\frac{1}{\varrho} - \frac{1}{\varrho_1}\right) \frac{\mathrm{d}^3 p}{\mathrm{d}\left(\frac{1}{\varrho}\right)^3} - \frac{1}{2} \frac{\mathrm{d}^2 p}{\mathrm{d}\left(\frac{1}{\varrho}\right)^2}. \end{aligned} \tag{3.16}$$

Daraus folgt für $p = p_1$ und $\varrho = \varrho_1$:

$$\left(\frac{\mathrm{d}s}{\mathrm{d}\left(\frac{1}{\varrho}\right)}\right)_1 = \left(\frac{\mathrm{d}^2s}{\mathrm{d}\left(\frac{1}{\varrho}\right)^2}\right)_1 = 0, \quad \left(\frac{\mathrm{d}^3s}{\mathrm{d}\left(\frac{1}{\varrho}\right)^3}\right)_1 = -\frac{1}{2}\frac{1}{T_1}\left(\frac{\mathrm{d}^2p}{\mathrm{d}\left(\frac{1}{\varrho}\right)^2}\right)_1. \quad (3.17)$$

Tangente und Krümmung der Rankine-Hugoniot-Kurve stimmen im Punkt 0 mit der Isentrope überein. Dieses Ergebnis hat denselben Gültigkeitsbereich wie die Gleichungen (3.11) und beschränkt sich somit nicht nur auf ideales Gas konstanter spezifischer Wärme.

Aus Kontinuitätsbedingung (3.1) und Impulssatz (3.2) erhalten wir folgende wichtige Beziehung:

$$\frac{p_2 - p_1}{\frac{1}{\varrho_1} - \frac{1}{\varrho_2}} = (\varrho_1 u_1)^2 = (\varrho_2 u_2)^2. \quad (3.18)$$

Daraus ergibt sich die Bedingung

$$\frac{p_2 - p_1}{\varrho_2 - \varrho_1} > 0, \quad (3.19)$$

nach der Druck und Dichte immer gleichsinnig zu- oder abnehmen müssen.

Da die Bedingung (3.19) lediglich aus Kontinuitätsbeziehung und Impulssatz abgeleitet wurde, gilt sie nicht nur für den Verdichtungsstoß, sondern auch für die Reaktionsfronten.

Die Hugoniot-Kurve gibt die möglichen thermodynamischen Zustände an, die von einem bestimmten thermodynamischen Anfangszustand $0(p_1, \varrho_1)$ aus über einen Verdichtungsstoß erreicht werden können. Der Kurvenast rechts vom Punkt 0 entspricht dem Verdünnungsstoß. Dies allein genügt noch nicht, um den Zustand hinter dem Stoß zu kennen, da dieser auch noch von der Strömungsgeschwindigkeit vor dem Stoß abhängt. Man benötigt daher neben der thermodynamischen noch eine weitere, sogenannte „mechanische Bedingung", welche aus Kontinuitätsbedingung und Impulssatz bzw. aus Gleichung (3.18) mit $c_1^2 = \varkappa \cdot p_1/\varrho_1$ und $M_1 = u_1/c_1$ abgeleitet werden kann.

$$\frac{p}{p_1} = 1 + \varkappa M_1^2\left(1 - \frac{\varrho_1}{\varrho}\right). \quad (3.20)$$

Dies ist die Gleichung einer Geraden, „*Rayleigh-Gerade*"* genannt. Man spricht daher auch von Raleigh-Prozessen. Die Neigung der Rayleigh-Geraden $-\varkappa M_1^2$ ist ein Maß für die Anströmgeschwindigkeit. Ihr Schnittpunkt mit der Hugoniot-Kurve gibt den Zustand hinter dem Stoß an. Man hat eine sprunghafte Zustandsänderung vom Punkt 0 zum Punkt P_2 (Abb. 3.5), zum Unterschied etwa von einer isentropen Zustandsänderung, welche längs der strichlierten Kurve vor sich gehen würde.

* In der russischen Literatur ist die Rayleigh-Gerade unter der Bezeichnung „Michelson-Gerade" bekannt.

3.6 Rankine-Hugoniot-Kurven für die Reaktionsfront

Eliminieren wir wiederum aus den Erhaltungssätzen (3.1), (3.2), (3.3) die Geschwindigkeiten, lassen jedoch nun eine Wärmezufuhr pro Masseneinheit q zu, so erhalten wir die erweiterte Hugoniot-Gleichung für die Reaktionsfront.

$$\begin{aligned} i_2 - i_1 &= q + \frac{1}{2}\left(\frac{1}{\varrho_2} + \frac{1}{\varrho_1}\right)(p_2 - p_1), \\ e_2 - e_1 &= q - \frac{1}{2}\left(\frac{1}{\varrho_2} - \frac{1}{\varrho_1}\right)(p_2 + p_1). \end{aligned} \tag{3.21}$$

Für ideales Gas konstanter spezifischer Wärme zu beiden Seiten der Reaktionsfront ergibt sich dann:

$$\frac{p_2}{p_1} = \frac{\dfrac{\varkappa + 1}{\varkappa - 1} - \dfrac{\varrho_1}{\varrho_2} + \dfrac{2\varkappa}{\varkappa - 1}\dfrac{q}{c_p T_1}}{\dfrac{\varkappa + 1}{\varkappa - 1}\dfrac{\varrho_1}{\varrho_2} - 1}. \tag{3.22}$$

Wir erhalten nun in der $1/\varrho$-p-Ebene eine Kurvenschar mit q als Parameter. Sie stellt die möglichen thermodynamischen Zustände dar, die von einem gegebenen Anfangszustand $P(p_1, \varrho_1)$ aus bei einer bestimmten Wärmezufuhr erreicht werden können. Man könnte diese Kurve auch als verallgemeinerte dynamische Adiabate auffassen.

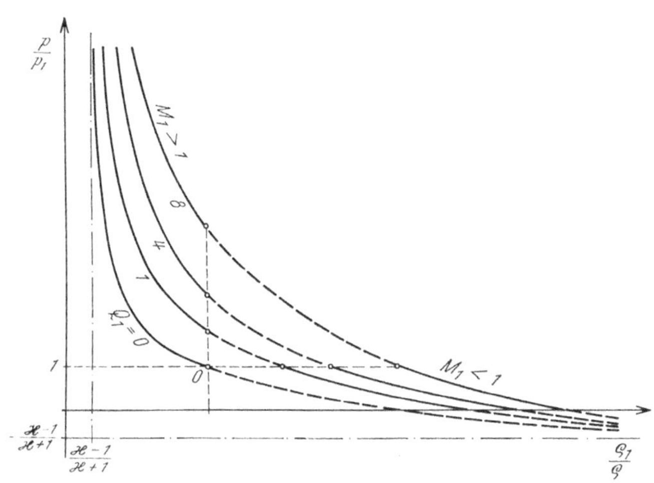

Abb. 3.6 Hugoniot-Kurven bei Wärmezufuhr für ideales Gas konstanter spezifischer Wärme. $Q_1 = \dfrac{q}{c_p T_1}$

Ideales Gas konstanter spezifischer Wärme vorausgesetzt, sind die Hugoniot-Kurven Hyperbeln mit den gemeinsamen Asymptoten $\varrho_1/\varrho = (\varkappa - 1)/(\varkappa + 1)$ und $p/p_1 = -(\varkappa - 1)/(\varkappa + 1)$. Mit zunehmender Wärmezufuhr schieben sie sich nach außen (Abb. 3.6). Der Maximalwert für das Dichteverhältnis ist aus der

Theorie starker Verdichtungsstöße bereits wohlbekannt. Für hohe Drücke ist das Dichteverhältnis nur mehr von den spezifischen Wärmen abhängig.

Die Kurventeile mit negativem Druckverhältnis p/p_1 haben selbstverständlich keinen physikalischen Sinn. Für die oberhalb der Abszisse liegenden strichliert gezeichneten Kurventeile ist die Bedingung (3.19) nicht erfüllt. Somit sind auch diese ohne physikalische Bedeutung. Dadurch zerfallen für die Reaktionsfront die Hugoniot-Kurven jeweils in zwei Teile, nämlich in einen Überschallteil ($M_1 > 1$) mit $p/p_1 > 1$ und in einen Unterschallteil ($M_1 < 1$) mit $p/p_1 < 1$.

Selbst bei Annahme idealen Gases konstanter spezifischer Wärme ist die Rankine-Hugoniot-Beziehung immer noch sehr allgemein, da sie sich nicht allein auf chemische Reaktionen beschränkt, sondern auf jede denkbare Art der Wärmezufuhr längs einer Front bei konstantem Querschnitt anwendbar ist.

3.7 Verschiedene Arten von Reaktionsfronten

Die verschiedenen Arten von Reaktionsfronten und deren Eigenschaften, besonders aber der Unterschied zwischen Verbrennung und Detonation, können am besten anhand der Hugoniot-Kurve diskutiert werden. Zu diesem Zweck sei in Abb. 3.7 eine beliebige Hugoniot-Kurve für einen bestimmten Betrag der pro Masseneinheit zugeführten Wärme q herausgegriffen.

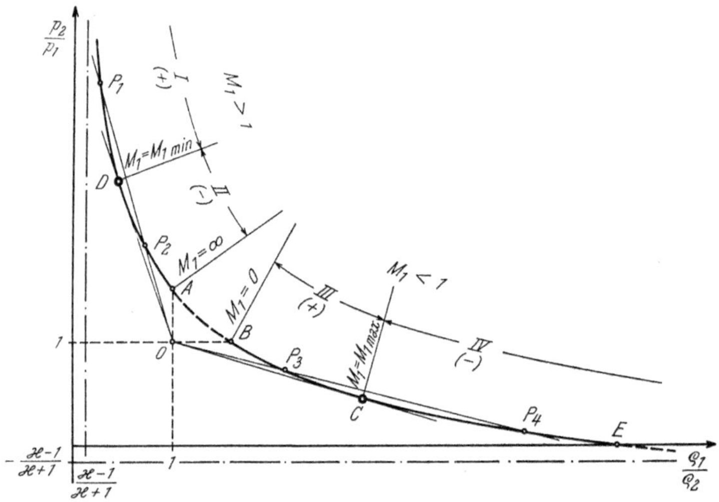

Abb. 3.7 Schematische Darstellung der verschiedenen Bereiche auf einer Hugoniot-Kurve bei Wärmezufuhr

Wie wir bereits im vorhergehenden Abschnitt gesehen haben, zerfällt die Kurve in einen Überschallteil ($M_1 > 1$) und in einen Unterschallteil ($M_1 < 1$). Im ersten Fall sprechen wir von einer *Überschallreaktionsfront*, im zweiten von einer *Unterschallreaktionsfront*. Entsprechend den Gleichungen (3.4) nehmen bei Überschallanströmung, also bei einer Überschallreaktionsfront, Druck und Dichte immer zu, die Geschwindigkeit nimmt ab. Umgekehrt nehmen bei Unterschallanströmung, d. h. bei einer Unterschallreaktionsfront, Druck und Dichte immer ab, die Geschwindigkeit nimmt zu. Das sind die charakteristischen Unterschiede zwischen einer Überschall- und einer Unterschallwärmezufuhr.

In der Literatur haben sich für die beiden Kurventeile die Ausdrücke *Detonationsast* und *Verbrennungs-* oder *Deflagrationsast* eingebürgert. Diese Bezeichnungsweise wäre nur dann zutreffend, wenn man sich erstens auf exotherme, chemische Reaktionen beschränkt und zweitens, wenn man grundsätzlich jede Überschallverbrennung als Detonation definiert. Die Beschränkung auf chemische Reaktionen, also auf Verbrennungsvorgänge in weiterem Sinne, deckt sich mit der Zielsetzung dieses Buches. Wir sollten uns aber darüber im klaren sein, daß durch die Hugoniot-Kurven auch andere Arten der Wärmezufuhr beschrieben werden können. Problematischer ist schon die Anschauung, jede Überschallverbrennung sei eine Detonation. Wir wollen uns dieser Auffassung nicht anschließen und als Detonation im eigentlichen Sinne nur eine stoßinduzierte Verbrennung definieren. Bei dieser erfolgt die Zündung des Gemisches durch einen Verdichtungsstoß. Sie unterscheidet sich, reaktionskinetisch gesehen, sehr wesentlich von einer normalen Verbrennung. Darauf kommen wir noch zurück.

Die Ursache für die ungenaue und manchmal recht unglückliche Nomenklatur ist wohl in der historischen Entwicklung zu suchen. So hat z. B. der Begriff der „Deflagration", welcher nun für die meist sehr langsame Unterschallverbrennung verwendet wird, erst im Laufe der Zeit seine gegenwärtige Bedeutung erhalten. Dagegen soll unter „Verbrennung" ein Vorgang verstanden werden, wie er eingangs definiert wurde, der nicht notwendigerweise Frontcharakter besitzen muß und auch nicht unbedingt auf Unterschallgeschwindigkeit beschränkt ist.

Im allgemeinen haben wir für eine bestimmte Anströmmachzahl M_1, entsprechend den beiden Vorzeichen vor dem Wurzelausdruck in den Gleichungen (3.4), zwei Lösungen. (Zum Beispiel die Punkte P_1 und P_2 oder P_3 und P_4 in Abb. 3.7.) Sie sind durch den Schnittpunkt der Hugoniot-Kurve mit der Rayleigh-Geraden durch den Punkt 0, welcher dem Zustand vor der Reaktionsfront entspricht, gegeben.

Die Rayleigh-Gerade hat zwei Grenzlagen und zwar dann, wenn sie Tangente an die Hugoniot-Kurve ist (Punkt C und D in Abb. 3.7). Diese Punkte werden nach den Begründern der Theorie der Detonation oberer und unterer *Chapman-Jouguet-Punkt* genannt. Der Punkt D spielt, wie wir später sehen werden, in der Detonationstheorie eine besonders wichtige Rolle. Die Zustandsänderungen in C und D sind identisch mit der in Abschnitt 3.4 behandelten kritischen Wärmezufuhr und somit dadurch charakterisiert, daß die Geschwindigkeit hinter der Reaktionsfront gleich der örtlichen Schallgeschwindigkeit ist.

Durch die beiden Chapman-Jouguet-Punkte werden Überschall- und Unterschallast in je zwei Bereiche geteilt. Der obere Teil des Überschallastes, der Bereich I in Abb. 3.7, ist das Gebiet der sogenannten *„überkomprimierten Detonation"*. Hinter der Reaktionsfront herrscht Unterschallgeschwindigkeit. Physikalisch sind die Vorgänge an der Reaktionsfront in diesem Bereich dadurch bemerkenswert, daß vor der eigentlichen Reaktionsfront ein gewöhnlicher, adiabatischer Verdichtungsstoß liegt, durch den die chemische Reaktion in Gang gebracht wird. Das ist der Fall der vorhin erwähnten stoßinduzierten Verbrennung und daher der Bereich der eigentlichen Detonation. Der Vorgang im Punkt D ist dann sozusagen als ein Grenzfall zu verstehen. Die Anströmgeschwindigkeit hat in D ein Minimum.

Im Bereich II herrscht auch hinter der Reaktionsfront immer noch Überschallgeschwindigkeit. Es ist das Gebiet, das häufig mit dem weniger glücklich gewählten Ausdruck „*unterkomprimierte Detonation*" bezeichnet wird. Genaugenommen handelt es sich um eine *stoßfreie* Wärmezufuhr bei Überschallgeschwindigkeit, also um eine Überschallverbrennung. In dieses Gebiet fällt auch der Kondensationsstoß. Bei einem Kondensationsstoß wird durch einen in der Überschallströmung plötzlich auftretenden Kondensationsvorgang Wärme frei. Diese Erscheinung tritt hauptsächlich in Überschallwindkanälen als unerwünschte Nebenerscheinung auf. (Näheres hierüber siehe [6].) An der unteren Grenze des Bereichs II, im Punkt A, wächst die Anströmgeschwindigkeit über alle Grenzen. Das zum Punkt A gehörende Druckverhältnis ist dann:

$$\left(\frac{p_2}{p_1}\right)_{\frac{\varrho_1}{\varrho_2}=1} = 1 + \varkappa \frac{q}{c_p T_1}. \tag{3.23}$$

Die Ausdrücke „starke" und „schwache Detonation" für den Bereich I bzw. II, die häufig verwendet werden und wohl auf das Verhalten der Geschwindigkeit zurückgehen, sollten nach Möglichkeit vermieden werden. Für eine vom jeweiligen physikalischen Vorgang unabhängige Bezeichnungsweise empfiehlt sich, von *starker* und *schwacher Überschallösung* zu sprechen. Entsprechendes gilt für die „starke" und „schwache Verbrennung" des Unterschallastes.

Vom Unterschallast der Hugoniot-Kurve ist für uns eigentlich nur noch der Bereich III, die *schwache Unterschallösung*, interessant. Die Geschwindigkeit hinter der Reaktionsfront bleibt kleiner als die örtliche Schallgeschwindigkeit. Die meisten Verbrennungsvorgänge — soweit sie überhaupt als Front darstellbar sind —, spielen sich in der Umgebung des Punktes B, d. h. in der Nähe der Gleichdruckverbrennung, ab.

Letzteres stimmt genaugenommen nur so lange, als man eine ebene Flammenfront hat, deren Oberfläche gleich dem Rohrquerschnitt ist. Im Falle turbulenter Flammen ist die Flammenoberfläche, wie wir im Teil II gesehen haben, erheblich größer und dementsprechend nach der Flächenregel (2.17) auch ihre Fortpflanzungsgeschwindigkeit. Der Druck p_2 nimmt ab. Der Zustand hinter der Flamme rückt im Abschnitt III der Hugoniot-Kurve mit zunehmender Turbulenz immer mehr in Richtung auf den Punkt C. Dieser kann als ein Grenzfall angesehen werden ($u_2 = c_2$). Ya. K. Troshin [7] spricht dann von „voll entwickelter Turbulenz". Daraus sieht man, daß entgegengesetzt anderer Behauptungen in der älteren Literatur Zustände auch in größerer Entfernung von der Gleichgewichtsverbrennung möglich sind.

Im Punkt B selbst ist die Anströmgeschwindigkeit Null. Die zugehörige Dichteänderung ist:

$$\left(\frac{\varrho_1}{\varrho_2}\right)_{\frac{p_2}{p_1}=1} = 1 + \frac{q}{c_p T_1}. \tag{3.24}$$

Verbrennungsvorgänge in der Nähe des Punktes C oder gar im unteren Chapman-Jouguet-Punkt, bei dem das Gas in der Reaktionsfront auf Schallgeschwindigkeit beschleunigt wird, sind allerdings als isolierter Vorgang noch nicht beobachtet worden. Die Zustandsänderung im Punkt C könnte theoretisch auch als die Zustandsänderung in der Reaktionszone hinter dem Verdichtungsstoß bei der Chapman-Jouguet-Detonation (Punkt D) aufgefaßt werden.

Im Bereich IV, bei der *starken Unterschallösung,* wird das Gas in der Reaktionsfront auf Überschallgeschwindigkeit beschleunigt. Diejenigen Lösungen, welche ein negatives Druckverhältnis liefern, scheiden von vornherein aus. Der gesamte Bereich IV kommt zumindest für chemische Reaktionen nicht in Frage. Unter der Annahme einer endlich dicken Reaktionszone wurde dies von R. COURANT und K. O. FRIEDRICHS [8] zuerst gezeigt.

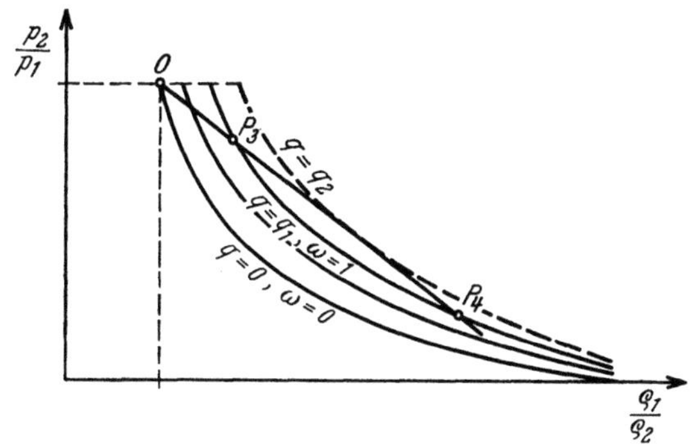

Abb. 3.8 Unmöglichkeit der starken Unterschallösung bei chemischen Reaktionen

In Abb. 3.8 ist eine idealisierte, aber endlich dicke Reaktionszone durch Hugoniot-Kurven dargestellt. ω bedeutet hier den Anteil der Reaktionsprodukte. Zu Beginn der Reaktion ($\omega = 0$) sei $q = 0$. Am Ende derselben ($\omega = 1$) sei der Strömung der gesamte Betrag an Wärme $q = q_1$ zugeführt.

Da bei einer chemischen Reaktion der Punkt P_4 im Bereich IV der Hugoniot-Kurve nur längs einer Rayleigh-Geraden über den Punkt P_3 im Bereich III erreicht werden kann, bedeutet dies, daß nach Erreichen von P_3 weiter auf den Betrag q_2 aufgeheizt und anschließend wieder bis auf q_1 rückgekühlt werden muß. Daß dieser Vorgang darüber hinaus noch mit einer Entropieabnahme verbunden ist, ist leicht einzusehen, wenn man den Entropieverlauf längs einer Hugoniot-Kurve und längs Rayleigh-Geraden betrachtet (Abb. 3.9).

Die Entropieänderung längs einer Hugoniot-Kurve wird durch die dick ausgezogene Kurve in Abb. 3.9 dargestellt. Die eingetragenen Punkte entsprechen jenen der Abb. 3.7. Die Entropie hat im oberen Chapman-Jouguet-Punkt (D) ein Minimum, im unteren (C) ein Maximum. Dem Entropieverlauf längs der verschiedenen in Abb. 3.7 eingetragenen Rayleigh-Geraden entsprechen die dünn gezeichneten Kurven der Abb. 3.9. Die Werte können mit Hilfe der thermodynamischen Beziehung (1.73) erhalten werden.

Man sieht, daß ein Übergang von Punkt P_3 zum Punkt P_4 längs einer Rayleigh-Geraden eine Entropieabnahme um den eingezeichneten Betrag $\Delta s/c_p$ zur Folge hat. Auf diese Weise kann auch ohne die Annahme einer idealisierten, endlich dicken Reaktionszone gezeigt werden, daß der Bereich IV für chemische Reaktionen nicht in Frage kommt. Es wäre aber denkbar, daß andere Arten der Wärme-

Tabelle III.2. *Die Bereiche auf der Rankine-Hugoniot-Kurve und ihre Eigenschaften*

	Bereich (Punkt)	Bezeichnung	Vorzeichen in den Gleichungen 3.4	Druck- und Dichteänderung	Geschwindigkeitsänderung	Machzahl hinter der Reaktionsfront	Bemerkung
Überschallwärmezufuhr $M_1 > 1$	I	Starke Überschallösung	$+$			$M_2 < 1$	Wärmezufuhr mit Verdichtungsstoß. Erfordert spezielle experimentelle Einrichtungen.
	D	Oberer Chapman-Jouguet-Punkt		$p_2 > p_1$ $\varrho_2 > \varrho_1$	$u_2 < u_1$	$M_2 = 1$	Wärmezufuhr mit Verdichtungsstoß. Normalfall der detonativen Verbrennung.
	II	Schwache Überschallösung	$-$			$M_2 > 1$	Stoßfreie Wärmezufuhr. Überschallverbrennung, Kondensationsstoß.
Unterschallwärmezufuhr $M_1 < 1$	III	Schwache Unterschallösung	$+$			$M_2 < 1$	Stoßfreie Wärmezufuhr. Normale Verbrennung (meist nahe an $p_2/p_1 = 1$).
	C	Unterer Chapman-Jouguet-Punkt		$p_2 < p_1$ $\varrho_2 < \varrho_1$	$u_2 > u_1$	$M_2 = 1$	Nicht beobachtet.
	IV	Starke Unterschallösung	$-$			$M_2 > 1$	Wärmezufuhr mit Verdünnungsstoß.

zufuhr, wie etwa irgendwelche komplizierten Kondensationsvorgänge, die nicht längs einer Rayleigh-Geraden verlaufen, in diesem Bereich unter Umständen möglich wären. Bisher konnten noch keine beobachtet werden.

Abschließend sind in Tabelle III,2 die verschiedenen Reaktionsfrontarten, ihre Eigenschaften und die damit verbundenen Bereiche auf der Hugoniot-Kurve zusammengestellt.

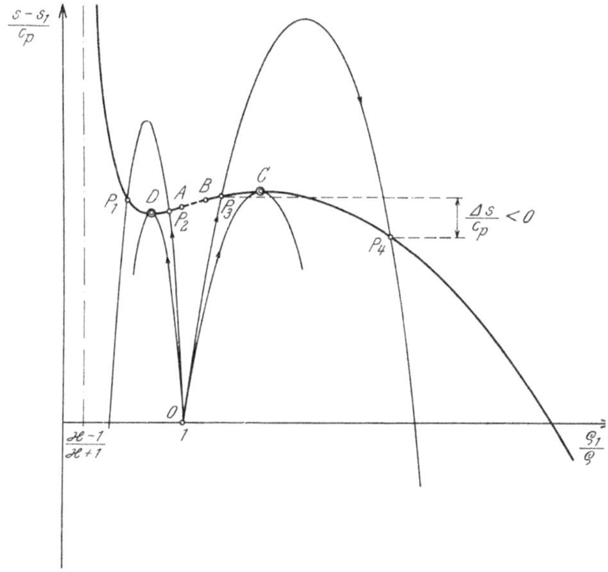

Abb. 3.9 Entropieverlauf längs einer Hugoniot-Kurve und längs Rayleigh-Geraden

$$\frac{q}{c_p T_1} = 0{,}2,\ \varkappa = 1{,}4$$

3.8 Klassische Detonationstheorie für das ideale Gas

Auf die Entdeckung der Detonation durch M. BERTHELOT und P. VIEILLE bzw. E. MALLARD und H. LE CHATELIER im Jahre 1881 (siehe Abschn. 2.7) folgten zahlreiche experimentelle Untersuchungen, u. a. von H. B. DIXON [9, 10], W. A. BONE [11, 12, 13], C. CAMPBELL [14, 15], W. PAYMAN [16, 17] und P. LAFITTE [18 bis 21] und Mitarbeitern. Diese nebst zahlreichen weiteren Autoren befaßten sich hauptsächlich mit den Eigenschaften stationärer Detonationswellen und ihrer Entstehung.

Die Thermodynamik der stationären Detonationsfront wurde in den klassischen Arbeiten von D. L. CHAPMAN [22] sowie von E. JOUGUET [23, 24, 25] und L. CRUSSARD [26, 27] entwickelt. Weniger bekannt sind die ebenfalls grundlegenden Arbeiten von V. A. MICHELSON, z. B. [28]. Die Theorie wurde dann weiter ausgebaut durch R. BECKER [29 bis 32], was die gasdynamischen Gesichtspunkte anbelangt (instationäre Vorgänge mit eingeschlossen) sowie von B. LEWIS und J. B. FRIAUF [33, 34], was die chemischen Aspekte betrifft*.

* Ein ausführlicher historischer Überblick wurde von A. K. OPPENHEIM in [35] gegeben.

Der grundlegende Unterschied zwischen der langsamen Verbrennung und der Detonation wurde bereits in Abschnitt 2.7 hervorgehoben. Nach den Vorstellungen der klassischen Detonationstheorie besteht somit eine Detonationsfront ganz allgemein aus einem starken Verdichtungsstoß S, unmittelbar gefolgt von einer Reaktionsfront R (Abb. 3.10a), welche zunächst ebenso wie der Verdichtungsstoß als unendlich dünn angenommen wird. Bei gegebener Wärmezufuhr q und Detonationsgeschwindigkeit D oder, was dasselbe ist, bei gegebener Detonationsmachzahl $M_D = M_1$, ist der Zustand 2 hinter der Detonationsfront durch den Schnittpunkt der Rayleigh-Geraden mit der Hugoniot-Kurve bestimmt (Abb. 3.10b).

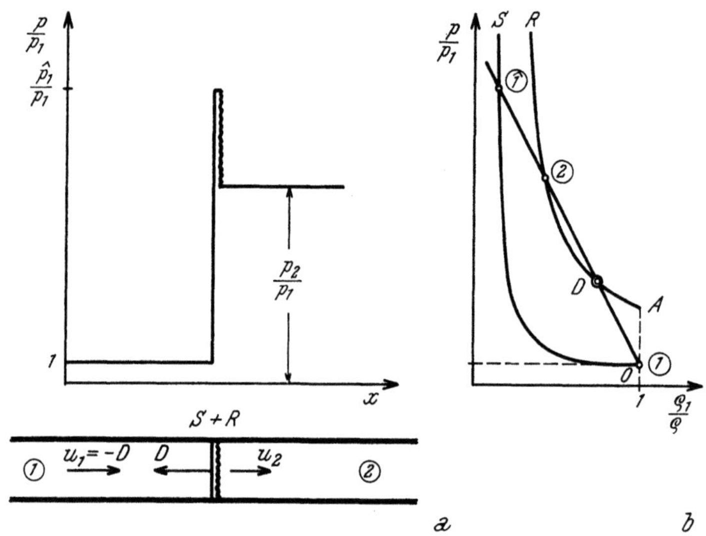

Abb. 3.10 Klassisches Modell einer Detonationsfront, bestehend aus einem Verdichtungsstoß S und einer Reaktionsfront R

Rechnerisch kann man ihn mittels der Reaktionsfrontgleichungen (3.4) erhalten. Es gilt gemäß Abschnitt 3.7 das obere Vorzeichen. Die Stärke des Verdichtungsstoßes, also der Zustand $\hat{1}$ zwischen Stoß und Reaktionsfront, ist durch den Schnittpunkt der Rayleigh-Geraden mit der Hugoniot-Kurve für den Verdichtungsstoß gegeben.

Bei dem hier beschriebenen allgemeinen Fall handelt es sich um eine sogenannte *erzwungene Detonation*, bei der die Detonationsgeschwindigkeit nicht allein durch die chemische Reaktion bestimmt wird, sondern durch irgendwelche äußere Umstände konstant gehalten wird. Andernfalls wäre sie, wie wir im folgenden noch sehen werden, stationär nicht möglich, weil sich ein stationärer Zustand nur unter ganz bestimmten Umständen einstellen kann.

Da den Beobachtungen zufolge eine sich selbst überlassene Detonationsfront jedoch ein stationärer Vorgang ist, muß die bei der chemischen Reaktion frei werdende Energie allein ausreichen, um den Verdichtungsstoß aufrecht zu erhalten. Das Hauptproblem der klassischen Detonationstheorie besteht nun darin, jenen Punkt auf der Hugoniot-Kurve zu finden, der diesem stationären Charakter entspricht. Wie D. L. Chapman gezeigt hat, ist unter den gegebenen Voraussetzungen die einzig mögliche stationäre Lösung jene, bei der die Rayleigh-Gerade Tangente an die Hugoniot-Kurve ist (Abb. 3.11). Dieser Punkt wird heute üblicherweise *Chapman-Jouguet-Punkt* genannt (Punkt D in Abb. 3.11), Wie wir aus dem Vorhergehenden wissen, zeichnet sich der C-J-Punkt dadurch aus, daß die Geschwindigkeit hinter der Detonationsfront gleich der örtlichen Schallgeschwindigkeit ist.

$$u_2 = c_2. \tag{3.25}$$

Dies ist die sogenannte *Chapman-Jouguet-Bedingung*. Damit liegt bei einer gegebenen Wärmemenge q, d. h. bei einem gegebenen Gemisch, die Detonationsmachzahl M_{CJ} bereits fest. Der Zustand ist formal identisch mit jenem der kritischen Wärmezufuhr (vgl. Abschnitt 3.4).

$$\frac{u_2}{c_1} = \frac{1}{M_{CJ}}\left[1 + \frac{\varkappa}{\varkappa+1}(M_{CJ}^2 - 1)\right], \qquad \frac{p_2}{p_1} = 1 + \frac{\varkappa}{\varkappa+1}(M_{CJ}^2 - 1),$$

$$\frac{\varrho_1}{\varrho_2} = \frac{1}{M_{CJ}^2}\left[1 + \frac{\varkappa}{\varkappa+1}(M_{CJ}^2 - 1)\right], \qquad \frac{T_2}{T_1} = \left(\frac{c_2}{c_1}\right)^2 = \left(\frac{u_2}{c_2}\right)^2, \tag{3.26}$$

$$M_2 = 1.$$

Die Detonationsmachzahl für den CJ-Zustand ist mit der pro Masseneinheit zugeführten Wärmemenge gekoppelt durch die Gleichung

$$M_{CJ} = \sqrt{1 + \frac{\varkappa+1}{2}\frac{q}{c_pT_1}} + \sqrt{\frac{\varkappa+1}{2}\frac{q}{c_pT_1}}. \tag{3.27}$$

Die Zustandsänderung am vorgelagerten Verdichtungsstoß folgt aus den Stoßgleichungen:

$$\frac{\hat{u}_1}{c_1} = \frac{1}{M_{CJ}}\left[1 + \frac{\varkappa-1}{\varkappa+1}(M_{CJ}^2 - 1)\right], \qquad \frac{\hat{p}_1}{p_1} = 1 + \frac{2\varkappa}{\varkappa+1}(M_{CJ}^2 - 1),$$

$$\frac{\varrho_1}{\hat{\varrho}_1} = \frac{1}{M_{CJ}^2}\left[1 + \frac{\varkappa-1}{\varkappa+1}(M_{CJ}^2 - 1)\right], \qquad \frac{\hat{T}_1}{T_1} = \frac{\hat{p}_1}{p_1}\cdot\frac{\varrho_1}{\hat{\varrho}_1}. \tag{3.28}$$

Interessant ist der Vergleich des Drucksprunges am Verdichtungsstoß mit dem Gesamtdrucksprung an der Detonationsfront:

$$p_2 - p_1 = \frac{1}{2}(\hat{p}_1 - p_1). \tag{3.29}$$

Diese Beziehung gilt näherungsweise auch noch für Detonationen in der Nähe des CJ-Punktes.

Übrigens kann der Zustand 2 hinter der Detonationsfront auf zwei verschiedene Arten gerechnet werden, wenn M_{CJ} und q bekannt sind. Entweder man erhält ihn direkt aus den Gleichungen (3.26) oder man errechnet sich zuerst mit Hilfe der Stoßbeziehungen (3.28) den Zustand $\hat{1}$. Danach kann die Reaktionsfront nun als Unterschallreaktionsfront wiederum mittels der Reaktionsfrontgleichungen berechnet werden. Das Resultat muß in beiden Fällen dasselbe sein. Dies gilt nicht nur für die CJ-Detonation, sondern sinngemäß für jede beliebige andere auch.

Im allgemeinen ist $M_{CJ}^2 \gg 1$, so daß die Gleichungen für die CJ-Detonation (3.26) in guter Näherung wie folgt geschrieben werden können:

$$\frac{u_2}{c_1} \cong \frac{\varkappa}{\varkappa+1} M_{CJ}, \quad \frac{p_2}{p_1} \cong \frac{\varkappa}{\varkappa+1} M_{CJ}^2, \quad \frac{\varrho_1}{\varrho_2} \cong \frac{\varkappa}{\varkappa+1}$$
$$\frac{T_2}{T_1} \cong \left(\frac{\varkappa}{\varkappa+1}\right)^2 M_{CJ}^2, \quad \frac{c_2}{c_1} \cong \frac{\varkappa}{\varkappa+1} M_{CJ}, \quad M_2 = 1 \tag{3.30}$$

mit

$$M_{CJ}^2 \cong 2(\varkappa+1)\frac{q}{c_p T_1}. \tag{3.31}$$

Für den vorgelagerten Verdichtungsstoß ergibt sich dann:

$$\frac{\hat{u}_1}{c_1} \cong \frac{\varkappa-1}{\varkappa+1} M_{CJ}, \quad \frac{\hat{p}_1}{p_1} \cong \frac{2\varkappa}{\varkappa+1} M_{CJ}^2, \quad \frac{\varrho_1}{\hat{\varrho}_1} \cong \frac{\varkappa-1}{\varkappa+1}$$
$$\frac{\hat{T}_1}{T_1} \cong \frac{2\varkappa(\varkappa-1)}{(\varkappa+1)^2} M_{CJ}^2, \quad \frac{\hat{c}_1}{c_1} \cong \frac{\sqrt{2\varkappa(\varkappa-1)}}{\varkappa+1} M_{CJ}. \tag{3.32}$$

Wie der Verdichtungsstoß hat auch die CJ-Detonationswelle einen endlichen Grenzwert für die Dichteänderung, der unabhängig von der Machzahl ist und nur vom Verhältnis der spezifischen Wärmen abhängt. Die beiden Grenzwerte sind jedoch nicht identisch.

Ferner gilt:

$$\frac{p_2}{p_1} \cong \frac{1}{2}\frac{\hat{p}_1}{p_1}. \tag{3.33}$$

Der Drucksprung am Verdichtungsstoß ist ungefähr doppelt so groß wie der Gesamtdrucksprung an der Detonationsfront.

Die Neigung der Hugoniot-Kurve ist gegeben durch

$$\frac{\mathrm{d}\left(\frac{p}{p_1}\right)}{\mathrm{d}\left(\frac{\varrho_1}{\varrho}\right)} = -\frac{1 + \frac{\varkappa+1}{\varkappa-1}\frac{p}{p_1}}{\frac{\varkappa+1}{\varkappa-1}\frac{\varrho_1}{\varrho_2} - 1}, \tag{3.34}$$

und im Spezialfall der CJ-Detonation haben wir:

$$\left[\frac{\mathrm{d}\left(\frac{p_2}{p_1}\right)}{\mathrm{d}\left(\frac{\varrho_1}{\varrho_2}\right)}\right]_{CJ} = -\varkappa M_1^2. \tag{3.35}$$

Im CJ-Punkt haben Hugoniot-Kurve, Rayleigh-Gerade und Isentrope die gleiche Neigung. Oder mit anderen Worten: die Rayleigh-Gerade ist im CJ-Punkt Tangente an die Hugoniot-Kurve (Abb. 3.11).

E. Jouguet hat versucht, die Theorie durch ein Stabilitätskriterium zu untermauern*. Bei einer Detonationsfront strömen die Schwaden hinter derselben her, und man hat daher hinter ihr eine Verdünnung. Eine Störung hinter der Detonationsfront kann eine Chapman-Jouguet-Detonation nicht mehr beeinflussen, weil erstere sich selbst nur mit Schallgeschwindigkeit fortpflanzt. Hat

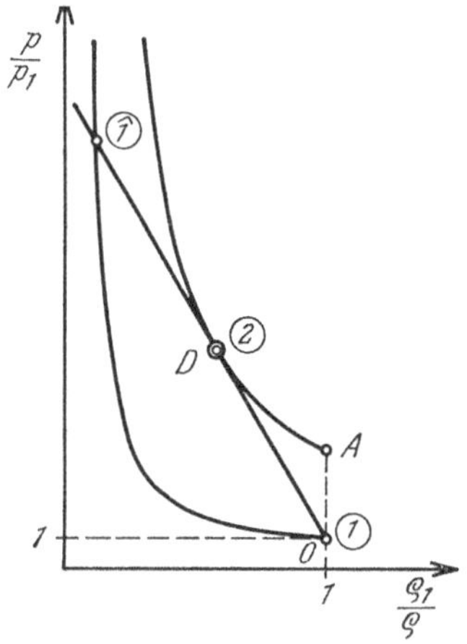

Abb. 3.11 Chapman-Jouguet-Detonation

man dagegen eine überkomprimierte Detonation (Bereich I auf der Hugoniot-Kurve), so herrscht hinter der Detonationsfront Unterschallgeschwindigkeit. Verdünnungswellen können sie einholen und so lange schwächen, bis der Chapman-Jouguet-Zustand wieder hergestellt ist. Der Mechanismus ist hier im Prinzip der gleiche wie beim Abklingen eines Verdichtungsstoßes. Die Unmöglichkeit einer sogenannten unterkomprimierten Detonation (Bereich II) kann durch diese Theorie nicht bewiesen werden. W. Jost [36] und andere haben versucht, diesem Mangel abzuhelfen. Die Ergebnisse sind jedoch unbefriedigend, weil gaskinetische Überlegungen hinzugezogen wurden, was die Annahme einer endlich dicken Reaktionszone voraussetzt. Diese ist jedoch in der alten klassischen Theorie nicht enthalten.

Trotz aller Mängel ist die klassische Detonationstheorie jedoch in der Lage, mit Hilfe der Gleichungen (3.9) bzw. (3.26) den Zustand hinter der Detonationsfront bzw. die Detonationsgeschwindigkeit in vielen Fällen erstaunlich genau zu berechnen.

3.9 Das Zeldovich-Döring-von Neumann-Modell

Die moderne Detonationstheorie wurde von Ya. Zeldovich [37, 38], W. Döring [39, 40] und J. von Neumann [41] begründet. Das sogenannte *ZDN-Modell* stellt die Ergebnisse der klassischen Detonationstheorie nicht in Frage,

* Stabilität soll hier hinsichtlich der Ausbreitungsgeschwindigkeit verstanden werden und nicht, wie an anderer Stelle, in bezug auf die Struktur der Detonationsfront.

formuliert jedoch die Stabilitätsbedingung schärfer und läßt vor allem auch eine endlich dicke Reaktionszone zu (Abb. 3.12).

Wie aus Abb. 3.12 ersichtlich, erfolgt die Zündung wie bisher durch einen Verdichtungsstoß, allerdings erst nach einem gewissen Zündverzug. Die Druckspitze hinter dem Verdichtungsstoß wird „von Neumann-Spike" genannt. Der Zustand 2 hinter der Reaktionszone entspricht der Chapman-Jouguet-Bedingung $u_2 = c_2$. Das Hugoniot-Diagramm (Abb. 3.11) gilt wie bisher, und der Zustand 2 wird wieder über eine Rayleigh-Gerade erreicht.

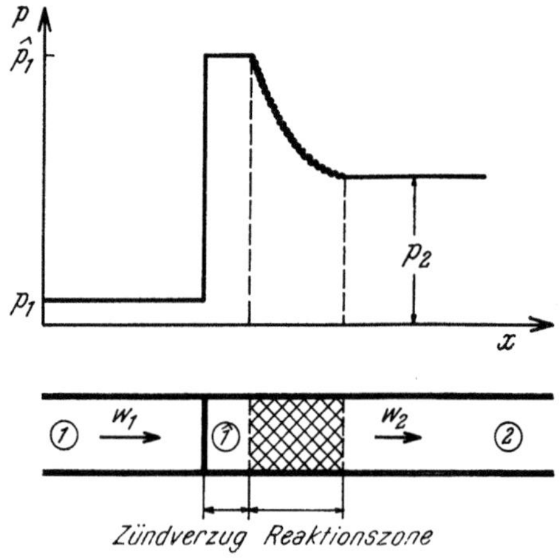

Abb. 3.12 ZDN-Modell. Lies u_1 und u_2 statt w_1 und w_2

Auch das Stabilitätskriterium hinsichtlich der überkomprimierten Detonation kann von der klassischen Theorie übernommen werden. Für den Bereich II, die schwache Überschallösung, kann die Unmöglichkeit einer *stoßinduzierten* Verbrennung durch eine ähnliche Argumentation bewiesen werden wie jene, die zum Ausschluß der starken Unterschallösung bei chemischen Reaktionen führte.

Wir betrachten wieder eine idealisierte Reaktionszone von endlicher Dicke, welche durch eine Schar von Hugoniot-Kurven für $\omega =$ konst. dargestellt werden kann (Abb. 3.13), wobei ω der Anteil der Reaktionsprodukte ist, ($\omega = 0$: Beginn der Reaktion, $\omega = 1$: Abschluß der Reaktion). Diese Darstellung ist möglich, weil es sich voraussetzungsgemäß um eine stationäre Detonationsfront handelt. Alle Schichten der Reaktionszone müssen in einem raumfesten Koordinatensystem dieselbe Fortpflanzungsgeschwindigkeit besitzen. Solange es sich um eine chemische Reaktion handelt, ist der Übergang vom Zustand 1 hinter dem Verdichtungsstoß zu einem Punkt P_2 auf der Hugoniot-Kurve nur längs einer Rayleigh-Geraden, Gleichung (3.20), möglich. Dies bedeutet, daß man nach Erreichen des Punktes P_1 auf der Hugoniot-Kurve für $\omega = 1$ zunächst heizen und anschließend wieder kühlen muß, um zum Punkt P_2 im Bereich II zu gelangen.

Man könnte sich allerdings rein hypothetisch eine chemische Reaktion vorstellen, bei der die ganze Reaktionswärme bis zum Punkt D frei geworden ist, und nun erfolgt wiederum eine Wärmeaufnahme etwa infolge Dissoziation. Der Verlauf der Entropie längs der Rayleigh-Geraden stimmt in diesem Fall aber nicht mit dem in Abb. 3.9 gezeichneten überein, da zur Entropieerhöhung infolge Wärmezufuhr noch ein weiterer Anteil hinzukommt.

Die schwache Überschallösung, die wir hier die stoßfreie Überschallverbrennung nennen wollen, ist ohne Stoßzündungsmechanismus jedoch sehr wohl möglich. Wenn man von dem bereits erwähnten Kondensationsstoß absieht, so könnte z. B. die Zündung des Gemisches durch eine große Anzahl von Funken, die in ihrer Folge entsprechend geschaltet sind, bewirkt werden. Im Falle einer photochemischen Reaktion könnte die Reaktion durch einen schnell bewegten Lichtstrahl eingeleitet werden. Auf diese Weise sind praktisch beliebige „Detonationsgeschwindigkeiten" möglich, die lediglich von der Versuchsanlage abhängig sind. Der Mechanismus, der diese Geschwindigkeit steuert, tritt nun an die Stelle der Chapman-Jouguet-Bedingung.

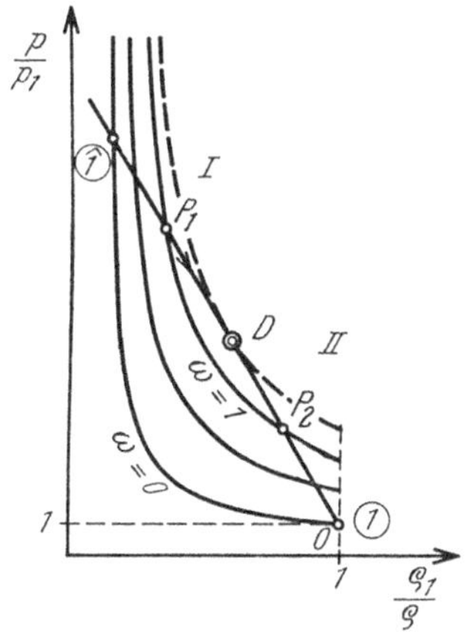

Abb. 3.13 Unmöglichkeit einer „unterkomprimierten" Detonation vom Standpunkt des ZDN-Modells aus

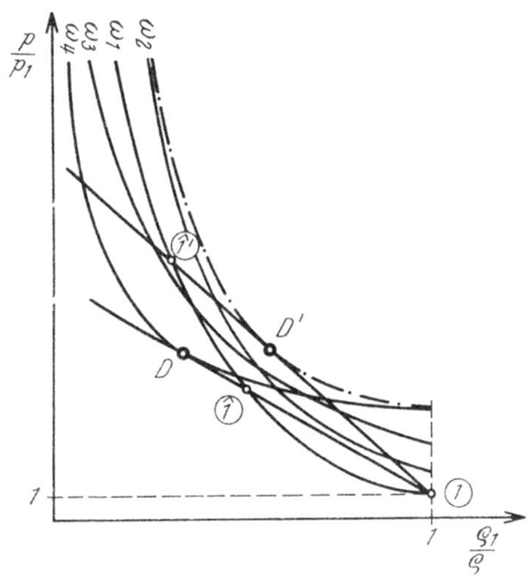

Abb. 3.14 VON NEUMANNS „pathologischer" Fall einer unterkomprimierten Detonation

Ferner sind sich selbst fortpflanzende unterkomprimierte Detonationen flüssiger oder fester Explosivstoffe prinzipiell möglich, hervorgerufen durch Strahlung oder Elektrodiffusion. Die „Detonationsgeschwindigkeit" wird dann u. a. durch die Diffusionszahl bestimmt.

Das ZDN-Modell ist nicht auf den Fall idealen Gases konstanter spezifischer Wärme beschränkt. Es kann, wie noch gezeigt werden soll, ohne weiteres auf den Fall einer eindimensionalen Detonationsfront in einem realen Gas unter Berücksichtigung einer komplizierten Reaktionskinetik und realistischer Transportvorgänge erweitert werden.

Bereits J. VON NEUMANN [41] hat auf den Fall hingewiesen, bei dem sich die einzelnen Hugoniot-Kurven mit ω als Parameter in der Nähe des Chapman-Jouguet-Punktes schneiden (Abb. 3.14). Dies kann z. B. dann eintreten, wenn auf eine exotherme chemische Reaktion Dissoziation folgt, wobei sich Molzahl und Molmasse der einzelnen Komponenten ändern. Die in der Literatur als VON NEUMANNS „pathologischer" Fall bezeichnete Erscheinung kann jedoch tatsächlich beobachtet werden, und zwar bei der Detonation eines Dicyan-Sauerstoffgemisches. Die von H. M. PECK und R. G. THRAP [42] gemessenen Detonationsgeschwindigkeiten sind höher als die dem Chapman-Jouguet-Punkt D entsprechenden. Es existiert jedoch eine einhüllende Hugoniot-Kurve, auf welcher der neue Chapman-Jouguet-Punkt D' liegt. Die Neigung der Rayleigh-Geraden ist nun steiler, was einer höheren Detonationsgeschwindigkeit entspricht.

3.10 Verdichtungsstoß mit Relaxation

Läuft ein starker Verdichtungsstoß in ein mehratomiges Gas hinein, welches sich in thermodynamischem Gleichgewicht befindet, so wird letzteres gestört. Die Freiheitsgrade der Translation, Molekülrotation und Molekülschwingungen müssen sich dem neuen thermodynamischen Zustand anpassen. Dies geschieht für die Freiheitsgrade der Translation und Rotation sehr schnell, da nur verhältnismäßig wenige Kollisionen zwischen den Molekülen hierfür nötig sind, die Freiheitsgrade der Molekülschwingungen oder gar von etwaigen chemischen Reaktionen erreichen den Gleichgewichtszustand erst viel später (Abb. 3.15).

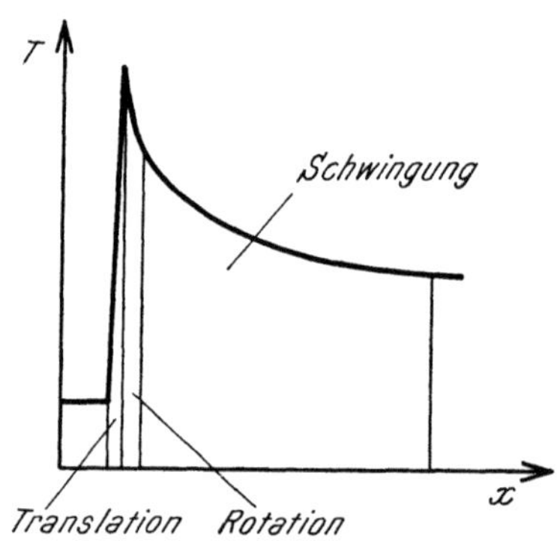

Abb. 3.15 Verdichtungsstoß mit Relaxation (schematisch)

Man kann somit zwei Zonen unterscheiden. In der ersten, nur wenige mittlere freie Weglängen dicken Zone stellen sich Translations- und Rotationsgleichgewicht ein. Zähigkeit und Wärmeleitung spielen eine wesentliche Rolle.

Dies ist die eigentliche Stoßzone. Die zweite erheblich dickere Zone ist die Relaxationszone, in der dann die Schwingungsfreiheitsgrade sowie eventuell vorhandene Reaktionen ihrem neuen Gleichgewicht zustreben. Genaugenommen lassen sich die einzelnen Bereiche nicht streng voneinander trennen, sie werden sich überschneiden.

Für unsere Zwecke genügt das idealisierte Modell einer dünnen Stoßfront, welche als Diskontinuität angenommen wird, gefolgt von einer Relaxationszone. Im Stoß selbst werden Schwingungsenergie und etwaige Reaktionen als eingefroren angenommen.

Betrachten wir zunächst den einfachen Fall eines mehratomigen, aber unimolekularen Gases. Bei einem genügend starken Verdichtungsstoß kann Dissoziation der Gasmoleküle auftreten, und wir haben als Gegenstück zur Detonationswelle einen Stoß mit einer *endothermen* Reaktion. Temperatur, Druck und Dichte haben den in Abb. 3.16 angedeuteten Verlauf.

In einem Hugoniot-Diagramm sieht der Vorgang wie folgt aus: Der Zustand $\hat{1}$ hinter dem Stoß liegt auf einer Hugoniot-Kurve H_f für die eingefrorene Strömung (Abb. 3.17). Die Gleichgewichts-Hugoniot-Kurve He mit dem Zustand 2 hinter

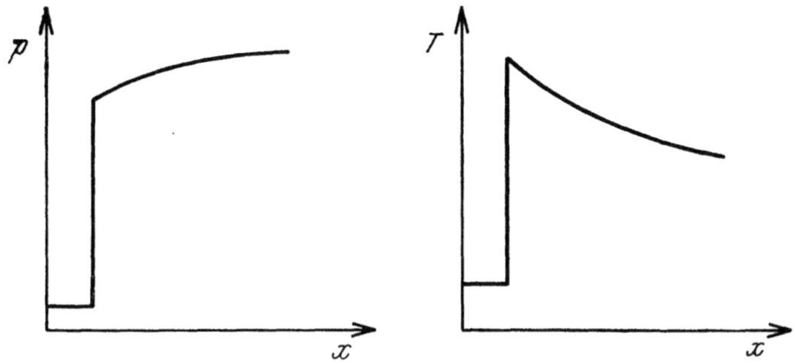

Abb. 3.16 Idealisiertes Modell eines Verdichtungsstoßes mit Relaxation (schematisch)

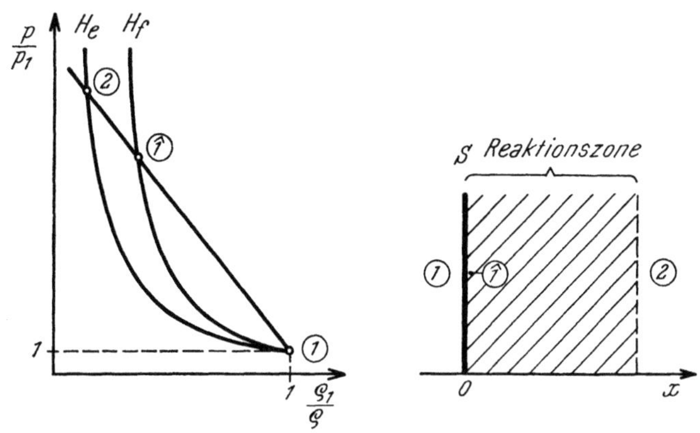

Abb. 3.17 Verdichtungsstoß mit Dissoziation im Hugoniot-Diagramm

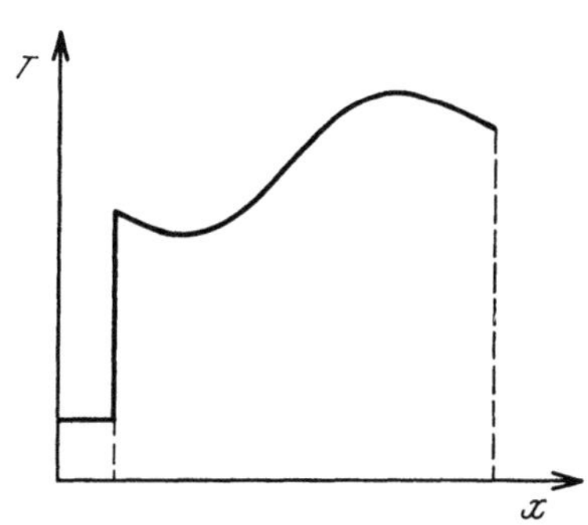

Abb. 3.18 Verdichtungsstoß mit Dissoziation und anschließender exothermer chemischer Reaktion (schematisch)

der Relaxationszone liegt nun links von der Hugoniot-Kurve für den Stoß, da wir es mit einer endothermen Reaktion zu tun haben.

Da das Schwingungsgleichgewicht viel schneller eintritt als das Dissoziationsgleichgewicht, wollen wir annehmen, daß ersteres bereits ebenfalls in der Stoßzone erreicht wird. Der Dissoziationsvorgang geht dann längs einer Rayleigh-Geraden von 1 nach 2 vor sich.

Kehren wir nun zur Detonationswelle zurück. In diesem Fall käme noch eine exotherme Reaktionszone hinzu, welche sich im allgemeinen mit der Dissoziationszone überlappen wird. Der Temperaturverlauf einer solchen Detonationswelle ist in Abb. 3.18 schematisch dargestellt.

3.11 Detonationswelle mit endlicher Reaktionsgeschwindigkeit

Bisher wurde die Detonationswelle immer als unendlich dünn angenommen. Für den Verdichtungsstoß, dessen Dicke nur wenige mittlere freie Weglängen der Moleküle beträgt, ist diese Annahme berechtigt. Für die darauffolgende Reaktionszone bedeutet das aber eine unendlich große Reaktionsgeschwindigkeit. Bei einem realistischeren Modell muß daher die Reaktion hinter dem Verdichtungsstoß mit in die Rechnung einbezogen werden. Dies kann, je nach Zweck derselben, auf sehr verschiedene Weise geschehen. Dabei erhebt sich allerdings die Frage, ob ein allzu aufwendiges Reaktionsmodell im Rahmen einer eindimensionalen Theorie überhaupt sinnvoll ist, da die tatsächliche Struktur einer Detonationsfront in Wirklichkeit, wie wir noch sehen werden, ein sehr verwickeltes dreidimensionales Gebilde ist. Wir wollen hier daher eine möglichst einfache Modellvorstellung anwenden. Einer eventuellen Verfeinerung derselben steht prinzipiell nichts im Wege.

Wir gehen von der Annahme einer eindimensionalen verlustlosen Detonation in einem idealen Gas konstanter spezifischer Wärme aus. Die chemische Reaktion werde durch eine einzige Variable ω_B — die Massenkonzentration des Brennstoffes — beschrieben. Unmittelbar hinter dem Verdichtungsstoß herrsche eingefrorenes Gleichgewicht, so daß hier noch keine Reaktion stattgefunden hat ($\omega_B = 1$). Am Ende der Reaktionszone sei die Reaktion praktisch abgeschlossen ($\omega_B = 0$) und damit ungehemmtes thermodynamisches Gleichgewicht erreicht. Da bei der Detonation Wärmeleitung und Diffusion nur eine untergeordnete Rolle spielen, brauchen sie bei unserem einfachen Modell nicht berücksichtigt zu werden. Ferner wird auch von Dissoziation hinter dem Verdichtungsstoß abgesehen.

Die Ausgangsgleichungen für die Zustandsänderungen in der Reaktionszone sind wiederum die Kontinuitätsbedingung (3.1), der Impulssatz (3.2) und der Energiesatz, welcher aber jetzt die Form hat:

$$\frac{u^2}{2} + i + \omega_B q_B = \frac{u_1^2}{2} + i_1 + q_B. \tag{3.36}$$

Der Index 1 bezeichnet wie bisher den Zustand vor der Detonationswelle; q_B ist die chemische Energie je Masseneinheit des Brennstoffs. Durch Elimination der Geschwindigkeit erhalten wir wieder die Hugoniot-Gleichung:

$$\frac{p}{p_1} = \frac{\dfrac{\varkappa + 1}{\varkappa - 1} - \dfrac{\varrho_1}{\varrho} + \dfrac{2\varkappa}{\varkappa - 1}(1 - \omega_B)\dfrac{q_B}{c_p T_1}}{\dfrac{\varkappa + 1}{\varkappa - 1}\dfrac{\varrho_1}{\varrho} - 1}. \tag{3.37}$$

Daraus ergibt sich für $\omega_B = 1$ die Hugoniot-Kurve des vorgelagerten Verdichtungsstoßes und für $\omega_B = 0$ jene für den Zustand 2 hinter der Reaktionszone (Abb. 3.19).

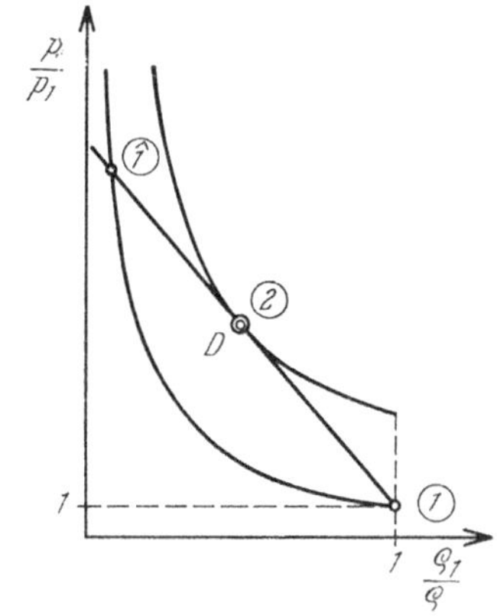

Abb. 3.19 Detonationswelle mit endlich dicker Reaktionszone im Hugoniot-Diagramm

Die Ableitung der Gleichungen für die Zustandsänderungen an einer beliebigen Stelle x der Reaktionszone ist praktisch identisch mit jener der Reaktionsfrontgleichungen (3.4) im Abschnitt (3.2).

$$\frac{u}{c_1} = M_1 - \frac{1}{\varkappa + 1}\frac{1}{M_1}\left[(M_1^2 - 1) \pm \sqrt{(M_1^2 - 1)^2 - 2(\varkappa + 1)\, M_1^2(1 - \omega_B)\frac{q_B}{c_p T_1}}\right],$$

$$\frac{p}{p_1} = 1 + \frac{\varkappa}{\varkappa + 1}\left[(M_1^2 - 1) \pm \sqrt{(M_1^2 - 1)^2 - 2(\varkappa + 1)\, M_1^2(1 - \omega_B)\frac{q_B}{c_p T_1}}\right],$$

$$\frac{\varrho_1}{\varrho} = 1 - \frac{1}{\varkappa + 1}\frac{1}{M_1^2}\left[(M_1^2 - 1) \pm \sqrt{(M_1^2 - 1)^2 - 2(\varkappa + 1)\, M_1^2(1 - \omega_B)\frac{q_B}{c_p T_1}}\right],$$

$$\frac{T}{T_1} = \left(\frac{c}{c_1}\right)^2 = \frac{p}{p_1}\cdot\frac{\varrho_1}{\varrho}. \tag{3.38}$$

Die Gleichungen (3.38) gelten noch ganz allgemein für jede beliebige Reaktionszone endlicher Dicke unter den angegebenen Voraussetzungen. $(1 - \omega_B) \cdot q_B$ ist die auf die Masseneinheit des Gesamtgemisches bezogene Wärmemenge, die der Strömung zugeführt wird. Bei gegebenem Anfangszustand und bekanntem q_B sind die einzelnen thermodynamischen Zustandsgrößen und die Geschwindigkeit lediglich Funktionen der Brennstoffkonzentration ω_B. Diese muß durch ein Reaktionsgesetz gegeben sein. Hierfür wird folgende Annahme getroffen:

$$W_B = -\frac{\mathrm{d}\omega_B}{\mathrm{d}t} = \text{Konst.}\, \omega_B^n p^{n-1}\, \mathrm{e}^{-\frac{E}{RT}}. \tag{3.39}$$

Dabei ist W_B eine globale Reaktionsgeschwindigkeit und n die Ordnung der Reaktion. Da es sich um eine stationäre, eindimensionale Strömung handelt, ergibt sich durch Integration von (3.39):

$$x = \text{Konst.} \int\limits_0^{\omega_B} \frac{\frac{u}{c_1}}{\omega_B^n \left(\frac{p}{p_1}\right)^{n-1} e^{-\frac{E}{RT_1}\frac{T_1}{T}}} \, d\omega_B \sim \int\limits_0^{\omega_B} f(\omega_B) \, d\omega_B. \tag{3.40}$$

$f(\omega_B)$ kann durch die Gleichungen (3.38) ausgedrückt werden. Genaugenommen wird der Zustand 2, das Ende der Reaktion, wegen ω_B im Nenner des Integranden erst im unendlichen erreicht. Für die praktische Rechnung muß daher ein Wert x_2' vorgeschrieben werden, für den die Reaktion bis auf wenige Prozent abgeschlossen ist. Für die Dicke der Reaktionszone gilt dann:

$$b \sim \int\limits_0^{\omega_{B2}'} f(\omega_B) \, d\omega_B. \tag{3.41}$$

Der Verlauf einiger Zustandsgrößen und die Konzentrationsverteilung in einer solchen Reaktionszone sind in Abb. 3.20 für eine mehr oder weniger hypo-

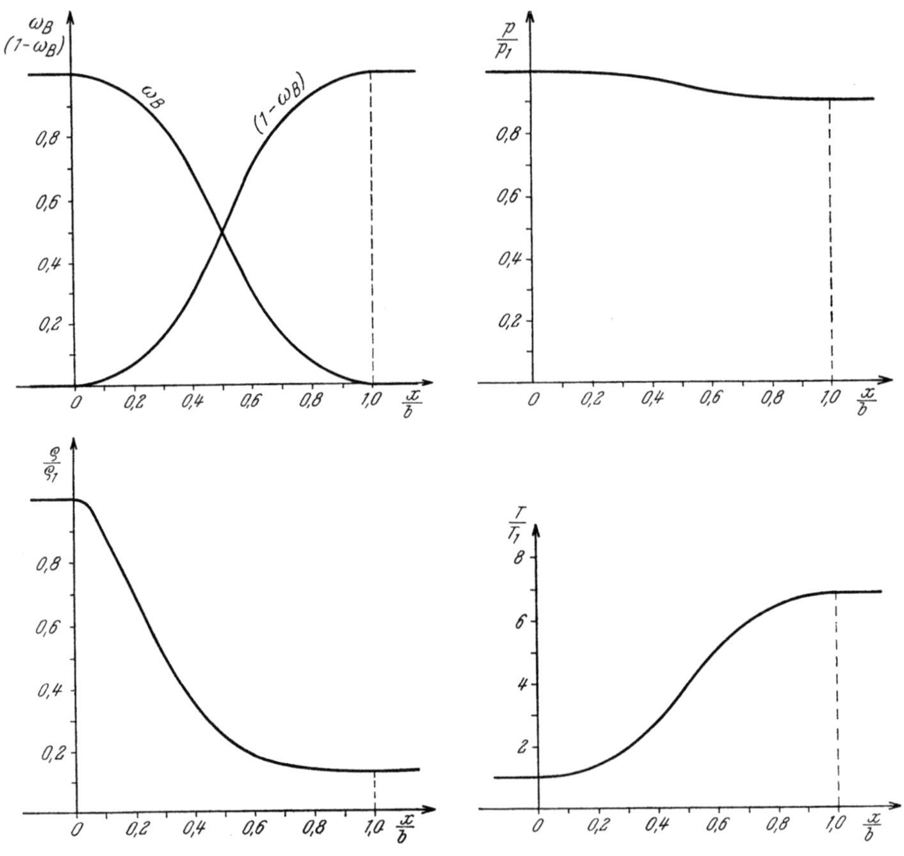

Abb. 3.20 Verlauf von Brennstoffkonzentration, Druck, Dichte und Temperatur in der Reaktionszone bei langsamer Verbrennung

thetische Reaktion dargestellt. Das Beispiel entspricht etwa einer langsamen Verbrennung.

Kehren wir nun zum Fall einer Chapman-Jouguet-Detonation zurück. Der Zustand $\hat{1}$ hinter dem Verdichtungsstoß ist uns durch die Gleichungen (3.28) oder (3.32) bekannt. Von diesem Zustand ausgehend, können wir anschließend die Zustandsänderungen in der Reaktionszone mit Hilfe der Gleichungen (3.38) berechnen. Dabei sind M_1 und q_B/c_pT_1 durch $\hat{M}_1$ bzw. $q_B/c_p\hat{T}_1$ zu ersetzen. Es gilt ferner das positive Vorzeichen der Wurzel.

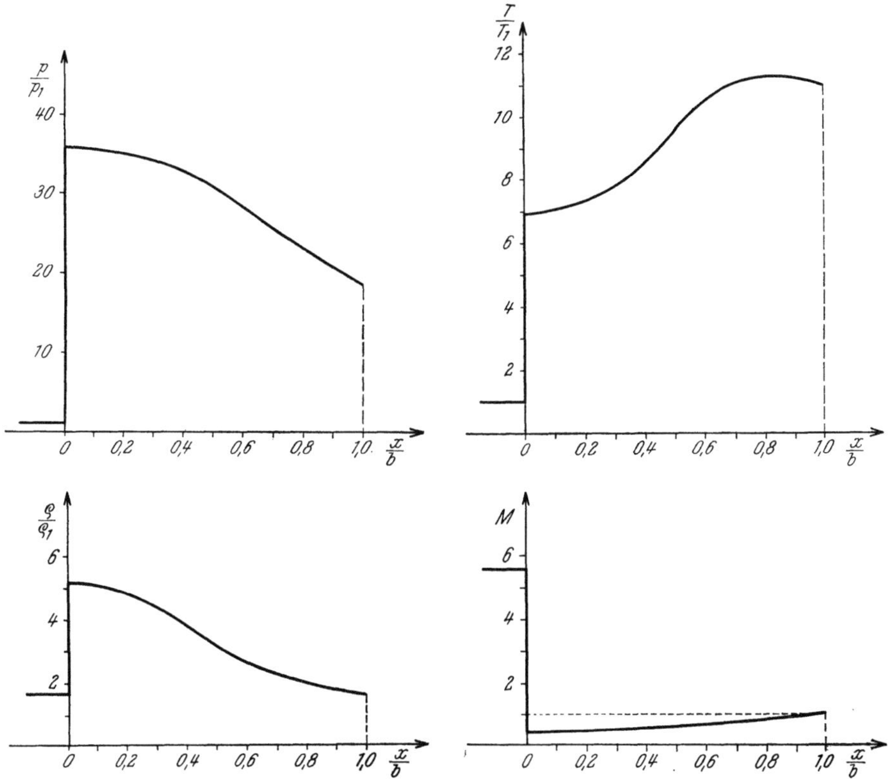

Abb. 3.21 Verlauf von Druck, Temperatur, Dichte und Machzahl in einer Detonationswelle (CJ-Detonation)

In Abb. 3.21 sind für denselben Konzentrationsverlauf wie in Abb. 3.20 die Änderungen einiger Zustandsgrößen in der Reaktionszone einer CJ-Detonation dargestellt. Man erkennt den Druckabfall in der Reaktionszone auf etwa die Hälfte des Wertes hinter dem Verdichtungsstoß. Interessant ist, daß die Temperatur innerhalb der Reaktionszone ein Maximum hat. Wie zu erwarten, steigt die Machzahl nach starkem Absinken im Stoß wieder auf den Wert 1 an.

Beginnend mit Ya. Zeldovich [37, 38] und W. Döring [39] haben sich zahlreiche Autoren mit der Untersuchung der Struktur ebener Detonationsfronten befaßt [40 bis 53]. J. O. Hirschfelder und Mitarbeiter [50, 51, 52] berücksichtigen zusätzlich noch Transportvorgänge. In allen oben erwähnten theoretischen Untersuchungen beschränkt man sich auf einfache Reaktionen von erster Ordnung.

Abschließend muß nochmals darauf hingewiesen werden, daß die Struktur einer Detonationswelle in Wirklichkeit ein überaus kompliziertes dreidimensionales Gebilde ist (siehe Teil V, Abschnitt 5.17). Die mit den Mitteln dieses Abschnitts erzielten Ergebnisse können daher als eine Art Mittelwerte angesehen werden. Wenn man sich dessen bewußt ist, muß ihre Brauchbarkeit in manchen Fällen durchaus nicht in Frage gestellt werden.

3.12 Berechnung der Detonationsgeschwindigkeit unter Berücksichtigung veränderlicher spezifischer Wärmen

Die Fortpflanzungsgeschwindigkeit einer stationären Detonationswelle ist, ebenso wie die laminare Flammengeschwindigkeit, eine wichtige physikalische Eigenschaft eines bestimmten Gasgemisches. Sie ist verhältnismäßig leicht meßbar, und zu ihrer Berechnung ist eine genaue Kenntnis des Reaktionsablaufes nicht erforderlich, wenn für den Zustand hinter der Detonationswelle thermodynamisches Gleichgewicht angenommen wird.

Sowohl das Frischgas als auch die Schwaden seien thermisch ideale Gase. Dann erhalten wir aus den Zustandsgleichungen derselben:

$$\frac{p_2}{p_1} = \frac{\mu_1}{\mu_2} \frac{\varrho_2}{\varrho_1} \frac{T_2}{T_1}. \tag{3.42}$$

Die Hugoniot-Gleichung (3.21) geht zusammen mit (1.40) über in:

$$\int_{T_1}^{T_2} c_p(T)\,\mathrm{d}T = q + \frac{1}{2}\left(\frac{1}{\varrho_2} + \frac{1}{\varrho_1}\right)(p_2 - p_1), \tag{3.43}$$

da die Enthalpie bei thermisch idealem Gas nur mehr von der Temperatur abhängig ist.

Als dritte Gleichung haben wir schließlich noch die Gleichung der Rayleigh-Geraden:

$$\frac{p_2}{p_1} = 1 + \varkappa_1 M_1^2 \left(1 - \frac{\varrho_1}{\varrho_2}\right). \tag{3.44}$$

Sind Anfangszustand, Reaktionswärme und Temperaturabhängigkeit von c_p gegeben, so können die drei unbekannten Zustandsgrößen p_2, ϱ_2 und T_2 aus den Gleichungen (3.42), (3.43), (3.44) durch Iteration berechnet werden. Aus der Kontinuitätsbedingung (3.1) in Verbindung mit der Chapman-Jouguet-Bedingung $u_2 = c_2$ ergibt sich dann sofort die Laufgeschwindigkeit der Detonationswelle $D = |u_1|$ bzw. die Detonationsmachzahl $M_D = D/c_1$:

$$M_D = \sqrt{\frac{\varkappa_2}{\varkappa_1} \frac{p_2}{p_1} \frac{\varrho_2}{\varrho_1}} = \frac{\varrho_2}{\varrho_1} \sqrt{\frac{\varkappa_2 - 1}{\varkappa_1 - 1} \frac{c_{p2}}{c_{p1}} \frac{T_2}{T_1}} = \frac{\varrho_2}{\varrho_1} \sqrt{\frac{\varkappa_2}{\varkappa_1} \frac{\mu_1}{\mu_2} \frac{T_2}{T_1}}, \tag{3.45}$$

$$D = \frac{\varrho_2}{\varrho_1} \sqrt{\varkappa_2 \frac{p_2}{\varrho_2}} = \frac{\varrho_2}{\varrho_1} \sqrt{(\varkappa_2 - 1)\, c_{p2} T_2} = \frac{\varrho_2}{\varrho_1} \sqrt{\varkappa_2 \frac{R}{\mu_2} T_2}. \tag{3.46}$$

Anstelle der oben erwähnten Iteration kann auch eine graphische Lösung des Gleichungssystems erfolgen, indem man einfach die Tangente an die Hugoniot-Kurve (3.43) legt.

3.13 Detonationsgeschwindigkeit; Vergleich zwischen Theorie und Experiment

Die Frage nach der Übereinstimmung zwischen Theorie und Experiment bei der Berechnung der Detonationsgeschwindigkeit hat bereits E. Jouguet [24] beschäftigt. Es zeigte sich eine für die einfache klassische Theorie erstaunlich gute Übereinstimmung (siehe Tab. III.3). Eine erste eingehende Nachprüfung der Theorie erfolgte für Gemische bestehend aus Wasserstoff, Sauerstoff und Stickstoff (Tab. III.3) sowie für Gemische aus Wasserstoff, Sauerstoff, Argon und Helium von B. Lewis und J. B. Friauf [34] (Tab. III.4). Sie berücksichtigen dabei folgende Dissoziationsgleichgewichte:

$$H_2O \rightleftharpoons H_2 + \frac{1}{2} O_2,$$

$$H_2O \rightleftharpoons \frac{1}{2} H_2 + OH,$$

$$H_2 \rightleftharpoons 2H.$$

Tabelle III.3. *Detonationsgeschwindigkeiten in Gemischen aus Wasserstoff, Sauerstoff und Stickstoff* ($p_1 = 1$ ata, $T_1 = 291\,°K$)

Gemisch	p_2	T_2	D m/sec		Autor**
	ata	°K	berechnet	gemessen*	
$(2H_2 + O_2)$	17,5	3956	2629	2819	[24]
	18,05	3583	2806		[34]
	18,06	3678	2852		[54]
$(2H_2 + O_2) + 1O_2$	17,4	3390	2302	2314	[34]
	17,09	3467	2332		[54]
$(2H_2 + O_2) + 3O_2$	15,3	2970	1925	1922	[34]
	15,32	3031	1940		[54]
$(2H_2 + O_2) + 5O_2$			1692	1700	[24]
	14,13	2620	1732		[34]
	13,80	2675	1747		[54]
$(2H_2 + O_2) + 1N_2$	17,37	3367	2378	2407	[34]
$(2H_2 + O_2) + 3N_2$	15,63	3003	2033	2055	[34]
$(2H_2 + O_2) + 5N_2$	14,39	2685	1850	1822	[34]
$(2H_2 + O_2) + 2H_2$	17,25	3314	3354	3273	[34]
	17,31	3439	3427		[54]
$(2H_2 + O_2) + 4H_2$	15,97	2976	3627	3527	[34]
$(2H_2 + O_2) + 6H_2$	14,18	2650	3749	3532	[34]
	12,78	2440	3943		[54]

* Die Versuchsergebnisse stammen von verschiedenen Autoren.

** [24]: E. Jouguet; [34]: B. Lewis and J. B. Friaut; [54]: D. G. Berets, E. F. Greene und G. B. Kistiakowski.

Tabelle III.4. *Detonationsgeschwindigkeiten in Gemischen aus Wasserstoff, Sauerstoff, Argon und Helium* [34] ($p_1 = 1$ ata, $T_1 = 291\,°K$)

Gemisch	p_2	T_2	D m/sec	
	ata	°K	berechnet	gemessen
$2H_2 + O_2 + 1{,}5He$	17,60	3412	3200	3010
$2H_2 + O_2 + 3He$	17,11	3265	3432	3130
$2H_2 + O_2 + 5He$	16,32	3097	3613	3160
$2H_2 + O_2 + 1{,}5A$	17,60	3412	2117	1950
$2H_2 + O_2 + 3A$	17,11	3265	1907	1800
$2H_2 + O_2 + 5A$	16,32	3097	1762	1700

Später wiederholten D. G. Berets, E. F. Greene und G. B. Kistiakowsky [54] (Tab. III.3) Experimente und Rechnungen, letztere mit verbesserten Daten für die spezifischen Wärmen und mit den zusätzlichen Dissoziationsgleichgewichten:

$$O_2 \rightleftharpoons 2O,$$

$$H_2 + O_2 \rightleftharpoons 2OH.$$

Es zeigt sich, daß die genaueren Rechnungen eher eine größere Abweichung von den experimentellen Werten für D bringen. Eine Verdünnung des Wasserstoff-Sauerstoff-Gemisches mit Wasserstoff oder Helium hat trotz absinkender Temperatur T_2 eine Erhöhung der Detonationsgeschwindigkeit zur Folge. Dies ist wohl auf eine Herabsetzung der Dichte des Gemisches zurückzuführen, wie man aus Gl. (3.46) leicht ersehen kann. Die entsprechend entgegengesetzte Wirkung hat z. B. eine Verdünnung mit Argon.

Zusammenfassend kann festgestellt werden, daß die Übereinstimmung zwischen berechneter und gemessener Detonationsgeschwindigkeit im großen und ganzen gut, in manchen Fällen sogar überraschend gut ist. Lediglich in der Nähe der Detonationsgrenzen ist dies nicht mehr der Fall. Hier machen sich die verschiedenen Verluste zu stark bemerkbar, welche ja in der Rechnung nicht berücksichtigt wurden. Wie die Beispiele in Tabelle III.5 und III.6 zeigen, ist der Einfluß von Temperatur und Druck des unverbrannten Gemisches auf die Detonationsgeschwindigkeit nicht besonders stark. Mit zunehmender Anfangstemperatur und zunehmendem Anfangsdruck nimmt auch die Detonationsgeschwindigkeit leicht zu. Anders ist es mit dem Einfluß der Konzentration, wie wir schon an Hand der Tabellen III.3 und III.4 beobachten konnten.

Tabelle III.5. *Einfluß von Druck p_1 und Temperatur T_1 auf die Detonationsgeschwindigkeit von $2H_2 + O_2$ nach H. B. Dixon* [9, 10]

$T_1 = 10\,°C$:						
p mm Hg	200	300	500	760	1100	1500
D m/sec	2627	2705	2775	2821	2856	2872
$T_2 = 100\,°C$:						
p mm Hg	390	500	760	100	1450	
D m/sec	2697	2738	2790	2828	2842	

Tabelle III.6. *Detonationsgeschwindigkeiten einiger Gemische nach einer Zusammenstellung von H. G. Wagner* [56]. (*Bei Zimmertemperatur und Normaldruck*)

Gemisch	*D* m/sec	Gemisch	*D* m/sec
$CH_4 + O_2$	2528	$C_2N_2 + 2N_2O$	2454
$CH_4 + 1{,}5O_2$	2870	$C_2N_2 + 2NO$	2760
$CH_4 + 2O_2$	2322		
$CH_4 + 3O_2$	2146	$0{,}499\,C_2N_2 + 0{,}5O_2$	2768
$CH_4 + 4O_2$	1963	$0{,}449\,C_2N_2 + 0{,}55O_2$	2694
$CH_4 + 1{,}5O_2 + 2{,}5N_2$	1880	$0{,}401\,C_2N_2 + 0{,}598O_2$	2511
$C_2H_4 + 2O_2 + 8N_2$	1734	$0{,}352\,C_2N_2 + 0{,}647O_2$	2378
		$0{,}301\,C_2N_2 + 0{,}698O_2$	2263
$i\text{-}C_4H_{10} + 4O_2$	2613		
$i\text{-}C_4H_{10} + 8O_2$	2270	$H_2 + N_2O$	2305
		$2H_2 + N_2O$	2545
$C_5H_{12} + 8O_2$	2371	$3H_2 + N_2O$	2705
$C_5H_{12} + 8O_2 + 24N_2$	1680	$3{,}5H_2 + N_2O$	2732
$C_6H_6 + 7{,}5O_2$	2206	$H_2 + N_2O + N_2$	1991
$C_6H_6 + 22{,}5O_2$	1658	$H_2 + Cl_2$	1729
$C_2H_5OH + 3O_2$	2356	$2H_2 + Cl_2$	1849
$C_2H_5OH + 3O_2 + 12N_2$	1690	$3H_2 + Cl_2$	1855
$CS_2 + 3O_2$	1800	O_3	1878
		$3O_3 + O_2$	1782
$2CO + O_2$	1760	$O_3 + O_2$	1633

Die Detonationsgeschwindigkeiten für eine größere Anzahl von Gemischen wurden von P. Lafitte [55] und in neuerer Zeit z. B. von H. G. Wagner [56] zusammengestellt. Davon werden einige in Tabelle III.5 angegeben. Ausführlicheres Zahlenmaterial aus experimentellen Ergebnissen findet man außer in [56] u. a. bei B. Lewis und G. von Elbe [II.6].

3.14 Detonationsgrenzen

Man versteht unter Detonationsgrenzen jene Grenzen der Gemischzusammensetzung, innerhalb denen eine stationäre Detonationswelle aufrechterhalten werden kann. Im Gegensatz zu den Zündgrenzen sind die *Detonationsgrenzen* bei

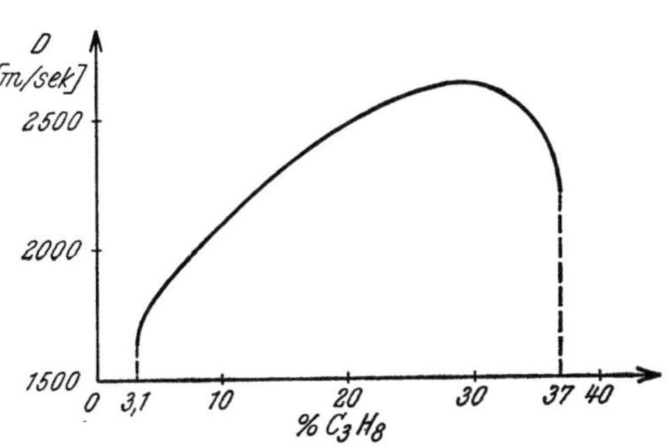

Abb. 3.22 Detonationsgeschwindigkeiten in einem C_3H_8–O_2-Gemisch nach J. Bréton [57]

der langsamen Verbrennung scharf ausgeprägt, naturgemäß enger als letztere und leicht vom Rohrdurchmesser abhängig. Ein typisches Beispiel dafür ist in Abb. 3.22 dargestellt.

Die Detonationsgeschwindigkeit fällt an den Grenzen im allgemeinen rasch ab. Zwar gibt es Experimente, bei denen das Gegenteil der Fall ist, doch kann angenommen werden, daß die Detonation hier nicht mehr stationär war. Das Maximum der Detonationsgeschwindigkeit muß keineswegs mit der stöchiometrischen Gemischzusammensetzung zusammenfallen. In Tab. III.7 sind die Grenzwerte von D für einige Gemische zusammengestellt.

Tabelle III.7. *Detonationsgrenzen einiger Gemische nach Lafitte* [55]

Gemisch	% Brennstoff untere Grenze	% Brennstoff obere Grenze
H_2-O_2	15	90
H_2–Luft	18,3	58,9
$CO-O_2$	38	90
$CO-O_2$ getrocknet	—	83
$(CO + H_2) - O_2$	17,2	91
$(CO + H_2)$ – Luft	19	58,7
$NH_3 - O_2$	25,4	75,4
$C_3H_8 - O_2$	3,2	37
$i - C_4H_{10} - O_2$	2,8	31,1
$C_2H_2 - O_2$	3,5	92
C_2H_2 – Luft	4,2	50
C_4H_{10} – Luft	2,8	4,5

An den Detonationsgrenzen tritt zuweilen ein neuer stationärer Fortpflanzungsmechanismus für Detonationswellen auf, die *Spindetonation.* Da diese jedoch kein eindimensionaler Vorgang mehr ist, wird sie an anderer Stelle behandelt.

3.15 Nachteile und Mängel des ZDN-Modells

Der Hauptnachteil des aus einem Verdichtungsstoß und nachfolgender Reaktionszone bestehenden ZDN-Modells liegt in seiner eindimensionalen Struktur. Wohl lassen sich die Laufgeschwindigkeit und einige andere Eigenschaften einer Detonationswelle allein mit gasdynamischen Mitteln im allgemeinen quantitativ gut angeben. Zur Untersuchung von Stabilitätsfragen hinsichtlich der tatsächlichen Struktur der Detonationsfront ist das ZDN-Modell jedoch ungeeignet. Der gesamte Vorgang kann, wie wir später noch sehen werden, höchstens als im Mittel eindimensional und stationär angesehen werden.

Unbefriedigend ist auch immer noch die Argumentation, die stabile stationäre Ausbreitungsgeschwindigkeit betreffend. Die klassische Detonationstheorie kennt überhaupt keinen Unterschied zwischen den Schallgeschwindigkeiten der gefrorenen Strömung c_f und der Gleichgewichtsströmung c_e. In Abschnitt 3.8 haben wir angenommen, daß eine überkomprimierte Detonationsfront durch Verdünnungswellen so lange geschwächt werden kann, bis der Chapman-Jouguet-

Zustand erreicht ist. Übertragen wir nun diese Überlegung auf den Fall einer Detonationswelle mit endlich dicker Reaktionszone, wie sie etwa in Abschnitt 3.11 beschrieben wird, so kommen wir zu folgendem Widerspruch:

Bekanntlich pflanzen sich schwache Strömungen mit einer Geschwindigkeit fort, welche der Schallgeschwindigkeit der gefrorenen Strömung entspricht [58]. Damit Verdünnungswellen die Detonationsfront nicht mehr schwächen können, müßte die Geschwindigkeit der Schwaden am Ende der Reaktionszone relativ zur Detonationsfront größer als c_e, nämlich gleich c_f sein. Andererseits wird aber im Rahmen des ZDN-Modells angenommen, daß am Ende der Reaktionszone thermodynamisches und chemisches Gleichgewicht wieder hergestellt ist.

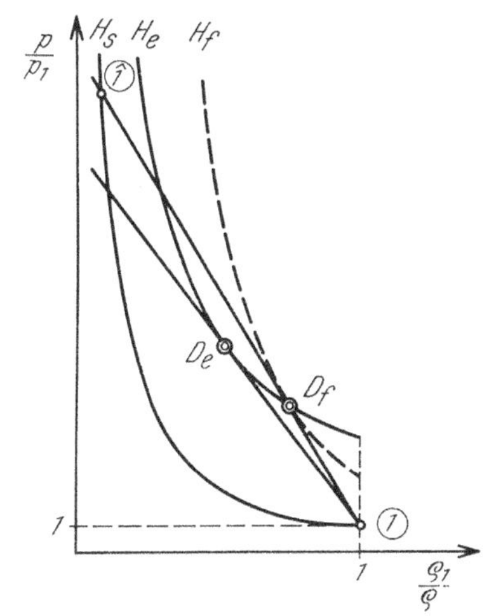

Abb. 3.23 Hugoniot-Kurven für gefrorene Strömung und Gleichgewichtsströmung

Würde man als Chapman-Jouguet-Bedingung $u_2 = c_{2f}$ anstelle von $u_2 = c_e$ formulieren, so müßte der Zustand 2 hinter der Detonationswelle im Chapman-Jouguet-Punkt D_f der Hugoniot-Kurve H_f für die gefrorene Strömung liegen (Abb. 3.23). Andererseits muß dieser Punkt auch auf der Hugoniot-Kurve H_e für die Gleichgewichtsströmung liegen. Da der Zustand 2 vom Zustand 1 aus nur über eine Rayleigh-Gerade erreichbar ist, muß innerhalb der Reaktionszone zuerst Wärme zugeführt und dann wieder gekühlt werden. Das geht nur, wenn der Verlauf der Reaktion zuerst exotherm und zum Schluß endotherm ist. Die Verhältnisse sind dieselben wie in Abb. 3.13 skizziert und entsprechen dem „von Neumannschen pathologischen Fall". Daher ist die Annahme einer Chapman-Jouguet-Bedingung $u_2 = c_f$ ziemlich unwahrscheinlich und wird heute nicht mehr vertreten. Es findet sich auch keine experimentelle Bestätigung dafür. Darüber hinaus zeigen ausführliche Rechnungen von C. L. Eisen, R. A. Gross und T. J. Rivlin [59], daß immer $M_f < 1$ ist.

Im übrigen ist die Situation ähnlich, wie man sie auch bei anderen Relaxationsvorgängen vorfindet (z. B. [I.32]). Der Gleichgewichtszustand wird genaugenommen erst im Unendlichen erreicht. Das ZDN-Modell kann als ein Grenzfall für $t \to \infty$ angesehen werden.

Eine kleinere Detonationsgeschwindigkeit als die durch den Punkt D_e (Abb. 3.24) gegebene kann auch durch den Einfluß der Grenzschicht bewirkt werden [60, 61].

Betrachtet man den Strömungszustand in einem Koordinatensystem, welches fest mit der Detonationsfront verbunden ist (Abb. 3.24), so wird diese mit der Geschwindigkeit $u_1 = -D$ angeströmt. Hinter der Detonationswelle hat man dann die Geschwindigkeit $u_2 < u_1$. Die Wand besitzt in unserem Bezugssystem die Geschwindigkeit u_1.

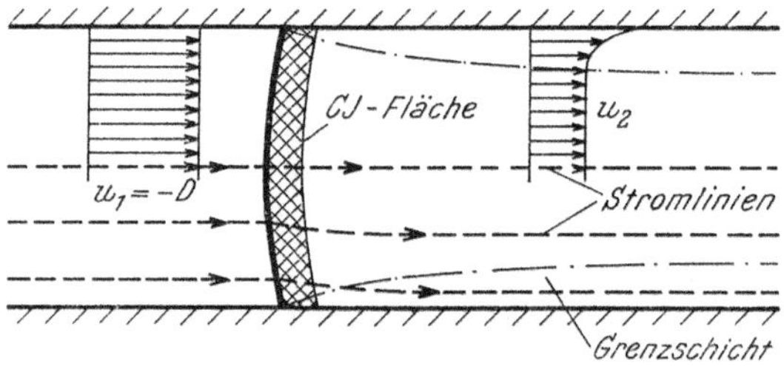

Abb. 3.24 Krümmung der Detonationswelle infolge der Grenzschicht im verbrannten Gas nach J. A. Fay [61].
—·—·— Grenzschicht, ——— Stromlinien

Die im verbrannten Gas sich ausbildende Grenzschicht hat sozusagen eine negative Verdrängungswirkung. Die Stromlinien divergieren an der Wand, und die Detonationsfront krümmt sich. Daher ist die Geschwindigkeit u_2 hinter der Detonationsfront größer als die Schallgeschwindigkeit c_e. Nach Rechnungen von J. A. Fay [60] ergeben sich für die Machzahl M_2 Werte von 1,10—1,15, was einer Vergrößerung der Stromröhrenfläche von nur 1% entspricht.

Daß die Strömung hinter der Detonationsfront wichtig ist, kann man auch noch auf folgende Weise zeigen [62, 11]: Wird das Rohr hinter der Detonationswelle zerstört, etwa bei Verwendung eines Papierrohres, so nimmt die Reaktionsgeschwindigkeit ab.

Der Einfluß der Turbulenz wurde von D. R. White [63] untersucht. In diesem Fall liegt der Zustand hinter der Detonationswelle, wie leicht einzusehen ist, auf einer anderen Hugoniot-Kurve.

Dies waren einige spezielle Fälle, welche die Grenzen des ZDN-Modells aufzeigen und den derzeitigen, teilweise noch unbefriedigenden Stand der Dinge beleuchten sollten. Damit soll jedoch die Brauchbarkeit des ZDN-Modells in vielen Fällen nicht in Frage gestellt werden. Eine Modifizierung des Modells für den einen oder anderen Fall ist ohne weiteres möglich. Eine generelle Verbesserung desselben gibt es bisher noch nicht.

3.16 Detonation in rauhen Rohren

Die Detonation in rauhen Rohren ist ein typisches Beispiel für eine nichtklassische Art der Detonation. Die Detonationsgeschwindigkeit ist hier keine chemisch physikalische Konstante des Gasgemisches mehr.

In glatten Rohren darf die Detonationsgeschwindigkeit nicht wesentlich unter den Wert

$$D \cong \sqrt{2(\varkappa + 1)\frac{q}{c_p T_1}}$$

absinken, welcher durch den Chapman-Jouguet-Zustand gegeben ist. Sonst wird die Detonationsgrenze unterschritten, und die Detonation hört auf zu bestehen. Die Abweichung darf erfahrungsgemäß maximal etwa 1,5% betragen.

Mit zunehmender Rauhigkeit der Rohrwand nimmt die Detonationsgeschwindigkeit jedoch ab. In Extremfällen kann sie sogar auf 40—50% der Chapman-Jouguet-Geschwindigkeit sinken. Eine Spindetonation (vergl. Abschn. 5.18), welche von einem glatten Rohr in ein rauhes hineinläuft, verliert ihren Drall, allerdings ohne dabei zu verlöschen.

Experimentell wurde die Ausbreitung von Detonationswellen in rauhen Rohren erstmals von K. I. Shchelkin [64, 65, 66] untersucht. Die aus einem glatten Rohr ankommende stationäre Detonationswelle läuft dabei in ein rauhes Rohr hinein, dessen Wandrauhigkeit mit Hilfe einer Drahtspirale simuliert wird. Durch Drahtstärke und Windungszahl kann man die „Rauhigkeit" variieren.

Es sind offenbar zwei verschiedene Mechanismen zu unterscheiden. Das Konzept für den ersten stammt von Ya. B. Zeldovich [38]. Danach erfolgt die Zündung des Gemisches an der Wand, wo durch Reflexion der Stoßfront örtlich Stellen höherer Temperatur („hot spots") entstehen (Abb. 3.25a).

Beim zweiten Mechanismus, der von V. E. Ditsent und K. I. Shchelkin [67] beobachtet wurde, wird das Gas nicht vom Verdichtungsstoß selbst gezündet. Vielmehr erfolgt die Zündung in einigem Abstand hinter dem Stoß infolge Turbulenz, hervorgerufen durch letzteren. Da zur Zündung des Gemisches einerseits eine gewisse Stärke der Turbulenz nötig ist, andererseits die Turbulenz Zeit braucht, sich zu entwickeln, erklärt sich der Abstand zwischen Flamme und Verdichtungsstoß (Abb. 3.25b). Genaugenommen ist dieser Vorgang keine Detonation mehr im Sinne unserer Definition, da die Zündung des Gemisches nicht direkt durch den Stoß, sondern durch Sekundäreffekte erfolgt.

Eine eigentliche Theorie der Detonation in rauhen Rohren gibt es noch nicht.

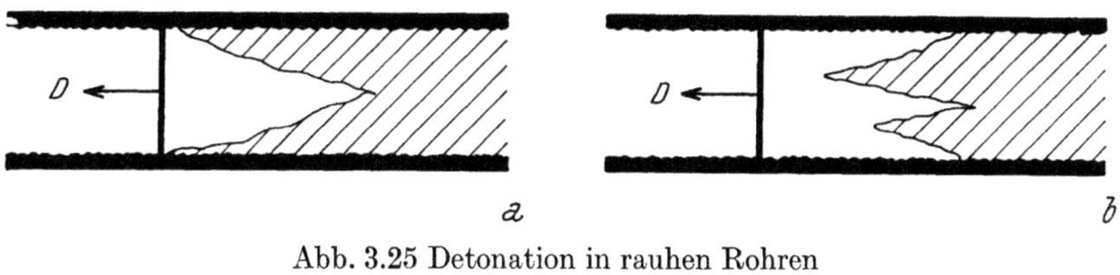

Abb. 3.25 Detonation in rauhen Rohren

An dieser Stelle muß auf die Ähnlichkeit des oben beschriebenen Vorganges mit Detonationen in Kohlengruben hingewiesen werden, welche ihrerseits den Anstoß zur frühen Erforschung der Detonationsvorgänge am Ende des vergangenen Jahrhunderts gaben. Durch irgendeine örtliche Zündung von Methan, genannt Grubengas, entsteht ein Verdichtungsstoß. Da es sich beim Methan im allgemeinen nur um eine örtlich begrenzte Ansammlung handelt, verlischt die Verbrennung wieder. Der Verdichtungsstoß aber läuft weiter durch den Stollen, der mit seinen Verstrebungen nun als ein extrem rauhes Rohr angesehen werden kann, dessen Wände mit Kohlenstaub bedeckt sind. Erst durch den Verdichtungsstoß kommt es zur Bildun geines brennbaren Kohlenstaub-Luft-Gemisches und zur Ausbildung der für die Zündung notwendigen Turbulenz. Alles weitere spielt sich dann wie vorhin beschrieben ab. Daraus geht hervor, wie sorgsam in solchen Kohlengruben Methankonzentrationen und offene Flammen vermieden werden müssen.

Ist trotz aller Vorsichtsmaßnahmen eine örtliche Zündung erfolgt, so kann diese immer noch lokalisiert werden, indem man an der Stollendecke in bestimmten Abständen Behälter anbringt, welche mit Gesteinsstaub (Schiefer) gefüllt sind. Diese werden durch den vorauslaufenden Verdichtungsstoß umgekippt, und es bildet sich ein Staub-Luft-Gemisch, welches ein weiteres Ausbreiten der Verbrennung verhindert.

Ganz ähnliche Detonationsvorgänge können auch in Leitungen auftreten, an deren Wänden sich eine Schicht aus irgendeiner brennbaren Substanz befindet. Diese kann z. B. aus einem Schmiermittel, etwa Öl oder Graphit, bestehen. Läuft nun ein Verdichtungsstoß durch eine solche Leitung, so wird die brennbare Substanz von der Wand weggeblasen, und es entsteht ein Brennstoff-Luft-Gemisch. Wenn sich dieses entzündet, kann es zu einem System Verdichtungsstoß-Flamme von der oben beschriebenen Art kommen. Trotz ihrer großen technischen Bedeutung sind solche Vorgänge anscheinend noch wenig erforscht.

3.17 Wärmezufuhr im Kanal veränderlichen Querschnitts

Nachdem bisher nur Rohrströmungen in einem Kanal *konstanten* Querschnitts behandelt wurden, wollen wir zum allgemeineren Fall der Wärmezufuhr in einem Kanal *veränderlichen* Querschnitts übergehen. Die Querschnittsänderung pro Längeneinheit darf allerdings nicht zu groß sein, damit eine eindimensionale Betrachtungsweise noch vertretbar ist. Ferner soll sich dieser Abschnitt auf die reibungsfreie Strömung eines idealen Gases konstanter spezifischer Wärme beschränken. (Der Reibungseinfluß wird in einem späteren Abschnitt berücksichtigt.) Äußere Kräfte seien ausgeschlossen. Es gelten im übrigen alle eingangs erwähnten Voraussetzungen, die eine eindimensionale Berechnung gestatten. Dagegen wird die Annahme der Wärmezufuhr längs einer Front fallen gelassen. Sowohl Querschnittsänderung als auch Wärmezufuhr seien stetige Funktionen von x, der Koordinate in Kanalmitte und werden als bekannt angesehen.

Wir müssen nun von den Grundgleichungen in ihrer Differentialform ausgehen:

$$\frac{\mathrm{d}}{\mathrm{d}x}(\varrho u F) = 0 \qquad \text{oder} \tag{3.47}$$

Kontinuitätsbeziehung

$$\frac{1}{u}\frac{\mathrm{d}u}{\mathrm{d}x} + \frac{1}{\varrho}\frac{\mathrm{d}\varrho}{\mathrm{d}x} + \frac{1}{F}\frac{\mathrm{d}F}{\mathrm{d}x} = 0, \tag{3.48}$$

$$u\frac{\mathrm{d}u}{\mathrm{d}x} + \frac{1}{\varrho}\frac{\mathrm{d}p}{\mathrm{d}x} = 0, \qquad \text{Bernoulligleichung} \tag{3.49}$$

$$u\frac{\mathrm{d}u}{\mathrm{d}x} + c_p\frac{\mathrm{d}T}{\mathrm{d}x} = \frac{\mathrm{d}q}{\mathrm{d}x}, \qquad \text{Energiesatz} \tag{3.50}$$

Dazu kommt noch die Zustandsgleichung in Differentialform:

$$\frac{1}{p}\frac{\mathrm{d}p}{\mathrm{d}x} - \frac{1}{\varrho}\frac{\mathrm{d}\varrho}{\mathrm{d}x} - \frac{1}{T}\frac{\mathrm{d}T}{\mathrm{d}x} = 0. \tag{3.51}$$

Der Entropieanstieg kann direkt durch die Wärmezufuhr ausgedrückt werden:

$$T\frac{\mathrm{d}s}{\mathrm{d}x} = \frac{\mathrm{d}q}{\mathrm{d}x}. \tag{3.52}$$

In den oben stehenden Gleichungen bedeuten $F(x)$ die Querschnittsfläche des Kanals oder einer Stromröhre und $q(x)$ die bis zur Stelle x pro Masseneinheit zugeführte Wärmemenge.

Aus den Gleichungen (3.48) bis (3.51) und der Gleichung (1.135) für die Schallgeschwindigkeit erhalten wir für ideales Gas konstanter spezifischer Wärme leicht folgende Differentialgleichungen, welche die Zustandsänderungen bei Wärmezufuhr im Kanal veränderlichen Querschnitts beschreiben:

$$\begin{aligned}
\frac{1}{u}\frac{\mathrm{d}u}{\mathrm{d}x} &= -\frac{1}{(1-M^2)}\left[\frac{1}{F}\frac{\mathrm{d}F}{\mathrm{d}x} - \frac{1}{c_pT}\frac{\mathrm{d}q}{\mathrm{d}x}\right],\\
\frac{1}{p}\frac{\mathrm{d}p}{\mathrm{d}x} &= \frac{\varkappa M^2}{(1-M^2)}\left[\frac{1}{F}\frac{\mathrm{d}F}{\mathrm{d}x} - \frac{1}{c_pT}\frac{\mathrm{d}q}{\mathrm{d}x}\right],\\
\frac{1}{\varrho}\frac{\mathrm{d}\varrho}{\mathrm{d}x} &= \frac{1}{(1-M^2)}\left[\frac{M^2}{F}\frac{\mathrm{d}F}{\mathrm{d}x} - \frac{1}{c_pT}\frac{\mathrm{d}q}{\mathrm{d}x}\right],\\
\frac{1}{T}\frac{\mathrm{d}T}{\mathrm{d}x} &= \frac{1}{(1-M^2)}\left[(\varkappa-1)\frac{M^2}{F}\frac{\mathrm{d}F}{\mathrm{d}x} + \frac{(1-\varkappa M^2)}{c_pT}\frac{\mathrm{d}q}{\mathrm{d}x}\right],\\
\frac{1}{M}\frac{\mathrm{d}M}{\mathrm{d}x} &= -\frac{1}{(1-M^2)}\left[\left(1+\frac{\varkappa-1}{2}M^2\right)\frac{1}{F}\frac{\mathrm{d}F}{\mathrm{d}x} - \frac{(1+\varkappa M^2)}{2}\frac{1}{c_pT}\frac{\mathrm{d}q}{\mathrm{d}x}\right].
\end{aligned} \tag{3.53}$$

Das Gleichungssystem (3.53) ist in der vorliegenden allgemeinen Form nicht geschlossen integrierbar, sondern kann nur numerisch gelöst werden, vorausgesetzt $F(x)$ und $q(x)$ sind gegeben.

Die Änderung der Ruhegrößen für ideales Gas konstanter spezifischer Wärme, welche durch den Index 0 gekennzeichnet werden, ergeben sich mit Hilfe der Entropiedefinition

$$T_0\,\mathrm{d}s = \mathrm{d}i_0 - \frac{1}{\varrho_0}\,\mathrm{d}p_0 \tag{3.54}$$

zu:

$$\frac{\mathrm{d}i_0}{\mathrm{d}x} = \frac{\mathrm{d}q}{\mathrm{d}x}, \tag{3.55}$$

$$\frac{1}{T_0}\frac{\mathrm{d}T_0}{\mathrm{d}x} = \frac{1}{c_pT_0}\frac{\mathrm{d}q}{\mathrm{d}x}, \tag{3.56}$$

$$\frac{1}{p_0}\frac{\mathrm{d}p_0}{\mathrm{d}x} = -\frac{\varrho_0}{p_0}\left(\frac{T_0}{T}-1\right)\frac{\mathrm{d}q}{\mathrm{d}x} = -\frac{\varrho_0T_0}{p_0}\left(1-\frac{T}{T_0}\right)\frac{\mathrm{d}s}{\mathrm{d}x}, \tag{3.57a}$$

oder

$$\frac{1}{p_0}\frac{\mathrm{d}p_0}{\mathrm{d}x} = -\frac{\varkappa}{\varkappa-1}\frac{1}{c_pT}\left(1-\frac{T}{T_0}\right)\frac{\mathrm{d}q}{\mathrm{d}x} = -\frac{1}{(c_p-c_0)}\left(1-\frac{T}{T_0}\right)\frac{\mathrm{d}s}{\mathrm{d}x}. \tag{3.57b}$$

An dieser Stelle sei daran erinnert, daß die Ruheentropie definitionsgemäß gleich der Entropie des betrachteten Zustands ist ($s_0 = s$). Zwischen Ruhetemperatur und Machzahl besteht ferner noch der bekannte Zusammenhang (3.58).

$$\frac{T}{T_0} = \left(1+\frac{\varkappa-1}{2}M^2\right)^{-1}. \tag{3.58}$$

Da die Temperatur T für jedes beliebige Medium immer kleiner als die Ruhetemperatur T_0 und somit $T_0/T > 1$ ist, folgt aus Gl. (3.57a), daß bei Wärmezufuhr ($\mathrm{d}q/\mathrm{d}x > 0$) der Ruhedruck stets abnimmt ($\mathrm{d}p_0/\mathrm{d}x < 0$). Ebenso nimmt die Ruhedichte ϱ_0 ab.

Aus den Gleichungen (3.53) sieht man sofort, daß die Druckänderung für kleine Machzahlen ($M \ll 1$, $M^2 \cong 0$) verschwindet. Dies ist der wichtige Fall der Gleichdruckverbrennung, auf den wir im nächsten Abschnitt zurückkommen.

3.18 Spezialfälle der Strömung im Kanal veränderlichen Querschnitts

1. Fall $q = 0$:

Für verschwindende Wärmezufuhr gehen die Gleichungen (3.53) in die bekannten Beziehungen für stationäre, eindimensionale, isentrope Strömung im Kanal veränderlichen Querschnitts über. Damit werden z. B. die Vorgänge in einer Lavaldüse beschrieben:

$$\frac{1}{u}\frac{\mathrm{d}u}{\mathrm{d}x} = -\frac{1}{(1-M^2)}\frac{1}{F}\frac{\mathrm{d}F}{\mathrm{d}x}, \qquad \frac{1}{p}\frac{\mathrm{d}p}{\mathrm{d}x} = \frac{\varkappa M^2}{(1-M^2)}\frac{1}{F}\frac{\mathrm{d}F}{\mathrm{d}x},$$

$$\frac{1}{\varrho}\frac{\mathrm{d}\varrho}{\mathrm{d}x} = \frac{M^2}{(1-M^2)}\frac{1}{F}\frac{\mathrm{d}F}{\mathrm{d}x}, \qquad \frac{1}{T}\frac{\mathrm{d}T}{\mathrm{d}x} = (\varkappa-1)\frac{M^2}{(1-M^2)}\frac{1}{F}\frac{\mathrm{d}F}{\mathrm{d}x}, \tag{3.59}$$

$$\frac{1}{M}\frac{\mathrm{d}M}{\mathrm{d}x} = -\frac{1}{(1-M^2)}\left(1+\frac{\varkappa-1}{2}M^2\right)\frac{1}{F}\frac{\mathrm{d}F}{\mathrm{d}x}.$$

Aus der ersten Gleichung (3.59) ergibt sich die wichtige Folgerung, daß bei *Unterschallgeschwindigkeit* eine Querschnittserweiterung mit einer Geschwindigkeitsabnahme und eine Querschnittsverengung mit einer Geschwindigkeitszunahme verbunden ist. Bei einer *Überschallströmung* liegen die Verhältnisse genau umgekehrt (Tab. III.8).

Eine in der technischen Anwendung häufig vorkommende Form eines Kanals veränderlichen Querschnitts ist die bereits erwähnte *Lavaldüse.* Sie besteht aus einem konvergenten und einem divergenten Teil (Abb. 3.27) und hat den Zweck,

Gase von Unter- auf Überschallgeschwindigkeit zu beschleunigen. Sie ist u. a. ein wichtiger Teil jedes Raketentriebwerkes.

Tabelle III.8. *Theoretisch mögliche Strömungen im konvergenten und divergenten Kanal*

	$\frac{dF}{dx} < 0$; konvergent		$\frac{dF}{dx} > 0$; divergent	
$M < 1$	$\frac{du}{dx} > 0$,	$\frac{dp}{dx} < 0$	$\frac{du}{dx} < 0$,	$\frac{dp}{dx} > 0$
$M > 1$	$\frac{du}{dx} < 0$,	$\frac{dp}{dx} > 0$	$\frac{du}{dx} > 0$,	$\frac{dp}{dx} < 0$

Aus Tab. III.8 geht hervor, daß eine Unterschallströmung nur im konvergenten Teil einer Lavaldüse und eine Überschallströmung nur im divergenten Teil beschleunigt werden kann. Im engsten Querschnitt F^* der Düse, dem sogenannten Düsenhals, muß dann genau Schallgeschwindigkeit herrschen. Dies folgt auch sofort aus den Gleichungen (3.59) wegen $dF/dx = 0$, wobei im allgemeinen $du/dx \neq 0$ sein wird. Es gibt aber gemäß Gl. (3.59) auch noch eine zweite Möglichkeit, nämlich, daß $du/dx = 0$ ist. Das bedeutet, daß die Geschwindigkeit an dieser Stelle ein Maximum oder ein Minimum besitzt.

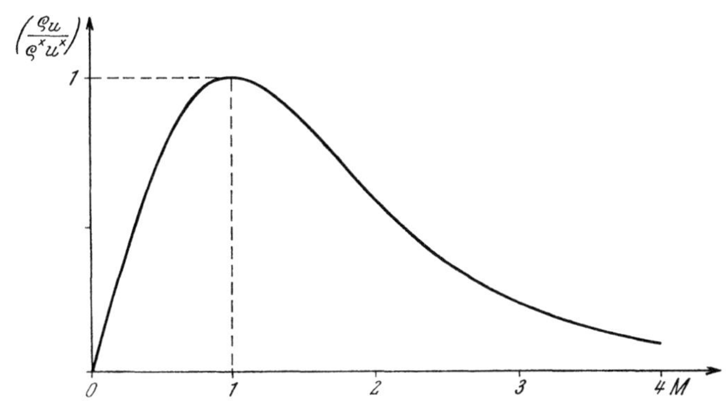

Abb. 3.26 Stromdichte in Abhängigkeit von der Machzahl, ($\varkappa = 1{,}4$)

Integriert man die letzte Gleichung (3.59) mit der Randbedingung $M = 1$ für $F = F^*$, so ergibt sich der Machzahlverlauf oder mit Hilfe der Kontinuitätsbedingung, der Stromdichteverlauf in Abhängigkeit vom Düsenquerschnitt (Abb. 3.26):

$$\left(\frac{F}{F^*}\right)^2 = \left(\frac{\varrho^* c^*}{\varrho u}\right)^2 = \frac{1}{M^2}\left[1 + \frac{\varkappa - 1}{\varkappa + 1}(M^2 - 1)\right]^{\frac{\varkappa + 1}{\varkappa - 1}}. \qquad (3.60)$$

Gibt man den Strömungszustand im kritischen Querschnitt F^* der Düse vor, so läßt sich mit Hilfe der Kurve Abb. 3.26 der Strömungszustand an einer beliebigen Stelle x der Düse angeben. In Abb. 3.27 sind verschiedene Fälle schematisch angedeutet, die bei einer solchen Düsenströmung auftreten können.

Herrscht in F^* genau Schallgeschwindigkeit, so kann, wie beschrieben, ein Übergang von Unterschallströmung zu Überschallströmung vor sich gehen (Kurve *a*). Ebensogut kann das Umgekehrte stattfinden (Kurve *b*). Herrscht im Düsenhals Unterschallgeschwindigkeit, so haben wir in der gesamten Düse ebenfalls Unterschallgeschwindigkeit (Kurven *c*). Sinngemäß gilt dasselbe für Überschallgeschwindigkeit (Kurven *d*).

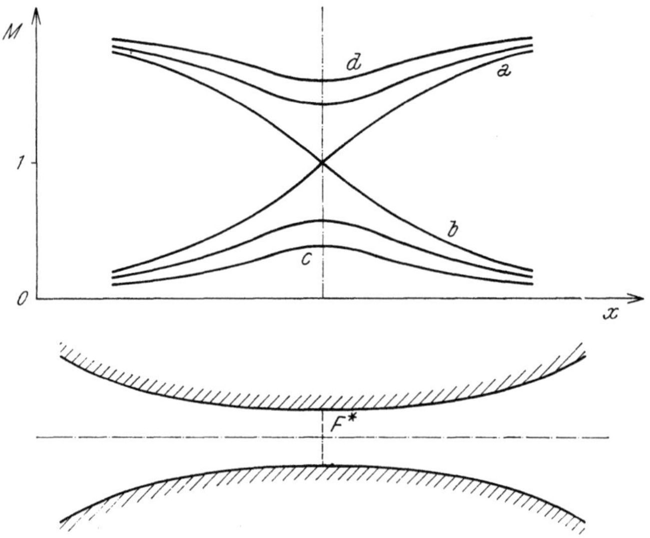

Abb. 3.27 Geschwindigkeitsverteilung in einer Lavaldüse (schematisch)

Die hier angegebenen Fälle sind nur ein Teil der tatsächlichen Möglichkeiten. Praktisch wird ja nicht der Zustand im engsten Querschnitt F^* vorgegeben, sondern entweder der Druck am Düsenende oder die Durchflußmenge. Außer den isentropen Lösungen von der vorhin gezeigten Art können je nach äußeren Umständen auch Verdichtungsstöße in der Düse auftreten.

Da Lavaldüsen in jedem Buch über Gasdynamik ausführlich behandelt werden, soll hier auf weitere Einzelheiten nicht mehr eingegangen werden.

2. Fall $F =$ konst.:

Dies ist der Fall der bereits eingehend behandelten Rohrströmung mit Wärmezufuhr. Die auf andere Weise abgeleiteten Gleichungen (3.4) können wir auch direkt durch Integration der Differentialgleichungen (3.53) bekommen.

Denken wir uns in den Gleichungen (3.53) den Querschnitt konstant gehalten, so stellen wir ferner nach dem vorhin Gesagten fest, daß eine *Wärmezufuhr* ($dq > 0$) die Wirkung ähnlich einer *Querschnittsverengung* und eine *Wärmeabfuhr* ($dq < 0$) die Wirkung ähnlich einer *Querschnittserweiterung* hat, jedoch mit verschiedenen Gewichten für die einzelnen Größen. Eine Ausnahme davon macht lediglich die Temperatur im Bereich $1/\sqrt{\varkappa} < M < 1$. Wie wir bereits in Abschn. 3.4 gefunden haben, erfolgt in diesem Machzahlbereich bei $F =$ konst. sogar trotz Wärmezufuhr eine Temperaturabsenkung, da die Druckabnahme durch die Beschleunigung der Strömung stärker als die Dichteabnahme wirkt.

Die Zustandsänderungen bei Wärmezufuhr im Kanal veränderlichen Querschnitts ergeben sich somit durch Superposition der Vorgänge in der Lavaldüse und im Rohr mit Wärmezufuhr.

3. Fall $T =$ konst:

In diesem Fall wird die durch eine Expansion bewirkte Abkühlung durch eine entsprechend dosierte Wärmezufuhr gerade kompensiert. Der Zusammenhang zwischen zugeführter Wärmemenge und Querschnittsänderung liegt dadurch fest. Die Integration der Gleichungen (3.53) ergibt:

$$\frac{F}{F_1} = \frac{M_1}{M} e^{\frac{\varkappa}{2}(M^2 - M_1^2)} = \frac{M_1}{\sqrt{M_1^2 + \frac{2}{\varkappa - 1} \frac{q}{c_p T_1}}} e^{\frac{\varkappa}{\varkappa-1} \frac{q}{c_p T_1}},$$

$$\frac{u}{u_1} = \frac{M}{M_1} = \frac{1}{M_1} \sqrt{M_1^2 + \frac{2}{\varkappa - 1} \frac{q}{c_p T_1}}, \tag{3.61}$$

$$\frac{p}{p_1} = \frac{\varrho}{\varrho_1} = e^{-\frac{\varkappa}{2}(M^2 - M_1^2)} = e^{-\frac{\varkappa}{\varkappa - 1} \frac{q}{c_p T_1}}$$

und für die Ruhedruckänderung

$$\frac{p}{p_{01}} = \left(\frac{1 + \frac{\varkappa - 1}{2} M^2}{1 + \frac{\varkappa - 1}{2} M_1^2} \right)^{\frac{\varkappa}{\varkappa - 1}} e^{-\frac{\varkappa}{2}(M^2 - M_1^2)}$$

$$= \left(\frac{1 + \frac{\varkappa - 1}{2} M_1^2 + \frac{q}{c_p T_1}}{1 + \frac{\varkappa - 1}{2} M_1^2} \right)^{\frac{\varkappa}{\varkappa - 1}} e^{-\frac{\varkappa}{\varkappa - 1} \frac{q}{c_p T_1}}. \tag{3.62}$$

Entsprechend der zweiten Gleichung (3.61) ist die Machzahl M bei Wärmezufuhr für $T =$ konst. immer größer als die Anströmmachzahl M_1. Den Sonderfall $M = 1$ erhalten wir für eine Wärmezufuhr von

$$\left. \frac{q}{c_p T_1} \right|_{M=1} = \frac{\varkappa - 1}{2} (1 - M_1^2). \tag{3.63}$$

Vergleichen wir die Querschnittsänderung für isotherme Strömung mit Wärmezufuhr mit der Querschnittsänderung für $q = 0$, so sehen wir, daß die Wärmezufuhr eine zusätzliche Querschnittserweiterung bedeutet. Schließlich kann noch gezeigt werden, daß

$$\frac{p}{p_1} \frac{M}{M_1} \frac{F}{F_1} = 1$$

ist.

4. Fall $M =$ konst.:

Die Querschnittsänderung soll so verlaufen, daß sich die Machzahl bei der Aufheizung nicht ändert.

$$\frac{F}{F_1} = \left(\frac{T}{T_1}\right)^{\frac{1+\varkappa M_1^2}{2}}, \qquad \frac{u}{u_1} = \sqrt{\frac{T}{T_1}},$$
$$\frac{p}{p_1} = \left(\frac{T}{T_1}\right)^{-\frac{\varkappa}{2} M_1^2}, \qquad \frac{\varrho}{\varrho_1} = \left(\frac{T}{T_1}\right)^{-\left(1+\frac{\varkappa}{2} M_1^2\right)} \tag{3.64}$$

mit

$$\frac{T}{T_1} = 1 + \frac{1}{\left(1 + \frac{\varkappa - 1}{2} M_1^2\right)} \frac{q}{c_p T_1} = 1 + \frac{q}{c_p T_{01}}. \tag{3.65}$$

Nach Gl. (3.65) nimmt die Temperatur bei $M =$ konst. linear mit der zugeführten Wärmemenge zu.

Die Ruhedruckänderung ergibt sich zu

$$\frac{p_0}{p_{01}} = \left(\frac{T}{T_1}\right)^{-\frac{\varkappa}{2} M_1^2} \tag{3.66}$$

und ist damit gleich der Druckänderung p/p_1.

5. Fall $p =$ konst.:

Der Fall der *Gleichdruckverbrennung* ist neben dem Fall der Rohrströmung mit Wärmezufuhr ($F =$ konst.) wegen seiner praktischen Bedeutung der weitaus wichtigste. Die Gleichungen werden besonders einfach.

$$u = u_1,$$
$$\frac{F}{F_1} = \frac{\varrho_1}{\varrho} = \frac{T}{T_1} = \frac{M_1^2}{M^2} = 1 + \frac{q}{c_p T_1}. \tag{3.67}$$

Die Gleichdruckverbrennung verläuft bei konstanter Geschwindigkeit. Wenn sich aber die Geschwindigkeit nicht ändert, muß sich die Machzahl umgekehrt wie die Wurzel aus der Temperatur ändern, d. h. umgekehrt wie die Schallgeschwindigkeit. $M = 1$ tritt auf bei einer Wärmezufuhr von

$$\left.\frac{q}{c_p T_1}\right|_{M=1} = M_1^2 - 1. \tag{3.68}$$

Für die Ruhedruckänderung erhalten wir schließlich:

$$\frac{p_0}{p_{01}} = \left(\frac{1 + \frac{\varkappa - 1}{2} M^2}{1 + \frac{\varkappa - 1}{2} M_1^2}\right)^{\frac{\varkappa}{\varkappa - 1}} = \left(\frac{1 + \frac{q}{c_p T_{01}}}{1 + \frac{q}{c_p T_1}}\right)^{\frac{\varkappa}{\varkappa - 1}} \tag{3.69}$$

und für die Entropieänderung:

$$\frac{s - s_1}{c_p} = \ln \frac{T}{T_1} = \ln \left(1 + \frac{q}{c_p T_1}\right). \tag{3.70}$$

Die Gleichung (3.69) zeigt ebenfalls, daß wegen $T_0 > T$ die Wärmezufuhr mit einem Abfall des Ruhedruckes verbunden ist.

In den betrachteten Sonderfällen ist die stationär zuführbare Wärmemenge nur beim Kanal konstanten Querschnitts, also bei der Rohrströmung, begrenzt. Dies ist einleuchtend, wenn man bedenkt, daß sich der Querschnitt mit Ausnahme der Rohrströmung beliebig ändern kann. Blockierung (Choking) ist aber sehr wohl möglich, wenn bei der Integration der Gleichungen (3.53) zusätzliche Bedingungen, wie etwa eine bestimmte Abhängigkeit der Wärmezufuhr von der Machzahl, hinzukommen. Die Querschnittsänderung ist, von sehr kleinen Machzahlen abgesehen, bei den angeführten Beispielen im Fall $T =$ konst. am größten und bei der Gleichdruckverbrennung am geringsten (Abb. 3.28).

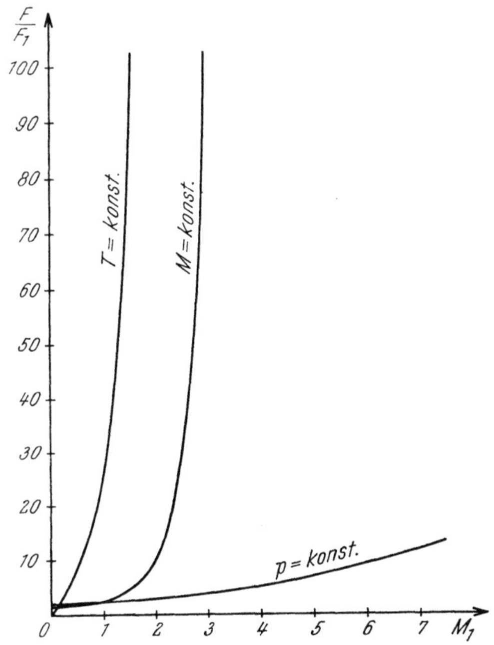

Abb. 3.28 Querschnittsänderung als Funktion der Anströmmachzahl für die Fälle $T =$ konst., $M =$ konst. und $p =$ konst. nach [68]; $\left(\frac{q}{c_p T_1} = 1\right)$

6. Weitere Lösungen:

Häufig ist es zweckmäßig, die Zahl der unabhängigen Variablen, z. B. Fläche F und Wärmezufuhr q, zu reduzieren, indem man eine derselben als abhängige Variable betrachtet. Man gelangt so zu einer Parameterdarstellung. Hierzu gibt es zahlreiche Möglichkeiten. So kann etwa die *Wärmezufuhr als Funktion der Machzahl* vorgegeben werden. In diesem Fall ist nämlich eine Integration der

Differentialgleichungen, wie etwa bei polytroper Wärmezufuhr in ein ruhendes Gas, möglich. Dieser Weg wurde von S. S. PENNER und W. DAVIDOR [69] beschritten und soll hier kurz gestreift werden.

Wir gehen von der untersten Gleichung (3.53) aus und führen anstelle der örtlichen Wärmezufuhr $q(x)$ das Verhältnis

$$\xi = \frac{q(x)}{q_2}$$

ein. Zu Beginn einer chemischen Reaktion in einem Kanal veränderlichen Querschnitts ist $\xi = 0$, nach Abschluß derselben ist $\xi = 1$. q_2 ist die gesamte zugeführte Wärme. Wir erhalten:

$$\frac{(1 - M^2)}{\left(1 + \frac{\varkappa - 1}{2} M^2\right) M^2} \frac{\mathrm{d}M^2}{\mathrm{d}x} = \frac{(1 + \varkappa M^2)}{\left(\frac{c_p T_{01}}{q_2} + \xi\right)} \frac{\mathrm{d}\xi}{\mathrm{d}x} - \frac{2}{F} \frac{\mathrm{d}F}{\mathrm{d}x}. \tag{3.71}$$

T_{01} ist die Ruhetemperatur vor Beginn der Reaktion.

Die Integration der Gl. (3.71) in den Grenzen von x_1 bis x liefert:

$$\ln\left(\frac{F}{F_1}\right)^2 = \int\limits_0^{\xi} \frac{1 + \varkappa M^2}{\frac{c_p T_{01}}{q_2} + \xi} \mathrm{d}\xi + \ln\left\{\left(\frac{1 + \frac{\varkappa - 1}{2} M^2}{1 + \frac{\varkappa - 1}{2} M_1^2}\right)^{\frac{\varkappa+1}{\varkappa-1}} \left(\frac{M_1}{M}\right)^2\right\}. \tag{3.72}$$

Eine analytische Lösung der Gl. (3.72) kann nur für die beiden Grenzfälle der Strömung im Kanal konstanten Querschnitts mit Wärmezufuhr und der Strömung im Kanal veränderlichen Querschnitts ohne Aufheizung unmittelbar erhalten werden. Lösungen in Parameterform sind aber möglich, etwa durch den Ansatz

$$\xi = \left(\frac{M^2 - M_1^2}{M_e^2 - M_1^2}\right)^n \quad \text{für} \quad 0 < n < \infty, \tag{3.73}$$

mit M_e als Maximalwert der Machzahl nach Abschluß der Wärmezufuhr in einem gegebenen Kanal, z. B. im Endquerschnitt einer Düse. Sie muß nicht identisch sein mit der Machzahl M_2, d. h., die chemische Reaktion und mit ihr die Wärmezufuhr kann schon vorher abgeschlossen sein. Der Ansatz (3.73) enthält aber die Bedingung, daß die Reaktion innerhalb des Kanals abgeschlossen sein muß. Wir erhalten auf diese Weise Lösungsfamilien, die zum Studium des idealisierten Modells einer Düsenströmung mit chemischer Reaktion geeignet sind.

Mit kleiner werdendem n wird die Wärme hauptsächlich im Bereich kleiner Machzahlen zugeführt. Der Extremfall $n \to 0$ kann praktisch als eine Wärmezufuhr bei konstantem Querschnitt F_1 mit anschließender adiabatischer Expansion auf die Querschnittsfläche F_e angesehen werden. Umgekehrt kommt der Grenzfall $n \to \infty$ einem Abschluß der Wärmezufuhr im Düsenquerschnitt F_e gleich. Die Lösungen sind nur dann physikalisch sinnvoll, wenn nicht thermische Blockierung (Choking) auftritt.

Eine andere Möglichkeit, die Zahl der unabhängigen Variablen zu reduzieren, ist die Vorgabe der *Flächenänderung als Funktion der Druckänderung*:

$$p = KF^{\frac{\sigma}{1-\sigma}}. \qquad (3.74)$$

Dabei ist K eine Konstante, $\sigma = 1$ für Rohrströmung und $\sigma = 0$ für Gleichdruckverbrennung. Dieser Fall wurde ausführlich von W. H. T. Loh in [70] behandelt.

Das bisher in diesem Abschnitt Gesagte beschränkt sich nicht nur auf Verbrennungsvorgänge in einem Kanal veränderlichen Querschnitts. Auch in der Lichtbogenphysik hat man es bei der Entwicklung elektrischer Antriebe, sei es mit oder ohne magnetischer Gasbeschleunigung, immer mit Aufheizung von Über- oder Unterschallströmungen in Kanälen bzw. Freistrahlen zu tun. Die Aufheizung erfolgt dann durch Lichtbogen. Das Differentialgleichungssystem (3.53) kann auch zur idealisierten Beschreibung solcher Vorgänge herangezogen werden. Eine Arbeit, welche sich mit diesem Problem befaßt, stammt von S. Krause [71].

Eine Kombination der Strömung im Kanal veränderlichen Querschnitts mit jener in einer Lavaldüse ergibt die sogenannte *Wärmeteildüse*. Im Unterschallteil derselben wird Wärme zugeführt, bei Schallgeschwindigkeit erreicht ist (kritischer Zustand). An den kritischen Querschnitt schließt ein divergenter Teil an, in dem die Strömung ohne jede weitere Wärmezufuhr auf Überschallgeschwindigkeit weiter beschleunigt wird.

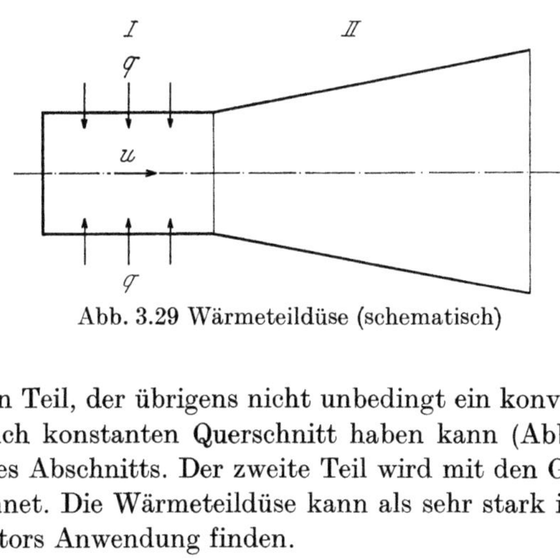

Abb. 3.29 Wärmeteildüse (schematisch)

Für den ersten Teil, der übrigens nicht unbedingt ein konvergentes Rohr sein muß, sondern auch konstanten Querschnitt haben kann (Abb. 3.29), gelten die Gleichungen dieses Abschnitts. Der zweite Teil wird mit den Gleichungen für die Lavaldüse berechnet. Die Wärmeteildüse kann als sehr stark idealisiertes Modell eines Raketenmotors Anwendung finden.

3.19 Berücksichtigung der Wandreibung

Die Berücksichtigung der Wandreibung kann auf sehr einfache Weise durch den bekannten Ansatz für die Wandschubspannung τ_w, wonach diese proportional dem Staudruck ist, erfolgen.

$$\tau_w = \frac{\lambda}{4}\,\frac{\varrho u^2}{2}. \qquad (3.75)$$

λ ist die Widerstandszahl. Genaugenommen ist sie eine Funktion sowohl der Reynoldszahl als auch der Machzahl. Die Abhängigkeit von der Machzahl ist jedoch sehr gering. Für unsere Genauigkeitsansprüche im Rahmen der eindimensionalen Theorie genügt es jedoch, λ als konstant anzusehen, weil sich die Reynoldszahl in der Strömung nur wenig ändert. Im übrigen reicht dieser Reibungsansatz für rasche Zustandsänderungen, wie sie vor allem in Schallnähe auftreten, ohnehin quantitativ nicht mehr ganz aus.

Die Reibungskraft pro Längeneinheit beträgt $U\tau_w$, wenn U den inneren Kanalumfang bedeutet, und die pro Masseneinheit in Strömungsrichtung wirkende Kraft X ist dann mit Gl. (3.75):

$$X = -\lambda \frac{U}{4F} \frac{u^2}{2}. \tag{3.76}$$

Das Vorzeichen von X ist negativ, weil die Reibungskraft entgegengesetzt zur Strömungsrichtung wirkt. Die Größe $4F/U$ nennt man hydraulischer Durchmesser. Der Impulssatz nimmt nun folgende Form an:

$$u \frac{\mathrm{d}u}{\mathrm{d}x} = -\frac{1}{\varrho} \frac{\mathrm{d}p}{\mathrm{d}x} - \lambda \frac{U}{4F} \frac{u^2}{2}. \tag{3.77}$$

Kontinuitätsbedingung und Energiesatz bleiben unverändert. Auf ähnliche Weise wie in Abschn. 3.17 ergeben sich daraus die allgemeineren Differentialgleichungen für stationäre Strömung mit Reibung und Wärmezufuhr im Kanal veränderlichen Querschnittes.

$$\begin{aligned}
\frac{1}{u}\frac{\mathrm{d}u}{\mathrm{d}x} &= \left(\frac{1}{u}\frac{\mathrm{d}u}{\mathrm{d}x}\right)_{\text{reibungslos}} + \frac{\varkappa M^2}{(1-M^2)}\frac{\lambda}{2}\frac{U}{4F},\\
\frac{1}{p}\frac{\mathrm{d}p}{\mathrm{d}x} &= \left(\frac{1}{p}\frac{\mathrm{d}p}{\mathrm{d}x}\right)_{\text{reibungslos}} + \frac{\varkappa M^2}{(1-M^2)}\left[1+(\varkappa-1)M^2\right]\frac{\lambda}{2}\frac{U}{4F},\\
\frac{1}{\varrho}\frac{\mathrm{d}\varrho}{\mathrm{d}x} &= \left(\frac{1}{\varrho}\frac{\mathrm{d}\varrho}{\mathrm{d}x}\right)_{\text{reibungslos}} - \frac{\varkappa M^2}{(1-M^2)}\frac{\lambda}{2}\frac{U}{4F},\\
\frac{1}{T}\frac{\mathrm{d}T}{\mathrm{d}x} &= \left(\frac{1}{T}\frac{\mathrm{d}T}{\mathrm{d}x}\right)_{\text{reibungslos}} - \frac{\varkappa(\varkappa-1)M^4}{(1-M^2)}\frac{\lambda}{2}\frac{U}{4F},\\
\frac{1}{M}\frac{\mathrm{d}M}{\mathrm{d}x} &= \left(\frac{1}{M}\frac{\mathrm{d}M}{\mathrm{d}x}\right)_{\text{reibungslos}} + \frac{\varkappa M^2}{(1-M^2)}\left(1+\frac{\varkappa-1}{2}M^2\right)\frac{\lambda}{2}\frac{U}{4F}.
\end{aligned} \tag{3.78}$$

Der erste Term auf der rechten Seite der Gleichungen (3.78) entspricht jenem der Gleichungen (3.53) für die reibungsfreie Strömung mit Wärmezufuhr. Man sieht, daß der Einfluß der Wandreibung durch ein additives Glied in den Differentialgleichungen zum Ausdruck kommt. Für die Integration der Gleichungen (3.78), welche nur in bestimmten Sonderfällen möglich ist, gilt analog das in Abschn. 2.18 Gesagte. Eine ausführliche Darstellung findet sich in der grundlegenden Arbeit von A. H. Shapiro und W. R. Hawthorne [72], bei der auch noch Wärmeleitung mit berücksichtigt wurde, sowie u. a. in einer NACA Technical Note von B. L. Hicks, D. J. Montgomery und R. H. Wassermann [73]. Bei Wärmezufuhr durch Wärmeübergang besteht eine starke Kopplung zwischen Reibung und Wärmeübergang.

3.20 Das beheizte Rohr als Schubkörper

Ein zylindrisches Rohr, dessen Wand wir zunächst als unendlich dünn ansehen, wird mit einer konstanten Geschwindigkeit u_∞ angeströmt. Dabei wird die durchströmende Luft im Rohr aufgeheizt. Es stellt sich nun die Frage, ob und unter welchen Umständen mit einem solchen Rohr ein Schub erzielt werden kann. Massenzusätze irgendwelcher Art, wie etwa durch den Brennstoff, sowie Wandreibung und der Widerstand der Vorrichtung zur Beheizung werden nicht berücksichtigt.

a) Das beheizte Rohr in *Unterschallströmung*:

Nach Abschn. 3.7 nehmen bei Wärmezufuhr in Unterschallströmung Druck und Dichte ab, die Geschwindigkeit nimmt zu. Erfolgt die Heizung nicht gerade unmittelbar am Rohrende, so wird der Druck im Parallelstrahl gleich dem Außendruck p_∞ sein. Infolge der Druckabsenkung in der Heizzone staut sich die Strömung vor dem Rohr (Abb. 3.30). Ferner muß die Austrittsgeschwindigkeit des Strahls u_S nach der Bernoulligleichung (3.49) wegen $p_S = p_\infty$ größer als die Anströmgeschwindigkeit u_∞ sein, da die Dichte infolge der Wärmezufuhr abgenommen hat.

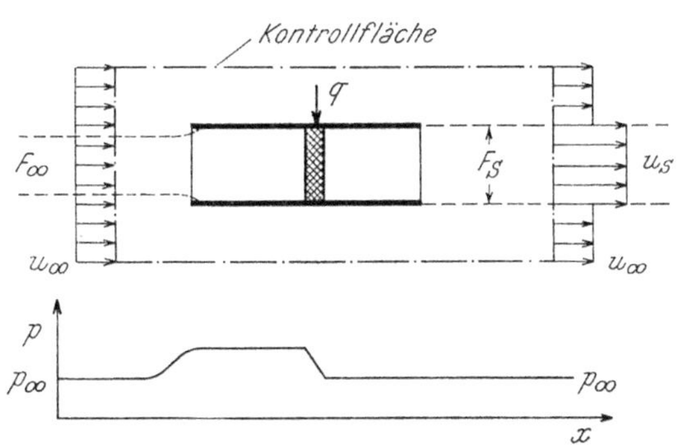

Abb. 3.30 Beheiztes Rohr in Unterschallströmung nach [75]

Um den Schub S zu berechnen, legen wir eine Kontrollfläche so um das angeströmte Rohr, daß der Druck überall gleich dem Außendruck p_∞ ist. Dann kann mit Hilfe des Impulssatzes und der Kontinuitätsgleichung, unter Berücksichtigung der eingangs erwähnten Annahmen, sofort die auf den Körper ausgeübte Schubkraft S in bekannter Weise angegeben werden.

$$\varrho_S u_S^2 F_S + p_\infty = \varrho_\infty u_\infty^2 F_\infty + p_\infty + S\,,$$

$$S = \varrho_\infty u_\infty F_\infty (u_S - u_\infty) = G(u_S - u_\infty)\,. \tag{3.79}$$

Dabei ist G die durch das Rohr strömende Masse pro Zeiteinheit.

Somit ergibt sich beim beheizten Rohr in Unterschallströmung ein Schub, obwohl eigentlich an der unendlich dünnen Wand keine Druckkräfte angreifen können. Dieser Widerspruch wurde von D. KÜCHEMANN aufgeklärt [74]. Danach ergibt sich bei einem Rohr von endlicher Dicke eine Umströmung der Vorderkante, die mit einem starken Unterdruck verbunden ist (Abb. 3.31). Ein Unter-

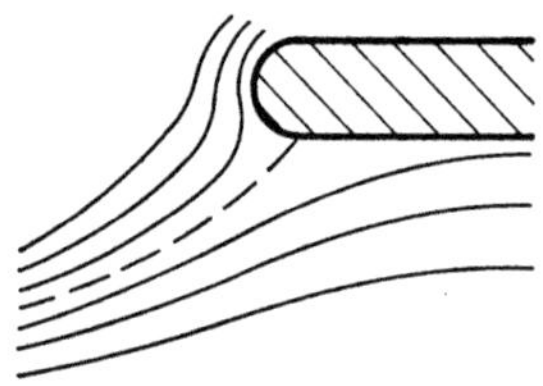

Abb. 3.31 Strömung in der Nähe des Rohrstaurandes

druck an dieser Stelle bedeutet aber einen zur Anströmrichtung entgegengesetzten Sog. Je dünner die Wand, um so größer wird dieser Unterdruck. Schließlich würde man an der Vorderkante sogar Überschallgeschwindigkeit erhalten. Die dabei auftretenden Verdichtungsstöße und die damit verbundenen Verluste müßten dann allerdings mit in Rechnung gestellt werden.

Grundsätzlich ist also beim beheizten Rohr in Unterschallströmung ein Schub möglich. Dies wurde erstmals von K. OSWATITSCH [74, 75] gezeigt.

b) Das beheizte Rohr in *Überschallströmung*:

Wesentlich anders liegen die Verhältnisse, wenn dasselbe Rohr mit Überschallgeschwindigkeit angeströmt wird. Solange man im Rohr die kritische Wärmezufuhr q_{krit} (Abschn. 3.4) nicht erreicht, ist bei Überschallströmung eine Vorwärtswirkung nicht möglich. Ferner nehmen nun Druck und Dichte in der

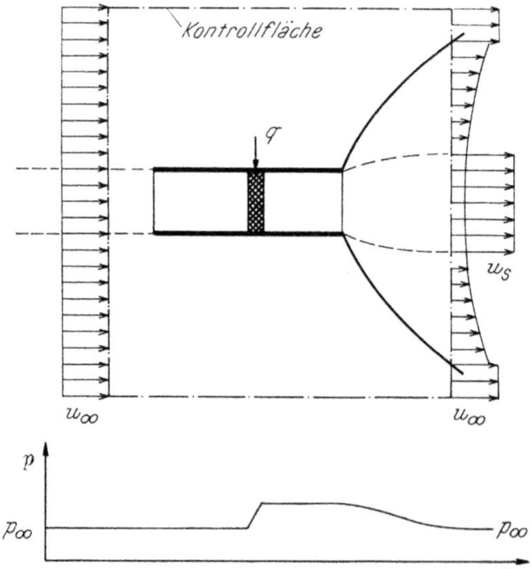

Abb. 3.32 Beheiztes Rohr in Überschallströmung nach [75]

Aufheizzone zu. Deshalb expandiert die Strömung glockenförmig am Rohrende (Abb. 3.32). Da der Druck wiederum im Mittel bei höheren Dichten ansteigt, als er später in der Expansionsglocke abfällt, hat der Strahl bei Erreichen des Druckes p_∞ nach der Bernoulli-Gleichung (3.49) auch in diesem Fall eine Übergeschwindigkeit. Es treten aber am Ansatz der Expansionsglocke Verdichtungsstöße auf, welche im Nachlauf zu Untergeschwindigkeiten führen, so daß im Endeffekt doch kein Schub zustande kommt.

Daß beim beheizten Rohr in Überschallströmung kein Schub möglich ist, kann man auch sofort sehen, wenn die hintere Kontrollfläche direkt an das Rohrende verlegt wird. Entsprechend den Voraussetzungen für die stationäre Rohrströmung mit Wärmezufuhr muß der Impulsstrom konstant sein. Somit kann auch kein Schub auftreten.

Zwar hat das hier diskutierte beheizte Rohr keine unmittelbar praktische Bedeutung, doch kann es als lehrreiches Beispiel zur Lösung verwandter Probleme angesehen werden. Darüber hinaus zeigt sich, daß bereits mit einer so einfachen, eindimensionalen Theorie wesentliche Effekte erfaßt werden können.

Eine eingehende Behandlung der Schuberzeugung durch Außenheizung erfolgt in Teil IV.

3.21 Staustrahltriebwerke

Wie das Beispiel des beheizten Rohres in Unterschallströmung im vorangehenden Abschnitt gezeigt hat, ist bereits durch Wärmezufuhr in die Strömung allein unter Umständen ein Vortrieb möglich. Man kann jedoch den Wirkungsgrad erheblich verbessern, wenn man die Temperatur der Luft vor der Wärmezufuhr durch Stauwirkung möglichst stark erhöht. Nach der Verbrennung erfolgt die Umsetzung der Wärme in kinetische Energie durch Expansion in einer Düse. Dieses Prinzip liegt dem *Staustrahltriebwerk* zugrunde. Je nachdem, ob es mit Unterschall- oder Überschallgeschwindigkeit fliegt, muß es die entsprechende, in Abb. 3.33 angedeutete Form haben.

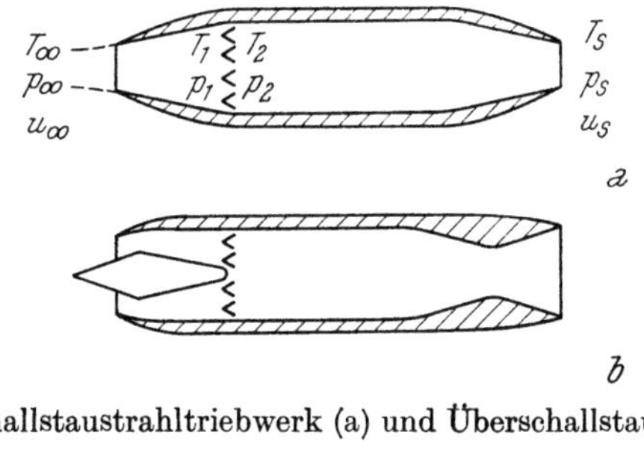

Abb. 3.33 Unterschallstaustrahltriebwerk (a) und Überschallstaustrahltriebwerk (b)

Wir setzen wiederum verlustfreie Strömung voraus und nehmen Expansion auf den Außendruck innerhalb der Düse an. Die für den Schub S in Abschn. 3.20 aufgestellte Beziehung (3.79) gilt dann auch hier. Daraus ergibt sich die Schubleistung L_S bei stationärem Flug:

$$L_S = S u_\infty . \tag{3.80}$$

Vom Triebwerk muß die mechanische Leistung L zur Beschleunigung der Luft aufgebracht werden. Man erhält sie aus dem Energiesatz für die stationäre Fadenströmung, wobei man annimmt, daß das Medium im Antriebsstrahl sowohl Außendruck als auch Außentemperatur angenommen hat.

$$L = \varrho_\infty u_\infty F_\infty \left(\frac{u_S^2}{2} - \frac{u_\infty^2}{2}\right) = G\left(\frac{u_S^2}{2} - \frac{u_\infty^2}{2}\right) \tag{3.81}$$

Der *Strahlwirkungsgrad* η_S ist dann das Verhältnis der durch den Schub geleisteten Arbeit pro Zeiteinheit zur vom Triebwerk aufgewendeten Arbeit pro Zeiteinheit.

$$\eta_S = \frac{L_S}{L} = \frac{2u_\infty}{u_S + u_\infty}. \tag{3.82}$$

Für $u_S = u_\infty$ wäre $\eta_S = 1$. Um einen guten Strahlwirkungsgrad zu erzielen, ist eine möglichst große Masse G bei möglichst kleiner Übergeschwindigkeit wünschenswert. Dem sind aber durch den hierfür erforderlichen Triebwerksdurchmesser und damit verbunden durch Triebwerksgewicht sowie Luftwiderstand Grenzen gesetzt.

Das bisher Gesagte einschließlich der Gleichungen gilt ganz allgemein für beliebige Triebwerke unter den angegebenen Voraussetzungen.

Zum Strahlwirkungsgrad η_S kommt noch der *thermische Wirkungsgrad* η_{th} hinzu, da Wärme bekanntlich nicht vollständig in mechanische Energie umgesetzt werden kann.

$$\eta_{\text{th}} = \frac{\frac{u_S^2}{2} - \frac{u_\infty^2}{2}}{q}.$$

Aus dem Energiesatz ergibt sich für die Differenz der kinetischen Energien:

$$\frac{u_S^2}{2} - \frac{u_\infty^2}{2} = q - c_p(T_S - T_\infty)$$

und damit

$$\eta_{\text{th}} = 1 - \frac{c_p T_\infty}{q}\left(\frac{T_S}{T_\infty} - 1\right). \tag{3.83}$$

Der gesamte Antriebswirkungsgrad ist dann das Produkt aus thermischem Wirkungsgrad und Strahlwirkungsgrad:

$$\eta = \eta_{\text{th}} \eta_S. \tag{3.84}$$

Für das Weitere nehmen wir Gleichdruckverbrennung an, welche praktisch durchaus realisierbar ist. Dann gilt für $p_2 = p_1$ nach Gl. (3.67):

$$\frac{q}{c_p T_1} = \frac{T_2}{T_1} - 1.$$

Mit den Indizes 1 und 2 werden wieder die Zustände vor und nach der Aufheizung bezeichnet. Der Brennkammerquerschnitt darf nun nicht mehr konstant sein, sondern muß sich entsprechend erweitern (Abschn. 3.18).

Kompression und Expansion seien isentrop:

$$\frac{T_1}{T_\infty} = \left(\frac{p_1}{p_\infty}\right)^{\frac{\varkappa-1}{\varkappa}}, \qquad \frac{T_2}{T_S} = \left(\frac{p_2}{p_S}\right)^{\frac{\varkappa-1}{\varkappa}}.$$

Damit vereinfacht sich die Gleichung (3.83) für den thermischen Wirkungsgrad zu

$$\eta_{\text{th}} = 1 - \frac{T_\infty}{T_1} = 1 - \frac{1 + \frac{\varkappa - 1}{2} M_1^2}{1 + \frac{\varkappa - 1}{2} M_\infty^2}. \tag{3.85}$$

Bei Gleichdruckverbrennung hängt der thermische Wirkungsgrad lediglich vom Temperaturverhältnis der Kompression T_1/T_∞ ab. Gleichzeitig bestätigt sich auch, daß zur Erzielung guter Wirkungsgrade eine möglichst hohe Brennkammereintrittstemperatur angestrebt werden muß.

Im allgemeinen wird im Triebwerk $M_1 \ll 1$ sein, so daß in Gl. (3.85) $M_1^2 \cong 0$ gesetzt werden kann:

$$\eta_{\text{th}} \cong 1 - \frac{1}{1 + \frac{\varkappa - 1}{2} M_\infty^2}. \tag{3.86}$$

Abb. 3.34 zeigt den thermischen Wirkungsgrad bei Gleichdruckverbrennung nach Gl. (3.86).

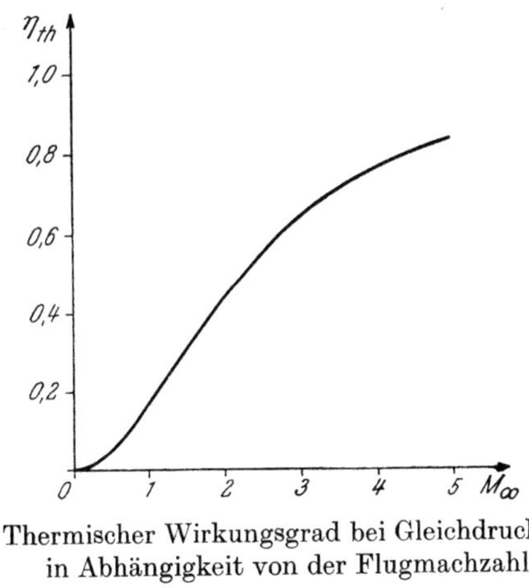

Abb. 3.34 Thermischer Wirkungsgrad bei Gleichdruckverbrennung in Abhängigkeit von der Flugmachzahl

Der Gesamtwirkungsgrad bei Gleichdruckverbrennung beträgt schließlich:

$$\eta = \frac{S u_\infty}{G q} = \left(1 - \frac{T_\infty}{T_1}\right) \frac{2 u_\infty}{(u_S + u_\infty)}. \tag{3.87}$$

In Wirklichkeit wird allerdings dieser Wirkungsgrad durch weitere Verluste herabgesetzt, die vor allem bei der Kompression auftreten. Außerdem sind der durch den Stau erzeugten Temperatur teils aus Werkstoffgründen und teils aus Gründen der Verbrennung (Dissoziation) Grenzen gesetzt.

3.22 Literatur

1. Shchelkin, K. I., and Troshin, Ya. K.: Gasdynamics of combustion. (Übers. aus dem Russischen.) Baltimore: Mono Book Corp. 1965.
2. Beer, J. M., and Chigier, N. A.: Combustion aerodynamics. London: Applied Science Publishers. 1972.
3. Zierep, J.: Theory of flows in compressible media with heat addition. AGARDograph No. 191. 1974.
4. Rankine, W. J. M.: On the thermodynamic theory of waves of finite longitudinal disturbances. Phil. Trans. Roy. Soc., London 277—288 (1970).
5. Hugoniot, H.: Mémoire sur la propagation du mouvement dans les corps et spécialement dans les gases parfaits. J. de l'Ecole Polyt. cahier **57**, 1—97 (1887); cahier **58**, 1—125 (1889).
6. Wegener, P. P., and Mack, L. M.: Condensation in wind tunnels. Advances on Applied Mechanics, Bd. 5, 307—447. New York: Academic Press. 1958.
7. Troshin, Ya. K.: The generalized Hugoniot curve. Seventh Symp. (Int.) on Combustion, 789—798. London: Butterworths. 1959.
8. Courant, R., and Friedrichs, K. O.: Supersonic flow and shock waves. New York: Interscience. 1948.
9. Dixon, H. B.: The rate of explosion in gases (Bakerian lecture). Phil. Trans. **A, 184,** 97—188 (1893).
10. Dixon, H. B. (z. T. mit Bower, J., Bradshaw, L., Dawson, B., Graham, E., Jones, R. H., and Strange, E. H.): On the movement of the flame in the explosion of the gases. Phil. Trans. **A, 200,** 315—352 (1903).
11. Bone, W. A., and Frazer, N. D.: Photographic investigation of flame movement in gaseous explosions. Phil. Trans. **A, 230,** 363—385 (1930).
12. Bone, W. A., Frazer, R. P., and Winter, D. A.: The initial stages of gaseous explosions. Proc. Roy Soc. **A, 114,** I, 402—419; II, 420—421 (1927).
13. Bone, W. A., and Townsend, P. T. A.: Explosions and gaseous explosives. International Critical Tables, Vol. II, 172—195, New York: McGraw-Hill. 1927.
14. Campbell, C.: The propagation of explosion waves in gases contained in tubes of varying cross section. J. Chem. Soc. **121,** 2483—2498 (1922).
15. Campbell, C., and Woodhead, D. W.: The ignition of gases by an explosion wave. I. Carbon monoxide and hydrogen mixtures J. Chem. Soc. **128,** 3010—3021 (1926).
16. Payman, W.: The detonation wave in gaseous mixtures and the pre-detonation period. Proc. Roy Soc. **A, 120,** 90—109 (1928).
17. Payman, W., and Titman, H.: Explosion waves and shock waves. III. The initiation of detonation in mixtures of ethylene and oxygen and of carbon monoxide and oxygen. Proc. Roy Soc. **A, 152,** 418—445 (1935).
18. Lafitte, P.: Sur la propagation de l'onde explosive. Compt. Rend. Acad. Sci., Paris **177,** 178—180 (1923).
19. Lafitte, P.: Sur la formation de l'onde explosive. Compt. Rend. Acad. Sci., Paris **176,** 1392 bis 1395 (1923).
20. Lafitte, P.: Sur la propagation de l'onde explosive. Compt. Rend. Acad. Sci., Paris **179,** 1394—1396 (1924).
21. Lafitte, P.: La physico-chimic du phenomène du „choc“ et des „antidetonants“. J. Chem. Phys. **24,** 391—423 (1929).
22. Chapman, D. L.: On the rate of explosion in gases. Phil. Mag. **47,** 5th series, No. 284, 90—104 (1899).
23. Jouguet, E.: Sur la propagation des reactions chimiques dans les gaz. J. Math. Pures Appl. 6e serie, tome 1, v. **60,** fasc. 4, 347—425 (1905); tome 2, v. **61,** fasc. 1, 1—86 (1906).
24. Jouguet, E.: Mecanique des explosifs. Encyclopédie Scientifique. Paris: Doins et Fils. 1917.
25. Jouguet, E.: La theorie thermodynamique de la propagation des explosions. Proc. 2nd Int. Congr. Appl. Mech. 12—22 (1927).
26. Crussard, L., et Jouguet, E.: Sur les ondes de choc et combustion, stabilité de l'onde explosive. Compt. Rend. Acad. Sci. Paris **144,** 560—563 (1907).

27. Crussard, L.: Ondes de choc et onde explosive. Bull. Soc. Industr. Min. St. Etienne, 4e serie, tome 6, 257—364 (1907).
28. Michelson, V. A.: Sobranie sochinenii. (Gesammelte Werke.) Band 1. Moskau: Izd. Novyi Agronom. 1930.
29. Becker, R.: Zur Theorie der Detonation. Z. Elektrochem. **23**, 3/4, 40—49; 5/6, 93—95; 19/20, 304—308 (1917).
30. Becker, R.: Physikalisches über feste und gasförmige Sprengstoffe. Z. techn. Phys. **3**, 5, 152—159; 7, 249—256 (1922).
31. Becker, R.: Stoßwelle und Detonation. Z. Phys. 8, 321—362 (1922).
32. Becker, R.: Über Detonation. Z. Elektrochem. **42**, 76, 457—461 (1930).
33. Lewis, B.: A chain reaction theory of the rate of explosion in detonating gas mixtures. Journ. Amer. Chem. Soc. **52**, 3120—3127 (1930).
34. Lewis, B., and Friauf, J. B.: Explosion in detonating gas mixtures. I. Calculation of rates of explosions in mixtures of hydrogen and oxygen and the influence of rare gases. Journ. Amer. Chem. Soc. **52**, 3905—3924 (1930).
35. Oppenheim, A. K.: Development and structure of plane detonation waves. Combustion and Propulsion. Fourth AGARD Colloquium. London: Pergamon Press. 1961.
36. Jost, W.: Explosions- und Verbrennungsvorgänge in Gasen. Berlin: Springer. 1939.
37. Zeldovich, Ya. B.: On the theory of the propagation of detonation in gaseous systems. (Übers. aus dem Russischen.) NACA TM No. 1261 (1950).
38. Zeldovich, Ya. B.: Teoriya goreniya i detonatsii gazov. Izd. Akad. Nauk. SSSR, Moskau (1944). Engl. Übersetzung: Theory of combustion and detonation of gases. Techn. Rep. No. F-TS-1226-1A (GDAM A9-T45) in Material Command (1949).
39. Döring, W.: Der Detonationsvorgang in Gasen. Ann. d. Physik **43**, 421—436 (1943).
40. Döring, W., und Burkhardt, G.: Beiträge zur Theorie der Detonation. VDI Forschungsbericht No. 1939 (1944).
41. von Neumann, J.: Progress report on theory of detonation waves. Office of Scientific Research and Development Rep. No. 549 (1942).
42. Peek, H. M., and Thrap, R. G.: Gaseous detonation in mixtures of cyanogen and oxygen. Journ. Chem. Phys. **26**, 4, 740—745 (1957).
43. Brinkley jr., S. B., and Richardson, J. M.: On the structure of plane detonation waves with finite reaction velocity. Fourth Symposium (Int.) on Combustion, 586—594, Baltimore: Williams & Wilkins. 1949.
44. Kirkwood, J. G., and Wood, W. W.: Structure of a steady-state plane detonation wave with finite reaction rate. Journ. Chem. Phys. **22**, 11, 1915—1919 (1954).
45. Wood, W. W., and Kirkwood, J. G.: On the existence of steady-state detonations supported by a single chemical reaction. Journ. Chem. Phys. **25**, 6, 1276 (1956).
46. Wood, W. W., and Kirkwood, J. G.: Present status of detonation theory. Journ. Chem. Phys. **29**, 4, 957—958 (1958).
47. Edwards, D. H.: A survey of recent work on the structure of detonation Waves. Twelfth Symposium (Int.) on Combustion, 819—828. Pittsburgh, Pa.: The Combustion Institute. 1969
48. Duff, R. E.: Calculation of reaction profiles behind steady-state shock waves. I. Application to detonation waves. Journ. Chem. Phys. **28**, 6, 1193—1197 (1958).
49. Adamson jr., T. C.: On the structure of plane detonation waves. Phys. Fluids **3**, 5, 706—714 (1960).
50. Hirschfelder, J. O., and Curtiss, C. F.: Theory of detonation. I. Irreversible unimolecular reaction. Journ. Chem. Phys. **28**, 6, 1130—1147 (1958).
51. Linder, B., Curtiss, C. F., and Hirschfelder, J. O.: Theory of detonation. II. Reversible unimolecular reaction. Journ. Chem. Phys. **28**, 6, 1147—1151 (1958).
52. Curtiss, C. F., Hirschfelder, J. O., and Barnett, M. P.: Theory of detonation. III. Ignition temperature approximation. Journ. Chem. Phys. **30**, 2, 470—492 (1959).
53. Bush, W. B., and Fendell, F. E.: Asymptotic analysis of the structure of a steady planar detonation. Combustion Sci. Tech. **2**, 271—285 (1971).
54. Berets, D. G., Greene, E. F., and Kistiakowsky, G. B.: Gaseous detonations. I. Stationary waves in hydrogen-oxygen mixtures. Journ. Am. Chem. Soc. **72**, 3, 1080—1086 (1950).
55. Lafitte, P.: Science of petroleum, Vol. 4. London: Oxford University Press. 1938.

56. WAGNER, H. G.: Gaseous detonations and the structure of a detonation zone. In: Fundamental data obtained from shock-tube experiments. Herausgeg. v. A. FERRI; AGARDograph No. 41. New York: Pergamon Press. 1961.
57. BRÉTON, J.: Recherches sur la détonation des mélanges gaseux. Thèses Faculte des Sciences, Univ. Nancy, 1936.
58. CHU, B. T.: Wave propagation in a reacting mixture. 1958 Heat Transfer and Fluid Mechanics Institute. Stanford 1958.
59. EISEN, C. L., GROSS, R. A., and RIVLIN, T. J.: Theoretical calculations in gaseous detonation. Combustion & Flame **4**, 3, 137—147 (1960).
60. FAY, J. A.: Two-dimensional gaseous detonations: Velocity deficit. Phys. Fluids **2**, 3, 283 to 289 (1959).
61. FAY, J. A.: The structure of gaseous detonation waves. Eighth Symposium (Int.) on Combustion, 30—40. Baltimore: Williams & Wilkins. 1962.
62. JOST, W., JUST, T., and WAGNER, H. G.: Investigation of the reaction zone of gaseous detonations. Eighth Symposium (Int.) on Combustion, 582—588. Baltimore: Williams & Wilkins. 1962.
63. WHITE, D. R.: Turbulent structure of gaseous detonation. Phys. Fluids **4**, 4, 465—480 (1961).
64. SHCHELKIN, K. I.: Effect of roughness on the surface in a tube on origination and propagation of detonation in gases. Zh. Eksperim. i teor. Fiz. **10**, 823 (1940). Englische Übers.: 61-18037 (Department of Commerce, Washington, D. C.).
65. SHCHELKIN, K. I.: On a theory of the phenomenon of spin detonation. Dokl. Akad. Nauk. SSSR **47**, 482—484 (1945).
66. SHCHELKIN, K. I.: By stroc gorenie i spinovaya detonatsiya gazov. (Schnelle Verbrennung und Spindetonation in Gasen.) Moskau: Voenizdat. 1949.
67. DITSENT, V. E., and SHCHELKIN, K. I.: Schnelle Verbrennung in rauhen Rohren. Zh. Fiz. Khim. **19**, 221 (1944).
68. NITSCH, P., und SCHMIDT, N.: Wärmezufuhr bei veränderlicher Mengenstromdichte. DLR-Forschungsbericht 64—31 (1964).
69. PENNER, S. S., and DAVIDOR, W.: Parametric solution of the onedimensional flow equations with heat addition. Proceedings of the 1967 Heat Transfer and Fluid Mechanics Institute, S. 233—246. Stanford: Stanford University Press. 1967.
70. LOH, W. H. T. (Herausgeber): Jet, rocket, nuclear, ion and electric propulsion. Theory and design. Berlin—Heidelberg—New York: Springer. 1968.
71. KRAUSE, S.: Zur eindimensionalen, reibungsfreien, kompressiblen Gasströmung mit Aufheizung und Querschnittsänderung bei besonderer Berücksichtigung des Schalldurchgangs. DLR-Forschungsbericht 67-02 (1967).
72. SHAPIRO, A. H., and HAWTHORNE, W. R.: The mechanics and thermodynamics of steady one-dimensional gas flow. Journ. Appl. Mech. **14**, 317—336 (1947).
73. HICKS, B. L., MONTGOMERY, D. J., and WASSERMANN, R. H.: The one-dimensional theory of steady compressible fluid flow in ducts with friction and heat addition. NACA TN 1336 (1947).
74. OSWATITSCH, K.: Der Lorinantrieb mit besonderer Berücksichtigung des Bereiches hoher Überschallgeschwindigkeit. Göttinger Monographie (1946).
75. OSWATITSCH, K.: Antriebe mit Heizung bei Überschallgeschwindigkeit. DVL-Bericht No. 90 (1959).

IV. Stationäre, räumliche Strömung mit Energiezufuhr

4.1 Grundgleichungen für stationäre, ebene oder achsensymmetrische Strömung mit chemischen Reaktionen

Wir betrachten die stationäre, zweidimensionale oder achsensymmetrische, reibungsfreie Strömung eines reagierenden Gases. Der Einfachheit halber soll die Reaktion wieder durch eine einzige zusätzliche Variable ω charakterisiert werden. Wir kommen damit auf das in Teil I beschriebene Zweisubstanzenmodell zurück, wobei die eine Substanz das unverbrannte Gemisch darstellt (Index U) und die andere Substanz durch die Verbrennungsprodukte (Index V) gegeben ist.

Die *Kontinuitätsbeziehung* für stationäre, ebene Strömung ohne Massenquellen lautet:

$$\frac{\partial(\varrho u)}{\partial x} + \frac{\partial(\varrho v)}{\partial y} + \left\{\frac{\varrho v}{y}\right\} = 0 \tag{4.1a}$$

oder

$$\frac{1}{\varrho}\left(u\,\frac{\partial \varrho}{\partial x} + v\,\frac{\partial \varrho}{\partial y}\right) + \frac{\partial u}{\partial x} + \frac{\partial v}{\partial y} + \left\{\frac{v}{y}\right\} = 0 \tag{4.1b}$$

Dabei sind u und v wieder die Komponenten der Strömungsgeschwindigkeit in x- bzw. y-Richtung. Der Ausdruck in der geschwungenen Klammer bezieht sich nur auf achsensymmetrische Strömung und fällt bei ebener Strömung weg.

Die *Eulerschen Bewegungsgleichungen* haben bei fehlenden Massenkräften zunächst folgende Form:

$$\begin{aligned} u\,\frac{\partial u}{\partial x} + v\,\frac{\partial v}{\partial y} &= -\frac{1}{\varrho}\,\frac{\partial p}{\partial x}, \\ u\,\frac{\partial v}{\partial x} + v\,\frac{\partial v}{\partial y} &= -\frac{1}{\varrho}\,\frac{\partial p}{\partial y}. \end{aligned} \tag{4.2a}$$

Faßt man den Druck p als Funktion von Dichte ϱ, Entropie s und der relativen Massenkonzentration der Reaktionsprodukte ω auf, so können die Eulergleichungen (4.2) wie folgt geschrieben werden:

$$\begin{aligned} u\,\frac{\partial u}{\partial x} + v\,\frac{\partial u}{\partial y} &= -\frac{1}{\varrho}\left(\frac{\partial p}{\partial \varrho}\,\frac{\partial \varrho}{\partial x} + \frac{\partial p}{\partial s}\,\frac{\partial s}{\partial x} + \frac{\partial p}{\partial \omega}\,\frac{\partial \omega}{\partial x}\right), \\ u\,\frac{\partial v}{\partial x} + v\,\frac{\partial v}{\partial y} &= -\frac{1}{\varrho}\left(\frac{\partial p}{\partial \varrho}\,\frac{\partial \varrho}{\partial y} + \frac{\partial p}{\partial s}\,\frac{\partial s}{\partial y} + \frac{\partial p}{\partial \omega}\,\frac{\partial \omega}{\partial y}\right). \end{aligned} \tag{4.2b}$$

Auf die in der Thermodynamik übliche Weise, die bei der partiellen Differentiation festgehaltenen Zustandsgrößen durch Indizes anzugeben, wurde hier verzichtet, um Mißverständnisse durch eine große Zahl von Indizes verschiedenster Bedeutung zu vermeiden.

Die Gleichungen (4.2) gelten noch ganz allgemein ohne Einschränkung hinsichtlich der Art des Gasgemisches. Im folgenden soll jedoch angenommen werden, die beiden Komponenten seien jede für sich ein ideales Gas konstanter spezifischer Wärme. Eine Änderung der Molmasse bzw. der spezifischen Wärmen des Gesamtgemisches entsprechend den Gleichungen (1.98) und (1.99) wird aber zugelassen, falls nicht ausdrücklich anders betont. Das bedeutet, daß mittlere Molmasse und spezifische Wärmen Funktionen der Gemischzusammensetzung sind. Damit gilt für das Gemisch die Zustandsgleichung (1.97) und ihre differenzierte Form (1.100).

Für das weitere soll die Gibbssche Fundamentalgleichung (1.116) mit Hilfe von Gl. (1.104) und der Zustandsgleichung etwas umgeformt werden:

$$\mathrm{d}s = c_v(\omega)\,\frac{\mathrm{d}p}{p} - c_p(\omega)\,\frac{\mathrm{d}\varrho}{\varrho} + c_p(\omega)\left[\frac{s_V - s_U}{c_p(\omega)} - \left(\frac{\mu(\omega)}{\mu_V} - \frac{\mu(\omega)}{\mu_U}\right)\right]\mathrm{d}\omega\,.$$

Daraus folgt unter Berücksichtigung der Gl. (1.133) für die Schallgeschwindigkeit der gefrorenen Strömung c_f sofort

$$\begin{aligned}
\frac{\partial p}{\partial \varrho} &= c_f^2 && (\text{für } s = \text{konst.},\ \omega = \text{konst.}),\\
\frac{\partial p}{\partial s} &= \frac{p}{c_v(\omega)} = \frac{\varrho}{c_p(\omega)}\,c_f^2 && (\text{für } \varrho = \text{konst.},\ \omega = \text{konst.}),\\
\frac{\partial p}{\partial \omega} &= -\varrho c_f^2\left[\frac{s_V - s_U}{c_p(\omega)} - \left(\frac{\mu(\omega)}{\mu_V} - \frac{\mu(\omega)}{\mu_U}\right)\right] && (\text{für } \varrho = \text{konst.},\ s = \text{konst.}).
\end{aligned} \tag{4.3}$$

Damit erhalten die Eulerschen Bewegungsgleichungen ihre endgültige Form:

$$\begin{aligned}
u\,\frac{\partial u}{\partial x} + v\,\frac{\partial u}{\partial y} &= -c_f^2\left\{\frac{1}{\varrho}\,\frac{\partial \varrho}{\partial x} + \frac{1}{c_p(\omega)}\,\frac{\partial s}{\partial x} - \left[\frac{s_V - s_U}{c_p(\omega)} - \left(\frac{\mu(\omega)}{\mu_V} - \frac{\mu(\omega)}{\mu_U}\right)\right]\frac{\partial \omega}{\partial x}\right\},\\
u\,\frac{\partial v}{\partial x} + v\,\frac{\partial v}{\partial y} &= -c_f^2\left\{\frac{1}{\varrho}\,\frac{\partial \varrho}{\partial y} + \frac{1}{c_p(\omega)}\,\frac{\partial s}{\partial y} - \left[\frac{s_V - s_U}{c_p(\omega)} - \left(\frac{\mu(\omega)}{\mu_V} - \frac{\mu(\omega)}{\mu_U}\right)\right]\frac{\partial \omega}{\partial y}\right\}.
\end{aligned} \tag{4.4}$$

Das Auftauchen der Schallgeschwindigkeit c_f in den Gleichungen (4.4) darf nicht zu der irrtümlichen Annahme verleiten, daß es sich hier um gefrorene Strömung handelt.

Kann man die Änderung der Molmasse μ vernachlässigen, so vereinfachen sich die Gleichungen (4.4) zu:

$$\begin{aligned}
u\,\frac{\partial u}{\partial x} + v\,\frac{\partial u}{\partial y} &= -c_f^2\left[\frac{1}{\varrho}\,\frac{\partial \varrho}{\partial x} + \frac{1}{c_p}\,\frac{\partial s}{\partial x} - \frac{(s_V - s_U)}{c_p}\,\frac{\partial \omega}{\partial x}\right],\\
u\,\frac{\partial v}{\partial x} + v\,\frac{\partial v}{\partial y} &= -c_f^2\left[\frac{1}{\varrho}\,\frac{\partial \varrho}{\partial x} + \frac{1}{c_p}\,\frac{\partial s}{\partial y} - \frac{(s_V - s_U)}{c_p}\,\frac{\partial \omega}{\partial y}\right].
\end{aligned} \tag{4.5}$$

Bei der hier angewandten Betrachtungsweise des Zweisubstanzenmodells wird die chemische Reaktion als ein innerer Vorgang angesehen (Abschn. 1.16), dem Strömungsfeld also von außen keine Wärme zugeführt. Damit wird der *Energiesatz* sehr einfach:

$$u \frac{\partial}{\partial x}\left(\frac{W^2}{2} + i\right) + v \frac{\partial}{\partial y}\left(\frac{W^2}{2} + i\right) = 0 \tag{4.6}$$

oder

$$\frac{W^2}{2} + i = \frac{W_0^2}{2} + i_0 = \text{konst. längs Stromlinien.} \tag{4.7}$$

W bedeutet den Betrag des Geschwindigkeitsvektors. Die Enthalpie i ist hier in ihrer erweiterten Form im Sinne der Gleichungen (1.106) bzw. (1.108) zu verstehen. Der Index 0 kennzeichnet einen Bezugszustand vor der Reaktion.

Hat $(W_0^2/2 + i_0)$ auf allen Stromlinien den gleichen Wert, so spricht man von *isoenergetischer Strömung*.

Das Gleichungssystem ist erst vollständig, wenn ω durch ein Reaktionsgesetz bekannt ist. Dieses könnte z. B. folgende Form haben:

$$u \frac{\partial \omega}{\partial x} + v \frac{\partial \omega}{\partial y} = \text{Konst.}\ \omega^n p^{n-1}\, e^{-\frac{E}{RT}}. \tag{4.8}$$

n bedeutet hier wieder die Ordnung der Reaktion.

Die Grundgleichungen (4.1), (4.4) und (4.7) ergeben zusammen mit einem Reaktionsgesetz (4.8) fünf Gleichungen für fünf Unbekannte. Das sind die beiden Geschwindigkeitskomponenten u und v sowie drei unabhängige thermodynamische Variable. Zum Unterschied von der gewöhnlichen Gasdynamik ist die Entropie in einem stoßfreien Feld längs Stromlinien nicht mehr konstant, sondern ändert sich infolge der chemischen Reaktion.

Addiert man die mit u und v multiplizierten Eulerschen Gleichungen (4.4), so kann mittels der Kontinuitätsbedingung (4.1b) die Dichte ϱ eliminiert werden, und es ergibt sich die sogenannte *gasdynamische Gleichung* in ihrer erweiterten Form für eine Strömung mit chemischen Reaktionen.

$$\left(1 - \frac{u^2}{c_f^2}\right)\frac{\partial u}{\partial x} + \left(1 - \frac{v^2}{c_f^2}\right)\frac{\partial v}{\partial y} - \frac{uv}{c_f^2}\left(\frac{\partial v}{\partial x} + \frac{\partial u}{\partial y}\right) + \left\{\frac{v}{y}\right\}$$
$$= \frac{1}{c_p(\omega)}\left(u \frac{\partial s}{\partial x} + v \frac{\partial s}{\partial y}\right) - \left[\frac{s_V - s_U}{c_p(\omega)} - \left(\frac{\mu(\omega)}{\mu_V} - \frac{\mu(\omega)}{\mu_U}\right)\right]\left(u \frac{\partial \omega}{\partial x} + v \frac{\partial \omega}{\partial y}\right). \tag{4.9}$$

Die Erweiterung der Gleichungen auf räumliche Strömung oder auf ein kompliziertes Reaktionsmodell ist ohne grundsätzliche Schwierigkeiten möglich.

4.2 Der verallgemeinerte Croccosche Wirbelsatz

Der bekannte Croccosche Wirbelsatz [1], der in allen einschlägigen Lehrbüchern der Gasdynamik behandelt wird, soll hier auf den Fall einer Strömung mit chemischen Reaktionen erweitert werden. Die Voraussetzungen des vorangehenden Abschnittes werden beibehalten, zusätzlich wird Isoenergie angenommen. Die Ruheenthalpie $W_0^2/2 + i_0$ ändert sich dann von Stromlinie zu Stromlinie nicht.

Wir gehen von den Eulergleichungen (4.2) aus und betrachten p als Funktion von Enthalpie i, Entropie s und der Konzentration ω. Sie nehmen dann wegen (1.116) und unter Berücksichtigung von $w^2 = u^2 + v^2$ folgende Gestalt an:

$$\begin{aligned} \frac{\partial}{\partial x}\left(\frac{W^2}{2}\right) - v\left(\frac{\partial v}{\partial x} - \frac{\partial u}{\partial y}\right) &= -\frac{\partial i}{\partial x} + T\frac{\partial s}{\partial x} + (g_V - g_U)\frac{\partial \omega}{\partial x}, \\ \frac{\partial}{\partial y}\left(\frac{W^2}{2}\right) + u\left(\frac{\partial v}{\partial x} - \frac{\partial u}{\partial y}\right) &= -\frac{\partial i}{\partial y} + T\frac{\partial s}{\partial y} + (g_V - g_U)\frac{\partial \omega}{\partial y}. \end{aligned} \tag{4.10}$$

Für Isoenergie gilt somit:

$$\begin{aligned} -v\left(\frac{\partial v}{\partial x} - \frac{\partial u}{\partial y}\right) &= T\frac{\partial s}{\partial x} + (g_V - g_U)\frac{\partial \omega}{\partial x}, \\ u\left(\frac{\partial v}{\partial x} - \frac{\partial u}{\partial y}\right) &= T\frac{\partial s}{\partial y} + (g_V - g_U)\frac{\partial \omega}{\partial y}. \end{aligned} \tag{4.11}$$

Nach Subtraktion der mit v multiplizierten ersten Gleichung (4.11) von der mit u multiplizierten zweiten Gleichung erhalten wir:

$$W^2\left(\frac{\partial v}{\partial x} - \frac{\partial u}{\partial y}\right) = T\left(u\frac{\partial s}{\partial y} - v\frac{\partial s}{\partial x}\right) + (g_V - g_U)\left(u\frac{\partial \omega}{\partial y} - v\frac{\partial \omega}{\partial x}\right). \tag{4.12}$$

Dies ist der *Wirbelsatz* von Crocco in seiner erweiterten Form für Strömungen mit chemischen Reaktionen. Bei Reaktionen in chemischem Gleichgewicht verschwindet das letzte Glied auf der rechten Seite der Gleichungen (4.11). Für dreidimensionale Strömungen kann ganz allgemein geschrieben werden:

$$\vec{w} \times \operatorname{rot} \vec{w} = -T \operatorname{grad} s - (g_V - g_U) \operatorname{grad} \omega.$$

Eine ähnliche Form findet sich bereits bei A. Vazsonyi [2].

Aus (4.11) bzw. (4.12) ergibt sich die Schlußfolgerung, daß eine Strömung mit chemischer Reaktion im allgemeinen Wirbel hat. Dies gilt für alle stationären, reibungsfreien, isoenergetischen Strömungen.

4.3 Übergang zur Strömung mit Wärmequellen

Ersetzen wir die chemische Reaktion durch Wärmequellen, so führt dies zu besonders einfachen Gleichungen, d. h. die Verbrennung wird lediglich als eine Wärmezufuhr in der Strömung dargestellt. Diese soll auf eine Weise vorgegeben werden, daß sie die Verbrennung möglichst gut annähert. Die Änderung der Gemischzusammensetzung wird dabei vernachlässigt, ebenso die Temperaturabhängigkeit der spezifischen Wärmen und anderer Stoffeigenschaften. In vielen

Fällen können auch mit einer solchen Theorie die wesentlichen Effekte erfaßt werden. Der Vorteil liegt vor allem darin, daß man unabhängig wird von einer speziellen chemischen Reaktion. Freilich geht dabei insbesondere die Kopplung zwischen Reaktion und Strömungszustand verloren.

Wenn, wie bisher, Massenquellen und äußere Kräfte fehlen, können wir die Kontinuitätsbeziehung (4.1a) bzw. (4.1b) sowie die Eulerschen Gleichungen in ihrer Form (4.2a) direkt aus dem Abschnitt 4.1 übernehmen. Da sich die Zusammensetzung des strömenden Mediums nicht ändert, genügen bei gegebener Wärmezufuhr zur Beschreibung des thermischen Zustandes, wie in der klassischen Gasdynamik, zwei unabhängige thermodynamische Variable. Damit können wir für die Eulergleichungen anstelle von (4.4) bzw. (4.10) schreiben:

$$\begin{aligned} u\frac{\partial u}{\partial x} + v\frac{\partial u}{\partial y} &= -c^2\left(\frac{1}{\varrho}\frac{\partial \varrho}{\partial x} + \frac{1}{c_p}\frac{\partial s}{\partial x}\right) = -\frac{\partial i}{\partial x} + T\frac{\partial s}{\partial x}, \\ u\frac{\partial v}{\partial x} + v\frac{\partial v}{\partial y} &= -c^2\left(\frac{1}{\varrho}\frac{\partial \varrho}{\partial y} + \frac{1}{c_p}\frac{\partial s}{\partial y}\right) = -\frac{\partial i}{\partial y} + T\frac{\partial s}{\partial y}. \end{aligned} \tag{4.13}$$

Die Schallgeschwindigkeit c ist jetzt mit der gefrorenen Schallgeschwindigkeit c_f identisch, und die Enthalpie i entspricht dem früheren thermischen Anteil i_{th} (siehe Gleichung (1.108)).

Im Energiesatz findet sich auf der rechten Seite ein Term für die Wärmequellen $q(x, y)$:

$$u\frac{\partial}{\partial x}\left(\frac{W^2}{2} + i\right) + v\frac{\partial}{\partial y}\left(\frac{W^2}{2} + i\right) = u\frac{\partial q}{\partial x} + v\frac{\partial q}{\partial y} \tag{4.14}$$

oder

$$\frac{W^2}{2} + i - q = \frac{W_0^2}{2} + i_0 = \text{konst. längs Stromlinien.} \tag{4.15}$$

Die gasdynamische Gleichung kann wegen $\omega =$ konst. ebenfalls ohne Ableitung direkt aus der Gleichung (4.9) gewonnen werden:

$$\left(1 - \frac{u^2}{c^2}\right)\frac{\partial u}{\partial x} + \left(1 - \frac{v^2}{c^2}\right)\frac{\partial v}{\partial y} - \frac{uv}{c^2}\left(\frac{\partial v}{\partial x} + \frac{\partial u}{\partial y}\right) + \left\{\frac{v}{y}\right\} = \frac{1}{c_p}\left(u\frac{\partial s}{\partial x} + v\frac{\partial s}{\partial y}\right). \tag{4.16}$$

Auf der rechten Seite der Gleichung steht die Änderung der Entropie infolge der Energiezufuhr. Der Zusammenhang zwischen Entropie und Wärmezufuhr ist aber durch den II. Hauptsatz der Thermodynamik (1.64) gegeben, welcher jetzt die Form hat:

$$T\left(u\frac{\partial s}{\partial x} + v\frac{\partial s}{\partial y}\right) = u\frac{\partial q}{\partial x} + v\frac{\partial q}{\partial y}, \tag{4.17}$$

und damit gilt für die gasdynamische Gleichung:

$$\left(1 - \frac{u^2}{c^2}\right)\frac{\partial u}{\partial x} + \left(1 - \frac{v^2}{c^2}\right)\frac{\partial v}{\partial y} - \frac{uv}{c^2}\left(\frac{\partial v}{\partial x} + \frac{\partial u}{\partial y}\right) = \frac{1}{c_pT}\left(u\frac{\partial q}{\partial x} + v\frac{\partial q}{\partial y}\right). \tag{4.16a}$$

Unter der Voraussetzung von Isoenergie kann eine Verallgemeinerung des Croccoschen Wirbelsatzes für Strömung mit Wärmequellen aus Gl. (4.11) durch Nullsetzen der letzten Glieder sofort angegeben werden:

$$
\begin{aligned}
-v\left(\frac{\partial v}{\partial x}-\frac{\partial u}{\partial y}\right) &= T\frac{\partial s}{\partial x}-\frac{\partial q}{\partial x}, \\
u\left(\frac{\partial v}{\partial x}-\frac{\partial u}{\partial y}\right) &= T\frac{\partial s}{\partial y}-\frac{\partial q}{\partial y}
\end{aligned}
\qquad (4.18)
$$

Oder allgemein für räumliche Strömung hat man:

$$\vec{w} \times \operatorname{rot} \vec{w} = -T \operatorname{grad} s - \operatorname{grad} q. \qquad (4.19)$$

Das hier angegebene Gleichungssystem für Strömung mit Wärmequellen wurde von J. Zierep in [3] abgeleitet. Es kann ebenso wie das Gleichungssystem im vorhergehenden Abschnitt leicht auf räumliche Strömung erweitert werden.

4.4 Gleichungen für schiefe, stationäre Reaktionsfronten

In vielen Fällen ist auch in der ebenen Strömung die Wärmezufuhr auf geraden Fronten wegen ihrer Einfachheit besonders zweckmäßig. Wir kommen damit zum Begriff der *Schiefen Reaktionsfront.*

Reaktionsfronten werden im allgemeinen, ähnlich wie Verdichtungsstöße, nicht senkrecht zur Strömungsrichtung liegen, sondern irgendwie dazu geneigt sein. Dabei wird die Strömung, ebenso wie beim schiefen Verdichtungsstoß, innerhalb der Front abgelenkt (Abb. 4.1). Es gelten sinngemäß alle Voraussetzungen, wie sie im Teil III bei der senkrechten, stationären Reaktionsfront eingeführt wurden.

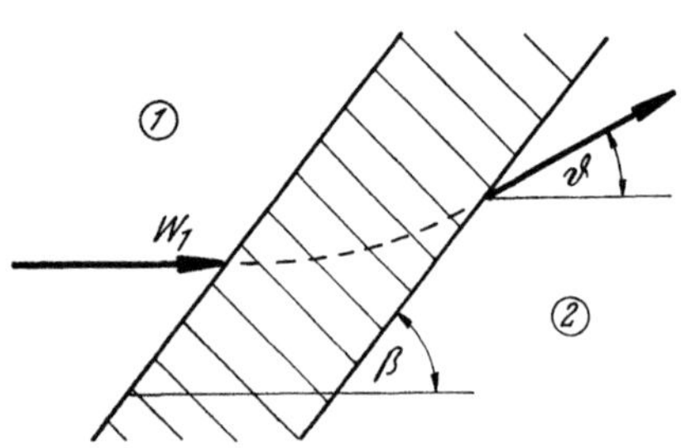

Abb. 4.1 Schiefe Reaktionsfront (schematisch)

Zu den ersten Arbeiten, welche sich mit schiefen Reaktionsfronten befassen, gehören die von D. G. Samaras [4], F. W. Ross [5], J. Rutkowski und J. A. Nicholls [6] sowie von R. A. Gross [7]. Sie entstanden zumeist in Hinblick auf stehende Detonationswellen, auf die wir später noch zurückkommen werden.

Weitere theoretische Untersuchungen stammen von L. H. TOWNEND [8] und vom Verfasser [9].

Die Ableitung der Gleichungen für die Zustandsänderungen an schiefen Reaktionsfronten könnte, ausgehend von den Erhaltungssätzen, analog zum Abschn. 3.2 erfolgen. Sie können jedoch unter Verwendung der Gleichungen für die senkrechte Front (3.4) sofort hingeschrieben werden, wenn man sich folgendes überlegt:

Überlagert man dem Strömungsfeld einer senkrechten Reaktionsfront eine gleichförmige Geschwindigkeit w_t parallel zur Front (Abb. 4.2), so ergibt sich eine resultierende Geschwindigkeit w_1, die mit der Front, je nach Größe von w_t, jeden beliebigen Winkel β einschließen kann. Durch diese Überlagerung ist die senkrechte Reaktionsfront zu einer schiefen geworden.

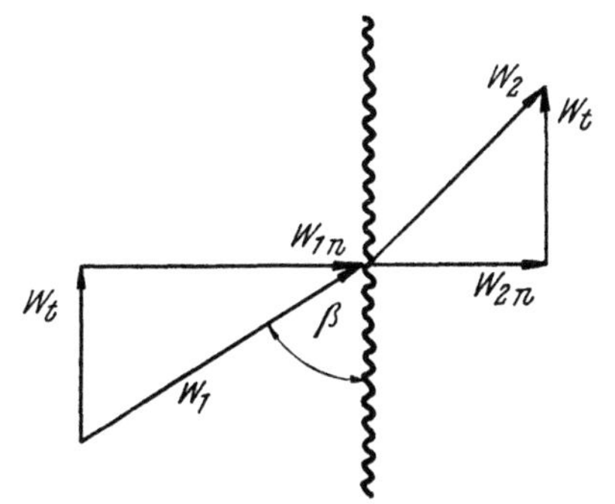

Abb. 4.2 Senkrechte, stationäre Reaktionsfront in einem bewegten System

Es gelten die im Teil III abgeleiteten Beziehungen, wenn man dort die Geschwindigkeitsbeiträge durch die entsprechenden Normalkomponenten ersetzt.

Aus dem Impulssatz in Richtung parallel zur Front

$$\varrho_1 w_{1t} w_{1n} = \varrho_2 w_{2t} w_{2n} \tag{4.20}$$

folgt wegen der Kontinuitätsbedingung

$$\varrho_1 w_{1n} = \varrho_2 w_{2n}, \tag{4.21}$$

daß sich die Tangentialkomponente der Geschwindigkeit nicht ändert:

$$w_{2t} = w_{1t} = w_t. \tag{4.22}$$

Normal- und Tangentialkomponente der Anströmgeschwindigkeit sind gegeben durch:

$$w_{1n} = w_1 \sin\beta, \qquad w_{1t} = w_t = w_1 \cos\beta, \tag{4.23}$$

wenn β der Winkel zwischen Front und Anströmrichtung ist.

Tauschen wir die Geschwindigkeitsbeträge in den Gleichungen (3.4) für die senkrechte Reaktionsfront gegen die entsprechenden Normalkomponenten aus, so erhalten wir schließlich die neuen Gleichungen für die schiefe Reaktionsfront:

$$\frac{p_2}{p_1} = 1 + \frac{\varkappa}{\varkappa + 1}\left[(M_1^2 \sin^2\beta - 1) \pm \sqrt{(M_1^2 \sin^2\beta^2 - 1)^2 - 2(\varkappa + 1)\, M_1^2 \sin^2\beta \frac{q}{c_p T_1}}\right],$$

$$\frac{\varrho_1}{\varrho_2} = \frac{w_{2n}}{w_{1n}} = 1 - \frac{1}{(\varkappa + 1)\, M_1^2 \sin^2\beta}\left[(M_1^2 \sin^2\beta - 1) \pm \sqrt{(M_1^2 \sin^2\beta - 1)^2 - 2(\varkappa + 1)\, M_1^2 \sin^2\beta \frac{q}{c_p T_1}}\right], \tag{4.24}$$

$$\frac{T_2}{T_1} = \left(\frac{c_2}{c_1}\right)^2 = \frac{p_2}{p_1}\frac{\varrho_1}{\varrho_2},$$

$$M_2^2 = \left\{M_1^2 + \left[\left(\frac{\varrho_1}{\varrho_2}\right)^2 - 1\right] M_1^2 \sin^2\beta\right\}\frac{p_1}{p_2}\frac{\varrho_2}{\varrho_1}.$$

Der Zustand hinter der Reaktionsfront hängt nun außer vom Anströmzustand und von der zugeführten Wärmemenge auch noch vom Neigungswinkel β derselben ab. Der Ausdruck $M_1 \sin\beta$ in den Gleichungen (4.24) ist nichts anderes als die mit der Normalkomponente der Anströmgeschwindigkeit gebildete Machzahl M_{1n}.

$$M_{1n} = \frac{w_{1n}}{c_1} = \frac{w_1}{c_1}\sin\beta = M_1 \sin\beta. \tag{4.25}$$

Die thermodynamischen Größen sind bewegungsinvariant, d. h. sie bleiben in jedem Bezugssystem unverändert. Maßgebend ist daher nur die Normalkomponente der Machzahl M_{1n}.

Für ideales Gas konstanter spezifischer Wärme erhält man für die Ruhegrößen:

$$\frac{T_{02}}{T_{01}} = 1 + \frac{\frac{q}{c_p T_1}}{\left(1 + \frac{\varkappa - 1}{2} M_1^2 \sin^2\beta\right)},$$

$$\frac{p_{02}}{p_{01}} = \left(\frac{p_2}{p_1}\right)^{-\frac{1}{\varkappa-1}} \left(\frac{\varrho_1}{\varrho_2}\right)^{-\frac{\varkappa}{\varkappa-1}} \left(\frac{T_{02}}{T_{01}}\right)^{\frac{\varkappa}{\varkappa-1}}, \tag{4.26}$$

$$\frac{\varrho_{02}}{\varrho_{01}} = \left(\frac{p_2}{p_1}\right)^{-\frac{1}{\varkappa-1}} \left(\frac{\varrho_1}{\varrho_2}\right)^{-\frac{\varkappa}{\varkappa-1}} \left(\frac{T_{02}}{T_{01}}\right)^{\frac{1}{\varkappa-1}}.$$

4.5 Ablenkungswinkel der Strömung

Da sich die Tangentialkomponente der Geschwindigkeit nicht ändert, die Normalkomponenten jedoch verschieden groß sind, muß eine plötzliche Richtungsänderung der resultierenden Geschwindigkeit eintreten. Der Ablenkungswinkel der Strömung sei ϑ (Abb. 4.1).

Die Richtung der Ablenkung hängt von der Größe der Normalkomponente der Anströmgeschwindigkeit w_{1n} bzw. von der entsprechenden Machzahl M_{1n} ab (Abb. 4.3).

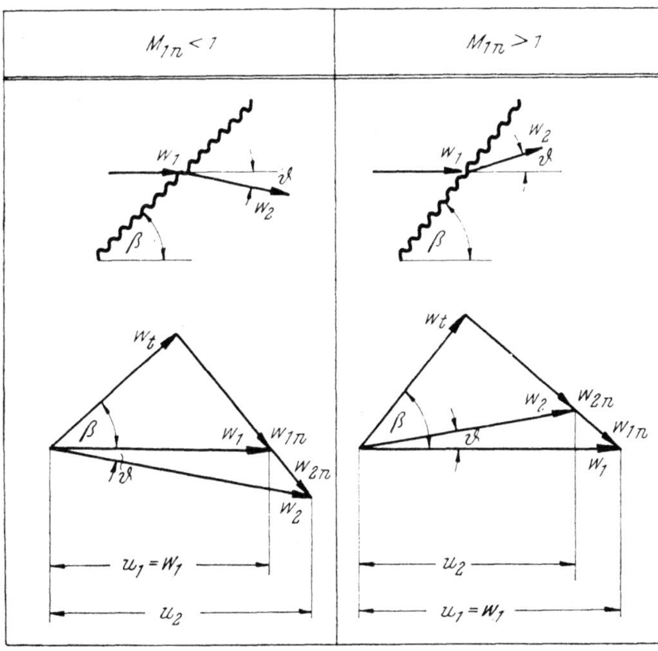

Abb. 4.3 Ablenkungswinkel der Strömung

Bei *Überschallnormalkomponente** ($M_{1n} > 1$) wird die Strömung verzögert. Dies bedeutet eine Ablenkung der Strömung zur Front hin (Abb. 4.3). Bei *Unterschallnormalkomponente* ($M_{1n} < 1$) wird die Strömung beschleunigt. Die Ablenkung derselben erfolgt in entgegengesetzter Richtung.

Die Größe des Ablenkungswinkels ϑ ist durch die Gleichung

$$\operatorname{tg} \vartheta = \frac{\left(1 - \frac{\varrho_1}{\varrho_2}\right)}{\left(1 + \frac{\varrho_1}{\varrho_2} \operatorname{tg}^2 \beta\right)} \operatorname{tg} \beta \qquad (4.27)$$

* Wenn im weiteren von „Überschallnormalkomponente" oder „Unterschallnormalkomponente" die Rede ist, so soll darunter immer die Normalkomponente der Anströmgeschwindigkeit verstanden werden.

gegeben. Gl. (4.27) gilt sowohl für $M_{1n} > 1$ als auch für $M_{1n} < 1$. Da sie allein aus den Gleichungen (4.21) und (4.22) folgt, ist sie sehr allgemein. Per Definition ist ϑ negativ, wenn die Geschwindigkeit W_2 nach unten gerichtet ist (Abb. 4.3), also im Fall der Unterschallnormalkomponente.

4.6 Schiefe Unter- und Überschallreaktionsfront

Entscheidend für den Einfluß einer schiefen Reaktionsfront auf die Strömung ist nicht die resultierende Anströmgeschwindigkeit w_1, sonderen deren Normalkomponente w_{1n} bzw. die zugehörige Machzahl M_{1n}.

Ist $M_{1n} > 1$, so nehmen Druck und Dichte an der Reaktionsfront zu, die Geschwindigkeit nimmt ab. Ist $M_{1n} < 1$, nehmen umgekehrt Druck und Dichte ab, die Geschwindigkeit nimmt zu. Im ersten Fall spricht man von einer *Überschallreaktionsfront*, im zweiten Fall von einer *Unterschallreaktionsfront*.

Definitionsgemäß soll aber grundsätzlich jede Verbrennung, die mit Überschallgeschwindigkeit angeströmt wird, als *Überschallverbrennung* bezeichnet werden. Eine Unterschallreaktionsfront ($M_{1n} < 1$) kann immer noch mit Überschallgeschwindigkeit ($M_1 > 1$) angeströmt werden, wenn der Reaktionsfrontwinkel β entsprechend klein ist. Auch dann ist dies immer noch eine Überschallverbrennung, obwohl es sich dabei, reaktionskinetisch gesehen, um eine Unterschallreaktion handelt. Auf diese Weise wird eine stoßfreie Überschallverbrennung eigentlich überhaupt erst möglich.

Eine klare Unterscheidung dieser Begriffe ist äußerst wichtig und wird in der Literatur leider nicht immer genügend beachtet. Wegen ihrer Bedeutung sind die Definitionen nochmals in Tabelle IV.1 zusammengefaßt:

Tabelle IV. 1

Unterschallverbrennung	$M_1 < 1$
Überschallverbrennung	$M_1 > 1$
Unterschallreaktionsfront	$M_{1n} < 1$
Überschallreaktionsfront	$M_{1n} > 1$

Der Unterschied zwischen einer Unterschall- und einer Überschallreaktionsfront, wobei sich die erstere in einer Überschallströmung befindet, ist in Abb. 4.4 deutlich zu sehen. Die *Unterschallreaktionsfront* verläuft flacher als die Machlinien

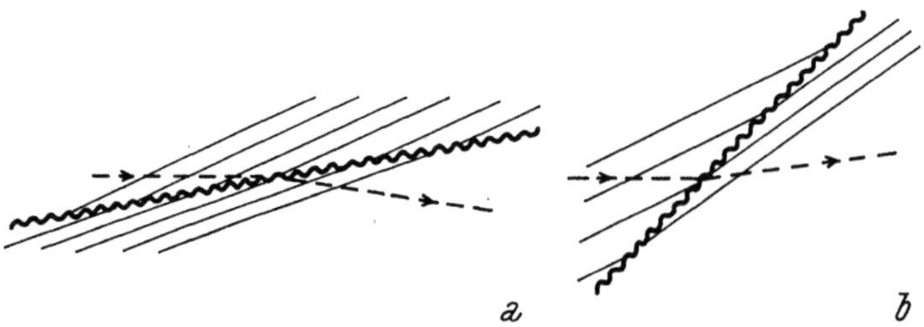

Abb. 4.4 Unterschallreaktionsfront (a) und Überschallreaktionsfront (b).
——— Machlinien, – – – Stromlinien, ∿∿∿ Reaktionsfront

davor, die Stromlinie wird von der Front weg abgelenkt, die Strömung wird beschleunigt.

Charakteristisch für die Unterschallreaktionsfront ist ferner die Vorwärtswirkung derselben. Die *Überschallreaktionsfront* ist steiler als die Machlinien davor, die Stromlinie wird zur Front hin abgelenkt, die Strömung wird verzögert. Eine Wirkung der Reaktionsfront stromaufwärts ist nicht möglich.

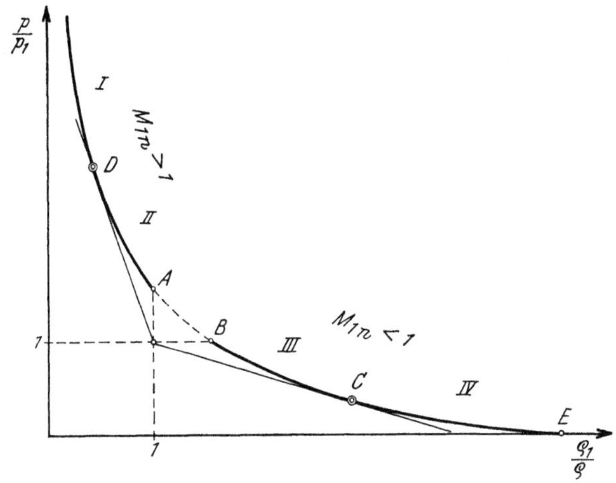

Abb. 4.5 Hugoniot-Kurve für schiefe eine Reaktionsfront

Als rein thermodynamische Beziehung gilt die *Hugoniot-Gleichung* (3.22) unverändert auch für schiefe Reaktionsfronten. Die *Hugoniot-Kurve* mit ihren verschiedenen Bereichen, wie sie in Abb. 3.7 dargestellt wurde, kann für den Fall der schiefen Front direkt übernommen werden, wenn man dort die Machzahl M_1 durch M_{1n} ersetzt (Abb. 4.5). Ähnliches gilt sinngemäß für die Überlegungen, die einzelnen Bereiche und deren physikalische Realisierbarkeit betreffend und somit auch für Tab. III.2.

Die Gleichung für die Rayleigh-Gerade hat aber jetzt die Form:

$$\frac{p}{p_1} = 1 + \varkappa M_1^2 \sin^2 \beta \left(1 - \frac{\varrho_1}{\varrho}\right). \tag{4.28}$$

Ihre Neigung ist außer von der Anströmmachzahl auch noch vom Reaktionsfrontwinkel β abhängig.

4.7 Der schiefe Verdichtungsstoß als Sonderfall $q = 0$

Ähnlich wie bei der senkrechten Reaktionsfront kann man auch bei der schiefen im Grenzfall verschwindender Wärmezufuhr zum gewöhnlichen, adiabatischen Verdichtungsstoß gelangen.

Für $q = 0$ gehen die Gleichungen (4.24) bei der Überschallreaktionsfront ($M_{1n} > 1$) mit dem oberen Vorzeichen (+) in die bekannten Gleichungen für den stationären, schiefen Verdichtungsstoß über, mit dem unteren Vorzeichen (−) ergeben sich die Identitäten $p_2 = p_1$, $\varrho_2 = \varrho_1$ usw. Bei der Unterschallreaktionsfront ($M_{1n} < 1$) erhält man mit dem oberen Vorzeichen (+) die Identitäten und mit dem unteren (−) die Gleichungen für den schiefen Verdünnungsstoß. Letzterer ist, ebenso wie der senkrechte Verdünnungsstoß, wegen seines Widerspruches zum 2. Hauptsatz der Thermodynamik unmöglich.

$$\frac{p_2}{p_1} = 1 + \frac{2\varkappa}{\varkappa + 1}\,(M_1^2 \sin^2\beta - 1),$$
$$\frac{\varrho_1}{\varrho_2} = \frac{1}{M_1^2 \sin^2\beta}\left[1 + \frac{\varkappa - 1}{\varkappa + 1}\,(M_1^2 \sin^2\beta - 1)\right], \tag{4.29}$$
$$\frac{T_2}{T_1} = \left(\frac{c_2}{c_1}\right)^2 = \frac{p_2}{p_1}\,\frac{\varrho_1}{\varrho_2}.$$

Die Gleichung (4.27) für den Ablenkungswinkel der Strömung gilt unverändert auch für den schiefen Verdichtungsstoß.

Die Tabelle III.1, welche die möglichen Fälle bei $q = 0$ für die senkrechte Front zusammenfaßt, gilt ebenfalls, wenn man sich die Anströmmachzahl M_1 durch die Machzahl der Normalkomponente M_{1n} ersetzt denkt. Bei den Größen des Ruhezustandes wird das Verhältnis der Ruhetemperaturen eins.

4.8 Kritische Wärmezufuhr bei schiefen Reaktionsfronten

Von grundsätzlichem Interesse ist auch bei der schiefen Reaktionsfront die kritische Wärmezufuhr. Das ist jene Wärmemenge, bei welcher der Zustand vor der Front gerade noch aufrechterhalten werden kann. Dieser Grenzzustand wird, wie bei der senkrechten Front, „*Chapman-Jouguet-Zustand*" genannt.

Betrachtet man die Gleichungen (4.24), so sieht man, daß bei gegebener Machzahl M_1 und festliegendem Frontneigungswinkel ein Maximalwert für die zugeführte Wärmemenge existiert, nämlich die *kritische Wärmemenge* q_{krit}. Diese ergibt sich somit durch Nullsetzen der Wurzelausdrücke zu:

$$\frac{q_{\text{krit}}}{c_p T_1} = \frac{1}{2(\varkappa + 1)}\,\frac{(M_1^2 \sin^2\beta - 1)^2}{M_1^2 \sin^2\beta}. \tag{4.30}$$

Für die Zustandsänderungen im kritischen Zustand (choking) erhalten wir:

$$\frac{p_2}{p_1} = 1 + \frac{\varkappa}{\varkappa + 1}\,(M_1^2 \sin^2\beta - 1),$$
$$\frac{\varrho_1}{\varrho_2} = \frac{1}{M_1^2 \sin^2\beta}\left[1 + \frac{\varkappa}{\varkappa + 1}(M_1^2 \sin^2\beta - 1)\right],$$
$$\frac{T_2}{T_1} = \left(\frac{c_2}{c_1}\right)^2 = \frac{1}{M_1^2 \sin^2\beta}\left[1 + \frac{\varkappa}{\varkappa + 1}\,(M_1^2 \sin^2\beta - 1)\right]^2, \tag{4.31}$$
$$M_2^2 = 1 + \frac{1}{4}\,\frac{M_1^2 \sin^2\beta}{\left[1 + \frac{\varkappa}{\varkappa + 1}\,(M_1^2 \sin^2\beta - 1)\right]^2}$$

und schließlich für den Ablenkungswinkel ϑ:

$$\operatorname{cotg}\vartheta = \left[\frac{(\varkappa + 1)\, M_1^2}{(M_1^2 \sin^2\beta - 1)} - 1\right] \operatorname{tg}\beta\,. \tag{4.32}$$

Selbstverständlich hätten wir diese Gleichungen direkt aus jenen für den kritischen Zustand der senkrechten Reaktionsfront erhalten können, wenn wir dort den Betrag der Geschwindigkeiten durch die entsprechende Normalkomponente ersetzt hätten.

Charakteristisch für den kritischen Zustand einer schiefen Reaktionsfront ist, daß die *Normalkomponente* der Geschwindigkeit hinter der Front gleich der örtlichen Schallgeschwindigkeit ist.

$$M_{2n} = \frac{w_{2n}}{c_2} = 1\,. \tag{4.33}$$

Die Bedingung (4.33) gilt sowohl für Unterschall- als auch für Überschallreaktionsfronten.

Wegen des großen Interesses, welches der kritische Zustand in Hinblick auf die Theorie der Detonation besitzt, wurden von G. JOYCE und L. H. TOWNEND [10] ausführliche Tabellen für den Überschallfall veröffentlicht.

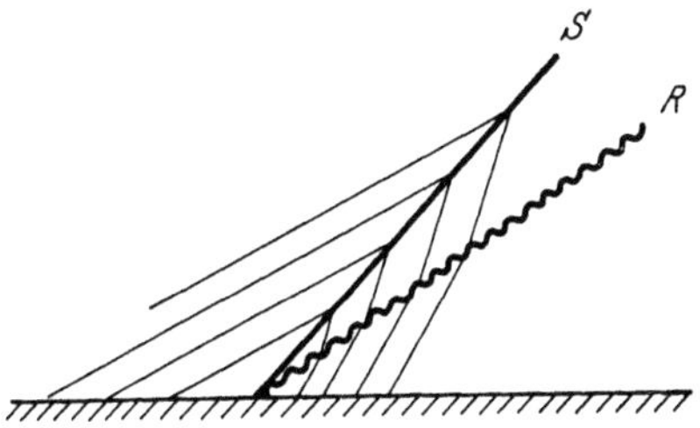

Abb. 4.6 Überkritische Wärmezufuhr bei einer Reaktionsfront an einer Wand

Wird die kritische Wärmemenge überschritten, so wird sich bei *Unterschallanströmung* der Zustand vor der Reaktionsfront ändern. Dies ist nicht weiter problematisch, da ja in diesem Falle eine Vorwärtswirkung immer besteht. Im Falle der *Überschallanströmung* wird sich vor der Reaktionsfront ein Verdichtungsstoß ausbilden (Abb. 4.6). Durch diesen wird die Strömungsgeschwindigkeit auf Unterschallgeschwindigkeit herabgesetzt, und man hat nun wieder eine Unterschallreaktion mit einer Vorwärtswirkung. So gesehen besteht keinerlei Beschränkung der Wärmezufuhr.

4.9 Kritischer Reaktionsfrontneigungswinkel

In Abschn. 4.8 wurde bei gegebener Anströmmachzahl M_1 und bei einem bestimmten Reaktionsfrontneigungswinkel β die maximale zuführbare Wärmemenge berechnet, ohne daß sich der Zustand vor der Reaktionsfront ändert. Wir können aber auch für gegebene, festliegende Machzahl M_1 und Wärmezufuhr q

nach den Grenzwerten des Neigungswinkels β fragen, den eine stationäre, schiefe Reaktionsfront einnehmen kann.

Zunächst werden wir ganz allgemein zwei Grenzwinkel haben, nämlich $\beta = 90°$ und $\beta = 0°$. Der erste Fall ist jener der senkrechten Reaktionsfront, der zweite ist physikalisch nicht realisierbar, da Front und Anströmrichtung parallel sind.

Es gibt jedoch noch zwei weitere Grenzwinkel, nämlich die Winkel $\beta_{\text{krit}\,1}$ und $\beta_{\text{krit}\,2}$, die sich aus der Gleichung (4.29) ergeben:

$$\sin \beta_{\text{krit}\,1.2} = \frac{1}{M_1}\left(\sqrt{\frac{\varkappa+1}{2}\,\frac{q}{c_p T_1}} \pm \sqrt{1+\frac{\varkappa+1}{2}\,\frac{q}{c_p T_1}}\right) = \frac{1}{M_1}\,F(q). \tag{4.34}$$

Diese *kritischen Reaktionsfrontneigungswinkel* dürfen nicht unter- bzw. überschritten werden, wenn sich die Strömung vor der Reaktionsfront nicht auf vorhin beschriebene Weise ändern soll.

Tragen wir $F(q)$ als Funktion der dimensionslosen Wärmezufuhr $q/c_p T_1$ auf, so erhalten wir eine Kurve, die mit jener der Abb. 3.4 identisch ist. Wegen der bekannten Beziehung für den Machwinkel α

$$\sin \alpha = \frac{1}{M_1}, \tag{4.35}$$

ist

$$F(q) = \frac{\sin \beta_{\text{krit}}}{\sin \alpha}. \tag{4.36}$$

Für $q \to 0$ gehen die beiden kritischen Frontneigungswinkel $\beta_{\text{krit}\,1}$ und $\beta_{\text{krit}\,2}$ in den Machwinkel über.

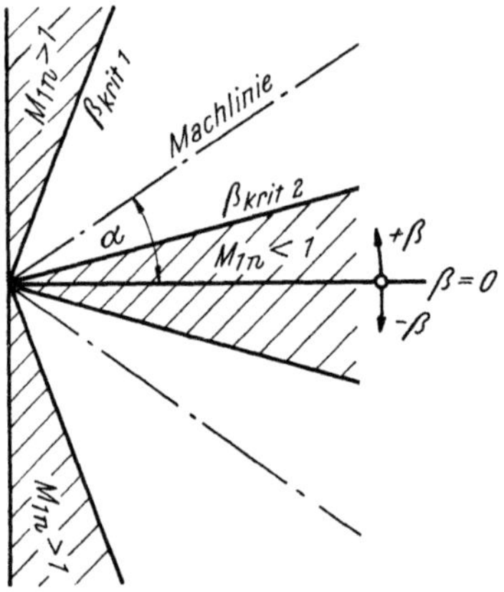

Abb. 4.7 Grenzwinkel der Reaktionsfrontneigung bei gegebener Anströmmachzahl M_1 und gegebener Wärmezufuhr q

Die Grenzneigungswinkel einer schiefen Reaktionsfront für eine gegebene Anströmmachzahl und einen bestimmten Betrag der Wärmezufuhr sind in Abb. 4.7 dargestellt. Die ohne Störung der Anströmung möglichen Bereiche sind schraffiert. Bei einer *Überschallreaktionsfront* ($M_{1n} > 1$) hat der Winkel β im kritischen Fall ein Minimum, bei einer *Unterschallreaktionsfront* ($M_{1n} < 1$) ein Maximum. Die zulässigen Bereiche werden bei konstanter Anströmgeschwindigkeit um so kleiner, je größer die Wärmezufuhr ist. Andererseits rücken die kritischen Neigungswinkel mit kleiner werdender Wärmezufuhr immer näher zusammen, um schließlich, wie aus Gl. (4.35) ersichtlich, in den Machwinkel α überzugehen.

4.10 Allgemeines über Reaktionsfrontpolaren

Ähnlich wie beim schiefen, adiabatischen Verdichtungsstoß sind auch bei der schiefen Reaktionsfront Polarendarstellungen möglich, die sich in vielen Fällen, besonders bei der Berechnung von Detonationsvorgängen, als sehr nützlich erweisen. Sie sollen hier *Reaktionsfrontpolaren* genannt werden.

Verallgemeinerte Stoßpolaren wurden bereits 1951 von F. W. Ross [5] in Zusammenhang mit einer Untersuchung über schiefe Fronten mit Energieaustausch angegeben. In weiteren Arbeiten, u. a. von R. Siestrunck, J. Fabri und E. Le Grivès [11], R. A. Gross [7] sowie von A. K. Oppenheim, J. J. Smolen und L. J. Zajac [12] wurden Polarendarstellungen vorwiegend im Zusammenhang mit Detonationswellen behandelt. Eine eingehende Untersuchung von Reaktionsfrontpolaren erfolgte in [9].

Im Gegensatz zu Verdichtungsstoßpolaren können Reaktionsfrontpolaren nicht nur in Überschall-, sondern auch in Unterschallströmung vorkommen. Daher haben wir zwischen *Überschall-* und *Unterschallreaktionsfrontpolaren* zu unterscheiden, die später getrennt behandelt werden sollen. Es ist zu beachten, daß diese Unterscheidung von der tatsächlichen Anströmgeschwindigkeit, d. h. von der resultierenden Geschwindigkeit und nicht von ihrer Normalkomponente abhängt, wie dies bei der Unterscheidung zwischen Überschall- und Unterschallreaktionsfront der Fall ist.

Hinsichtlich der Darstellung von Reaktionsfrontpolaren gibt es, wie in der klassischen Gasdynamik, zwei Möglichkeiten. Man arbeitet entweder in einer u-v-Ebene oder in einer p-ϑ-Ebene. u und v sind die Komponenten der Geschwindigkeit in x- bzw. y-Richtung. Die Entscheidung, welche der beiden Darstellungen vorzuziehen ist, erfolgt nach dem Gesichtspunkt der Zweckmäßigkeit und hängt vom jeweiligen Problem ab. Beim Übergang zu $q = 0$ gelangen wir im ersten Fall zum bekannten Busemannschen Stoßpolarendiagramm, im zweiten zu den sogenannten Herzkurven.

Aus den Geschwindigkeitsdreiecken Abb. 4.8, zusammen mit Gl. (4.27) finden wir folgende Beziehungen:

$$\frac{v_2}{u_2} = \operatorname{tg}\vartheta = \frac{\left(1 - \frac{\varrho_1}{\varrho_2}\right)}{\left(1 + \frac{\varrho_1}{\varrho_2}\operatorname{tg}^2\beta\right)}\operatorname{tg}\beta \tag{4.37}$$

und

$$\operatorname{tg}\beta = \frac{u_1 - u_2}{v_2}. \tag{4.38}$$

Nach längerer elementarer Rechnung erhalten wir aus den Gleichungen (4.24), (4.37) und (4.38) die Gleichung der Reaktionsfrontpolaren in einer u-v-Ebene:

$$\frac{v_2}{c_1} = \pm\left(\frac{u_1}{c_1} - \frac{u_2}{c_1}\right)\sqrt{\frac{\dfrac{u_1}{c_1}}{\left(\dfrac{u_1}{c_1} - \dfrac{u_2}{c_1}\right)} \frac{\left[\dfrac{u_1}{c_1}\left(\dfrac{u_1}{c_1} - \dfrac{u_2}{c_1}\right) - \dfrac{q}{c_p T_1}\right]}{\left[\dfrac{\varkappa+1}{2}\dfrac{u_1}{c_1}\left(\dfrac{u_1}{c_1} - \dfrac{u_2}{c_1}\right) + 1\right]} - 1}\,. \tag{4.39}$$

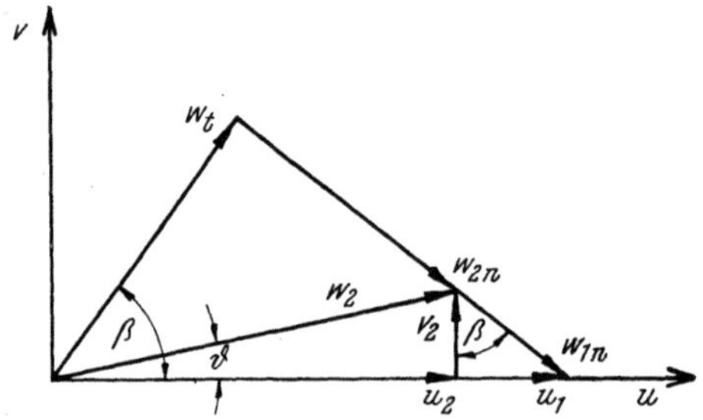

Abb. 4.8 Geschwindigkeiten und deren Komponenten in x- bzw. y-Richtung vor und hinter der Reaktionsfront

Die Kurve hat folgende Nullstellen:

$$\left.\frac{u_2}{c_1}\right|_{v_2=0} = M_1,$$

$$\left.\frac{u_2}{c_1}\right|_{v_2=0} = M_1 - \frac{1}{(\varkappa+1)}\frac{1}{M_1}\left[(M_1^2 - 1) \pm \sqrt{(M_1^2-1)^2 - 2(\varkappa+1) M_1^2 \frac{q}{c_p T_1}}\right]. \tag{4.40}$$

Die letzte Gleichung ist nichts anderes als die Gleichung für die senkrechte Reaktionsfront (s. Gl. (3.4)).

Im Sonderfall $q = 0$ geht die Gleichung (4.39) in die bekannte Beziehung von A. Busemann für den schiefen, adiabatischen Verdichtungsstoß über.

$$\frac{v_2}{c_1} = \pm\left(\frac{u_1}{c_1} - \frac{u_2}{c_1}\right)\sqrt{\frac{\left(\dfrac{u_1}{c_1}\right)^2}{\left[\dfrac{\varkappa+1}{2}\dfrac{u_1}{c_1}\left(\dfrac{u_1}{c_1} - \dfrac{u_2}{c_1}\right) + 1\right]} - 1} \tag{4.41}$$

Der Zusammenhang zwischen dem Ablenkungswinkel ϑ und dem Drucksprung an der Reaktionsfront p_2/p_1 kann ebenfalls leicht aus den Gleichungen (4.24) und (4.27) gefunden werden:

$$\operatorname{tg}\vartheta = \pm\frac{\pi}{(\varkappa M_1^2 - \pi)}\sqrt{\frac{M_1^2}{\pi}\frac{\left(\pi - \varkappa\dfrac{q}{c_p T_1}\right)}{\left(\dfrac{\varkappa+1}{2\varkappa}\pi + 1\right)} - 1} \tag{4.42}$$

$$\text{mit}\quad \pi = \frac{p_2}{p_1} - 1.$$

und mit den Nullstellen

$$\left.\frac{p_2}{p_1}\right|_{\vartheta=0} = 1\,,$$

$$\left.\frac{p_2}{p_1}\right|_{\vartheta=0} = 1 + \frac{\varkappa}{\varkappa+1}\left[(M_1^2 - 1) \pm \sqrt{(M_1^2-1)^2 - 2(\varkappa+1)\,M_1^2\,\frac{q}{c_p T_1}}\right]. \tag{4.43}$$

Für $q = 0$ kommen wir zu Gleichung für die sogenannten Herzkurven:

$$\operatorname{tg}\vartheta = \pm\frac{\pi}{\varkappa M_1^2 - \pi}\sqrt{\frac{M_1^2}{\dfrac{\varkappa+1}{2\varkappa}\,\pi + 1} - 1}\,. \tag{4.44}$$

Die weitere Diskussion der Reaktionsfrontpolaren soll wegen ihrer grundsätzlichen Unterschiede in den nächsten Abschnitten nach Überschall- und Unterschallreaktionsfrontpolaren getrennt erfolgen.

4.11 Überschallreaktionsfrontpolaren

Überschallreaktionsfrontpolaren sind Polaren in einer u-v-Ebene oder in einer ϑ-p-Ebene für Reaktionsfronten, die mit Überschallgeschwindigkeit angeströmt werden. Dabei ist es ganz gleichgültig, ob die Normalkomponente der Anströmgeschwindigkeit größer oder kleiner als die örtliche Schallgeschwindigkeit ist. Es können daher durch eine Überschallreaktionsfrontpolare sowohl Überschall- als auch Unterschallreaktionsfronten dargestellt werden, solange nur die Anströmmachzahl größer als eins ist.

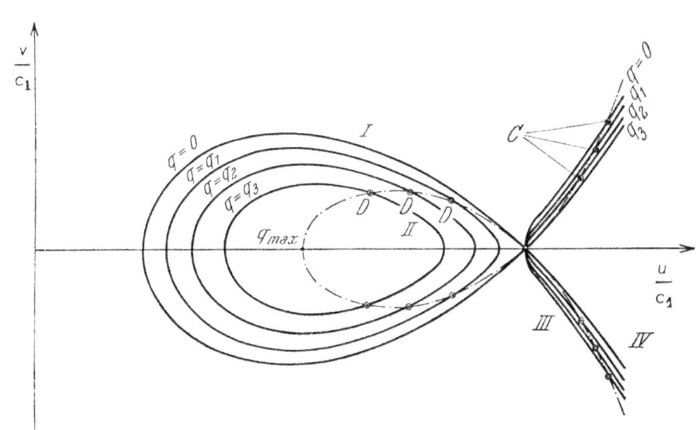

Abb. 4.9 Überschallreaktionsfrontpolaren für konstante Anströmmachzahl M_1 bei Variation der Wärmezufuhr in der u—v-Ebene

Eine Schar typischer Überschallreaktionsfrontpolaren für eine gegebene Anströmmachzahl M_1 und verschiedene Werte der Wärmezufuhr q, vom Grenzfall des adiabatischen Verdichtungsstoßes ($q = 0$) ausgehend, zeigt die Abb. 4.9.

Für $q > 0$ entartet das kartesische Blatt; die Reaktionsfrontpolaren zerfallen jeweils in einen Teil für die Überschallreaktionsfront ($M_{1n} > 1$) und in einen zweiten Teil für die Unterschallreaktionsfront ($M_{1n} < 1$). Die letzteren Kurvenäste haben eine gemeinsame Tangente bei

$$\frac{u_1}{c_1} = M_1 + \frac{2}{\varkappa + 1} \frac{1}{M_1}. \tag{4.45}$$

Die strichliert gezeichnete Kurve ist die Verbindung aller Chapman-Jouguet-Punkte und trennt somit die Bereiche I bis IV, wie sie anhand der Hugoniot-Kurve (Abb. 4.5) definiert wurden.

Bei festliegender Anströmmachzahl M_1 werden die Kurvenäste für die Überschallreaktionsfront mit zunehmender Wärmezufuhr immer kleiner, bis sie schließlich bei $q = q_{\max}$ auf einen Punkt zusammenschrumpfen. Für $q > q_{\max}$ existiert überhaupt kein Frontneigungswinkel β mehr, bei dem der Anströmzustand stationär aufrechterhalten werden kann.

Während sich die soeben beschriebenen Polaren vor allem für Aufgaben eignen, die Richtungsbedingungen enthalten (z. B. der Strömungswinkel hinter der Reaktionsfront ist vorgegeben), so empfiehlt sich für Aufgaben mit Druckbedingungen die Darstellung der Polaren in einer ϑ-p-Ebene.

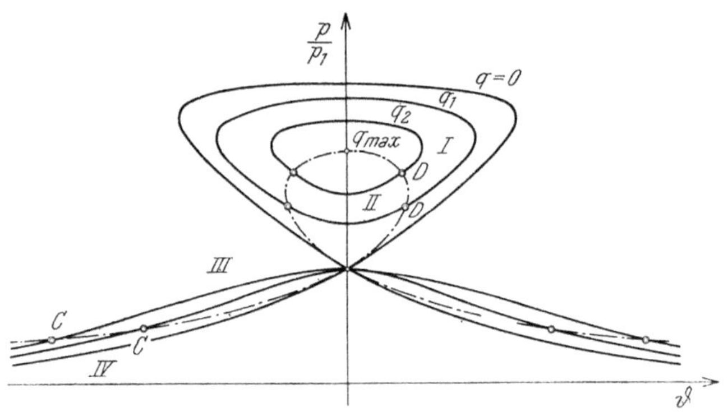

Abb. 4.10 Überschallreaktionsfrontpolaren für konstante Anströmmachzahl M_1 bei Variation der Wärmezufuhr in der ϑ—p-Ebene

In Abb. 4.10 ist eine Schar von Überschallreaktionsfrontpolaren für eine gegebene Anströmmachzahl M_1 und ideales Gas konstanter spezifischer Wärme für verschiedene Werte der Wärmezufuhr q in einer ϑ-p-Ebene eingezeichnet. Der Grenzfall $q = 0$ ist die aus der klassischen Gasdynamik bekannte „Herzkurve" für den Verdichtungsstoß. Die strichpunktierte Kurve trennt wiederum die Bereiche I bis IV. Auch die „Herzkurve" zerfällt für $q > 0$ in einen Teil, welcher der Überschallreaktionsfront entspricht, und in einen zweiten für die Unterschallreaktionsfront.

Diese Darstellung eignet sich besonders zur Berechnung gewisser Randbedingungen und zur Untersuchung sogenannter Dreifrontkonfigurationen. Von beiden wird noch die Rede sein.

4.12 Unterschallreaktionsfrontpolaren

Die Unterschallreaktionsfrontpolaren, welche dadurch charakterisiert sind, daß die *Anströmmachzahl* M_1 kleiner als eins ist, unterscheiden sich grundlegend von den Überschallreaktionsfrontpolaren. Wegen $M_1 < 1$ ist natürlich auch immer die Normalkomponente $M_{1n} < 1$, und wir befinden uns somit ausschließlich auf dem unteren Ast der Hugoniot-Kurve. Aus bereits dargelegten Gründen interessiert hier nur der Bereich III, die sogenannte „schwache Unterschallösung“, das Gebiet der langsamen Verbrennung. Die folgenden Überlegungen sind aber nur sinnvoll, solange wir die Flamme als ebene Diskontinuität annähern können, ihre Dicke also klein im Vergleich zu den Abmessungen im Strömungsfeld ist.

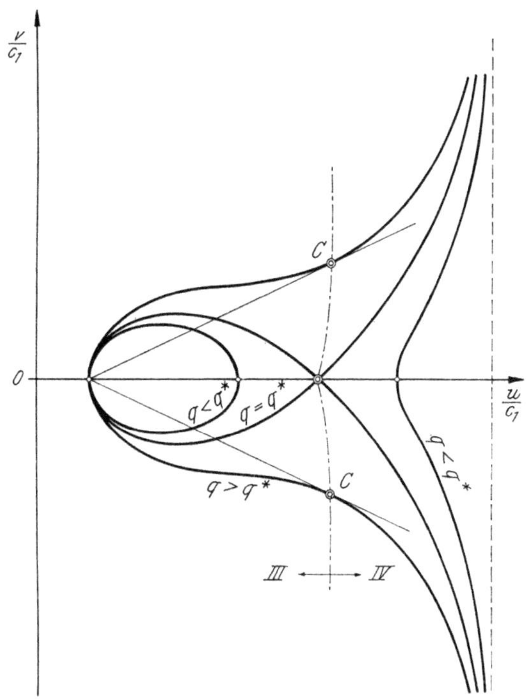

Abb. 4.11 Unterschallreaktionsfrontpolaren für konstante Anströmmachzahl M_1 bei Variation der Wärmezufuhr in der u—v-Ebene

In Abb. 4.11 sind drei typische Unterschallreaktionsfrontpolaren für ein und dieselbe Anströmmachzahl M_1, jedoch verschiedene Beträge der Wärmezufuhr in eine u-v-Ebene eingezeichnet. Die strichpunktierte Linie trennt als geometrischer Ort aller unterer CJ-Punkte die Bereiche III und IV der schwachen bzw. starken Unterschallösung.

Wie man sieht, kann auch rein theoretisch nicht immer bei einer gegebenen Anströmmachzahl M_1 der untere CJ-Punkt C erreicht werden. Dies hängt mit der Voraussetzung $M_1 \sin\beta < 1$ zusammen, da hierdurch der stationär mögliche Bereich eingeschränkt wird, Daraus erklärt sich die verschiedene Form der

Polaren. q^* ist jener Grenzwert von q, bei dem der Punkt C — zumindest hypothetisch — gerade noch erreicht werden kann.

Die oben geschilderten Besonderheiten der Unterschallpolaren kommen natürlich auch im ϑ-p-Diagramm zum Ausdruck (Abb. 4.12).

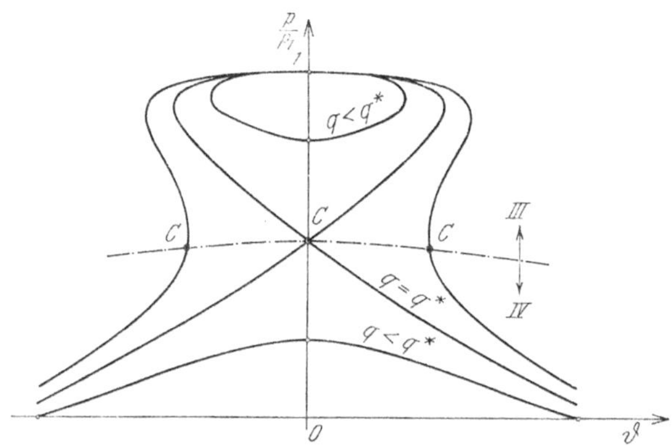

Abb. 4.12 Unterschallreaktionsfrontpolaren für konstante Anströmmachzahl M_1 bei Variation der Wärmezufuhr in der ϑ—p-Ebene

4.13 Zusammenhang zwischen Frontneigungswinkel und Ablenkungswinkel

In manchen Fällen interessiert der Zusammenhang zwischen dem Reaktionsfrontneigungswinkel β und dem Ablenkungswinkel ϑ bei gegebener Anströmmachzahl M_1 und gegebener Wärmezufuhr. Wir erhalten ihn leicht aus den Gleichungen (4.23) und (4.37):

$$\operatorname{ctg}\vartheta = \left[\frac{(\varkappa+1)\,M_1^2}{(M_1^2\sin^2\beta-1)\pm\sqrt{(M_1^2\sin^2\beta-1)^2-2(\varkappa+1)M_1^2\sin^2\beta\dfrac{q}{c_pT_1}}}-1\right]\operatorname{tg}\beta. \tag{4.46}$$

Für den Sonderfall $q = 0$ ergibt sich:

$$\operatorname{ctg}\vartheta = \left[\frac{\varkappa+1}{2}\,\frac{M_1^2}{(M_1^2\sin^2\beta-1)}-1\right]\operatorname{tg}\beta. \tag{4.47}$$

Der Verlauf der Kurven ist bei Überschall- und Unterschallanströmung völlig verschieden. Auch hier kommt es auf die tatsächliche Anströmgeschwindigkeit und nicht auf die Normalkomponente derselben an. Letztere ist allerdings wie bisher für den jeweiligen Bereich der Hugoniot-Kurve entscheidend (Abb. 4.13 und 4.14).

Im Fall der Überschallanströmung kann man wieder die Bereiche I bis IV unterscheiden (Abb. 4.13). Die Chapman-Jouguet-Zustände sind dadurch gekennzeichnet, daß der Frontneigungswinkel einen Extremwert besitzt, und zwar ein Minimum im Fall der Überschallreaktionsfront ($M_{1n} > 1$) und ein Maximum bei der Unterschallreaktionsfront ($M_{1n} < 1$). Die kritischen Zustände sind durch folgende Gleichung gegeben:

$$\operatorname{ctg} \vartheta_{\text{krit}} = \left[\frac{(\varkappa + 1)\, M_1^2}{M_1^2 \sin^2 \beta - 1} - 1 \right] \operatorname{tg} \beta . \tag{4.48}$$

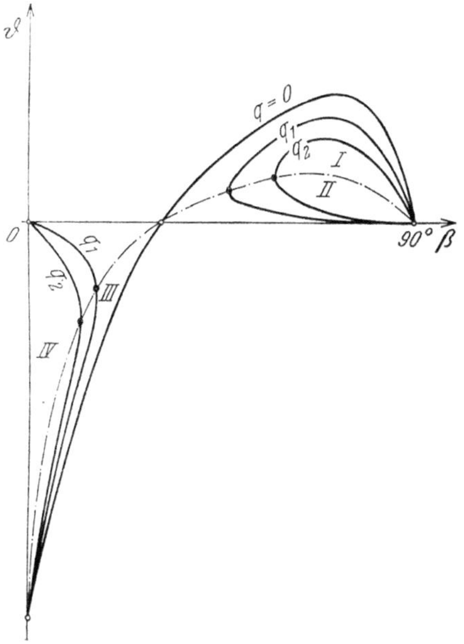

Abb. 4.13 Zusammenhang zwischen Frontneigungswinkel β und Ablenkungswinkel ϑ bei *Überschallanströmung* für konstante Anströmmachzahl M_1 nach [9]

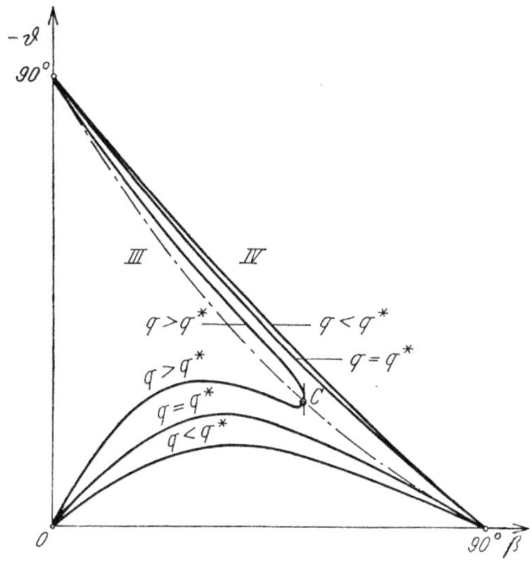

Abb. 4.14 Zusammenhang zwischen Frontneigungswinkel β und Ablenkungswinkel ϑ bei *Unterschallanströmung* für konstante Anströmmachzahl M_1 nach [9]

Bei einer mit Unterschallgeschwindigkeit angeströmten Reaktionsfront (Abb. 4.14) haben wir wieder die bereits von den Unterschallpolaren her bekannte Unterscheidung zwischen $q < q^*$ und $q > q^*$ zu machen. Nur im Falle $q > q^*$ kann der kritische Zustand C erreicht werden. Der Winkel β hat hier ein Maximum, wie zu erwarten war.

4.14 Die laminare Bunsenflamme als Beispiel einer schiefen Verbrennungsfront

Das klassische Beispiel einer schiefen Unterschallreaktionsfront ist die laminare Bunsenflamme. Bei gegebenem Durchsatz ist das laminare Geschwindigkeitsprofil bekannt. Nehmen wir der Einfachheit halber einen rechteckigen Brenner an, so können mit Hilfe der Gleichungen für die schiefe Reaktionsfront die Form der Flamme und die Ablenkung der Strömung sofort berechnet werden (Abb. 4.15). Die laminare Flammengeschwindigkeit und die Wärmemenge q müssen natürlich gegeben sein.

Praktisch wird man aber eher daran interessiert sein, die laminare Flammengeschwindigkeit u_n eines bestimmten Gemisches zu ermitteln. Diese kann über den Ablenkungswinkel ϑ berechnet werden. Die Sichtbarmachung der Stromlinien geschieht auf einfache Weise durch Zumischung kleiner Magnesiumoxidpartikel, deren Weg photographisch festgehalten wird. Dabei verwendet man eine periodische Beleuchtung mit Unterbrechungen von ca. $1{,}5 \cdot 10^{-3}$ sec. Diese Methode zur Bestimmung der laminaren Flammengeschwindigkeit ist erheblich genauer als die ursprünglich von V. A. MICHELSON benutzte, bei der man die Flammenoberfläche ausmißt und u_n über eine Kontinuitätsbetrachtung (Abschn. 2.7) erhält.

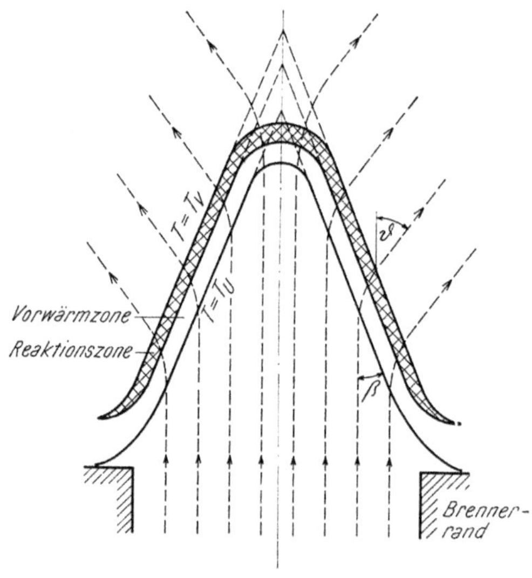

Abb. 4.15 Laminare Bunsenflamme (schematisch)

Am Brennerrand und an der Flammenspitze stimmt die Reaktionsfronttheorie allerdings nicht mehr. Wärmeverluste und Verluste an aktiven Radikalen, welche ja erst bei höheren Temperaturen gebildet werden, bewirken in der Nähe des Brennerrandes einen Abfall der Flammengeschwindigkeit. Die Reaktionszone wird in der für solche Brenner charakteristischen Form nach außen gedrückt, bis die Reaktion schließlich ganz aufhört. Der Einfluß des Brennerrandes nimmt jedoch mit zunehmender Entfernung sehr rasch ab, und die Verbrennung kann wieder als adiabatisch angesehen werden.

An der Flammenspitze kommt es zu einer starken Krümmung der Flammenfront. Diese kommt wie folgt zustande: Betrachten wir die Stromröhre in der Brennermitte, so sehen wir, daß sie in der Gegend der Spitze infolge der Ablenkung der Strömung divergiert. Dies bedeutet aber eine Verminderung der Strömungsgeschwindigkeit. Soll die Flammengeschwindigkeit u_n gleich bleiben, so rückt die Flammenfront stromaufwärts. Dieser Bereich ist jedoch im allgemeinen ebenfalls sehr klein.

Wegen der meist sehr geringen Dicke der Flammenfront — 1 mm bei mageren Gemischen und 0,01 mm bei schnell brennenden Gemischen (z. B. Knallgas) — stimmt die Reaktionsfronttheorie sehr gut.

4.15 Überschallreaktionsfront an einem Keil

Als Beispiel für die Anwendung von Überschallreaktionsfrontpolaren soll die Reaktionsfront am Keil oder an einer konkav geknickten Wand diskutiert werden. Dieses Problem wurde in [7] und [9] behandelt.

Die Konstruktion der Reaktionsfrontneigung erfolgt auf dieselbe Weise wie beim adiabatischen Verdichtungsstoß (Abb. 4.16). Durch den Keil- oder Wandknickwinkel ϑ ist die Strömungsrichtung hinter der Reaktionsfront vorgegeben.

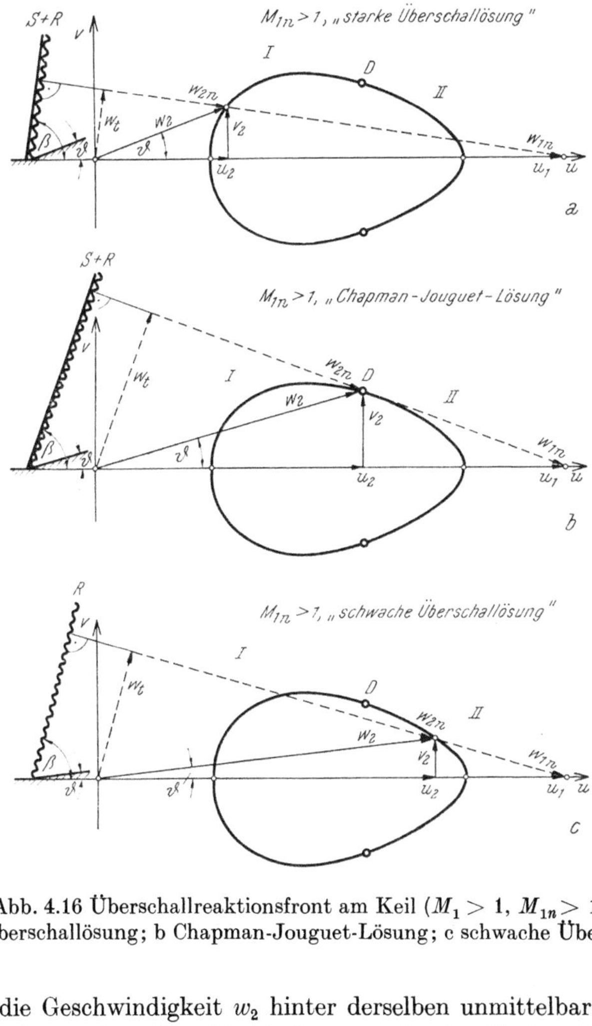

Abb. 4.16 Überschallreaktionsfront am Keil ($M_1 > 1$, $M_{1n} > 1$).
a Starke Überschallösung; b Chapman-Jouguet-Lösung; c schwache Überschallösung

Daher kann die Geschwindigkeit w_2 hinter derselben unmittelbar mit Hilfe der Polare ermittelt werden. Die Verbindungsgerade der Endpunkte der beiden Vektoren w_1 und w_2 gibt dann die Normalenrichtung auf die Reaktionsfront an. Damit ist der Zustand hinter der Reaktionsfront völlig bestimmt.

Im Prinzip sind bei einer Überschallreaktionsfront drei Fälle möglich (Abb. 4.16), nämlich die *starke Überschallösung*, zu der die „überkomprimierte Detonation“ gehört (Fall a), die *schwache Überschallösung*, das ist die stoßfreie Überschallverbrennung (Fall c) und schließlich die dazwischen liegende *Chapman-Jouguet-Lösung* (Fall b). Letztere setzt allerdings bei gegebenem Anströmzustand und gegebener Wärmezufuhr bereits einen ganz bestimmten Wandknickwinkel voraus.

Für einen gegebenen Winkel ϑ kann man also, entsprechend den beiden Fällen a und b, zwei Lösungen haben. Wann die eine oder andere stabil ist, hängt noch von zusätzlichen Faktoren ab, wie von der Gesamtkonfiguration des Systems, und, in Verbindung damit, vom Druckverlauf stromabwärts.

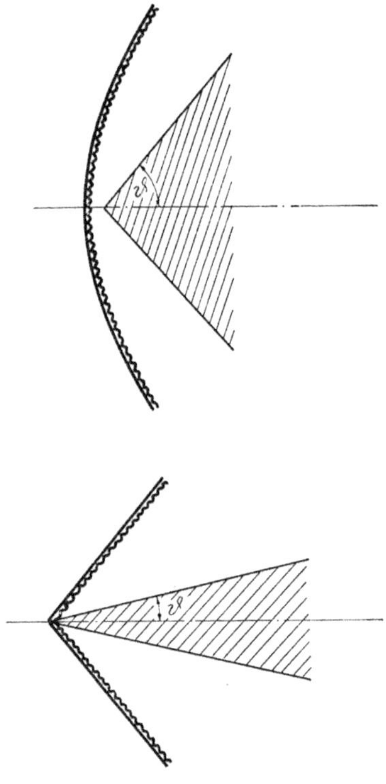

Abb. 4.17 Anliegende und abgelöste Detonationswelle am Keil

Der maximale Ablenkungswinkel ϑ_{max} ist durch die Tangente an die Polare vom Punkt 0 aus gegeben. Er liegt im Bereich I und ist nicht mit dem Chapman-Jouguet-Zustand identisch. Ein Überschreiten dieses Winkels würde bei der geknickten Wand ein Abrücken der Reaktionsfront stromaufwärts, beim Keil ein Ablösen derselben zur Folge haben, wie dies schon vom schiefen Verdichtungsstoß her bekannt ist (Abb. 4.17).

Der Fall der kegeligen Strömung wurde von J. F. Clarke und D. G. Petty [31] untersucht.

Ausführliche Diagramme über den Zusammenhang zwiwchen Frontwinkel und Wärmezufuhr bei Überschallreaktionsfronten im Bereich I findet man in [16].

4.16 Unterschallreaktionsfront an einem konvexen Wandknick

Die Umströmung einer konvex geknickten Wand mit Hilfe einer einzigen schiefen Welle ist ohne Wärmezufuhr, wie sich leicht zeigen läßt, nicht möglich. Ein solcher Vorgang wäre nur durch einen Verdünnungsstoß zu erreichen und daher mit einer Entropieabnahme verbunden. Es entsteht vielmehr ein zentrierter Expansionsfächer, allgemein als Prandtl-Meyer-Expansion bekannt (Abb. 4.18a).

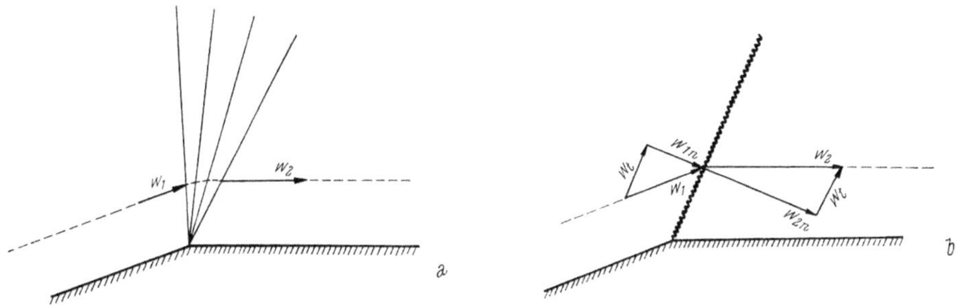

Abb. 4.18 Umströmung eines konvexen Wandknickes. a Prandtl-Meyer-Expansion, b schiefe Reaktionsfront

Wesentlich anders liegen die Verhältnisse bei einer *Unterschallreaktionsfront* an einem konvexen Wandknick, wobei es gleichgültig ist, ob diese mit Überschall- oder Unterschallgeschwindigkeit angeströmt wird (Abb. 4.18b).

Es wurde bereits gezeigt, daß eine Unterschallreaktionsfront immer mit einer Expansion verbunden ist. Dadurch erst wird eine solche „Eckenströmung" ermöglicht. Den in Abb. 4.18b skizzierten Vorgang kann man als das idealisierte Modell einer Flamme auffassen, die durch Ausblasen von Brennstoff am Wandknick entsteht.

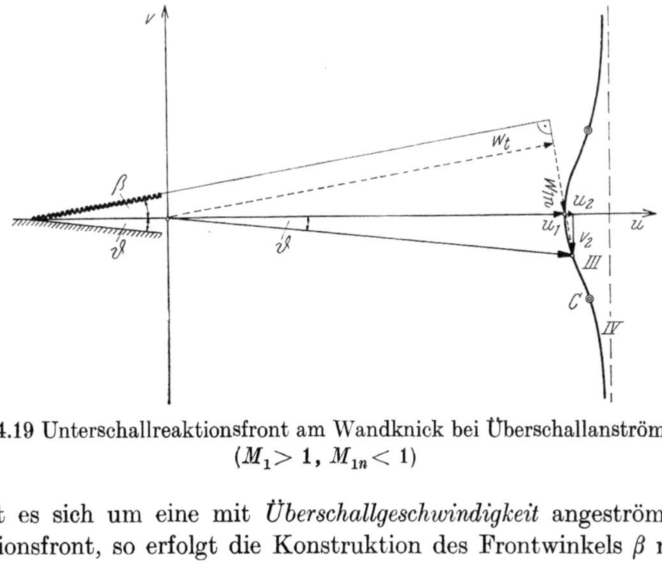

Abb. 4.19 Unterschallreaktionsfront am Wandknick bei Überschallanströmung, ($M_1 > 1$, $M_{1n} < 1$)

Handelt es sich um eine mit *Überschallgeschwindigkeit* angeströmte Unterschallreaktionsfront, so erfolgt die Konstruktion des Frontwinkels β nach Abb. 4.19. Der Zustand hinter der Reaktionsfront ist durch einen Punkt auf dem entsprechenden Polarenast gegeben. Es interessiert nur der Bereich III, die stoßfreie Unterschallösung. Der Winkel β ist erwartungsgemäß ziemlich klein. Dieses Beispiel kommt dem tatsächlichen Fall einer stoßfreien Überschallverbrennung schon sehr nahe.

Wird die Reaktionsfront mit *Unterschallgeschwindigkeit* angeströmt, so ist die Konstruktion des Frontneigungswinkels β im wesentlichen dieselbe (Abb. 4.20 und 4.21). Was sich ändert, ist lediglich die Gestalt der Polare, welche je nach Größe der Wärmezufuhr sehr verschieden sein kann (vgl. Abb. 4.11). Der

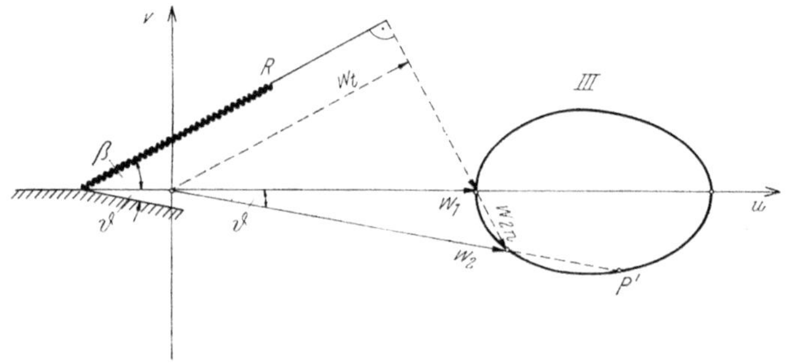

Abb. 4.20 Unterschallreaktionsfront am Wandknick bei Unterschallanströmung für $q < q^*$; ($M_1 < 1$, $M_{1n} < 1$)

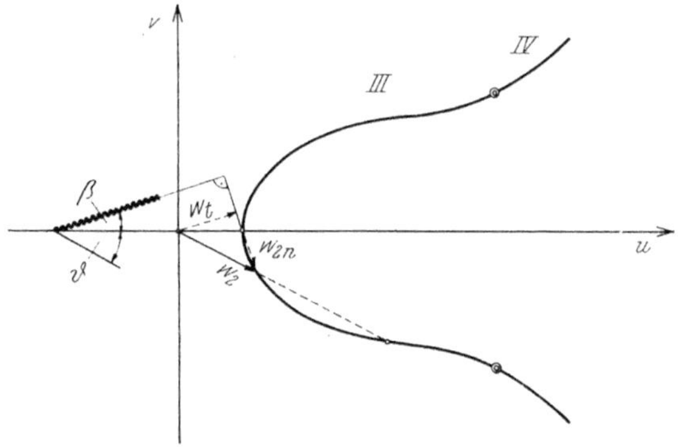

Abb. 4.21 Unterschallreaktionsfront am Wandknick bei Unterschallanströmung für $q > q^*$, ($M_1 < 1$, $M_{1n} < 1$)

geschlossene Kurvenzug des Falles $q < q^*$, welcher wiederum der schwachen Unterschallösung (dem Bereich III) entspricht, darf nicht mit dem für die Überschallreaktionsfront (Abb. 4.9) verwechselt werden, der die Bereiche I und II enthält.

Interessant ist, daß es nun für einen Ablenkungswinkel ϑ zwei Lösungen innerhalb ein und desselben Bereiches gibt. Das heißt, man kann für einen Ablenkungswinkel zwei verschiedene Frontneigungen erhalten, doch kann man sich leicht durch folgende Überlegung für eine der Lösungen entscheiden: Im eingezeichneten Fall (Abb. 4.20), welcher einer flacheren Reaktionsfront entspricht, hat eine Verkleinerung des Ablenkwinkels eine Verringerung der Expansion zur Folge. Im zweiten Fall jedoch, dem der steileren Reaktionsfront (Punkt P'), hat eine Verkleinerung von ϑ eine Vergrößerung der Expansion zur Folge. Daher ist dieser Fall instabil.

Die Wärmezufuhr an einem konvexen Wandknick in Überschallströmung wurde analytisch von R. FOSTER und J. F. CLARKE [13] behandelt und von S. LIN [14, 15] mit einem graphischen Verfahren auf anderem Wege untersucht.

4.17 Randbedingungen an einer festen Wand bei schiefen Detonationsfronten

Geht eine schiefe Detonationsfront von einer festen Wand aus oder trifft sie auf eine Wand, so wird durch die Wand die Strömungsrichtung vorgegeben. Andererseits wird, wie wir wissen, die Strömung in einer schiefen Detonationsfront infolge der Wärmezufuhr abgelenkt. Daher muß die Ablenkung durch einen gasdynamischen Vorgang, das kann z. B. ein Verdichtungsstoß oder ein Verdünnungsfächer sein, wieder kompensiert werden. Andernfalls würde eine Ablösung der Strömung von der Wand eintreten.

Daß die Erfüllung der Randbedingungen auf gasdynamischem Wege bei schiefen Reaktionsfronten in Überschallströmung immer möglich ist, konnte vom Verfasser gezeigt werden [17]. Bei Unterschallströmung dagegen wird der Einfluß von Transportvorgängen, vor allem der Wärmeleitung, zu groß, um eine entsprechende gasdynamische Behandlung der Randbedingungen noch zu gestatten. Auch die Grenzschicht spielt dann eine nicht mehr zu vernachlässigende Rolle.

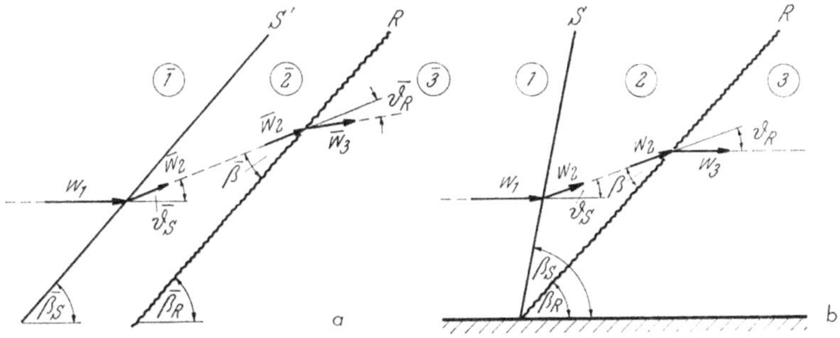

Abb. 4.22 a Ungestörte Detonationsfront; b Randbedingung an der Wand für eine schiefe Detonationsfront; (schematisch)

Um die Bedingung der vorgeschriebenen Geschwindigkeitsrichtung an der Wand zu erfüllen, erfolgt eine Ablösung des vorgelagerten Verdichtungsstoßes von der Reaktionszone (Abb. 4.22); ein Vorgang, der bei Detonationsfronten an sich nicht unbekannt ist. Eine Wirkung von der Reaktionszone aus stromaufwärts ist ja möglich, da sich hinter dem Verdichtungsstoß ein Unterschallgebiet befindet.

Die Verhältnisse in einer ϑ-p-Ebene sind aus Abb. 4.23 zu ersehen. Der Zustand hinter dem Verdichtungsstoß S ist auf der Stoßpolare (voll ausgezogene Kurve) durch den Punkt 2 gegeben. Der Zustandspunkt 3 hinter der Reaktionsfront R wird über eine Unterschallreaktionsfrontpolare (strichlierte Kurve) erreicht. Er ist durch die Bedingung $\vartheta_R = -\vartheta_S$, d. h. durch den Schnittpunkt der Reaktionsfrontpolare mit der Ordinate, festgelegt.

Die Situation ist insofern nicht ganz einfach, als die Stärke des nach vorn gedrückten Verdichtungsstoßes und damit die Lage des Punktes 2 in der ϑ-p-Ebene nicht von vornherein bekannt ist. Eine analytische Lösung für diesen Fall ist aber möglich, da sich die Auslenkung des Stoßes im allgemeinen als gering erweist. Daher kann die Randbedingung als eine Art Störung des ursprünglichen Systems Verdichtungsstoß — Reaktionsfront (Abb. 4.22) angesehen werden.

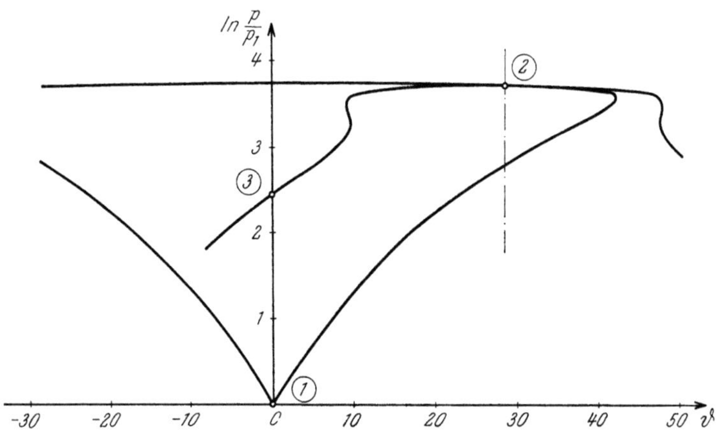

Abb. 4.23 Randbedingung an der Wand für eine Detonationswelle in der ϑ—p-Ebene

Bezeichnen wir die Größe der ungestörten Detonationsfront mit einem Querstrich und die Störungsgrößen infolge der Randbedingung mit einem Strich, so können wir für den Stoßneigungswinkel β_S und für den Ablenkungswinkel am Stoß ϑ_S schreiben:

$$\begin{aligned} \beta_S &= \bar{\beta}_S + \beta_S' = \beta_R + \beta_S', \\ \vartheta_S &= \bar{\vartheta}_S + \vartheta_S', \qquad \vartheta_R = \bar{\vartheta}_R + \vartheta_R', \end{aligned} \tag{4.49}$$

wobei wir mehr oder weniger willkürlich den Reaktionsfrontneigungswinkel β_R als unveränderlich angenommen haben. Damit erhalten wir aus der Geometrie folgende Zusammenhänge:

$$\vartheta_R' = \bar{\beta} - \beta_R - \bar{\vartheta}_R, \quad \beta' = -\vartheta_R', \quad \vartheta_S' = -\beta' = \vartheta_R'. \tag{4.50}$$

Da $\bar{\vartheta}$ bei gegebenem Winkel β_R und gegebener Anströmmachzahl M_1 über die Gleichung (4.27) bekannt ist, kennen wir auch die Störungsgröße ϑ_S' und somit den neuen Winkel ϑ_S. Es bleibt nur noch die Herstellung des Zusammenhanges zwischen den Winkeln ϑ_S und β_S. Dies kann leicht mit Hilfe der Stoßgleichungen und der Gleichung (4.27) geschehen.

$$\operatorname{cotg} \beta_S = \left(\frac{\varkappa + 1}{2} \frac{M_1^2}{M_1^2 \sin^2 \beta_S - 1} - 1 \right) \operatorname{tg} \vartheta_S. \tag{4.51}$$

Aus diesen Gleichungen erhalten wir eine einfache Beziehung zwischen den Störungsgrößen β_S und ϑ_S durch Linearisierung, indem wir alle Störungsgrößen als klein ansehen und ihre Quadrate vernachlässigen. Dabei wird vorausgesetzt, daß der Reaktionsfrontneigungswinkel β_R nicht allzu kleine Werte annimmt.

$$\beta_S' = \frac{1 + \frac{\varkappa - 1}{2} M_1^2}{N} \frac{\sin^2 \beta_R}{\cos^2 \bar{\vartheta}_S} \vartheta_S' \tag{4.52}$$

mit

$$N = \operatorname{cotg} \beta_R \left[3 \operatorname{cotg} \beta_R + 2 \left(1 + \frac{\varkappa + 1}{2} M_1^2 \right) \operatorname{tg} \bar{\vartheta}_S \right] - (M_1^2 - 1).$$

Kennen wir β_S', so können wir schließlich alle übrigen Zustandsgrößen über die Stoßbeziehungen (4.24) bzw. Reaktionsfrontgleichungen (4.29) berechnen. Die Gleichungen gelten bis einschließlich zum Grenzfall der Chapman-Jouguet-Detonation.

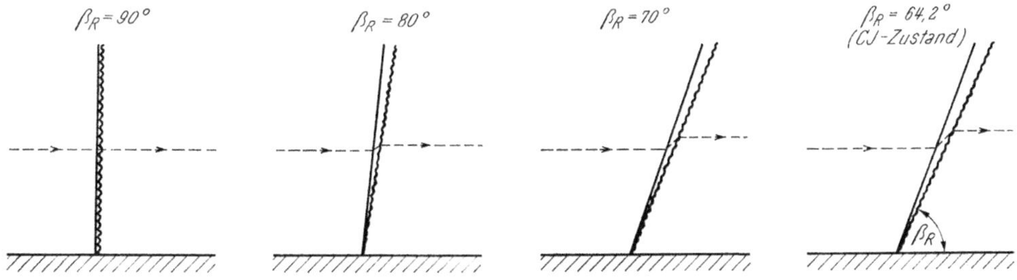

Abb. 4.24 Randbedingung an der Wand für eine schiefe Detonationsfront bei verschiedenen Frontneigungswinkeln β_R. $M_1 = 6$, $\frac{q}{c_p T_1} = 6$

Zur Illustration des Obenstehenden sind in Abb. 4.24 für gegebene Anströmmachzahl und Wärmezufuhr die Konfigurationen Stoß-Reaktionsfront an der Wand bei verschiedenen Winkeln β_R dargestellt.

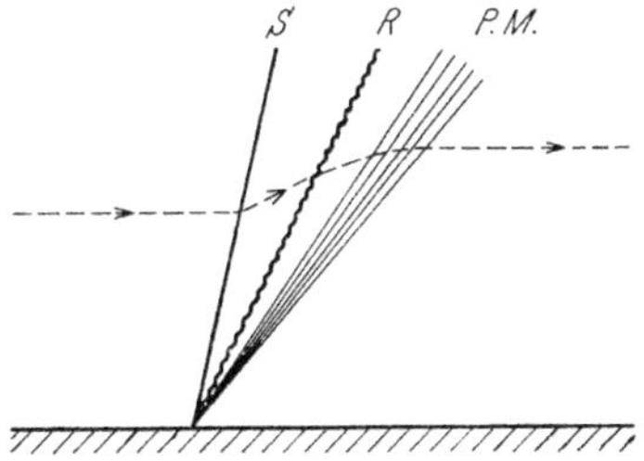

Abb. 4.25 Randbedingung für eine schiefe Detonationsfront bei gleichzeitiger Unterschreitung des oberen Grenzwinkels

Die Randbedingung kann auch dann noch auf ähnliche Weise erfüllt werden, wenn der obere Grenzwinkel (Abschnitt 4.9) unterschritten wird. In diesem Fall kommt zum abgelösten Stoß vor der Reaktionsfront noch ein Verdünnungsfächer hinter der Reaktionsfront dazu (Abb. 4.25).

4.18 Randbedingungen an einer festen Wand bei schiefen Verbrennungsfronten in Überschallströmung

Bei der stoßfreien Überschallverbrennung müssen wir zwischen der echten Überschallverbrennung (Bereich II der Hugoniot-Kurve) und der Unterschallreaktionsfront in Überschallströmung (Bereich III der Hugoniot-Kurve) unterscheiden. Bei letzterer ist bekanntlich die Normalkomponente der Anströmmachzahl kleiner eins.

Beginnen wir mit dem Fall der echten Überschallverbrennung, der vor allem in Hinblick auf den Kondensationsstoß, für den die folgenden Überlegungen ebenfalls Gültigkeit haben, nicht ganz ohne Bedeutung ist.

Wenn wir wiederum den Reaktionsfrontwinkel β_R festhalten, dann wird die Randbedingung an der Wand einfach durch eine Prandtl-Meyer-Expansion hinter der Reaktionsfront erfüllt (Abb. 4.26):

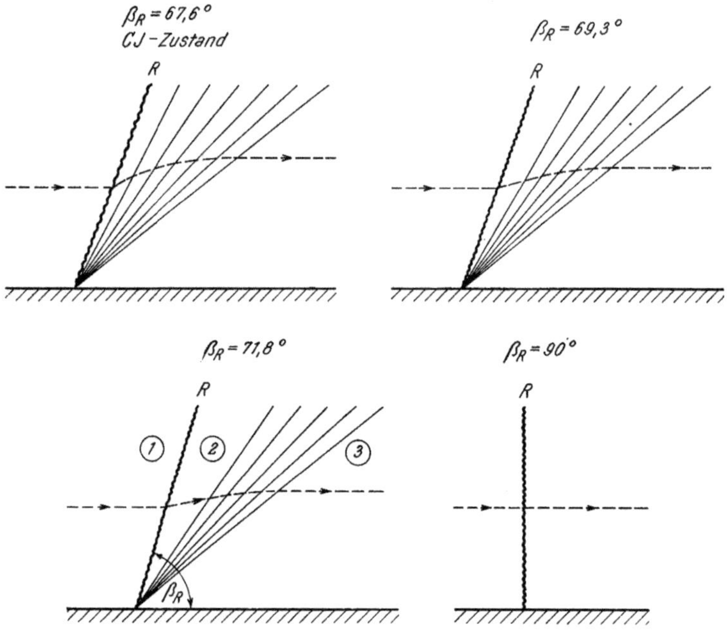

Abb. 4.26 Randbedingung an der Wand für eine schiefe Überschallreaktionsfront (stoßfreie Verbrennung) bei verschiedenen Frontneigungswinkeln β_R. $M_1 = 6$, $\frac{q}{c_p T_1} = 6$

Abb. 4.27 zeigt die Lösung in der ϑ-p-Ebene. Bei gegebenem Neigungswinkel β_R ist der Zustand 2 hinter der Reaktionsfront bekannt und kann sofort in die Polare eingetragen werden (Abb. 4.27). Vom Punkt 2 ausgehend, ist die Expansion eingezeichnet. Im Schnittpunkt mit der p-Achse ergibt sich dann der Zustand 3, der die Randbedingung erfüllt.

Handelt es sich um eine schiefe *Unterschallreaktionsfront* in Überschallströmung, so baut sich vor derselben an der Wand wieder ein Verdichtungsstoß auf, und wir bekommen eine ähnliche Konfiguration wie bei der schiefen Detonationsfront (Abschn. 4.16). Trotzdem besteht ein wesentlicher Unterschied. Während bei der Detonationsfront ein bereits vorhandener Verdichtungsstoß nach vorn gedrückt wurde, ist der Verdichtungsstoß im vorliegenden Fall erst durch die Anwesenheit der Wand entstanden. Ferner ist hier, zum Unterschied von der Detonation, der vorgelagerte Verdichtungsstoß nur schwach, dagegen ist der Winkel, den Stoß und Reaktionsfront einschließen, nun erheblich größer.

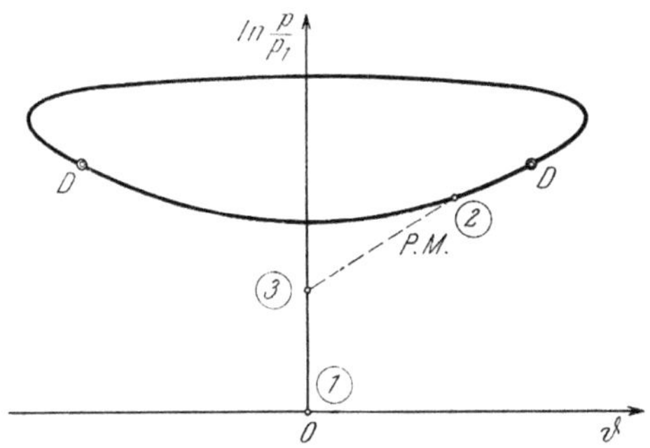

Abb. 4.27 Randbedingung an der Wand für eine Überschallreaktionsfront (stoßfreie Verbrennung) in der $\vartheta - p$-Ebene

Da die Druckänderungen sowohl im Verdichtungsstoß als auch in der Reaktionsfront klein sind, ebenso die Normalkomponente der Geschwindigkeit w_{2nR} vor der Reaktionsfront (Abb. 4.28) klein gegen die örtliche Schallgeschwindigkeit ist, bieten sich hier wiederum Linearisierungsmöglichkeiten und damit eine analytische Lösung des Problems an.

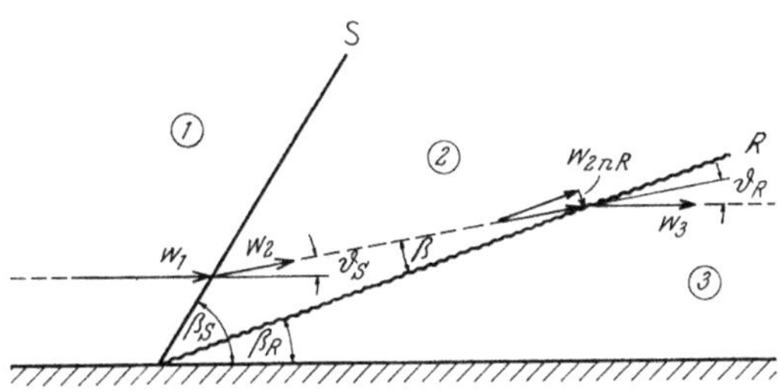

Abb. 4.28 Randbedingung an der Wand für eine schiefe Unterschallreaktionsfront in Überschallströmung (schematisch)

Wegen $w_{2nR}/c_2 \ll 1$ und $(w_{2nR}/c_2)^2 \cong 0$ ergeben sich neue, vereinfachte Gleichungen für die Reaktionsfront [17]. Ferner kann man auch die Stoßgleichungen wegen $(p_2/p_1 - 1) \ll 1$ linearisieren und gelangt zu den bekannten Gleichungen für schwache Verdichtungsstöße. Zusammen mit der Bedingung

$$\vartheta_S = -\vartheta_R, \tag{4.53}$$

welche sich aus der Geometrie ergibt, erhalten wir schließlich die einfachen Beziehungen für die Reaktionsfront:

$$\begin{aligned}
\frac{p_3}{p_2} &= 1 + \cdots, \\
\frac{\varrho_2}{\varrho_3} &= 1 + Q_1 - (\varkappa - 1) Q_1 \Psi_1 + \cdots, \\
\frac{T_3}{T_2} &= \left(\frac{c_3}{c_2}\right)^2 = 1 + Q_1 - (\varkappa - 1) Q_1 \Psi_1 + \cdots, \\
M_3 &= \frac{M_1}{\sqrt{1 + Q_1}} \left[1 - \left(\frac{1}{M_1^2} + \frac{\varkappa - 1}{2} \frac{1}{1 + Q_1}\right) \Psi_1\right] + \cdots, \\
\operatorname{tg} \vartheta_R &= -\operatorname{tg} \vartheta_S = -\frac{\sqrt{M_1^2 - 1}}{M_1^2} \Psi_1 + \cdots,
\end{aligned} \tag{4.54}$$

$$\text{mit } Q_1 = \frac{q}{c_p T_1} \quad \text{und} \quad \Psi_1 = \frac{M_1^2}{\sqrt{M_1^2 - 1}} \frac{Q_1 \sin \beta_R}{1 + Q_1 \cos \beta_R};$$

und für den vorgelagerten Verdichtungsstoß:

$$\begin{aligned}
\frac{p_2}{p_1} &= 1 + \varkappa \Psi_1 + \cdots, \\
\frac{\varrho_1}{\varrho_2} &= 1 - \Psi_1 + \cdots, \\
\frac{T_2}{T_1} &= \left(\frac{c_2}{c_1}\right)^2 = 1 + (\varkappa - 1) \Psi_1 + \cdots, \\
M_2 &= M_1 - \frac{1}{M_1} \left(1 + \frac{\varkappa - 1}{2} M_1^2\right) \Psi_1 + \cdots.
\end{aligned} \tag{4.55}$$

M_1, Q_1 und β_R werden dabei wieder als gegeben angenommen. Die Ergebnisse für einige Reaktionsfrontwinkel bei konstanter Anströmmachzahl und Wärmezufuhr sind in Abb. 4.29 dargestellt.

Im Grenzfall des unteren Chapman-Jouguet-Punktes hat der Winkel β_R bei gegebener Wärmezufuhr und gegebener Anströmmachzahl M_1 ein Maximum. Versucht man dieses zu überschreiten oder, was auf dasselbe hinausläuft, die Wärmezufuhr zu erhöhen, so wird dies hier im allgemeinen durch den vorgelagerten Verdichtungsstoß allein kompensiert.

Dieser Abschnitt und der vorhergehende haben deutlich gemacht, daß bei der ebenen Strömung mit Energiezufuhr, anders als bei der stationären Rohrströmung, ein Überschreiten des „kritischen Zustandes“ nicht notwendigerweise einen instationären Vorgang auslösen muß. Ferner sollten die Beispiele dieser beiden Abschnitte zeigen, daß sich — ebenso wie in der gewöhnlichen Gasdynamik —

auch hier in manchen Fällen Polarendarstellungen als sehr nützlich erweisen und daß man andererseits unter gewissen Voraussetzungen durch geeignete Linearisierung zu einfachen analytischen Lösungen gelangen kann. Bei stationären Reaktionsfronten in Unterschallströmung sind „kegelige Lösungen“ von der hier vorliegenden Art nicht möglich.

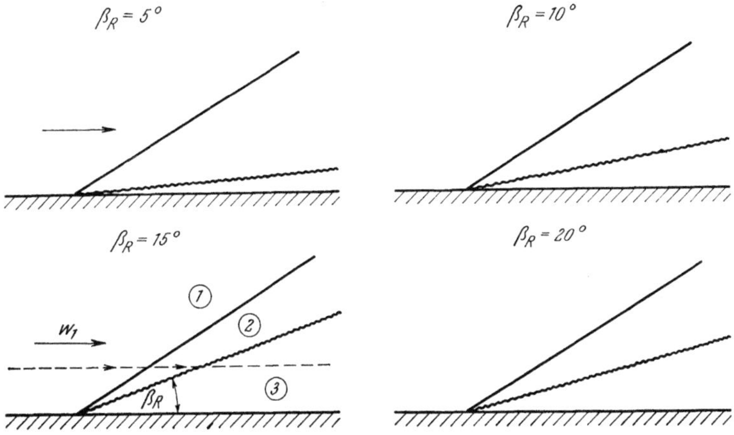

Abb. 4.29 Randbedingung an der Wand für eine schiefe Unterschallreaktionsfront in Überschallströmung bei verschiedenen Reaktionsfrontwinkeln β_R. $M_1 = 2$, $\frac{q}{c_p T_1} = 0{,}1$

4.19 Dreifrontkonfigurationen mit und ohne Energiezufuhr

In den beiden vorangehenden Abschnitten haben wir gesehen, daß bei Überschallströmung mit Wärmezufuhr an festen Wänden sogenannte *Zweifrontkonfigurationen* auftreten. Darunter versteht man ganz allgemein ein System von zwei Diskontinuitätsflächen, die sich längs einer Linie schneiden, wobei die eine der beiden Unstetigkeitsflächen, wie in unserem Falle, eine Reaktionsfront sein kann. Es ist jedoch nicht möglich, daß eine solche Zweifrontkonfiguration mitten in der Strömung existiert (gezeigt von D. Rues [18]). Um die Erhaltungssätze zu erfüllen, bedarf es dann noch einer dritten Diskontinuität, und wir gelangen damit zu *Dreifrontkonfigurationen.* Wenn es sich um drei Verdichtungsstöße handelt, spricht man von *Gabelstößen.* Diese treten z. B. unter gewissen Umständen bei Stoßreflexionen an einer Wand oder beim Zusammentreffen zweier Verdichtungsstöße auf. Ausführliche Untersuchungen zur Theorie der gegabelten Verdichtungsstöße findet man in [19 bis 22].

Uns interessieren hier hauptsächlich solche Dreifrontkonfigurationen, bei denen wenigstens eine der drei Diskontinuitätsflächen eine Reaktionsfront ist. Sie kommen z. B. zusammen mit Gabelstößen in der Struktur von Detonationsfronten vor (Abschn. 5.17) [23], sowie bei der Spin-Detonation (Abschn. 5.18). Man benutzt sie zur Erzeugung stehender Detonationswellen (Abschn. 4.20). Ferner treten sie immer dann auf, wenn eine Reaktionsfront irgendwo im Strömungsfeld endet.

Die verschiedenen Möglichkeiten der Energiezufuhr bei Dreifrontkontigurationen werden in der bereits erwähnten Untersuchung von D. Rues [18] eingehend diskutiert. Wir wollen hier, ausgehend vom Gabelstoß, die Berechnung von Dreifrontkonfigurationen mit Hilfe von Stoß- und Reaktionsfrontpolaren behandeln.

a) Gabelstoß: Wir betrachten zunächst den einfacheren Fall ohne Wärmezufuhr und nehmen an, der Anströmzustand 1 sowie der Neigungswinkel einer Stoßfront, z. B. β_1, seien bekannt (Abb. 4.30). Damit können die Herzkurve I (Abb. 4.31) und der Zustand 2 sofort berechnet werden. Sollen die Strömungs-

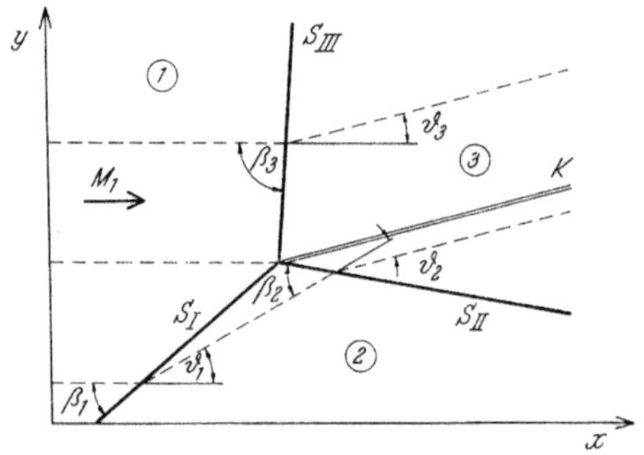

Abb. 4.30 Gabelstoß in der x—y-Ebene

felder 3 und 4 hinter den Fronten S_{II} und S_{III} stetig aneinander anschließen, so muß eine Unstetigkeitsfläche K hinzukommen, an der Druckgleichheit und Gleichheit der Geschwindigkeitsrichtung, jedoch ein Geschwindigkeitssprung herrscht. Vom Punkt 2 ausgehend, kann nun für die Machzahl M_2 eine zweite Herzkurve gezeichnet werden. Wegen der erwähnten Bedingungen an der Kontaktfläche K ist $p_3 = p_4$ und $\vartheta_3 = \vartheta_1 - \vartheta_2$. Druck und Ablenkungswinkel ergeben

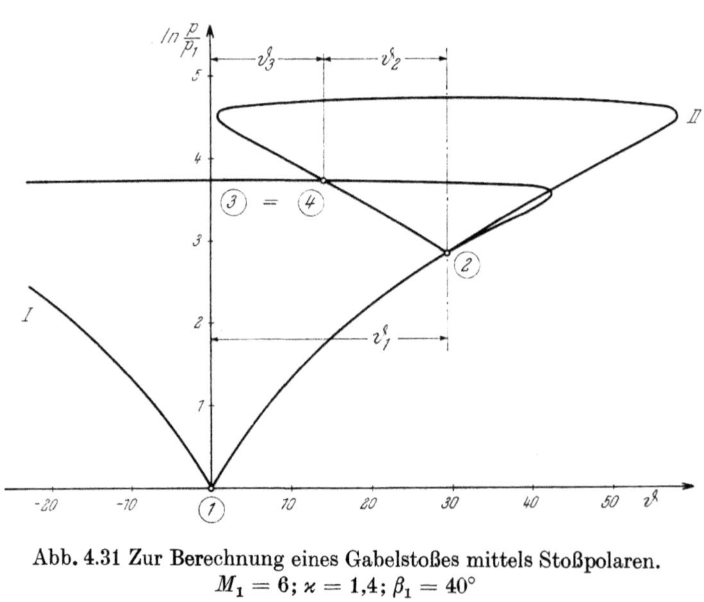

Abb. 4.31 Zur Berechnung eines Gabelstoßes mittels Stoßpolaren. $M_1 = 6$; $\varkappa = 1{,}4$; $\beta_1 = 40°$

sich daher aus dem Polarendiagramm durch den Schnittpunkt der beiden Herzkurven. Die restlichen Größen können mit Hilfe der Stoßgleichungen ermittelt werden.

Im allgemeinen wird man zwei Lösungen erhalten. Welche davon in Frage kommt, hängt von der Stabilität der Fronten ab (vgl. 4.14).

b) Dreifrontkonfiguration mit Wärmezufuhr: Ganz analog zum vorhergehenden Fall können wir vorgehen, wenn z. B. eine der Fronten eine Reaktionsfront ist (Abb. 4.32). Wiederum seien M_1 und der Winkel β_1 vorgegeben. Ferner

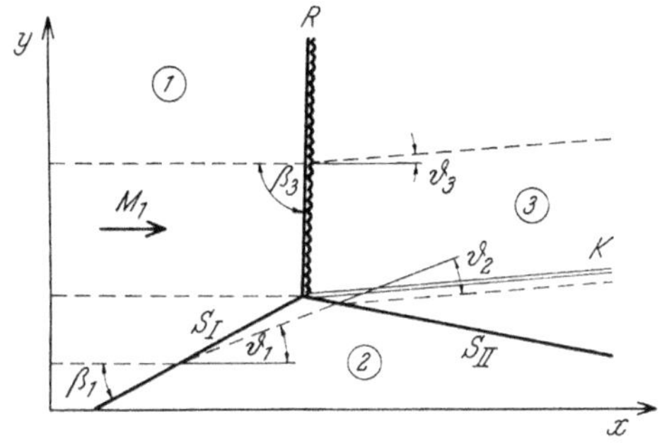

Abb. 4.32 Dreifrontkonfiguration mit Wärmezufuhr in der x—y-Ebene

muß noch die Wärmezufuhr q an der Reaktionsfront bekannt sein. Von der Herzkurve I wird diesmal nur der Zustandspunkt 2 benötigt, welcher ebenso wie die Reaktionsfrontpolare III sofort im Diagramm Abb. 4.33 eingetragen werden kann. Anschließend muß noch vom Punkt 2 ausgehend die Herzkurve II gezeichnet werden. Ihr Schnittpunkt mit der Reaktionsfrontpolare liefert den Druck

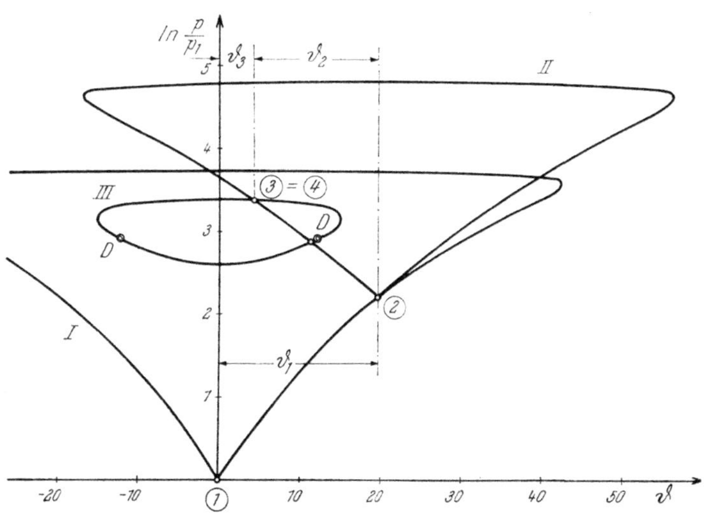

Abb. 4.33 **Zur Berechnung einer Dreifrontkonfiguration mit Wärmezufuhr** mittels Polaren. $M_1 = 6$; $\varkappa = 1{,}4$; $\beta_1 = 28°$

$p_3 = p_4$ sowie die Ablenkungswinkel ϑ_3 und ϑ_4. Alle übrigen Größen ergeben sich dann wieder aus den Gleichungen (4.24) und (4.29).

Auch hier hat man im allgemeinen zwei Lösungen. In unserem Beispiel eine Detonationslösung und eine stoßfreie Lösung.

4.20 Stehende Detonationswellen

Im Normalfall pflanzen sich Detonationswellen mit der ihnen eigenen hohen Geschwindigkeit im Gasgemisch fort. Durch geeignete Vorrichtungen gelingt es jedoch, Detonationswellen in einer Strömung so zu stabilisieren, daß sie einem im Laboratorium befindlichen Beobachter als ruhend erscheinen.

Bei der von J. A. Nicholls und Mitarbeitern [24 bis 27] verwendeten Versuchsanordnung strömt aufgeheizte Luft unter hohem Druck durch eine konvergent-divergente Düse und wird auf Außendruck entspannt, wobei die Expansion in der Düse selbst unvollständig ist (Abb. 4.34). Im Düsenhals wird kalter Wasserstoff zugeführt, der sich im Überschallteil der Düse teilweise mit der heißen Luft vermischt. Wegen der kurzen zur Verfügung stehenden Zeit und der Abkühlung des Gemisches während der Expansion kommt es innerhalb der Düse und unmittelbar dahinter noch zu keiner Verbrennung. Erst durch den, die Expansion abschließenden senkrechten Verdichtungsstoß, die sogenannte Machscheibe, wird ein verhältnismäßig kleiner Teil der Gesamtmasse, etwa 10%, gezündet. Die Flamme selbst liegt infolge des Zündverzugs in einigem Abstand hinter dem Verdichtungsstoß. Auf ähnliche Weise werden auch von R. P. Rhodes und D. E. Chriss [28] stehende Detonationswellen mit Hilfe einer Machscheibe erhalten.

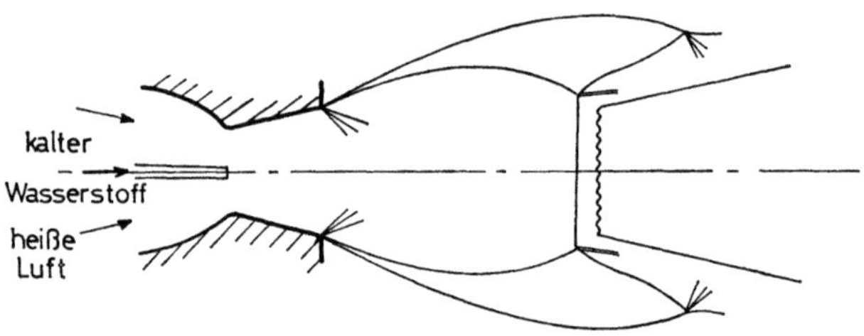

Abb. 4.34 Stehende Detonationswelle nach A. J. Nicholls [27]

Die stehende Detonationswelle ist neben der im Abschn. 4.15 behandelten Detonationsfront am Keil ein Beispiel für die Verwirklichung einer überkomprimierten Detonation. Ihr Studium hat im wesentlichen zwei Gründe. Erstens interessiert ihre Verwendung zum Antrieb von Hyperschallflugzeugen [29], vor allem in Form einer detonativen Außenverbrennung (Abschn. 4.26), weil auf diese Art beträchtliche Brennstoffmengen auf kleinstem Raum verbrannt werden können.

Zweitens kann sie zum Studium reaktionskinetischer Vorgänge dienen [30]. Nachteile dabei sind allerdings, außer den begreiflicherweise hohen Kosten, die Schwierigkeit, den Zustand hinter dem Verdichtungsstoß genau zu bestimmen.

Ferner bleibt der Verdichtungsstoß auch in jenen Fällen stabil, in denen er von der Reaktionszone beeinflußt wird. Dies ist möglich, weil ihm Energie durch die Düsenströmung zugeführt wird.

4.21 Verträglichkeitsbedingungen für stationäre, ebene und achsensymmetrische Überschallströmung mit chemischer Reaktion

Die in den Abschnitten 4.1 und 4.3 angegebenen Gleichungen können nur in den seltensten Fällen geschlossen integriert werden. Unter gewissen Umständen können sie jedoch durch Transformation auf die Machschen Linien eine wesentlich einfachere Form annehmen. Damit kommen wir zur Charakteristikenmethode in ihrer Anwendung auf ebene und achsensymmetrische Überschallströmung mit chemischen Reaktionen bzw. mit Wärmequellen.

Charakteristikenverfahren sind in der klassischen Gasdynamik nicht zuletzt wegen ihrer Anschaulichkeit ein so häufig benutztes Hilfsmittel zur Integration der Strömungsdifferentialgleichungen vom hyperbolischen Typus, daß sie als bekannt vorausgesetzt werden dürfen. Wir wollen hier lediglich die Erweiterung auf stationäre Überschallströmung mit chemischen Reaktionen vornehmen.

Die Anwendung der Charakteristikenmethode auf die Nichtgleichgewichtsströmung reagierender Gase erfolgte zuerst durch L. J. F. Broer [I.31], B. T. Chu [32] sowie W. W. Wood und J. G. Kirkwood [33]. Seither ist eine sehr große Anzahl einschlägiger Studien erschienen. Eine zusammenfassende Übersicht findet man bei R. Sedney [34].

Wir beschränken uns auf unser Zweisubstanzenmodell und gehen von der Kontinuitätsbeziehung (4.16) sowie von den Eulerschen Bewegungsgleichungen (4.2a) aus. Alle im Abschn. 4.1 gemachten Voraussetzungen gelten auch hier.

Zunächst muß die Kontinuitätsgleichung (4.13) noch umgeformt werden. Zu diesem Zweck fassen wir den Druck wieder als Funktion von ϱ, s und ω auf, so daß wir analog zu Abschn. 4.1 schreiben können:

$$\begin{aligned} \frac{1}{\varrho}\,\frac{\partial p}{\partial x} &= c_f^2 \left\{\frac{1}{\varrho}\,\frac{\partial \varrho}{\partial x} + \frac{1}{c_p(\omega)}\,\frac{\partial s}{\partial x} - \left[\frac{s_V - s_U}{c_p(\omega)} - \left(\frac{\mu(\omega)}{\mu_V} - \frac{\mu(\omega)}{\mu_U}\right)\right]\frac{\partial \omega}{\partial x}\right\}, \\ \frac{1}{\varrho}\,\frac{\partial p}{\partial y} &= c_f^2 \left\{\frac{1}{\varrho}\,\frac{\partial \varrho}{\partial y} + \frac{1}{c_p(\omega)}\,\frac{\partial s}{\partial y} - \left[\frac{s_V - s_U}{c_p(\omega)} - \left(\frac{\mu(\omega)}{\mu_V} - \frac{\mu(\omega)}{\mu_U}\right)\right]\frac{\partial \omega}{\partial y}\right\}. \end{aligned} \tag{4.56}$$

$\mu(\omega)$ und $c_p(\omega)$ sind durch die Gleichungen (1.98) bzw. (1.99) gegeben.

Damit eliminieren wir die Dichteableitungen in (4.16) und erhalten die Kontinuitätsgleichung in neuer Form:

$$\frac{\partial u}{\partial x} + \frac{\partial v}{\partial y} + \frac{1}{\varrho c_f^2}\left(u\,\frac{\partial p}{\partial x} + v\,\frac{\partial p}{\partial y}\right) + \left\{\frac{v}{y}\right\} = \Omega \tag{4.57}$$

mit

$$\Omega = \frac{1}{c_p}\left(u\,\frac{\partial s}{\partial x} + v\,\frac{\partial s}{\partial y}\right) - A\left(u\,\frac{\partial \omega}{\partial x} + v\,\frac{\partial \omega}{\partial y}\right) = \frac{1}{c_p}\,\frac{\mathrm{d}s}{\mathrm{d}t} - A\,\frac{\mathrm{d}\omega}{\mathrm{d}t},$$

$$A = \frac{S_V - S_U}{c_p} - \left(\frac{\mu}{\mu_V} - \frac{\mu}{\mu_U}\right).$$

Die Transformation der Kontinuitätsgleichung (4.57) und der Eulergleichungen (4.2a) auf die Machschen Linien führt zu einem relativ einfachen Gleichungssystem, welches unter der Bezeichnung *Verträglichkeitsbedingungen* bekannt ist. Die Ableitung der verallgemeinerten Verträglichkeitsbedingungen ist ähnlich wie im Fall des nichtreagierenden Gases (vgl. [I.12]).

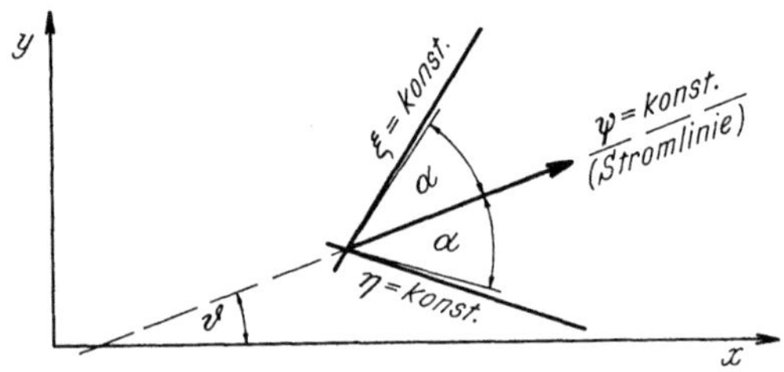

Abb. 4.35 Charakteristiken in der Strömungsebene

Die beiden Scharen der Machschen Linien (Charakteristiken) sind durch die Linien $\xi =$ konst. (linkslaufende Charakteristiken) und $\eta =$ konst. (rechtslaufende Charakteristiken) gegeben. Sie schließen mit der Stromlinie den Machschen Winkel α ein (Abb. 4.35), der gegeben ist durch:

$$\sin \alpha = \frac{1}{M} \tag{4.58}$$

mit

$$M = \frac{W}{c_f}. \tag{4.59}$$

Die Machzahl ist hier durch die Schallgeschwindigkeit der gefrorenen Strömung c_f definiert. Bekanntlich ist bei Strömungsvorgängen mit chemischen Reaktionen immer c_f die für das Charakteristikenverfahren maßgebliche Schallgeschwindigkeit, auch wenn sich die Strömung nicht im gefrorenen Gleichgewicht befindet (gezeigt von L. F. J. Broer [I.31]).

Die Machlinien haben gegen die x-Achse die Neigung:

$$\left(\frac{\mathrm{d}y}{\mathrm{d}x}\right)_\xi = -\frac{\xi_x}{\xi_y} = \operatorname{tg}(\vartheta + \alpha), \qquad \left(\frac{\mathrm{d}y}{\mathrm{d}x}\right)_\eta = -\frac{\eta_y}{\eta_x} = \operatorname{tg}(\vartheta - \alpha). \tag{4.60}$$

Für die Ableitungen der neuen Variablen

$$\xi = \xi(x, y), \qquad \eta = \eta(x, y) \tag{4.61}$$

gelten die folgenden Beziehungen:

$$\xi_x = \frac{y_\eta}{x_\xi y_\eta - x_\eta y_\xi}, \qquad \xi_y = -\frac{x_\eta}{x_\xi y_\eta - x_\eta y_\xi},$$

$$\eta_x = -\frac{y_\xi}{x_\xi y_\eta - x_\eta y_\xi}, \qquad \eta_y = \frac{x_\xi}{x_\xi y_\eta - x_\eta y_\xi}, \tag{4.62}$$

$$\xi_x \eta_y - \xi_y \eta_x = \frac{1}{x_\xi y_\eta - x_\eta y_\xi} \qquad \text{(Jakobische Determinante).}$$

Führen wir in die Gleichungen (4.57) und (4.2b) die neuen Variablen ein, so erhalten wir:

$$\begin{aligned} &u_\xi \xi_x + u_\eta \eta_x + v_\xi \xi_y + v_\eta \eta_y + \frac{1}{\varrho c_f^2} p_\xi (u \xi_x + v \xi_y) \\ &+ \frac{1}{\varrho c_f^2} p_\eta (u \eta_x + v \eta_y) + \left\{\frac{v}{y}\right\} = \Omega . \end{aligned} \tag{4.63}$$

$$\begin{aligned} u_\xi (u \xi_x + v \xi_y) + u_\eta (u \eta_x + v \eta_y) + \frac{1}{\varrho} (p_\xi \xi_x + p_\eta \eta_x) = 0 , \\ v_\xi (u \xi_x + v \xi_y) + v_\eta (u \eta_x + v \eta_y) + \frac{1}{\varrho} (p_\xi \xi_y + p_\eta \eta_y) = 0 . \end{aligned} \tag{4.64}$$

Die Größe y in dem Glied für die achsensymmetrische Strömung kann nur dann durch ξ und η ersetzt werden, wenn die Transformation (4.61) explizit gegeben ist.

Es ist zweckmäßig, in die Gleichungen (4.63) und (4.64) die Beträge der Gradienten von ξ und η einzuführen.

$$h_1 = |\mathrm{grad}\ \xi| = \sqrt{\xi_x^2 + \xi_y^2} , \qquad h_2 = |\mathrm{grad}\ \eta| = \sqrt{\eta_x^2 + \eta_y^2} , \tag{4.65}$$

wobei aus (4.60) folgt:

$$\begin{aligned} \xi_x &= h_1 \sin(\vartheta + \alpha) = \sqrt{\xi_x^2 + \xi_y^2} \sin(\vartheta + \alpha) , \\ \xi_y &= -h_1 \cos(\vartheta + \alpha) = -\sqrt{\xi_x^2 + \xi_y^2} \cos(\vartheta + \alpha) , \\ \eta_x &= -h_2 \sin(\vartheta - \alpha) = -\sqrt{\eta_x^2 + \eta_y^2} \sin(\vartheta - \alpha) , \\ \eta_y &= h_2 \cos(\vartheta - \alpha) = \sqrt{\eta_x^2 + \eta_y^2} \cos(\vartheta - \alpha) . \end{aligned} \tag{4.66}$$

Für die Wahl der positiven Gradientenrichtung wurde willkürlich folgende Vereinbarung getroffen: ξ wird in x-Richtung und η in y-Richtung gezählt, wenn $-\pi/2 < \vartheta < \pi/2$ ist. Der Betrag des Machwinkels kann definitionsgemäß nie größer als 90° sein.

Weiter sollen die Geschwindigkeitskomponenten u und v durch den Betrag des Geschwindigkeitsvektors W und den Strömungswinkel ϑ ersetzt werden.

$$u = W \cos\vartheta , \qquad v = W \sin\vartheta . \tag{4.67}$$

$$\begin{aligned} u_\xi &= \cos\vartheta\, W_\xi - W \sin\vartheta\, \vartheta_\xi , & u_\eta &= \cos\vartheta\, W_\eta - W \sin\vartheta\, \vartheta_\eta , \\ v_\xi &= \sin\vartheta\, W_\xi + W \cos\vartheta\, \vartheta_\xi , & v_\eta &= \sin\vartheta\, W_\eta + W \cos\vartheta\, \vartheta_\eta . \end{aligned} \tag{4.68}$$

Mit (4.66) und (4.67) ergeben sich die im folgenden häufig gebrauchten Ausdrücke:

$$\begin{aligned} (u \xi_x + v \xi_y) &= h_1 W \sin\alpha = h_1 c_f , \\ (u \eta_x + v \eta_y) &= h_2 W \sin\alpha = h_2 c_f . \end{aligned} \tag{4.69}$$

Aus (4.66) bis (4.68) nach elementarer Rechnung für die Kontinuitätsbedingung und die Eulergleichungen:

$$(\cos\vartheta\, W_\xi - W\sin\vartheta\,\vartheta_\xi)\sin(\vartheta+\alpha)\,h_1 - (\cos\vartheta\, W_\eta - W\sin\vartheta\,\vartheta_\eta)\sin(\vartheta-\alpha)\,h_2$$
$$-(\sin\vartheta\, W_\xi + W\cos\vartheta\,\vartheta_\xi)\cos(\vartheta+\alpha)\,h_1 + (\sin\vartheta\, W_\eta + W\cos\vartheta\,\vartheta_\eta)\cos(\vartheta-\alpha)\,h_2$$
$$+\frac{1}{\varrho c_f}\,p_\xi h_1 + \frac{1}{\varrho c_f}\,p_\eta h_2 + \left\{\frac{W\sin\vartheta}{y}\right\} = \Omega, \tag{4.70}$$

$$(\cos\vartheta\, W_\xi - W\sin\vartheta\,\vartheta_\xi)\,h_1 c_f + (\cos\vartheta\, W_\eta - W\sin\vartheta\,\vartheta_\eta)\,h_2 c_f$$
$$+\frac{1}{\varrho}\,p_\xi h_1\sin(\vartheta+\alpha) - \frac{1}{\varrho}\,p_\eta h_2\sin(\vartheta-\alpha) = 0,$$
$$(\sin\vartheta\, W_\xi + W\cos\vartheta\,\vartheta_\xi)\,h_1 c_f + (\sin\vartheta\, W_\eta + W\cos\vartheta\,\vartheta_\eta)\,h_2 c_f \tag{4.71}$$
$$-\frac{1}{\varrho}\,p_\xi h_1\cos(\vartheta+\alpha) + \frac{1}{\varrho}\,p_\eta h_2\cos(\vartheta-\alpha) = 0.$$

Nach Multiplikation der ersten Gleichung (4.71) mit $-\sin(\vartheta+\alpha)/c_f$ sowie der zweiten mit $\cos(\vartheta+\alpha)/c_f$, erhalten wir durch Addition von (4.70) und (4.71) nach einiger Rechnung schließlich die Verträglichkeitsbedingungen für die linkslaufenden Charakteristiken $\xi = \text{konst.}$:

$$\vartheta_\eta + \frac{\operatorname{cotg}\alpha}{\varrho W^2}\,p_\eta + \left\{\frac{\sin\vartheta}{2\cos\alpha\, h_2}\,\frac{1}{y}\right\} = \frac{1}{2W\cos\alpha\, h_2}\,\Omega$$

und für die rechtslaufenden Charakteristiken $\eta = \text{konst.}$:

$$-\vartheta_\xi + \frac{\operatorname{cotg}\alpha}{\varrho W^2}\,p_\xi + \left\{\frac{\sin\vartheta}{2\cos\alpha\, h_1}\,\frac{1}{y}\right\} = \frac{1}{2W\cos\alpha\, h_1}\,\Omega.$$

Die Größen h_1 und h_2 müssen noch durch die Bogenlänge l auf der jeweiligen Charakteristik ausgedrückt werden.

Das Bogenelement einer Kurve in Parameterdarstellung $x = x(\tau)$, $y = y(\tau)$ ist gegeben durch

$$\mathrm{d}l = \sqrt{x_\tau^2 + y_\tau^2}\,\mathrm{d}\tau. \tag{4.72}$$

Für die Kurve $\xi = \xi_1 = \text{konst.}$ hat man die Darstellung $x(\xi_1, \eta)$, $y(\xi_1, \eta)$, wobei η dem Parameter τ entspricht. Mit (4.65), (4.66) und (4.62) ergibt sich dann für h_2 und analog für h_1*:

$$\frac{1}{h_2} = \left(\frac{\partial l}{\partial\eta}\right)_\xi \sin 2\alpha = \left(\frac{\partial l}{\partial\eta}\right)_\xi 2\sin\cos\alpha.$$
$$\frac{1}{h_1} = \left(\frac{\partial l}{\partial\xi}\right)_\eta \sin 2\alpha = \left(\frac{\partial l}{\partial\xi}\right)_\eta 2\sin\alpha\cos\alpha, \tag{4.73}$$

* Die Indizes ξ und η bedeuten ab hier nicht mehr die Ableitung sondern die jeweils konstant gehaltene Variable.

Damit können nun die Verträglichkeitsbedingungen für stationäre ebene oder achsensymmetrische Strömung mit chemischer Reaktion in folgender Form geschrieben werden:

$$\left(\frac{\partial \vartheta}{\partial \eta}\right)_\xi + \frac{\operatorname{cotg} \alpha}{\varrho W^2} \left(\frac{\partial p}{\partial \eta}\right)_\xi + \left\{\sin \alpha \sin \vartheta \, \frac{1}{y} \left(\frac{\partial l}{\partial \eta}\right)_\xi\right\} = \frac{\sin \alpha}{W} \left(\frac{\partial l}{\partial \eta}\right)_\xi \left(\frac{1}{c_p} \frac{\mathrm{d}s}{\mathrm{d}t} - A \frac{\mathrm{d}\omega}{\mathrm{d}t}\right),$$

$$-\left(\frac{\partial \vartheta}{\partial \xi}\right)_\eta + \frac{\operatorname{cotg} \alpha}{\varrho W^2} \left(\frac{\partial p}{\partial \xi}\right)_\eta + \left\{\sin \alpha \sin \vartheta \, \frac{1}{y} \left(\frac{\partial l}{\partial \xi}\right)_\eta\right\} = \frac{\sin \alpha}{W} \left(\frac{\partial l}{\partial \xi}\right)_\eta \left(\frac{1}{c_p} \frac{\mathrm{d}s}{\mathrm{d}t} - A \frac{\mathrm{d}\omega}{\mathrm{d}t}\right) \tag{4.74}$$

mit $\dfrac{\mathrm{d}s}{\mathrm{d}t} = u \dfrac{\partial s}{\partial x} + v \dfrac{\partial s}{\partial y}$ und $\dfrac{\mathrm{d}\omega}{\mathrm{d}t} = u \dfrac{\partial \omega}{\partial x} + v \dfrac{\partial \omega}{\partial y}$.

Bei ebener Strömung verschwindet der Ausdruck in der geschwungenen Klammer. Das erste Glied auf der rechten Seite der Gleichungen gibt die Entropieänderung infolge der chemischen Reaktion an und das zweite Glied die Konzentrationsänderung. Letztere könnte z. B. unmittelbar durch ein Reaktionsgesetz von der Art der Gleichung (4.8) gegeben sein. Ferner kann die Entropie über den zweiten Hauptsatz der Thermodynamik durch die der Masseneinheit der strömenden Mediums zugeführte Wärmemenge q ausgedrückt werden:

$$\frac{1}{c_p} \frac{\mathrm{d}s}{\mathrm{d}t} = \frac{1}{c_p T} \frac{\mathrm{d}q}{\mathrm{d}t}.$$

Da wir auf der rechten Seite der Verträglichkeitsbedingungen (4.74) immer noch Ableitungen nach x bzw. y haben, ist es besser, die Bogenlänge längs der Stromlinie einzuführen. Es gilt:

$$\frac{\mathrm{d}s}{\mathrm{d}t} = W \left(\frac{\partial s}{\partial l}\right)_\psi = \frac{W}{T} \left(\frac{\partial q}{\partial l}\right)_\psi, \qquad \frac{\mathrm{d}\omega}{\mathrm{d}t} = W \left(\frac{\partial \omega}{\partial l}\right)_\psi. \tag{4.75}$$

Der Index ψ soll hier lediglich symbolisieren, daß es sich hier um eine Bogenlänge längs der Stromlinie handelt. Es ist zu beachten, daß ψ im volliegenden Fall eine Verallgemeinerung der aus der klassischen Gasdynamik bekannten Stromfunktion darstellt. Da wir jedoch diese Potentialfunktion nicht benützen, soll an dieser Stelle nicht näher darauf eingegangen werden.

Wird in allen Richtungen mit der entsprechenden Bogenlänge gemessen, so erhalten die Verträglichkeitsbedingungen schließlich ihre endgültige Form:

$$\left(\frac{\partial \vartheta}{\partial l}\right)_\xi + \frac{\sqrt{M^2 - 1}}{\varrho W^2} \left(\frac{\partial p}{\partial l}\right)_\xi + \left\{\frac{\sin \vartheta}{M} \frac{1}{y}\right\} = \frac{1}{M} \left[\frac{1}{c_p T} \left(\frac{\partial q}{\partial l}\right)_\psi - A \left(\frac{\partial \omega}{\partial l}\right)_\psi\right],$$

$$-\left(\frac{\partial \vartheta}{\partial l}\right)_\eta + \frac{\sqrt{M^2 - 1}}{\varrho W^2} \left(\frac{\partial p}{\partial l}\right)_\eta + \left\{\frac{\sin \vartheta}{M} \frac{1}{y}\right\} = \frac{1}{M} \left[\frac{1}{c_p T} \left(\frac{\partial q}{\partial l}\right)_\psi - A \left(\frac{\partial \omega}{\partial l}\right)_\psi\right] \tag{4.76}$$

mit $A = \dfrac{s_V - s_U}{c_p} - \left(\dfrac{\mu}{\mu_V} - \dfrac{\mu}{\mu_U}\right)$.

Dabei wurde der Machwinkel α über die Gleichung (4.58) durch die Machzahl M ersetzt.

Das Glied für die Konzentrationsänderung könnte, wie oben schon bemerkt, z. B. auf folgende Weise dargestellt werden:

$$\left(\frac{\partial \omega}{\partial l}\right)_{\psi} = \frac{1}{W} \frac{d\omega}{dt} = \frac{1}{W} k_0 \omega^n p^{n-1} e^{-\frac{E}{RT}}. \tag{4.77}$$

Zu den Verträglichkeitsbedingungen (4.76) kommt neben dem bereits erwähnten Reaktionsgesetz noch der Energiesatz (4.7). Er gilt längs Stromlinien und braucht nicht mehr transformiert zu werden, da ja die Stromlinien ebenfalls Charakteristiken sind.

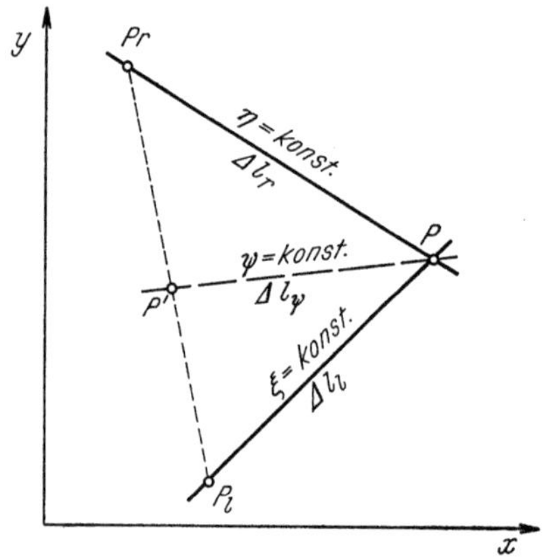

Abb. 4.36 Schritt der Charakteristikenmethode

Für die praktische Rechnung können die Verträglichkeitsbedingungen (4.76) mit den Bezeichnungen der Abb. 4.36 noch in Differenzenform geschrieben werden:

$$\begin{aligned}
&\vartheta - \vartheta_l + \frac{\sqrt{M^2-1}}{\varrho W^2}(p - p_l) + \left\{\frac{\sin\vartheta}{M}\frac{\Delta l_l}{y}\right\} = \frac{1}{M}\frac{\Delta l_l}{\Delta l_\psi}\left[\frac{1}{c_p}(s - s')\right.\\
&\left.-A(\omega - \omega')\right] = \frac{1}{M}\frac{\Delta l_l}{\Delta l_\psi}\left[\frac{1}{c_p T}(q - q') - A(\omega - \omega')\right] \quad \text{für} \quad \xi = \text{konst.}\\
&-(\vartheta - \vartheta_r) + \frac{\sqrt{M^2-1}}{\varrho W^2}(p - p_r) + \left\{\frac{\sin\vartheta}{M}\frac{\Delta l_r}{y}\right\} = \frac{1}{M}\frac{\Delta l_r}{\Delta l_\psi}\left[\frac{1}{c_p}(s - s')\right.\\
&\left.-A(\omega - \omega')\right] = \frac{1}{M}\frac{\Delta l_r}{\Delta l_\psi}\left[\frac{1}{c_p T}(q - q') - A(\omega - \omega')\right] \quad \text{für} \quad \eta = \text{konst.}
\end{aligned} \tag{4.78}$$

Der Rechenvorgang ist kurz wie folgt: Die Punkte P_1 auf der linkslaufenden und P_r auf der rechtslaufenden Charakteristik sind bekannt (Abb. 4.36). Mit Hilfe der Gleichungen (4.78) kann der Punkt P iterativ berechnet werden. Allerdings müssen Entropie- und Konzentrationsänderung längs der Stromlinie ebenfalls durch Iteration berechnet werden, da der Punkt P' nicht von vornherein bekannt ist. Damit kann auf die übliche Weise ein Differenzenverfahren aufgezogen werden.

Abb. 4.37 zeigt das Schema des Differenzenverfahrens für ein typisches Anfangswertproblem. Der Zustand sei entlang einer Kurve K zwischen den Punkten 1 und 2 bekannt. Von K ausgehend, kann das Netz der Charakteristiken innerhalb des durch die Punkte 1 und 2 festgelegten Abhängigkeitsgebietes schrittweise berechnet werden.

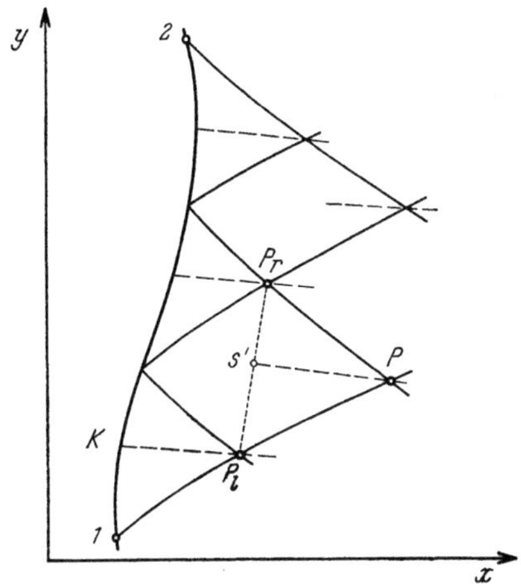

Abb. 4.37 Schema des Charakteristikenverfahrens (Anfangswertproblem)

Wenn das Entropieglied (q-Glied) gegenüber dem Term für die Konzentrationsänderung überwiegt, so daß letzterer vernachlässigt wird, gelangen wir zu den Verträglichkeitsbedingungen für die ebene oder achsensymmetrische Strömung mit Wärmezufuhr.

$$\begin{aligned} \left(\frac{\partial \vartheta}{\partial l}\right)_\xi + \frac{\sqrt{M^2-1}}{\varrho W^2}\left(\frac{\partial p}{\partial l}\right)_\xi + \left\{\frac{\sin\vartheta}{M}\,\frac{1}{y}\right\} &= \frac{1}{M}\,\frac{1}{c_p}\left(\frac{\partial s}{\partial l}\right)_\psi = \frac{1}{M}\,\frac{1}{c_p T}\left(\frac{\partial q}{\partial l}\right)_\psi, \\ -\left(\frac{\partial \vartheta}{\partial l}\right)_\eta + \frac{\sqrt{M^2-1}}{\varrho W^2}\left(\frac{\partial p}{\partial l}\right)_\eta + \left\{\frac{\sin\vartheta}{M}\,\frac{1}{y}\right\} &= \frac{1}{M}\,\frac{1}{c_p}\left(\frac{\partial s}{\partial l}\right)_\psi = \frac{1}{M}\,\frac{1}{c_p T}\left(\frac{\partial q}{\partial l}\right)_\psi. \end{aligned} \tag{4.79}$$

Diese Verträglichkeitsbedingungen wurden bereits 1941 von G. GUDERLEY im Rahmen einer ganz allgemeinen Problemstellung aufgestellt.

Im Sonderfall $q = 0$, $\omega =$ konst. erhalten wir die wohlbekannten Verträglichkeitsbedingungen für die isentrope Strömung. Sie seien hier für den ebenen Fall wiedergegeben:

$$\pm\,\mathrm{d}\vartheta + \frac{\sqrt{M^2-1}}{\varrho W^2}\,\mathrm{d}p = 0. \tag{4.80}$$

Das obere Vorzeichen gilt für die Charakteristiken $\xi =$ konst., das untere Vorzeichen für $\eta =$ konst.

4.22 Die inverse Methode von Broadbent

Eine interessante Methode zur Berechnung von ebenen oder achsensymmetrischen Strömungsfeldern mit Wärmezufuhr stammt von E. G. BROADBENT [35]. Sie geht von der Frage aus: Wie muß die Verteilung der Wärmezufuhr in einem Strömungsfeld aussehen, wenn gewisse Anfangs- und Randbedingungen längs Stromlinien bzw. längs deren Orthogonaltrajektorien vorgeschrieben werden? Dabei wird vorausgesetzt, daß eine Wärmezufuhr in der gewünschten Form möglich ist. Es handelt sich somit um eine indirekte Methode, deren mathematische Vorteile anhand eines einfachen Beispieles demonstriert werden sollen.

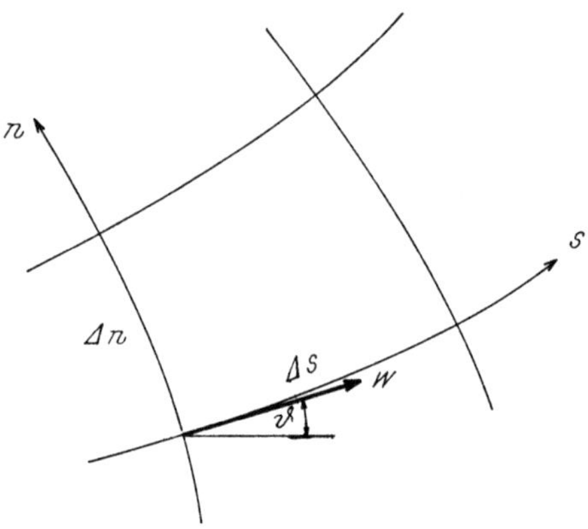

Abb. 4.38 Natürliche Koordinaten

Wir betrachten die stationäre, ebene Strömung eines idealen Gases konstanter spezifischer Wärme, wobei es naheliegend ist, anstelle der kartesischen Koordinaten die sogenannten natürlichen Koordinaten zu wählen. Diese werden von den Stromlinien und ihren Orthogonaltrajektorien gebildet (Abb. 4.38). Dann haben die Grundgleichungen für eine Stromröhre von der Breite 1 folgende Form (siehe z. B. [I.14]):

$$\varrho W \,\Delta n = G = \text{konst.} \qquad \text{Kontinuitätsgleichung} \tag{4.81}$$

Eulersche Bewegungsgleichungen in s- bzw. n-Richtung:

$$\varrho W \frac{\partial W}{\partial s} = -\frac{\partial p}{\partial s} \tag{4.82}$$

$$\varrho \frac{W^2}{R} = \varrho W^2 \frac{\partial \vartheta}{\partial s} = -\frac{\partial p}{\partial n} \tag{4.83}$$

$$i + \frac{W^2}{2} - q = \text{konst.} \qquad \text{Energiesatz} \tag{4.84}$$

Die Kontinuitätsbeziehung (4.81), die erste Eulergleichung (4.82) und der Energiesatz (4.84) können direkt aus der eindimensionalen Stromfadentheorie übernommen werden. Neu hinzu kommt lediglich die zweite Eulergleichung (4.83), welche den Zusammenhang zwischen den Zentrifugalkräften und Druckkräften in n-Richtung angibt. R bedeutet dabei den Krümmungsradius der Stromlinie.

In den Eulerschen Bewegungsgleichungen (4.82) und (4.83) kann die Stromdichte mit Hilfe der Kontinuitätsgleichung (4.81) eliminiert werden

$$\frac{G}{\Delta n}\frac{\partial W}{\partial s}+\frac{\partial p}{\partial s}=0, \tag{4.82a}$$

$$\frac{G}{R\,\Delta n}W+\frac{\partial p}{\partial n}=0. \tag{4.83a}$$

Wir erhalten damit für die beiden Unbekannten $p(s, n)$ und $W(s, n)$ zwei lineare partielle Differentialgleichungen, deren Koeffizienten bekannt sind.

Daraus ergibt sich der Rechenvorgang wie folgt:

1. Wahl einer ϑ-Verteilung im Strömungsfeld. Damit sind die Stromlinien und ihre Orthogonaltrajektorien bekannt.
2. Lösung der Differentialgleichungen (4.82a) und (4.83a).
3. Da p und W nun bekannt sind, kann ϱ aus der Kontinuitätsgleichung (4.81) berechnet werden.
4. Die Wärmezufuhr-Verteilung $q(s, n)$ folgt aus dem Energiesatz (4.84).

Auf diese Art kann das Strömungsfeld schrittweise berechnet werden (Abb. 4.39)*.

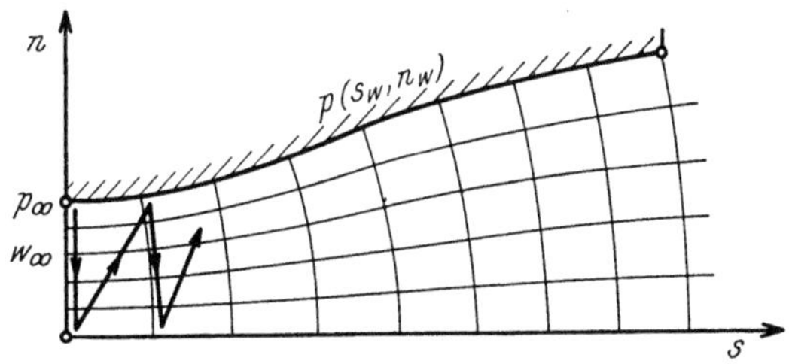

Abb. 4.39 Schema des Differenzenverfahrens am Beispiel einer Brennkammer (p_∞ und W_∞ am Einlauf sowie der Druckverlauf an der Wand $p\,(s_W, n_W)$ sind vorgegeben)

Natürlich bietet diese Methode keine Garantie dafür, daß die errechnete Wärmezufuhr-Verteilung tatsächlich verwirklicht werden kann, was auch gar nicht zu erwarten ist, da Mischungsvorgänge und Reaktionskinetik nicht mit berücksichtigt werden.

Ein einfaches Beispiel für die oben beschriebene Methode ist die Strömung in der Brennkammer eines Hyperschallflugzeuges, bei der Druck und Geschwindigkeit am Eintritt bekannt sind. Der Druck sei konstant längs der Wand (Abb. 4.40). Dieser Fall wurde in [35] sowohl eben als auch achsensymmetrisch für eine Eintrittsmachzahl $M_\infty = 2{,}5$ und eine Eintrittstemperatur $T_\infty = 1400\,°\mathrm{K}$ berechnet. Die Temperaturverteilung in der Brennkammer ist in Abb. 4.40 dargestellt.

* Die Stromlinien und ihre Orthogonaltrajektorien sind die Charakteristiken der Gleichungen (4.82a) und (4.83a).

Hier konnten nur die Grundzüge des Verfahrens dargestellt werden. Eine Anzahl weiterer Beispiele, auf die wir in anderem Zusammenhang noch zurückkommen, sowie nähere Details bezüglich der numerischen Rechnung findet man in [36 bis 39].

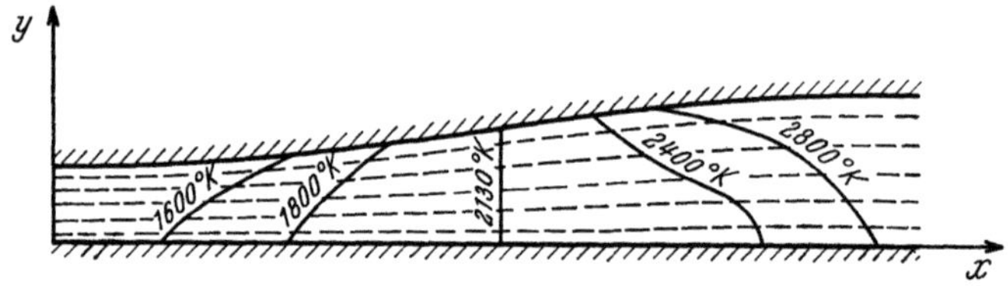

Abb. 4.40 Beispiel einer zweidimensionalen Brennkammer nach [35]

Abschließend ist es wichtig zu betonen, daß diese Methode nicht nur auf Überschall- sondern auch auf *Unterschallströmungen* anwendbar ist, was einer ihrer wesentlichen Vorzüge zu sein scheint.

4.23 Außenverbrennung

Beim konventionellen Überschallstaustrahltriebwerk wird die Luft bekanntlich auf Unterschallgeschwindigkeit abgebremst, in der Brennkammer erhitzt und anschließend in einer Lavaldüse wieder expandiert. Da der aus dem Triebwerk austretende Gasstrahl eine höhere Geschwindigkeit besitzt als die anströmende Luft, bewirkt er einen Vortrieb (Abschnitt 3.21). Bei hohen Flugmachzahlen, insbesondere im Hyperschallbereich, werden die Diffusorverluste einschließlich der Verluste durch senkrechte Stöße sowie die Verluste durch Dissoziation infolge hoher Innentemperaturen sehr groß. Darüber hinaus machen hohe innere Drücke und die Forderung nach einer variablen inneren Geometrie erhebliche Strukturgewichte notwendig. Es erhebt sich somit die Frage, ob diese starke Abbremsung der Luft nicht vermieden werden könnte, indem man die Verbrennung bei Überschallgeschwindigkeit stattfinden läßt. Der weitere Gedanke ist naheliegend, die Verbrennung außerhalb des Flugkörpers stattfinden zu lassen.

Jeder Vorgang, bei dem Brennstoff in gasförmiger oder flüssiger Form von einem Körper aus in das ihn umgebende Strömungsfeld gebracht und in der Nähe seiner Oberfläche verbrannt wird, soll ganz allgemein als *Außenverbrennung* oder *Außenheizung* bezeichnet werden. Die Verbrennung kann dabei, je nach Anordnung, entweder in Fronten oder über einen gewissen räumlichen Bereich stetig verteilt stattfinden. In jedem Fall wird der Strömungszustand durch die Wärmezufuhr verändert, und es werden zusätzliche Kräfte auf den Körper ausgeübt*. Diese können zur Schuberzeugung oder zumindest zur Verminderung des Widerstandes dienen. Ferner kann Außenverbrennung Auftrieb liefern, eventuell in Verbindung mit Vortrieb. Schließlich kann sie auch noch zur Steuerung herangezogen werden.

* Der Einfluß der Masse des Brennstoffes dürfte dagegen in vielen Fällen von untergeordneter Bedeutung sein.

Die Außenverbrennung wirft sofort zwei weitere Fragen auf. Erstens, wo an der Oberfläche eines Flugkörpers geheizt werden muß, damit die gewünschte Wirkung, z. B. Schub, eintritt und zweitens die Frage nach der Realisierung der Überschallverbrennung. Die erste Frage ist rein gasdynamischer Natur und soll in den nächsten Abschnitten beantwortet werden. Sie wurde erstmals von K. Oswatitsch [III.74; III.75] behandelt.

4.24 Außenverbrennung in Unterschallströmung

Um uns über alle Möglichkeiten eines Antriebs durch Außenverbrennung zu orientieren, beginnen wir mit dem Fall der Außenheizung bei Unterschallgeschwindigkeit, wenngleich ihm wegen des geringen Wirkungsgrades (vgl. Abschnitt 3.21) kaum praktische Bedeutung zukommen dürfte. Die Kenntnis dieses Falles ist aber auch zum besseren Verständnis der Außenverbrennung bei Überschallströmung wichtig. Es bestehen nämlich grundsätzliche Unterschiede, die in der Literatur nicht immer beachtet wurden, was folglich zu Fehlschlüssen führte. Für unsere Zwecke genügt es, die Verbrennung wieder durch Wärmequellen darzustellen. Der Einfachheit halber betrachten wir ferner die Strömung um einen schlanken Körper.

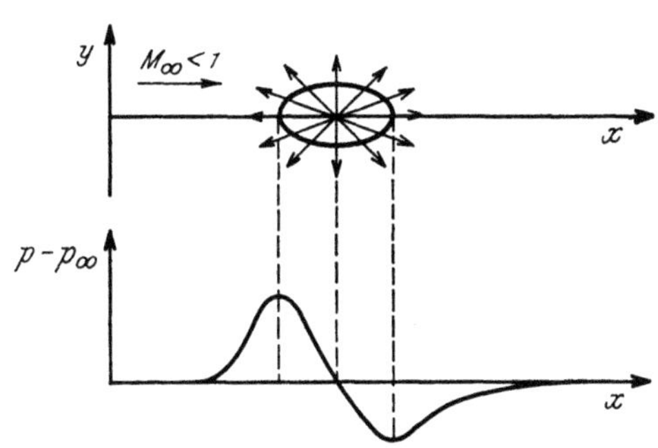

Abb. 4.41 Druckverteilung in der Umgebung einer Wärmequelle in Unterschallströmung (schematisch), nach [III, 75]

Es wurde bereits mehrfach darauf hingewiesen, daß die Wärmezufuhr in der Strömung einer Verdrängungswirkung gleichzusetzen ist. Im Rahmen einer Theorie kleiner Störungen wurde die Äquivalenz von Wärme- und Massenquellen von D. Rues [41] exakt gezeigt. Demnach muß eine Wärmequelle eine ähnliche Druckverteilung wie eine Massenquelle haben (Abb. 4.41). Im Staugebiet vor der Wärmequelle herrscht Überdruck, stromabwärts von der Quelle herrscht dagegen Unterdruck*.

Die Annahme eines schlanken Körpers bedeutet kleine Störungen, solange die Wärmezufuhr ebenfalls schwach ist. Die resultierende Druckverteilung kann dann durch Superposition der Druckverteilung am unbeheizten Körper mit der Druck-

* Bei schwachen Wärmequellen, wie sie für eine Theorie kleiner Störungen vorausgesetzt werden müssen, schließen Über- und Unterdruck, längs der axialen Stromlinie aufgetragen. gleiche Flächen ein.

verteilung der Wärmequelle erhalten werden. Erstere ergibt keinen Widerstand, und es genügt daher, die Druckverteilung der Wärmequelle allein zu berücksichtigen (Abb. 4.42).

Bei einer Wärmequelle am vorderen Staupunkt befindet sich der Körper im Sog derselben, und wir erhalten einen Vortrieb (Abb. 4.42a). Liegt die Wärmequelle am hinteren Staupunkt, so befindet sich der Körper im Überdruckgebiet und erhält ebenfalls einen Schub (Abb. 4.42c). Dagegen verursacht eine Wärmequelle in der Nähe des Dickenmaximums einen Widerstand, da das Überdruckgebiet der Wärmequelle vor und das Unterdruckgebiet hinter dem Dickenmaximum liegt (Abb. 4.42b).

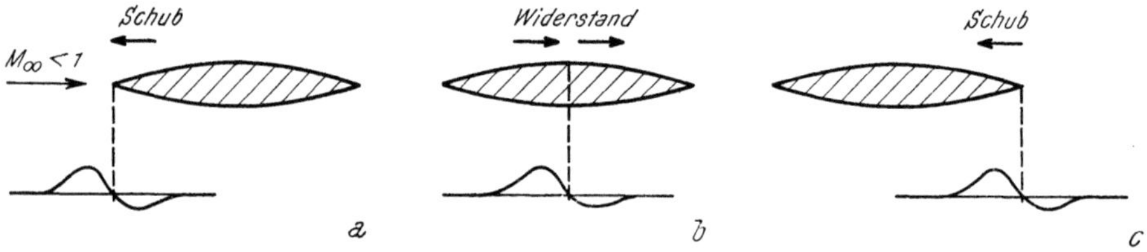

Abb. 4.42 Einfluß einer Wärmequelle auf die Druckverteilung eines schlanken Körpers in Unterschallströmung

Wir erhalten somit das überraschende Resultat, daß bei einem schlanken, spitzen Körper in Unterschallströmung ein Vortrieb durch Wärmezufuhr in der Umgebung beider Staupunkte erzielt werden kann. Umgekehrt bewirkt eine Wärmezufuhr in der Nähe des Dickenmaximums einen Widerstand. Dieses, durch eine rein qualitative Betrachtung gewonnene Ergebnis, soll noch durch folgende kurze Überlegung erhärtet werden (vgl. [42]).

Bei Unterschallströmung äußert sich der Widerstand im wesentlichen durch einen Nachlauf hinter dem Körper, in dem das Medium mit verminderter Geschwindigkeit abströmt, wobei sich der Druck sehr schnell dem Umgebungsdruck p_∞ angleicht. Es ergibt sich das bekannte Bild der „Nachlaufdelle". Kann man im Nachlauf eine Übergeschwindigkeit erzeugen, so erhält man gemäß Gleichung (3.79) einen Schub.

Zur Untersuchung der Wirkung einer Wärmezufuhr auf den Abströmzustand gehen wir am besten von der differenzierten Form des Energiesatzes (4.15) aus und erhalten in Verbindung mit der Entropiedefinition (1.69):

$$W\,\mathrm{d}W = \mathrm{d}q - \mathrm{d}i = \mathrm{d}q - T\,\mathrm{d}s - \frac{1}{\varrho}\,\mathrm{d}p. \tag{4.85}$$

Wird die Wärmemenge $\mathrm{d}q$ bei einer Temperatur T_q zugeführt, so folgt wegen der Entropieerhöhung, gegeben durch

$$\mathrm{d}q = T_q\,\mathrm{d}s \tag{4.86}$$

für den Abströmzustand eines beliebigen Mediums (ohne Index):

$$W\,\mathrm{d}W = \left(1 - \frac{T}{T_q}\right)\mathrm{d}q - \frac{1}{\varrho}\,\mathrm{d}p.$$

Für eine Stelle des Nachlaufes, bei welcher der Druckausgleich bereits erfolgt ist ($dp = 0$), erhalten wir schließlich:

$$\varrho W \, dW = \left(1 - \frac{T}{T_q}\right) \varrho \, dq. \tag{4.87}$$

Diese Gleichung besagt nichts anderes, als daß eine Wärmezufuhr stets dann zu einer Geschwindigkeitserhöhung führt, wenn sie bei einer Temperatur

$$T_q > T \tag{4.88}$$

erfolgt. Die Bedingung (4.88) gilt ganz allgemein für beliebige Medien. Dabei kommt es nicht darauf an, ob T_q durch aerodynamische Kompression, durch vorausgegangene Wärmezufuhr oder durch eine Kombination von beiden entstanden ist. Es muß also bei Unterschallströmung an den Staupunkten geheizt werden, wenn ein Schub erzeugt werden soll.

Zum gleichen Ergebnis kommt J. ZIEREP [43] durch eine analytische Behandlung der Profilströmung mit Wärmezufuhr im Rahmen der Theorie kleiner Störungen. Dabei ergeben sich gleichzeitig auch Ähnlichkeitsgesetze.

4.25 Außenverbrennung in Überschallströmung

Bei Überschallgeschwindigkeit liegen die Verhältnisse wesentlich anders als bei Unterschallverbrennung. Da bei einer Wärmezufuhr in Überschallströmung der Druck zunimmt, erhält man wieder einen Schub oder eine Widerstandsverminderung, wenn man hinter dem Dickenmaximum, d. h. im Gebiet des Soges, heizt. Anders als in der Unterschallströmung erhält man im Falle eines schlanken, spitzen Körpers bei Bugheizung jedoch einen Widerstand. Dies hängt wiederum mit der Äquivalenz zwischen Massen- und Wärmequellen zusammen. Eine Wärmequelle am Bug macht einen schlanken, spitzen Körper stumpfer. Auf den Fall der Bugheizung bei stumpfen Körpern kommen wir noch zurück.

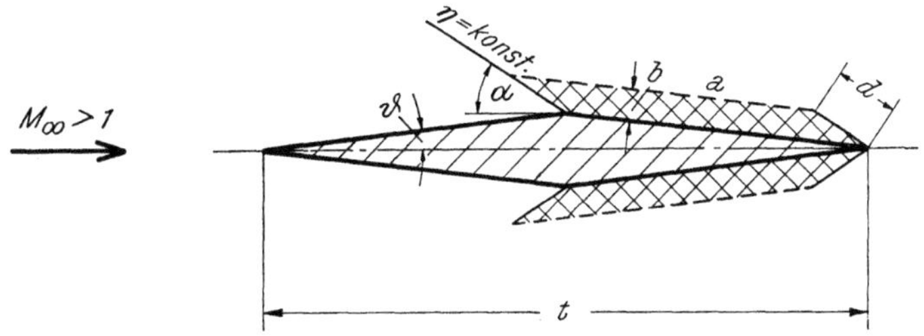

Abb. 4.43 Rhombus-Profil mit Heckheizung nach [III, 75]

Als einfachstes Beispiel betrachten wir einen unendlich langen Flügel mit einem Rhombus-Profil von der Dicke h und der Tiefe t (vgl. [III.75]). Am Heck des Flügels wird in einem Bereich von der Breite b Wärme zugeführt. Dieser Heizbereich wird stromauf- bzw. stromabwärts durch die beiden Machlinien $\eta =$ konst. auf der Flügeloberseite und $\xi =$ konst. auf der Flügelunterseite begrenzt (Abb. 4.43). Die Wärmezufuhr soll so erfolgen, daß die Entropie längs der erwähnten Machlinien konstant ist und in Strömungsrichtung linear ansteigt.

Wie im Unterschallfall sei auch hier das Profil schlank und die Wärmezufuhr schwach, so daß die Störungsgrößen als klein angenommen und ihre Quadrate vernachlässigt werden können.

$$\left|\frac{M - M_\infty}{M_\infty}\right| \ll 1, \left|\frac{p - p_\infty}{p_\infty}\right| \ll 1, \left|\frac{s - s_\infty}{s_\infty}\right| \ll 1, \quad \text{usw.}$$

Damit erhalten wir die Verträglichkeitsbedingungen (4.79) in ihrer linearisierten Form:

$$\pm \mathrm{d}\vartheta + \frac{\sqrt{M_\infty^2 - 1}}{\varrho_\infty W_\infty^2} \mathrm{d}p = \frac{1}{M_\infty} \frac{1}{c_p} (\mathrm{d}s)_{\psi=\text{konst.}}, \tag{4.89a}$$

oder in Differenzenform geschrieben:

$$\pm \vartheta + \frac{\sqrt{M_\infty^2 - 1}}{\varrho_\infty W_\infty^2} (p - p_\infty) = \frac{1}{M_\infty} \frac{1}{c_p} (\Delta s)_{\psi=\text{konst.}}. \tag{4.89b}$$

Das obere Vorzeichen gilt für die Machlinienschar $\xi =$ konst., das untere Vorzeichen für $\eta =$ konst.

Es genügt, zunächst die obere Profilhälfte allein zu betrachten. Aus der Verträglichkeitsbedingung für die Charakteristiken $\eta =$ konst. folgt unter den gegebenen Voraussetzungen mit den Bezeichnungen der Abb. 4.43 für den Druck:

$$p - p_\infty = \frac{\varrho_\infty W_\infty^2}{\sqrt{M_\infty^2 - 1}} \left(\vartheta + \frac{1}{M_\infty} \frac{1}{c_p} \frac{s - s_\infty}{a} \mathrm{d}\right). \tag{4.90}$$

Mit

$$\sin \alpha_\infty = \frac{1}{M_\infty} \cong \frac{b}{a} \qquad \text{und} \qquad \operatorname{tg} \vartheta \cong \vartheta = \frac{h/2}{t/2} = \frac{h}{2\mathrm{a}}$$

ergibt sich aus (4.90) für den Schub oder die Verminderung des Widerstandes pro Breiteneinheit des Flügels:

$$S = \frac{\varrho_\infty W_\infty^2}{\sqrt{M_\infty - 1}} h \frac{b}{a} \frac{q}{c_p T_\infty}. \tag{4.91}$$

Die Heizleistung L_q ist das Produkt aus der pro Masseneinheit zugeführten Wärmemenge $q = T_\infty(s - s_\infty)$ und dem sekundlichen Massendurchsatz pro Breiteneinheit des Flügels G:

$$L_q = 2Gq = 2\varrho_\infty u_\infty bq \cong 2\varrho_\infty W_\infty bq \tag{4.92}$$

mit

$$G = \varrho_\infty c_\infty d \cdot 1 = \varrho_\infty u_\infty b \cdot 1.$$

Dabei soll daran erinnert werden, daß die Normalkomponente der Geschwindigkeit auf die Machlinie gleich der Schallgeschwindigkeit ist.

Die Schubleistung ist gemäß Gl. (3.80):

$$L_S = S W_\infty. \tag{4.93}$$

Das Verhältnis von Schubleistung zu Heizleistung ergibt dann den Wirkungsgrad η:

$$\eta = \frac{L_s}{L_q} = \frac{h}{2a} \frac{1}{\sqrt{M_\infty^2 - 1}} \frac{W_\infty^2}{c_p T_\infty} = (\varkappa - 1)\,\vartheta \frac{M_\infty^2}{\sqrt{M_\infty^2 - 1}}. \tag{4.94}$$

Der Verlauf von η für einen Winkel von $\vartheta = 6°$ ist in Abb. 4.44 über der Anströmmachzahl aufgetragen.

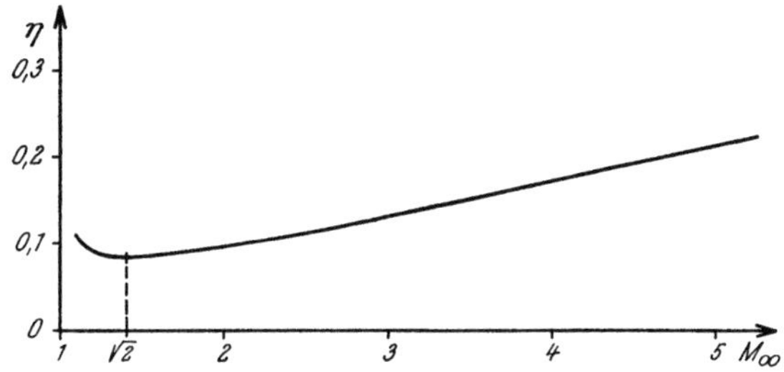

Abb. 4.44 Wirkungsgrad als Funktion der Anströmmachzahl ($\vartheta = 6°$) nach Gleichung (4.95)

η hat bei $M_\infty = \sqrt{2}$ ein Minimum mit $\eta_{\min} = 2(\varkappa - 1)\,\vartheta$. In Schallnähe stimmen die Ergebnisse nicht mehr, da hier auch die Linearisierung nicht mehr gilt. Diesen Fall hat J. Zierep in [43] untersucht.

Für größere Machzahlen gilt nach K. Oswatitsch [III.75]:

$$\eta = (\varkappa - 1)\,\vartheta M_\infty. \tag{4.95}$$

Der Wirkungsgrad ist danach proportional der Anströmmachzahl M_∞. Allerdings sind bei zu hohen Machzahlen die Voraussetzungen für die Linearisierung nur noch für sehr kleine Winkel ϑ erfüllt. Der Wirkungsgrad steigt nicht nur mit der Anströmmachzahl, sondern auch mit zunehmendem Winkel ϑ. Das bedeutet aber eine Zunahme der Störung, und die Linearisierung verliert wiederum ihre Berechtigung.

Von den zahlreichen theoretischen Untersuchungen zum Thema Profilströmung mit Wärmezufuhr seien hier noch die von I. I. Pinkel et al. [45], G. Gazley Jr. [46], A. Mager [47], H. Lomax [48], R. W. Luidens und R. J. Flaherty [49] genannt.

Bereits am Anfang dieses Abschnittes wurde betont, daß zwischen Außenverbrennung in Unterschall- und Überschallströmung grundsätzliche Unterschiede bestehen. Bei Überschallströmung werden durch die Wärmezufuhr Stoßkonfigurationen geändert, was wiederum zusätzliche Entropieänderungen mit sich bringt. Daher hat die Gl. (4.86) nun keine Gültigkeit mehr.

Wir haben uns bisher auf *schlanke, spitze* Körper in Überschallströmung beschränkt. Die hierbei erhaltenen Ergebnisse dürfen nicht ohne weiteres auf *stumpfe* Körper übertragen werden. Im Fall stumpfer Körper in Überschallströmung ist eine Verringerung des Widerstandes durch Bugheizung sehr wohl möglich, wie von F. Maurer und W. Brungs [50] auf experimentellem Wege gezeigt wurde. Sie erhalten Widerstandsverminderungen bis zu 50%. Theoretisch wurde dies von W. Schneider [65] im Rahmen einer Näherungsrechnung für den quer angeströmten Zylinder bzw. die Kugel in Hyperschallströmung gezeigt. Dabei erfolgt die Wärmezufuhr in einer abgelösten Reaktionsfront vor dem Körper. Für die Kugel ergibt sich eine Widerstandsverminderung bis zu 40% bei einem Antriebswirkungsgrad von etwa 34%. Die Ursache hierfür liegt einfach wieder in der Verdrängungswirkung der Wärmezufuhr, weil diese den stumpfen Körper effektiv schlanker macht. Eine völlige Aufhebung des Widerstandes oder sogar ein Schub sind auf diese Weise jedoch nicht zu erreichen.

4.26 Heckheizung

Neben der Profilströmung mit Wärmezufuhr, welche uns einen generellen Einblick in die Auswirkungen der Außenverbrennung bei verschiedenen Flugmachzahlen vermittelt, ist aus praktischen Gründen die *Heckströmung mit Wärmezufuhr*, kurz *Heckheizung* genannt, von Bedeutung.

Bekanntlich setzt sich der Mantelwiderstand eines Flugkörpers aus dem Widerstand des vorderen Teiles und dem *Heckwiderstand* zusammen. Letzterer spielt nur im unteren und mittleren Überschallbereich eine Rolle. Der Heckwiderstand entsteht durch die Expansion an der Heckkante (Abb. 4.45), welche an der Körperbasis einen Unterdruck und damit einen Sog zur Folge hat. Es bildet sich ein Rezirkulationsgebiet aus, das eine im Mittel konstante Masse einschließt. Ein gewisser Massenaustausch mit seiner Umgebung infolge turbulenter Mischung findet jedoch statt. Stromabwärts bringt ein Verdichtungsstoß den Druck wieder auf den Umgebungsdruck.

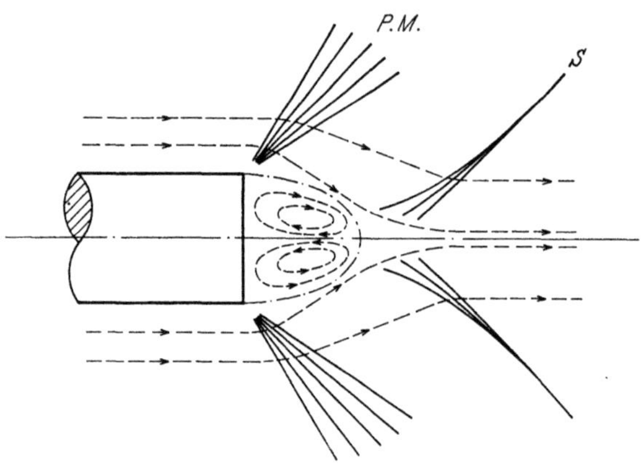

Abb. 4.45 Strömung am Heck eines Flugkörpers bei Überschallgeschwindigkeit

Wenn es gelingt, den Druck am Heck auf irgendeine Art zu erhöhen, so bedeutet das eine Verminderung oder gar eine völlige Aufhebung des Heckwiderstandes. Hierzu hat man im Prinzip verschiedene Möglichkeiten: 1. Verkleinerung des Rezirkulationsgebietes durch Anbringung eines Heckkonus. 2. Ausblasen von Masse am Heck, was ebenfalls eine Verkleinerung des Rezirkulationsgebietes bedeutet. 3. Wärmezufuhr durch Verbrennung in der Höhe des Hecks. Nach unseren bisherigen Überlegungen muß diese ebenfalls zu einer Erhöhung des

Basisdruckes führen. Von allen drei Methoden ist letztere wohl die wirkungsvollste.

Erste Versuche, die eine Verminderung des Heckwiderstandes durch Verbrennung von Wasserstoff zum Ziele hatten, wurden von W. T. Baker und Mitarbeitern [51] durchgeführt. Bei einer Anströmmachzahl von 1,6 konnte der Heckwiderstand um 60 bis 70% vermindert werden. Ähnliche Experimente von T. S. Scanland und W. H. Hebrank [52] mit einem festen Raketentreibstoff als Brennstoff erreichten bei einer Machzahl von 1,85 ebenfalls eine Reduktion des Heckwiderstandes um 65%. J. S. Serafini, R. G. Dorsch und E. A. Fletcher [53] verwendeten $Al(BH_4)_3$ (Aluminiumborhydrid), nachdem es gelungen war, diesen Brennstoff ohne Flammenhalter in Überschallströmung stabil zu verbrennen.

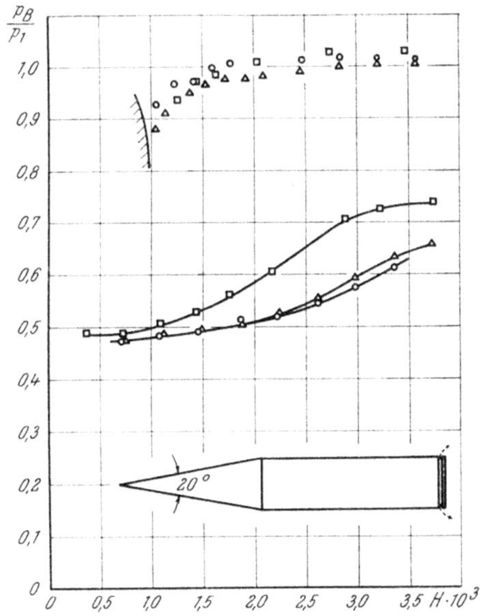

Abb. 4.46 Basisdruckverhältnis in Abhängigkeit der ausgeblasenen Wasserstoffmenge (⊙, △, ⊡) mit und ohne Verbrennung nach L. H. Townend und J. Reid [55]

Schließlich untersuchten L. H. Townend und J. Reid [54, 55] die Heckströmung eines zylindrischen Körpers mit stumpfem und konischem Heck bei einer Anströmmachzahl von 2,14. Hier diente wiederum Wasserstoff als Brennstoff, der durch einen ringförmigen Spalt am Heck ausgeblasen (siehe Skizze in Abb. 4.46) wurde.

Das Verhältnis des Basisdruckes p_B zum statischen Druck p_1 an der Körperoberfläche stromaufwärts der Ausblasstelle in Abhängigkeit von einem dimensionslosen Parameter H für die ausgeblasene Menge ist in Abb. 4.46 für verschiedene Breiten des Austrittsspaltes aufgetragen. (Letztere spielt, wie man sieht, bei Verbrennung keine wesentliche Rolle.) H ist definiert durch (vgl. [59]):

$$H = \sqrt{\frac{R}{\varkappa}}\,\frac{G_B\sqrt{T_{0\infty}}}{F\,p_{0\infty}}\,.$$

Dabei sind G_B die ausgeblasene Brennstoffmenge, F die Querschnittsfläche des Modells, R die Gaskonstante, $T_{0\infty}$ und $p_{0\infty}$ die Ruhetemperatur bzw. der Ruhedruck in der ungestörten Strömung.

Die Ergebnisse zeigen klar die Vorteile der Heckheizung. Sie zeigen aber auch, daß über eine Kompensation des Heckwiderstandes hinaus ein wesentlicher Schub durch Heckheizung nicht zu erwarten ist.

Auf die Frage der Stabilisierung der Flammen in Überschallströmung kann hier nicht eingegangen werden. Es seien lediglich die Untersuchungen von G. Winterfeld [56, 57] erwähnt und im übrigen nochmals auf die Übersicht von F. S. Billig [40] verwiesen.

Den Ausgangspunkt für die theoretische Behandlung des Problems bildet meist die von H. H. Korst und Mitarbeitern [58, 59, 60] ausgearbeitete halbempirische Theorie zur Bestimmung des Basisdruckes in schallnaher Strömung und Überschallströmung. In diesem Zusammenhang seien z. B. die Untersuchungen von L. R. Davis [61] und W. C. Strahle [62] genannt. E. G. Broadbent [63, 64] hat seine Methode auch auf diesen Fall angewendet.

Eine Möglichkeit besteht darin, daß man die Diffusionsflamme in der Nähe des Hecks als eine dünne Zone mit Wärmequellen auffaßt, was formal die Anwendung der Gleichungen für die schiefe Aufheizfront (4.24) möglich macht. Da die Flamme, wie die Versuche zeigen [55], nahezu waagrecht brennt, wird der Frontwinkel β sehr klein, was gewisse Linearisierungsmöglichkeiten bietet. Allerdings muß der Basisdruck entweder als Parameter in die Rechnung eingeführt werden, oder man muß ihn wieder nach der Theorie von H. H. Korst berechnen. Ähnliches gilt für die Abströmbedingung.

Abschließend kann gesagt werden, daß der derzeitige Stand der Theorie noch keineswegs befriedigend ist. Er gestattet höchstens Aussagen über erreichbare Grenzwerte.

4.27 Schub und Widerstand bei Wärmezufuhr im Bereich hoher Machzahlen, insbesondere in Hyperschallströmung

Im Abschnitt 4.25 wurde bereits auf wesentliche Unterschiede zwischen Wärmezufuhr in Unterschallströmung und Wärmezufuhr in Überschallströmung hingewiesen. Bei Überschallströmung werden durch die Wärmezufuhr auch noch Stoßkonfigurationen geändert, was wiederum zusätzliche Entropieänderungen mit sich bringt. Daher hat Gleichung (4.86) nun keine Gültigkeit mehr. Ferner ist bei Überschallströmung das Gebiet der Strömungsverluste hinter dem Körper identisch mit dem Störgebiet. Wäre in einer Kontrollebene hinter dem Körper, wie wir es im Falle der Unterschallströmung angenommen haben, der Druck gleich dem Anströmdruck p_∞ ($\mathrm{d}p = 0$), so könnte wegen $\mathrm{d}s > 0$, $\mathrm{d}\varrho < 0$, $\mathrm{d}T > 0$ und $\mathrm{d}W < 0$ die Kontinuitätsbedingung nicht mehr erfüllt werden. Folglich herrscht im Nachlauf bei $M_\infty > 1$ im Mittel Überdruck (Abb. 4.47). Daraus folgt, daß auch die Schubgleichung in ihrer Form (3.79) zumindest bei höheren Machzahlen nicht mehr anwendbar ist. Daher müssen wir eine neue, den Überschallbedingungen entsprechende Schubgleichung aufstellen (vgl. [42]).

Aus dem Impulssatz ergibt sich für eine Kontrollfläche hinter dem Körper der Schub S in x-Richtung (Anströmrichtung):

$$S = \iint (\varrho u^2 - \varrho_\infty u_\infty^2 + p - p_\infty)\, dy\, dz. \tag{4.96}$$

Kontinuitätsbeziehung und Energiesatz haben die Form:

$$\iint (\varrho u - \varrho_\infty u_\infty)\, dy\, dz = 0, \tag{4.97}$$

$$\iint \left[\varrho u \left(i + \frac{u^2 + v^2}{2}\right)\right] - \varrho_\infty u_\infty \left(i_\infty + \frac{u_\infty^2}{2} + q\right)\Bigg]\, dy\, dz. \tag{4.98}$$

Hier ist zu beachten, daß v nicht allein die y-Komponente der Geschwindigkeit ist, sondern ihre Komponente quer zur x-Richtung bedeutet.

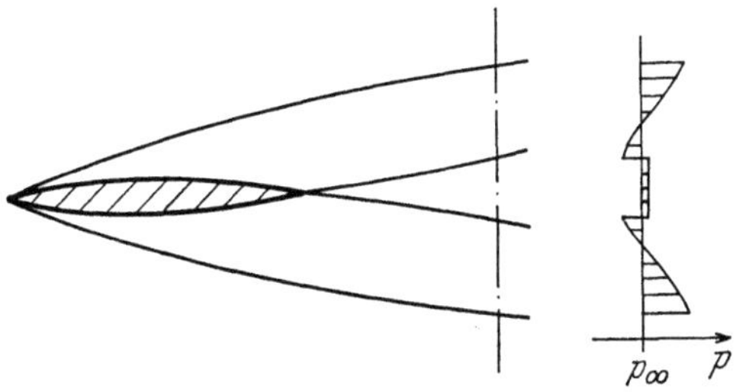

Abb. 4.47 Nachlauf bei Hyperschallgeschwindigkeit

Addieren wir die mit u_∞ multiplizierte Gleichung (4.96) und die mit $(i_\infty - u_\infty^2/2 + q)$ multiplizierte Gleichung (4.97), so erhalten wir zusammen mit dem Energiesatz (4.98) folgende exakte Beziehung für die Schleppleistung:

$$\begin{aligned} u_\infty S &= \iint \left[\varrho u(i_\infty - i + q) + u_\infty(p - p_\infty) - \varrho u \frac{(u - u_\infty)^2 + v^2}{2}\right] dy\, dz \\ &= \iint \left[\varrho u(e_\infty - e + q) - p(u - u_\infty) - \varrho u \frac{(u - u_\infty)^2 + v^2}{2}\right] dy\, dz. \end{aligned} \tag{4.99}$$

Während bei niedrigen oder mittleren Überschallmachzahlen der Sog einen wesentlichen Beitrag zum Widerstand liefert, konzentrieren sich die Luftkräfte im Bereich der praktisch wichtigen Hyperschallströmung auf die der Anströmung zugewandten Oberflächenteile des Körpers, wo starke Überdrücke entstehen. Das Soggebiet besitzt dagegen eine untergeordnete Bedeutung. Praktisch ist nun der gesamte Widerstand in den Verlusten der Kopfwelle anzutreffen. Die Störung im Nachlauf konzentriert sich auf einen schmalen Bereich (Abb. 4.47). Da die Geschwindigkeit weder durch die Verluste in den Stößen noch durch Energiezufuhr in der freien Strömung wesentlich beeinflußt wird, gibt es nur eine unerhebliche Nachlaufdelle, jedoch sehr starke Änderungen des thermodynamischen Zustandes hinter dem Körper. Daher darf bei Hyperschallströmung die Annahme kleiner Störungen nur mehr für die Geschwindigkeit W, nicht aber für die thermodynamischen Zustandsgrößen ϱ, p und T getroffen werden.

Unter der Annahme idealen Gases konstanter spezifischer Wärme folgt aus dem Energiesatz für den Stromfaden und unter der Annahme kleiner Geschwindigkeitsstörungen:

$$u_\infty(u - u_\infty) = -c_p(T - T_\infty) + q + \ldots . \tag{4.100}$$

Ferner kann der letzte Term in den Gleichungen (4.99) als quadratisches Glied gestrichen werden, und wir erhalten nach einiger Rechnung:

$$u_\infty S = \iint \left[q\left(1 - \frac{1}{\varkappa M^2}\right) - c_v(T - T_\infty)\left(1 - \frac{1}{M_\infty^2}\right)\right] \varrho u_\infty \, dy \, dz. \tag{4.101}$$

Dabei wurde im ersten Glied der Gleichungen (4.99) u durch u_∞ ersetzt. M ist die örtliche Machzahl in der Kontrollebene.

Für $M \gg 1$ ergibt sich:

$$S = \iint [q - c_v(T - T_\infty)] \, \varrho \, dy \, dz + \cdots \tag{4.102}$$

$$= \iint [q + e_\infty - e] \, \varrho \, dy \, dz + \cdots$$

Nach Gl. (4.102) bewirkt die Wärmezufuhr auch noch eine Erhöhung der inneren Energie der Abströmung e. Dies entspricht dem zweiten Hauptsatz, wonach nur ein Teil der zugeführten Wärmemenge in Schubleistung verwandelt werden kann. Da e im Nachlauf möglichst klein gehalten werden soll, soll die Aufheizung des Nachlaufes durch die Kopfwelle und damit diese selbst möglichst schwach sein.

In einer analytischen Behandlung des Rhombus-Profiles mit Wärmezufuhr in Hyperschallströmung kommt J. Zierep [4] zu dem interessanten Ergebnis für den Vortriebswirkungsgrad:

$$\eta = (\varkappa - 1)\, M_1 \vartheta . \tag{4.103}$$

Diese Gleichung entspricht formal der Beziehung (4.95) von K. Oswatitsch, wenn man die Anströmmachzahl M_∞ durch die Machzahl M_1, bei der die Wärme zugeführt wird, ersetzt.

4.28 Tragende Schubkörper in hoher Überschallströmung

Aus dem vorhin Gesagten können jetzt einige allgemein gültigen Schlußfolgerungen für die Gestaltung zukünftiger Hyperschallflugkörper gezogen werden.

Während sich die klassische Form des bisherigen Unterschall- bzw. Überschallflugzeuges aus den getrennten Baugruppen Flügel, Triebwerk und Rumpf zusammensetzt, ist für den Hyperschallflug eine Integration der Auftrieb, Vortrieb und Volumen liefernden Teile zu einem *tragenden Schubkörper* wünschenswert (D. Küchemann und J. Weber [66, 67]). Wie wir bereits wissen, ist eine Wärmezufuhr bei Überschallgeschwindigkeit immer mit einer Druckzunahme verbunden. Daher muß die Verbrennung an eine Stelle des Körpers gelegt werden, wo sie am Heck einen Druckanstieg bewirkt, ohne die Druckverteilung am Bug des Körpers zu beeinflussen. Ferner muß die Verbrennung in der Nähe von Wänden stattfinden, da letztere ja die Druckkräfte aufnehmen. Berücksichtigt man diese Prinzipien, so sind immer noch zahlreiche verschiedene Konzeptionen eines Hyperschallflugkörpers denkbar. Grundsätzlich kommen sowohl detonative Verbrennung als auch Diffusionsflammen in Frage.

Abb. 4.48 zeigt den Mittelschnitt eines hypothetischen tragenden Schubkörpers in einer hohen Überschallströmung nach einem Vorschlag von D. KÜCHEMANN [66]. Der Grundriß des Flugkörpers dürfte etwa dreieckige Form haben. Durch den schiefen Verdichtungsstoß AD wird die Luft komprimiert. Zwischen

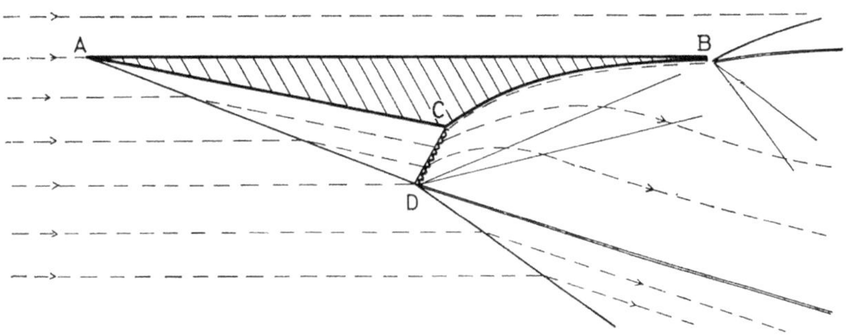

Abb. 4.48 Tragender Schubkörper mit Detonationswelle in hoher Überschallströmung (schematisch)

– – – Stromlinien; ——— Verdichtungsstöße; ═══ Strahlgrenzen

dem Stoß AD und der Kante C befindet sich eine stehende Detonationswelle CD (vgl. Abschn. 4.20), welche die gewünschte zusätzliche Druckerhöhung bewirkt. Die anschließende Expansion erfolgt in einer „halboffenen" Schubdüse CB. Im Punkt B ist die Expansion allerdings noch nicht abgeschlossen, so daß von diesem Punkt aus noch ein Prandtl-Meyer-Fächer und ein Verdichtungsstoß ausgehen, um den Druckausgleich auf p_∞ herbeizuführen. An der unteren Strahlgrenze sorgt für den Druckausgleich ebenfalls ein Verdichtungsstoß (Punkt D). Ohne Wärmezufuhr hätte man an der Kante C ebenfalls einen Expansionsfächer und als Folge davon einen Widerstand verursachenden Unterdruck $p < p_\infty$, gefolgt von einer Kompression in Form eines Verdichtungsstoßes an der Hinterkante.

Da bei detonativer Verbrennung beträchtliche Brennstoffmengen auf kleinstem Raum verbrannt werden können, liegt der Gedanke nahe, bei hohen Flugmachzahlen diese Art der Verbrennung zu wählen. Zwar ist die detonative Verbrennung, thermodynamisch gesehen, unwirtschaftlich im Vergleich mit einer isentropen Kompression und nachfolgender Überschall-Diffusionsflamme, doch dürfte der mit der isentropen Kompression verbundene Mehraufwand an Baugewicht die detonative Verbrennung durchaus interessant machen. Bezüglich der Stabilisierung der Detonationswelle in der oben skizzierten Anordnung sind einige Schwierigkeiten zu erwarten. Daher gibt es auch Lösungen, bei denen die Detonationswelle im Punkt D durch einen zusätzlichen Keil fixiert wird [66, 74].

Ein vom Standpunkt der Verbrennung einfacherer Vorschlag geht auf R. R. JAMISON [68] zurück (Abb. 4.49, siehe auch [69]). Diesmal erfolgt die Kompression, außer durch den schiefen Verdichtungsstoß AD, in einem „halboffenen" Diffusor nach einem Vorschlag von K. OSWATITSCH [70, 71] isentrop durch ein System von infinitesimalen Druckwellen. Die Verbrennung kann nun z. B. in einer Brennkammer bei Unterschallgeschwindigkeit stattfinden. Die anschließende Expansion spielt sich dann wieder in einer halboffenen Schubdüse ab. Eine weitere Version wäre eine ähnliche Konfiguration, jedoch mit einer Überschall-Diffusionsflamme*.

Noch sind längst nicht alle Probleme gelöst, die mit der komplizierten dreidimensionalen Umströmung derartiger Flugkörper zusammenhängen. Hierzu gehören u. a. auch die Langsamflugeigenschaften. Eine vollständige Berechnung eines solchen tragenden Schubkörpers existiert derzeit noch nicht. Ein möglicher

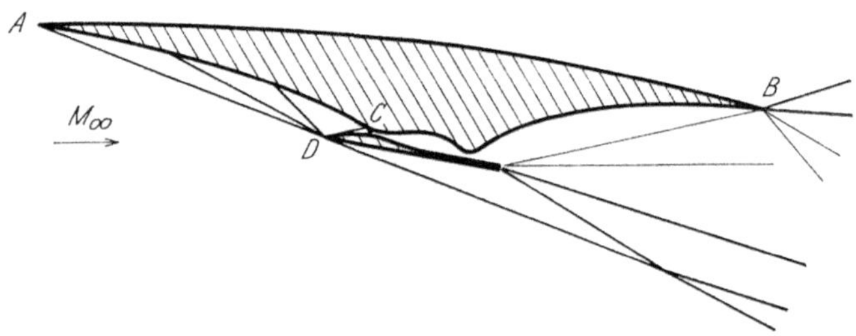

Abb. 4.49 Tragender Schubkörper mit Diffusionsflamme in hoher Überschallströmung (schematisch)

Weg wäre die Zusammensetzung des dreidimensionalen Strömungsfeldes aus bekannten Lösungen für zweidimensionale Strömungsfelder nach der Methode von T. R. F. NONWEILER [72, 73]. Detailprobleme wurden u. a. von L. H. TOWNEND und Mitarbeitern [74, 75] sowie von E. G. BROADBENT [76] theoretisch behandelt.

Versuche, die Verbrennung in Überschallströmung selbst betreffend, wurden neben den bereits in Abschn. 4.26 erwähnten u. a. von F. S. BILLIG [73], F. SUTTROP [78] und M. KALLERGIS [79] durchgeführt. Einen guten Überblick über die Probleme der Überschalldiffusionsflammen und die einschlägige Literatur erhält man durch die Übersichtsartikel von A. FERRI [80, 81].

4.29 Literatur

1. CROCCO, L.: Eine neue Stromfunktion für die Erforschung der Bewegung der Gase mit Rotation. ZAMM **17**, 1, 1—7 (1937).
2. VAZSONYI, A.: On rotational gas flows. Quart. Appl. Math. **3**, 1, 29—37 (1945).
3. ZIEREP, J.: Ähnlichkeitsgesetze für Profilströmungen mit Wärmezufuhr. Acta Mechanica **1**, 1, 60—70 (1965).
4. SAMARAS, D. G.: Gas dynamic treatment of exothermic and endothermic discontinuities. Can. Journ. Res. **26**, 1—21 (1948).
5. ROSS, F. W.: The propagation in a compressible fluid of finite oblique disturbances with energy exchange and change of state. Journ. Appl. Phys. **22**, 12, 1414—1421 (1951).
6. RUTKOWSKI, J., and NICHOLLS, J. A.: Considerations for the attainment of a standing detonation wave. Proceedings of the Gas Dynamics Symposium on Aerothermochemistry, Northwestern University, 243—253. Evanston, Ill.: North Western University Press. 1955.
7. GROSS, R. A.: Oblique detonation waves. AIAA Journ. **1**, 5, 1225—1227 (1963).

* Solche Triebwerke werden im Englischen als „Scramjet" (supersonic combustion ramjet) zum Unterschied vom konventionellen Staustrahltriebwerk (ramjet) bezeichnet.

8. Townend, L. H.: An analysis of oblique and normal detonation waves. R. A. E. Techn. Memo. No. 66081 (1966).
9. Bartlmä, F.: Schiefe Reaktionsfronten. DLR FB 67—73 (1967).
10. Joyce, G., and Townend, L. H.: Flow tables for oblique and normal combustion waves. R. A. E. Techn. Memo. AERO 923 (1966).
11. Siestrunck, R., Fabri, J., and le Grieves, E.: Some properties of stationary detonation waves. Fourth Symposium (Int.) on Combustion, 498—501. Baltimore: Williams & Wilkins. 1953.
12. Oppenheim, A. K., Smolen, J. J., and Zajac, L. J.: Vector polar method for the analysis of wave intersections. Combustion & Flame **12**, 1, 63—76 (1968).
13. Foster, R., and Clarke, J. F.: Supersonic flow past a wedge with a flame at its apex. The Aeron. Quart. **19**, Part 1, 80—90 (1968).
14. Lin, S.: Unterschallheizfront hinter Verdichtungsstoß in zweidimensionaler Überschallströmung. Acta Mechanica **6**, 4, 296—308 (1968).
15. Lin, S.: Graphische Verfahren zur Lösung der Unterschallheizfrontprobleme in zweidimensionaler Überschallströmung. Acta Mechanica **8**, 1/2, 63—74 (1969).
16. Schmidt, N., und Kallergis, M.: Zur Ermittlung des thermodynamischen Zusammenhangs zwischen Stoßfrontwinkel und Wärmezufuhr im schrägen Verdichtungsstoß. DLR-FB 73-21 (1973).
17. Bartlmä, F.: Randbedingungen bei schiefen Reaktionsfronten in Überschallströmung ZFW **16**, 12, 437—444 (1968).
18. Rues, D.: Drei-Front-Konfigurationen mit Energiezufuhr. ZAMM **47**, 6, 389—398 (1967).
19. Weise, A.: Theorie des gegabelten Verdichtungsstoßes. Jahrb. dtsch. Lufo. I, 1943.
20. Wuest, W.: Zur Theorie des gegabelten Verdichtungsstoßes. ZAMM **28**, 3, 74—80 (1948).
21. Wecken, F.: Grenzlagen gegabelter Verdichtungsstöße. ZAMM **29**, 5, 147—155 (1949).
22. Courant, R., and Friedrichs, K. O.: Supersonic flow and shock waves. New York: Interscience. 1948.
23. Gvozdeva, L. G., and Predvoditeleva, O. A.: Triple configurations of detonation waves in gases. Fizika Goreniya i Vzryva **5**, 4, 451—461 (1969). Combustion, Explosion and Shock Waves.
24. Nicholls, J. A., Dabora, E. K., and Gealer, R. L.: Studies in connection with stabilized gaseous detonation waves. Seventh Symposium (Int.) on Combustion, 766—772. London: Butterworths. 1959.
25. Nicholls, J. A.: Stabilization of gaseous detonation waves with emphasis on the ignition delay zone. Ph. D. Thesis, Univ. of Michigan (1960), ebenso AFOSR-TN 60-442 (1960).
26. Nicholls, J. A., and Dabora, E. K.: Recent results on standing detonation waves. Eighth Symposium (Int.) on Combustion, 644—655. Baltimore: Williams & Wilkins. 1962.
27. Nicholls, J. A.: Standing detonation waves. Ninth Symposium (Int.) on Combustion, 488—498. New York: Academic Press. 1963.
28. Rhodes, R. P., and Chriss, D. E.: Study of stationary shock induced combustion with hydrogen air mixtures. AEDC-TN 61-36 (1961).
29. Dunlap, R., Brehm, R. L., and Nicholls, J. A.: A preliminary study of the application of steady-state detonative combustion to a reactive engine. Univ. of Michigan, Engineering Research Institute, 2284-15-T (1957); ebenso AFOSR-TN 57-657 (1957).
30. Rubin, P. M., and Panesci, J. H.: Experimental standing wave shockinduced combustion for determining reaction kinetic histories. AIAA Paper 65-607, Colorado Springs (1965).
31. Clarke, J. F., and Petty, D. G.: The supersonic flow field associated with a conical flame sheet. Aeron. Quart. **21**, 4, 368—378 (1969).
32. Chu, B. T.: Wave propagation and the method of characteristics in reacting gas mixtures with application to hypersonic flow. WADC TN 57-213 (1957).
33. Wood, W. W., and Kirkwood, J. G.: Hydrodynamics of a reacting and relaxing fluid. Journ. Appl. Phys. **28**, 4, 395—398 (1957).
34. Sedney, R.: The method of characteristics. Non Equilibrium Flows, Part II, 159—225. Herausgeber P. P. Wegener. New York: Dekker. 1970.
35. Broadbent, E. G.: An exact numerical method of calculating inviscid heated flows in two dimensions with an example of duct flow. Ing.-Archiv **40**, 1, 14—28 (1971). (RAE Tech. Rep. 69135, 1969.)

36. BROADBENT, E. G.: An extended numerical method of calculating two-dimensional or axisymmetric heated flows allowing for dissipation. Ing.-Archiv **40**, 81–95 (1971).
37. BROADBENT, E. G.: External heat addition for supersonic propulsion. Ing.-Archiv **40**, 168–187 (1971).
38. BROADBENT, E. G.: Axisymmetric flow with heat addition to simulate base-burning. RAE Tech. Rep. 700028 (1970), Z. Flugwiss. **21**, 1, 1–15 (1973).
39. BROADBENT, E. G.: Some shockless axisymmetric flows with heat addition. Z. Flugwiss. **21**, 3, 91–101 (1973).
40. BILLIG, F. S.: External burning in supersonic streams. Proceedings of the XVIIIth Aeronautical and Astronautical Congress, Belgrade, Jugoslavia. London: Pergamon Press. 1969.
41. RUES, D.: Über die Äquivalenz von Wärme-, Kraft- und Massenquellen. ZAMP **16**, 4, 522–526 (1965).
42. OSWATITSCH, K.: Schub und Widerstand in Überschallströmung. Acta Mechanica **3**, 3, 237–247 (1967).
43. ZIEREP, J.: Schallnahe Strömungen mit Wärmezufuhr. Acta Mechanica **8**, 126–132 (1969).
44. ZIEREP, J.: Über den Einfluß der Wärmezufuhr bei Hyperschallströmungen. Acta Mechanica **2**, 2, 217–230 (1966).
45. PINKEL, I. I., SERAFINI, J. S., and GREGG, J. L.: Pressure distribution and aerodynamic coefficients associated with heat addition to two-dimensional supersonic wing. NACA, RM E 51 K 26 (1952).
46. GAZLEY JR., C.: Linearized solution for heat addition at the surface of a supersonic airfoil. Project Rand Rept. RM-1892 (1956).
47. MAGER, A.: Supersonic airfoil performance with small heat addition. Journ. Aero/Space Sci. **26**, 2 (1959).
48. LOMAX, H.: Two-dimensional, supersonic, linearized flow with heat addition. NASA Memo 1-10-59 A (1959).
49. LUIDENS, R. W., and FLAHEETY, R. J.: Analysis and evaluation of supersonic underwing heat addition. NASA Memo 3-17-59E (1959).
50. MAURER, F., und BRUNGS, W.: Beeinflussung des Widerstands und der Kopfwelle durch Wärmezufuhr im Staupunktsbereich stumpfer Körper bei Überschallströmung. Jahrbuch der DGLR 1968, 174–189.
51. BAKER, W. T., DAVIS, T., and MATTHEWS, S. E.: Reduction of drag of a projectile in a supersonic stream by the combustion of hydrogen in the turbulent wake. The Johns Hopkins University, Applied Physics Laboratory, Rep. CM-673 (1951).
52. SCANLAND, T. S., and HEBRANK, W. H.: Drag reduction through heat addition to the wake of supersonic missiles. Ballistic Research Laboratories, Memo Rep. No. 596 (1952).
53. SERAFINI, J. S., DORSCH, R. G., and FLETCHER, E. A.: Exploratory investigation of static- and base-pressure increases resulting from combustion of aluminium borohydride adjacent to body of revolution in supersonic wind tunnel. NACA RM E 57 E (1957).
54. TOWNEND, L. H.: Some effects of stable combustion in wakes formed in a supersonic stream. RAE Tech. Note Aero 2872 (1963).
55. TOWNEND, L. H., and REID, J.: Some effects of stable combustion in wakes formed in a supersonic stream. In: D. B. OLFE and V. ZAKKAY (Ed.): Supersonic Flow, Chemical Processes, and Radiative Transfer, 137–155. London: Macmillan. 1964.
56. WINTERFELD, G.: Flammenstabilisierung in Überschallströmungen bei niedrigen Gastemperaturen. WGLR-Tagung 1966, Bad Godesberg.
57. WINTERFELD, G.: On the stabilization of hydrogen diffusion flames by flame-holders in supersonic flow at low stagnation temperatures. Combustion in Advanced Gas Turbine Systems. Proc. of the Cranfield Int. Symp. Oxford: Pergamon Press. 1968.
58. KORST, H. H., PAGE, R. H., and CHILDS, M. E.: A theory for base pressures in transonic and supersonic flow. Univ. of Illinois, Urbana, Ill., Mechanical Engineering Department, ME-TN-392-2, OSR-TN-55-89 (1955).
59. KORST, H. H.: A theory for base pressures in transsonic and supersonic flow. Journ. Appl. Mech. **23**, 593–600 (1956).
60. KORST, H. H., CHOW, W. L., and ZUMWALT, G. W.: Research on transsonic and supersonic flow of a real fluid at abrupt increase in cross-reaction (with special consideration of base drag problems). Final Rep. Univ. of Illinois, Urbana, Ill., Mechanical.

61. DAVIS, L. R.: Experimental and theoretical determination of flow properties in a reacting near wake. AIAA Journ. **6**, 843–847 (1968).
62. STRAHLE, W. C.: Theoretical consideration of combustion effects on base pressure in supersonic flight. Twelfth Symposium (Int.) on Combustion, 1163–1173. Pittsburgh, Pa.: The Combustion Institute. 1969.
63. BROADBENT, E. G.: Axisymmetric flow with heat addition to simulate base-burning. Z. Flugwiss. **21**, 1, 1–15 (1973).
64. BROADBENT, E. G.: Some shockless axisymmetric flow, with head addition. Z. Flugwiss. **21**, 3, 91–101 (1973).
65. SCHNEIDER, W.: Über den Einfluß von Wärmezufuhr auf die Hyperschallströmung um Kugel- und Kreiszylinder. Z. Flugwiss. **16**, 11, 393–400 (1968).
66. KÜCHEMANN, D.: Hypersonic aircraft and their aerodynamic problems. Progress in Aeronautical Sciences **6**, 271–353. Oxford: Pergamon Press. 1965.
67. KÜCHEMANN, D., and WEBER, J.: An analysis of some performance aspects of various types of aircraft designed to fly over different ranges at different speeds. Progress in Aeronautical Sciences **9**, 329–456. Oxford: Pergamon Press. 1968.
68. JAMISON, R. R.: Advanced air-breathing engines. Journ. Roy. Aero. Soc. **66**, 683-9 (1962).
69. PRANDTL, L.: Führer durch die Strömungslehre. 6. Aufl. (Herausg. K. OSWATITSCH u. K. WIEGHARDT). Braunschweig: Vieweg. 1965.
70. OSWATITSCH, K.: Der Druckrückgewinn bei Geschossen mit Rückstoßantrieb bei hohen Überschallgeschwindigkeiten. (Der Wirkungsgrad von Stoßdiffusoren.) Unveröffentlicht. Engl. Übers.: NACA TM 1140 (1947).
71. HERMANN, R.: Supersonic inlet diffusers and introduction to internal aerodynamics. Minneapolis, Minnes.: Minn.-Honeywell Regulator Comp. 1956.
72. NONWEILER, T. R. F.: Delta wings of shapes amenable to exact shock-wave theory. Journ. Roy. Soc. **67**, 39 (1963).
73. TOWNEND, L. H.: On lifting bodies which contain twodimensional supersonic flows. RAE Rep. AERO 2675 (1963).
74. TOWNEND, L. H.: Detonation ramjets for hypersonic aircraft. RAE Tech. Rep. 70218 (1970).
75. TOWNEND, L. H., HOLBECHE, T. A., COX, S. G., and PRATT, N. H.: Analysis of external combustion tests at $M_\infty \cong 7$ and 10: Part I (1970).
76. BROADBENT, E. G.: External heat addition for supersonic propulsion. Ing. Archiv **40**, 168–187 (1971).
77. BILLIG, F. S.: Supersonic Combustion of storable liquid fuels in MACH 3.0 to 5.0 air streams. Tenth Symposium (Int.) on Combustion, 1167–1178. Pittsburgh, Pa.: The Combustion Institute. 1965.
78. SUTTROP, F.: Versuche zur stoßinduzierten Verbrennung für die Anwendung in Hyperschalltriebwerken. Jahrbuch 1965 der WGLR.
79. KALLERGIS, M.: Untersuchungen zur äußeren Überschallverbrennung. Jahrbuch 1969 der WGLR.
80. FERRI, A.: Mixing-controlled supersonic combustion. In: Annual Review of fluid Mechanics, Vol. 5 (Ed. m. VAN DYKE and W. G. VINCENTI), 301–338. Palo Alto, Calif.: Annual Review Inc. 1973.
81. FERRI, A.: Review of problems in application of supersonic combustion. Journ. Roy. Aeron. Soc. **68**, 575 (1964).

V. Instationäre Strömung mit Energiezufuhr

5.1 Vorbemerkung

In den Teilen III und IV wurden ausschließlich stationäre Strömungsvorgänge mit Energiezufuhr bzw. mit chemischen Reaktionen behandelt. Verbrennungsvorgänge sind jedoch vielfach *instationär*. So wird z. B. die Geschwindigkeit einer Flamme, die in einem Rohr in das vorgemischte Gas hineinläuft, normalerweise nicht konstant bleiben. Sie wird sich entweder beschleunigen und dann in eine Detonation übergehen, oder in einem pulsierenden Vorgang enden. Sich selbst überlassene Detonationswellen streben zwar dem stationären Chapman-Jouguet-Zustand zu, aber auch das geschieht über einen instationären Übergangsprozeß. Ein weiteres Beispiel sind kugel- oder zylindersymmetrische Flammen bzw. Detonationswellen. Sie sind ebenfalls instationäre Ausbreitungsvorgänge und entstehen durch Zündung eines Gemisches in einem Punkt oder längs einer Achse.

Ein Spezialgebiet für sich ist die pulsierende Verbrennung. Sie tritt meist als unerwünschte Nebenerscheinung auf, kann aber unter Umständen auch zur Schuberzeugung herangezogen werden. Da der zur Verfügung stehende begrenzte Raum zu Einschränkungen zwingt, muß dieses Gebiet notwendigerweise zu kurz kommen.

Schließlich spielen sich im Inneren von Detonationswellen instationäre gasdynamische Vorgänge ab, die für die Struktur derselben von maßgeblicher Bedeutung sind. In jüngster Zeit wurden auf diesem Gebiet erhebliche Fortschritte erzielt. In diesen Themenkreis gehört u. a. auch die Spin-Detonation.

Gegenstand des vorliegenden fünften Teils sind die gasdynamischen Grundlagen für eine theoretische Behandlung der oben angeführten Erscheinungen.

5.2 Grundgleichungen für instationäre, eindimensionale Strömung mit chemischen Reaktionen

Wir betrachten in diesem Abschnitt *instationäre* Strömungsvorgänge mit konstanten Zuständen in den einzelnen Querschnitten, wobei jedoch in der Strömung chemische Reaktionen stattfinden können. Der Einfachheit halber werden diese, wie bisher, durch eine einzige zusätzliche Variable ω beschrieben.

Ein wesentlicher Unterschied zur stationären Fadenströmung, die im Teil III behandelt wurde, besteht darin, daß ein Stromfaden jetzt im allgemeinen zu verschiedenen Zeiten nicht mehr aus denselben Teilchen besteht. Eine Ausnahme stellen kugel- und zylindersymmetrische Strömungen dar. Die beiden letzteren sind Spezialfälle der instationären Strömung in einem Kanal veränderlichen Querschnitts.

Auf eine genauere Herleitung der Differentialgleichungen für die instationäre, eindimensionale Strömung idealer Gase wird im Hinblick auf die in Teil I angegebene allgemeine Literatur über Gasdynamik, insbesondere [I.12], verzichtet. Zusätzlich sei noch auf die im wesentlichen mit instationären gasdynamischen Vorgängen befaßten Monographien [1 bis 4] verwiesen.

Wir bedienen uns hier der Eulerschen Darstellungsform der Differentialgleichungen. Das bedeutet, wir beobachten den Strömungszustand in einem geeignet gelegten, festen Bezugssystem. Wir fragen also nach dem thermodynamischen Zustand und dem Strömungszustand in Abhängigkeit von der Zeit t und der Ortskoordinate x. Zum Unterschied dazu wird bei der Lagrangeschen Darstellungsart das Schicksal eines bestimmten Teilchens verfolgt.

Unter der Annahme reibungsfreier, homogener Strömung ohne Massenquellen ergibt sich die *Kontinuitätsbedingung* zu:

$$\frac{1}{\varrho}\frac{\mathrm{d}\varrho}{\mathrm{d}t} + \frac{\partial u}{\partial x} + \frac{1}{F}\frac{\partial F}{\partial x} = 0 \tag{5.1}$$

mit

$$\frac{\mathrm{d}}{\mathrm{d}t} = \frac{\partial}{\partial t} + u\frac{\partial}{\partial x}.$$

Über den Querschnittsverlauf $F(x, t)$ müssen wir noch nähere Angaben machen. Wir schließen eine zeitliche Änderung des Stromfadenquerschnittes aus und betrachten nur die drei wichtigsten Fälle: 1. Ebener Fall ($F =$ konst.); 2. Zylindersymmetrie ($F \sim x$); 3. Kugelsymmetrie ($F \sim x^2$). Dann ist:

$$\frac{1}{F}\frac{\mathrm{d}F}{\mathrm{d}x} = \frac{u}{F}\frac{\partial F}{\partial x} = \sigma\frac{u}{x} \qquad \begin{cases} \sigma = 0\text{: Ebenes Problem} \\ \sigma = 1\text{: Zylindersymmetrie} \\ \sigma = 2\text{: Kugelsymmetrie} \end{cases} \tag{5.2}$$

und

$$\frac{1}{\varrho}\frac{\mathrm{d}\varrho}{\mathrm{d}t} + \frac{\partial u}{\partial x} + \sigma\frac{u}{x} = 0. \tag{5.3}$$

Für die *Eulerschen Bewegungsgleichungen* erhalten wir:

$$\frac{\mathrm{d}u}{\mathrm{d}t} + \frac{1}{\varrho}\frac{\partial p}{\partial x} = 0. \tag{5.4}$$

Fassen wir den Druck p als Funktion der Dichte ϱ, der Entropie s und der relativen Massenkonzentration ω auf, so nimmt die Eulergleichung (5.4) folgende Form an (siehe Abschn. 4.1):

$$\frac{\partial u}{\partial t} + u\frac{\partial u}{\partial x} = -c_f^2\left\{\frac{1}{\varrho}\frac{\partial\varrho}{\partial x} + \frac{1}{c_p}\frac{\partial s}{\partial x} - A\frac{\partial\omega}{\partial x}\right\} \tag{5.4a}$$

mit

$$A = \frac{s_V - s_U}{c_p(\omega)} - \left(\frac{\mu(\omega)}{\mu_V} - \frac{\mu(\omega)}{\mu_U}\right). \tag{5.5}$$

Gleichung (5.4a) gilt noch ganz allgemein, doch wollen wir uns im folgenden, wie bisher, auf die Annahme beschränken, die beiden Komponenten, unverbranntes Gemisch (Index U) und Verbrennungsprodukte (Index V), seien für sich ideale Gase konst. spez. Wärme. c_p und μ sind dann nur Funktionen von ω und durch die Gleichungen (1.98) bzw. (1.99) gegeben.

Wenn wir, wie bei der stationären Strömung, die chemischen Reaktionen als inneren Vorgang ansehen (vgl. Abschn. 1.16), so gilt nach dem ersten Hauptsatz der Thermodynamik (1.111):

$$\frac{\mathrm{d}i}{\mathrm{d}t} - \frac{1}{\varrho}\frac{\mathrm{d}p}{\mathrm{d}t} = 0, \tag{5.6}$$

wobei die Enthalpie i in ihrer verallgemeinerten Form im Sinne der Gleichung (1.106) bzw. (1.108) zu verstehen ist.

In Verbindung mit der Eulergleichung (5.4) erhalten wir aus (5.6) den *Energiesatz* in folgender Form:

$$\frac{\mathrm{d}}{\mathrm{d}t}\left(\frac{u^2}{2} + i\right) - \frac{1}{\varrho}\frac{\partial p}{\partial t} = 0. \tag{5.7}$$

Im instationären Fall ist, zum Unterschied von der stationären Strömung, $(u^2/2 + i)$ nicht mehr konstant. Mit $p = p(\varrho, s, \omega)$ können wir (5.7) auch schreiben:

$$\frac{\partial}{\partial t}\left(\frac{u^2}{2} + i\right) + u\,\frac{\partial}{\partial x}\left(\frac{u^2}{2} + i\right) = c_f^2\left[\frac{1}{\varrho}\frac{\partial \varrho}{\partial t} + \frac{1}{c_p}\frac{\partial s}{\partial t} - A\,\frac{\partial \omega}{\partial t}\right], \tag{5.7a}$$

wobei A durch (5.5) definiert ist.

Schließlich fehlt noch ein *Reaktionsgesetz*, welches unter den gegebenen Umständen z. B. die Form haben könnte:

$$\frac{\mathrm{d}\omega}{\mathrm{d}t} = \frac{\partial \omega}{\partial t} + u\,\frac{\partial \omega}{\partial x} = \text{Konst.}\,\omega^n p^{n-1}\,\mathrm{e}^{-\frac{E}{RT}}. \tag{5.8}$$

Die Gleichungen (5.3), (5.4) und (5.7) bzw. deren Alternativformen (5.4a), (5.7a) bilden ein System quasilinearer, partieller Differentialgleichungen vom hyperbolischen Typus. Ihre Integration ist, trotz der starken Idealisierung, welche die Annahme konstanter Zustände in den einzelnen Querschnitten mit sich bringt, im allgemeinen nur auf numerischem Wege möglich.

Im Falle einer Strömung mit Wärmequellen anstelle chemischer Reaktionen hätte der Energiesatz die Form:

$$\frac{\mathrm{d}q}{\mathrm{d}t} = \frac{\mathrm{d}}{\mathrm{d}t}\left(\frac{u^2}{2} + i\right) - \frac{1}{\varrho}\frac{\partial p}{\partial t}. \tag{5.9}$$

Die Kontinuitätsbeziehung bleibt unverändert, in der Eulergleichung muß $\omega =$ konst. gesetzt werden. Die Verteilung der Wärmequellen muß natürlich bekannt sein.

5.3 Charakteristikenmethode für instationäre, eindimensionale Strömung mit und ohne chemischen Reaktionen

Wie bereits im vorhergehenden Abschnitt bemerkt, sind die Differentialgleichungen für die instationäre, eindimensionale Strömung vom hyperbolischen Typus, und damit bietet sich für ihre numerische Behandlung die *Charakteristikenmethode* an. Letztere wurde schon in Abschnitt 4.21 auf die stationäre, ebene Überschallströmung mit chemischen Reaktionen angewandt.

Den Ausgangspunkt bilden die Kontinuitätsbedingung (5.3) und die Eulergleichung (5.4). Analog zu Abschnitt 4.21 kann die Dichteableitung in der Kontinuitätsbeziehung eliminiert werden, indem wir wiederum p als Funktion von ϱ, s und ω auffassen (vgl. 4.1). Mit (4.3) und (5.5) können wir dann schreiben:

$$\frac{1}{\varrho}\frac{\mathrm{d}p}{\mathrm{d}t} = c_f^2\left(\frac{1}{\varrho}\frac{\mathrm{d}\varrho}{\mathrm{d}t} + \frac{1}{c_p}\frac{\mathrm{d}s}{\mathrm{d}t} - A\frac{\mathrm{d}\omega}{\mathrm{d}t}\right). \tag{5.10}$$

Nach Einführung von (5.10) erhält die Kontinuitätsbeziehung (5.3) ihre neue Form:

$$\frac{1}{\varrho c_f}\frac{\mathrm{d}p}{\mathrm{d}t} + c_f\frac{\partial u}{\partial x} = c_f\left[-\sigma\frac{u}{x} + \frac{1}{c_p}\frac{\mathrm{d}s}{\mathrm{d}t} - A\frac{\partial\omega}{\partial t}\right]. \tag{5.11}$$

Addiert und subtrahiert man von Gleichung (5.11) die mit der gefrorenen Schallgeschwindigkeit c_f multiplizierte Eulergleichung (5.4), erhält man:

$$\begin{aligned}\left\{\frac{\partial u}{\partial t} + (u + c_f)\frac{\partial u}{\partial x}\right\} + \frac{1}{\varrho c_f}\left\{\frac{\partial p}{\partial t} + (u + c_f)\frac{\partial p}{\partial x}\right\} &= c_f\left[-\sigma\frac{u}{x} + \frac{1}{c_p}\frac{\mathrm{d}s}{\mathrm{d}t} - A\frac{\mathrm{d}\omega}{\mathrm{d}t}\right];\\ -\left\{\frac{\partial u}{\partial t} + (u - c_f)\frac{\partial u}{\partial x}\right\} + \frac{1}{\varrho c_f}\left\{\frac{\partial p}{\partial t} + (u - c_f)\frac{\partial p}{\partial x}\right\} &= c_f\left[-\sigma\frac{u}{x} + \frac{1}{c_p}\frac{\mathrm{d}s}{\mathrm{d}t} - A\frac{\mathrm{d}\omega}{\mathrm{d}t}\right].\end{aligned} \tag{5.12}$$

Betrachten wir die beiden Gleichungen (5.12), so sehen wir, daß sie zeitliche Ableitungen der Unbekannten in folgenden Richtungen enthalten:

$$\begin{aligned}\eta = \text{konst.}&: \left(\frac{\partial x}{\partial t}\right)_\eta = u + c_f\\ \xi = \text{konst.}&: \left(\frac{\partial x}{\partial t}\right)_\xi = u - c_f\\ \text{Teilchenbahn}&: \frac{\partial l}{\partial t} = u\end{aligned} \tag{5.13}$$

$\xi =$ konst. und $\eta =$ konst. entsprechen dabei der linkslaufenden bzw. rechtslaufenden Charakteristik (Abb. 5.1). l ist die Bogenlänge längs der Teilchenbahn.

Mit (5.13) ergeben sich aus (5.12) schließlich die Differentialgleichungen entlang den Charakteristiken $\eta =$ konst. und $\xi =$ konst.:

$$\left(\frac{\partial u}{\partial t}\right)_\eta + \frac{1}{\varrho c_f}\left(\frac{\partial p}{\partial t}\right)_\eta = c_f u \left\{-\frac{\sigma}{x} + \frac{1}{c_p}\frac{\partial s}{\partial x} - \left[\frac{s_V - s_U}{c_p} - \left(\frac{\mu}{\mu_V} - \frac{\mu}{\mu_U}\right)\right]\frac{\partial \omega}{\partial l}\right\};$$

$$-\left(\frac{\partial u}{\partial t}\right)_\xi + \frac{1}{\varrho c_f}\left(\frac{\partial p}{\partial t}\right)_\xi = c_f u \left\{-\frac{\sigma}{x} + \frac{1}{c_p}\frac{\partial s}{\partial x} - \left[\frac{s_V - s_U}{c_p} - \left(\frac{\mu}{\mu_V} + \frac{\mu}{\mu_U}\right)\right]\frac{\partial \omega}{\partial l}\right\}. \tag{5.14}$$

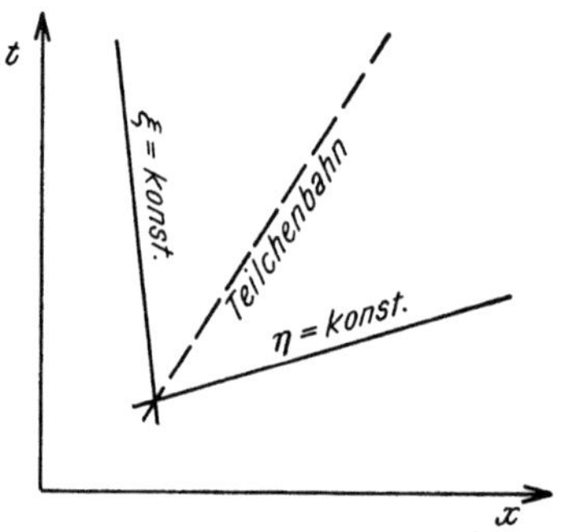

Abb. 5.1 Charakteristiken in der Strömungsebene

Dies sind die Verträglichkeitsbedingungen für instationäre, eindimensionale Strömung mit chemischen Reaktionen im Rahmen unseres Zweisubstanzenmodells. Für $\omega =$ konst., $\partial\omega/\partial l = 0$ gelten sie auch für Strömungen mit Wärmequellen. $1/c_p\ \partial s/\partial l$ kann dann mit dem zweiten Hauptsatz der Thermodynamik durch $1/c_p T\ \partial q/\partial l$ ersetzt werden. Dabei wurden stationäre Wärmequellen angenommen, deren Verteilung längs Teilchenbahnen gegeben ist.

Die Verträglichkeitsbedingungen (5.14) können noch, wie folgt, in Differenzenform angegeben werden (Abb. 5.2):

$$\begin{aligned}(u - u_r) + \frac{1}{\varrho c_f}(p - p_r) &= -\sigma\frac{c_f u}{x}(t - t_r) + c_f\left\{\frac{1}{c_p}(s - s')\right.\\ &\left.- \left[\frac{s_V - s_U}{c_p} - \left(\frac{\mu}{\mu_V} - \frac{\mu}{\mu_U}\right)\right](\omega - \omega')\right\} \quad \text{für} \quad \eta = \text{konst.}\\ -(u - u_l) + \frac{1}{\varrho c_f}(p - p_l) &= -\sigma\frac{c_f u}{x}(t - t_l) + c_f\left\{\frac{1}{c_p}(s - s')\right.\\ &\left.- \left[\frac{s_V - s_U}{c_p} - \left(\frac{\mu}{\mu_V} - \frac{\mu}{\mu_U}\right)\right](\omega - \omega')\right\} \quad \text{für} \quad \xi = \text{konst.}\end{aligned} \tag{5.15}$$

Die Indizes r und l beziehen sich auf die rechts- bzw. linkslaufenden Charakteristiken. s' und ω' sind Werte für s bzw. ω im Hilfspunkt P' (Abb. 5.2). P' muß durch Interpolation gefunden werden. In einer u-p-Ebene (Zustandsebene) stellen die beiden Gleichungen (5.15) Gerade mit der Neigung $\pm\varrho c$ dar.

Die Zustände in den Punkten P_r und P_l sind bekannt. ϱc_f kann in erster Näherung in den Punkten P_r bzw. P_l genommen werden; $c_f u/x$, c_f/c_p und $c_f A$ im Punkt P'. Für höhere Genauigkeitsansprüche sind die entsprechenden Mittelwerte zu bilden. Der Zustand im neuen Punkt P kann dann durch Iteration gewonnen werden. Für die Bestimmung der Charakteristikenneigung in der x-t-Ebene (Strömungsebene) werden die Gleichungen (5.13) benötigt.

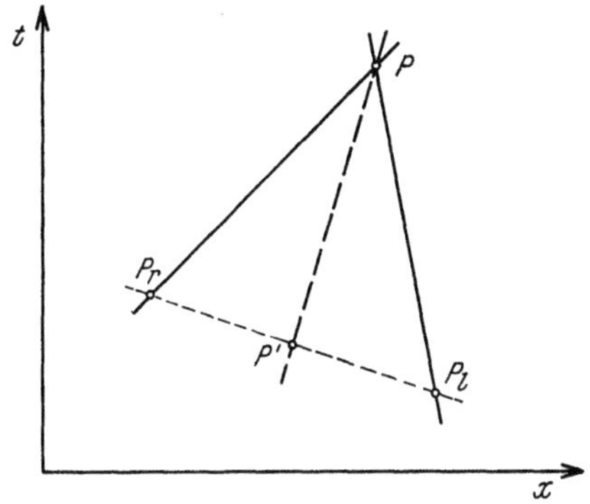

Abb. 5.2 Schritt der Charakteristikenmethode in der Strömungsebene

Sind im Strömungsfeld keine chemischen Reaktionen und keine Wärmequellen vorhanden, wohl aber Verdichtungsstöße oder Reaktionsfronten, so ist die Entropie längs Teilchenbahnen konstant. Auf der rechten Seite der Verträglichkeitsbedingungen wird daher $\partial s/\partial l = 0$. Dies ist jedoch nicht gleichbedeutend mit Isentropie, da sich die Entropie von Stromlinie zu Stromlinie ja ändert.

5.4 Reaktionsfronten in instationärer Strömung

Im Verlauf unserer bisherigen Betrachtungen konnte die Brauchbarkeit des Modells der Reaktionsfront bei der Behandlung vieler stationärer Probleme der Verbrennungsgasdynamik unter Beweis gestellt werden. Dasselbe trifft eher in noch größerem Maße für instationäre Vorgänge zu.

Die Ableitung der Gleichungen für die instationäre, senkrechte Reaktionsfront könnte, wie im stationären Fall, mit Hilfe der Erhaltungssätze erfolgen. Es ist jedoch einfacher, wenn man direkt von den Gleichungen für die stationäre Rohrströmung mit Wärmezufuhr (3.4) ausgeht. Diese gelten bekanntlich für ein System, bei dem sich die Reaktionsfront in Ruhe befindet und mit der Geschwindigkeit u_1 angeströmt wird. Die Reaktionsprodukte strömen hinter der Front mit der Geschwindigkeit u_2 (Abb. 5.3a).

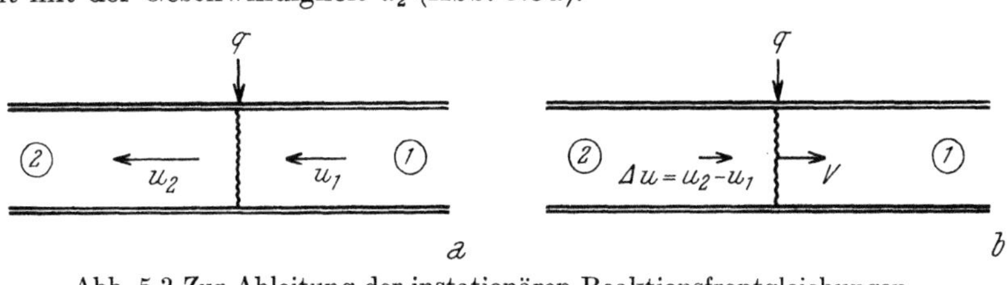

Abb. 5.3 Zur Ableitung der instationären Reaktionsfrontgleichungen.
a Koordinatensystem, bei dem die Reaktionsfront in Ruhe ist. b Laboratoriumskoordinaten

Wir gehen nun auf ein System über, bei dem die Reaktionsfront mit einer Geschwindigkeit

$$V = -u_1 \tag{5.16}$$

in das unverbrannte Gasgemisch hineinläuft. Die Geschwindigkeit der Reaktionsprodukte ist dann (Abb. 5.3b):

$$\Delta u_R = u_2 - u_1. \tag{5.17}$$

Führen wir diese Transformation durch, so erhalten wir die Gleichungen für die senkrechte Reaktionsfront in instationärer Strömung:

$$\frac{\Delta u_R}{c_1} = \frac{1}{\varkappa + 1} \frac{c_1}{V} \left\{ \left[\left(\frac{V}{c_1} \right)^2 - 1 \right] \pm \sqrt{\left[\left(\frac{V}{c_1} \right)^2 - 1 \right]^2 - 2(\varkappa + 1) \left(\frac{V}{c_1} \right)^2 \frac{q}{c_p T_1}} \right\};$$

$$\frac{p_2}{p_1} = 1 + \frac{\varkappa}{\varkappa + 1} \left\{ \left[\left(\frac{V}{c_1} \right)^2 - 1 \right] \pm \sqrt{\left[\left(\frac{V}{c_1} \right)^2 - 1 \right]^2 - 2(\varkappa + 1) \left(\frac{V}{c_1} \right)^2 \frac{q}{c_p T_1}} \right\};$$

$$\tag{5.18}$$

$$\frac{\varrho_1}{\varrho_2} = 1 - \frac{1}{\varkappa + 1} \left(\frac{c_1}{V} \right)^2 \left\{ \left[\left(\frac{V}{c_1} \right)^2 - 1 \right] \pm \sqrt{\left[\left(\frac{V}{c_1} \right)^2 - 1 \right]^2 - 2(\varkappa + 1) \left(\frac{V}{c_1} \right)^2 \frac{q}{c_p T_1}} \right\};$$

$$\frac{T_2}{T_1} = \left(\frac{c_2}{c_1} \right)^2 = \frac{p_2}{p_1} \frac{\varrho_1}{\varrho_2}.$$

Dabei wurde, wie in Abschn. 3.2, ideales Gas konst. spez. Wärme vorausgesetzt.

Das Gleichungssystem (5.18) ist noch unvollständig. Wenn wir die pro Masseneinheit zugeführte Wärmemenge q als bekannt annehmen, stehen den fünf Unbekannten Δu_R, p_2, ϱ_2, T_2 und V nur vier Gleichungen gegenüber.

Im Falle einer *Verbrennung* muß daher noch ein Zusammenhang zwischen der Flammengeschwindigkeit V und dem Zustand des unverbrannten Gemisches durch ein Flammenfortpflanzungsgesetz gegeben sein. Dieses mag ganz allgemein etwa die Form haben:

$$V = V(p_1, T_1, \omega_{B1}). \tag{5.19}$$

Dabei ist ω_{B1} die Anfangskonzentration des Brennstoffes. Unter gewissen Umständen kann die Gleichung (5.19) durch die Bedingung $V =$ konst. ersetzt werden. Hier ist jedoch Vorsicht geboten, um nicht qualitativ unrichtige Ergebnisse zu erhalten.

Handelt es sich um eine *Detonationsfront*, so tritt an die Stelle von (5.19) eine zusätzliche Bedingung, welche durch den vorgelagerten Verdichtungsstoß gegeben ist, oder aber die Chapman-Jouguet-Bedingung. Letztere fordert, daß die Geschwindigkeit der Verbrennungsprodukte relativ zur Detonationsfront gleich der örtlichen Schallgeschwindigkeit ist.

Aus den ersten beiden Gleichungen (5.18) ergibt sich:

$$\frac{\Delta u_R}{c_1} = \frac{1}{\varkappa} \frac{c_1}{V} \left(\frac{p_2}{p_1} - 1 \right). \tag{5.20}$$

Nehmen wir an, die Reaktionsfront laufe mit konstanter Geschwindigkeit V in das ruhende Frischgemisch hinein ($u_1 = 0$), so hat die Geschwindigkeit im Falle einer Überschallreaktionsfront wegen $p_2 > p_1$ dasselbe Vorzeichen wie V. Die Schwaden laufen der Front nach (Abb. 5.4a). Im Falle einer Unterschallreaktionsfront hat u_2 wegen $p_2 < p_1$ ein negatives Vorzeichen. Reaktionsprodukte und Reaktionsfront laufen in entgegengesetzter Richtung (Abb. 5.4b).

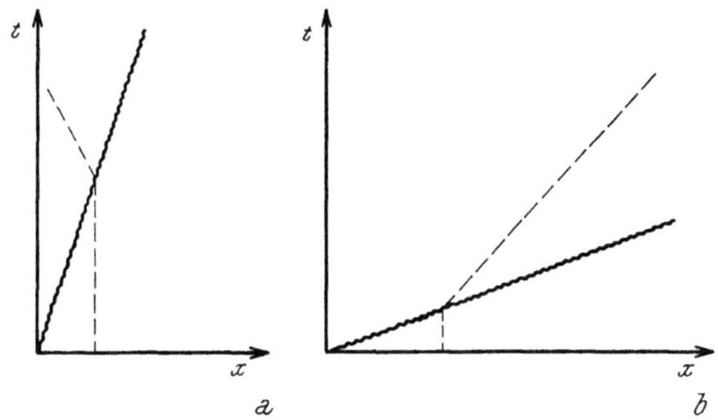

Abb. 5.4 Reaktionsfront (~~~~) und Teilchenbahn (– – –) in der x—t-Ebene. a Unterschallreaktionsfront; b Überschallreaktionsfront

Abb. 5.4 zeigt den typischen Unterschied zwischen einer instationären Unterschallreaktionsfront (z. B. langsame Verbrennung) und einer instationären Überschallreaktionsfront (z. B. Detonation).

5.5 Die linearisierten Reaktionsfrontgleichungen

Im allgemeinen ist die Fortpflanzungsgeschwindigkeit einer Flammenfront V sehr viel kleiner als die Schallgeschwindigkeit des unverbrannten Gemisches c_1. Dadurch ergibt sich die Möglichkeit einer Linearisierung der Reaktionsfrontgleichungen (5.18), was wiederum in vielen Fällen geschlossene analytische Lösungen erlaubt.

Für *langsame Flammenfronten* $V_1/c_1 \ll 1$ und $(V/c_1)^2 \cong 0$ erhalten wir aus den Gleichungen (5.18) nach einfacher Rechnung:

$$\frac{\Delta u_R}{c_1} = \frac{u_2}{c_1} - \frac{u_1}{c_1} \cong -\left(\frac{V}{c_1} Q_1\right)\left[1 + \frac{\varkappa + 1}{2}\left(\frac{V}{c_1} Q_1\right)\frac{V}{c_1}\right] + \cdots;$$

$$\frac{p_2}{p_1} \cong 1 - \varkappa\left(\frac{V}{c_1} Q_1\right)\frac{V}{c_1} + \cdots;$$

$$\frac{\varrho_1}{\varrho_2} \cong 1 + Q_1 + \frac{\varkappa + 1}{2}\left(\frac{V}{c_1} Q_1\right)^2 + \left(\frac{V}{c_1} Q_1\right)\left[1 + \frac{(\varkappa + 1)^2}{2}\left(\frac{V}{c_1} Q_1\right)^2\right]\frac{V}{c_1} + \cdots;$$

$$\frac{T_2}{T_1} \cong 1 + Q_1 - \frac{\varkappa + 1}{2}\left(\frac{V}{c_1} Q_1\right)^2 - (\varkappa - 1)\left(\frac{V}{c_1} Q_1\right)\left[1 + \frac{\varkappa}{\varkappa + 1} Q_1 - \frac{1}{2}\frac{\varkappa + 1}{\varkappa - 1}\left(\frac{V}{c_1} Q_1\right)^2\right]\frac{V}{c_1} + \cdots. \quad (5.21)$$

mit
$$Q_1 = \frac{q}{c_p T_1}.$$

Man erkennt sofort die aus der Erfahrung bekannte Tatsache, daß die Druckabnahme bei langsamen Flammen nur sehr gering ist.

Bei der oben durchgeführten Linearisierung der Gleichungen (5.18) ist zu beachten, daß $V/c_1 \ll 1$ keineswegs gleichbedeutend sein muß mit kleiner Wärmezufuhr. So nimmt z. B. die dimensionslose Wärmezufuhr bei der Verbrennung von Kohlenwasserstoffen Werte von $Q_1 = 6 \div 10$ an. Damit erreicht aber der überaus wichtige Parameter $(V/c_1\, Q_1)$, auf den wir noch zurückkommen, die Größenordnung von eins und darf daher bei Multiplikation mit V/c_1 nicht vernachlässigt werden. Diesem Umstand wurde in den Gleichungen (5.21) Rechnung getragen.

Für den Parameter $(V/c_1\, Q_1)$ gibt es folgende physikalische Deutung: Wenn q die pro Masseneinheit zugeführte Wärmemenge ist, so beträgt die Wärmezufuhrrate pro Flächeneinheit der Flammenfront γ:
$$\gamma = V \varrho_1 q \left[\frac{\text{kcal}}{\text{sec m}^2}\right].$$
Ihr dimensionsloser Wert Γ beträgt:
$$\Gamma = \frac{\gamma}{c_1 \varrho_1 c_{p1} T_1} = \frac{V}{c_1} Q_1.$$

Somit ist der Parameter $(V/c_1\, Q_1)$ nichts anderes als die dimensionslose Form der Wärmezufuhr pro Einheit der Flammenfrontfläche.

Ist die Wärmezufuhrrate pro Flächeneinheit $(V/c_1\, Q_1)$ ebenfalls klein, so ergeben sich sehr einfache Beziehungen, die besonders für Überschlagsrechnungen praktisch sind:
$$\begin{aligned} &\frac{\Delta u_R}{c_1} = \frac{u_2}{c_1} - \frac{u_1}{c_1} \cong -\frac{V}{c_1} Q_1 + \cdots; && \frac{p_2}{p_1} \cong 1 + \cdots; \\ &\frac{\varrho_1}{\varrho_2} = \frac{T_2}{T_1} \cong 1 + Q_1 + \cdots; && \frac{c_2}{c_1} \cong \sqrt{1 + Q_1} + \cdots. \end{aligned} \tag{5.22}$$

Unter diesen Voraussetzungen ist der Drucksprung an der Flammenfront überhaupt vernachlässigbar. Wir haben praktisch Gleichdruckverbrennung. Temperatur- und Dichteänderung an der Reaktionsfront sind nur mehr von der dimensionslosen Wärmezufuhr abhängig.

Bei *starken Detonationswellen* können sowohl die dimensionslose Wärmezufuhr Q_1 als auch das Quadrat der Fortpflanzungsgeschwindigkeit als sehr groß gegen eins angesehen werden. Man findet für $Q_1 \gg 1$ und $(V/c_1)^2 \gg 1$:
$$\begin{aligned} &\frac{\Delta u_R}{c_1} = \frac{u_2}{c_1} - \frac{u_1}{c_1} \cong \frac{1}{\varkappa + 1} \frac{V}{c_1} + \cdots = \pm \sqrt{\frac{2}{\varkappa + 1} Q_1} + \cdots; \\ &\frac{p_2}{p_1} \cong \frac{\varkappa}{\varkappa + 1} \left(\frac{V}{c_1}\right)^2 + \cdots = 2\varkappa Q_1 + \cdots; \end{aligned} \tag{5.23}$$

$$\frac{\varrho_1}{\varrho_2} \cong \frac{\varkappa}{\varkappa + 1} + \cdots;$$
$$\frac{T_2}{T_1} = \left(\frac{c_2}{c_1}\right)^2 \cong \left(\frac{\varkappa}{\varkappa + 1}\right)^2 \left(\frac{V}{c_1}\right)^2 + \cdots = \frac{2\varkappa^2}{\varkappa + 1} Q_1 + \cdots; \tag{5.23}$$

mit
$$\frac{V}{c_1} \cong \pm \sqrt{2(\varkappa + 1) Q_1}\,.$$

Hierbei wurde stillschweigend die Annahme gemacht, daß man sich in der Nähe des Chapman-Jouguet-Punktes befindet. Andernfalls käme in den Gleichungen (5.23) noch ein additives Glied hinzu. Das obere Vorzeichen in der ersten und letzten Gleichung (5.23) gilt für eine rechtslaufende, d. h. in x-Richtung laufende Detonationswelle, das untere Vorzeichen für eine linkslaufende Detonationswelle.

Wie auch im stationären und ähnlich wie beim Verdichtungsstoß kann die Dichte bei starken Detonationswellen nicht beliebige Werte annehmen. Sie strebt unabhängig von der zugeführten Wärmemenge einem Grenzwert zu, der jedoch mit jenem des starken Verdichtungsstoßes nicht identisch ist.

5.6 Der instationäre Verdichtungsstoß als Sonderfall $q = 0$

Für eine Reaktionsfrontgeschwindigkeit V, die größer ist als die Schallgeschwindigkeit des Mediums vor der Front c_1, führen die Gleichungen (5.18) im Sonderfall verschwindender Wärmezufuhr mit dem oberen Vorzeichen zu den Gleichungen des instationären Verdichtungsstoßes (5.24); mit den unteren Vorzeichen zu den Identitäten $p_2 = p_1$, $\varrho_2 = \varrho_1$, usw.

$$\frac{\Delta u_s}{c_1} = \frac{u_2}{c_1} - \frac{u_1}{c_1} = \frac{2}{\varkappa + 1} \frac{c_1}{U} \left[\left(\frac{U}{c_1}\right)^2 - 1\right];$$

$$\frac{p_2}{p_1} = 1 + \frac{2\varkappa}{\varkappa + 1} \left[\left(\frac{U}{c_1}\right)^2 - 1\right];$$

$$\frac{\varrho_1}{\varrho_2} = \left(\frac{c_1}{U}\right)^2 \left\{1 + \frac{\varkappa - 1}{\varkappa + 1} \left[\left(\frac{U}{c_1}\right)^2 - 1\right]\right\}; \tag{5.24}$$

$$\frac{T_2}{T_1} = \left(\frac{c_2}{c_1}\right)^2 = \frac{p_2}{p_1} \frac{\varrho_1}{\varrho_2}.$$

Die Reaktionsfrontgeschwindigkeit V wurde formal durch die Stoßfrontgeschwindigkeit U ersetzt.

Da im folgenden auch von der vereinfachten Gleichung für schwache bzw. starke Verdichtungsstöße Gebrauch gemacht wird, sollen diese hier ebenfalls angegeben werden (vgl. z. B. [I.12]. Aus Zweckmäßigkeitsgründen werden hier die einfachen Zustandsgrößen als Funktion des Druckverhältnisses dargestellt.

Für *schwache Druckwellen* ergibt sich mit $(p_2/p_1 - 1) \ll 1$, oder was dasselbe ist, für $(U/c_1 - 1) \ll 1$ unter Vernachlässigung der quadratischen Glieder:

$$\begin{aligned}
&\frac{\Delta u_s}{c_1} = \frac{u_2}{c_1} - \frac{u_1}{c_1} \cong \pm\frac{1}{\varkappa}\left(\frac{p_2}{p_1} - 1\right) + \cdots;\\
&\frac{\varrho_1}{\varrho_2} \cong 1 - \frac{1}{\varkappa}\left(\frac{p_2}{p_1} - 1\right) + \cdots;\\
&\frac{T_2}{T_1} = \left(\frac{c_2}{c_1}\right)^2 \cong 1 + \frac{\varkappa - 1}{\varkappa}\left(\frac{p_2}{p_1} - 1\right) + \cdots;\\
&\frac{U}{c_1} = \pm\left[1 + \frac{\varkappa + 1}{4\varkappa}\left(\frac{p_2}{p_1} - 1\right)\right] + \cdots.
\end{aligned} \tag{5.25}$$

Das obere Vorzeichen gilt für eine rechtslaufende, das untere für eine linkslaufende Druckwelle.

Für den *starken Verdichtungsstoß* erhalten wir mit $U/c_1 \gg 1$:

$$\begin{aligned}
&\frac{\Delta u_s}{c_1} = \frac{u_2}{c_1} - \frac{u_1}{c_1} = \pm\sqrt{\frac{2}{\varkappa(\varkappa + 1)}\frac{p_2}{p_1}} + \cdots;\\
&\frac{\varrho_1}{\varrho_2} = \frac{\varkappa - 1}{\varkappa + 1} + \cdots;\\
&\frac{T_2}{T_1} = \left(\frac{c_2}{c_1}\right)^2 = \frac{\varkappa - 1}{\varkappa + 1}\frac{p_2}{p_1} + \cdots;\\
&\frac{s_2 - s_1}{c_p} = \frac{1}{\varkappa}\ln\left(\frac{\varkappa + 1}{2\varkappa}\frac{p_2}{p_1}\right) + \frac{1}{\varkappa}\ln\frac{2\varkappa}{\varkappa + 1} - \ln\frac{\varkappa - 1}{\varkappa + 1} + \cdots.
\end{aligned} \tag{5.26}$$

5.7 Instationäre Reaktionsfrontpolaren

Ein wichtiges Hilfsmittel zur Berechnung von instationären Strömungsvorgängen, an denen Reaktionsfronten beteiligt sind, stellen wiederum entsprechende *Reaktionsfrontpolaren* dar.

Je nach Art des zu behandelnden Problems kann man entweder das Druckverhältnis oder das Schallgeschwindigkeitsverhältnis an der Reaktionsfront über der Geschwindigkeitsänderung auftragen (Abb. 5.5 und 5.7). Fortpflanzungsgeschwindigkeit V/c_1 und Wärmezufuhr Q_1 fungieren dabei als Parameter. Die zweite Darstellungsart wurde bereits 1944 von F. Schultz-Grunow [4] vorgeschlagen.

In Abb. 5.5 sind die Polaren für einen bestimmten Betrag der Wärmezufuhr q_1 und für den Sonderfall $q_1 = 0$ (Verdichtungsstoß) in einer Δu-p-Ebene aufgetragen. Der obere Ast der Reaktionsfrontpolare entspricht einer Überschallreaktionsfront („Detonationsast"), der untere Teil einer Unterschallreaktionsfront („Deflagrationsast"). Dazwischen liegt die aus der klassischen Gasdynamik bekannte Polare für den Verdichtungsstoß bzw. Verdünnungsstoß (gestrichelt). Die stark ausgezogenen Kurventeile entsprechen rechtslaufenden, d. h. in x-Richtung laufenden Wellen. Die eingetragenen Bereiche I bis IV und die ausgezeichneten Punkte sind mit jenen der Hugoniot-Kurve, Abb. 3.7, identisch. D und C sind der obere bzw. untere Chapman-Jouguet-Punkt. Die Machzahl M_1 in Abb. 3.7 haben wir uns durch die Laufgeschwindigkeit der Reaktionsfront V ersetzt zu denken. Somit ändert sich formal nur die Gleichung für die Rayleigh-Gerade (3.20), während die Hugoniot-Gleichung (3.22) als rein thermodynamische Gleichung vom Bezugssystem unabhängig ist.

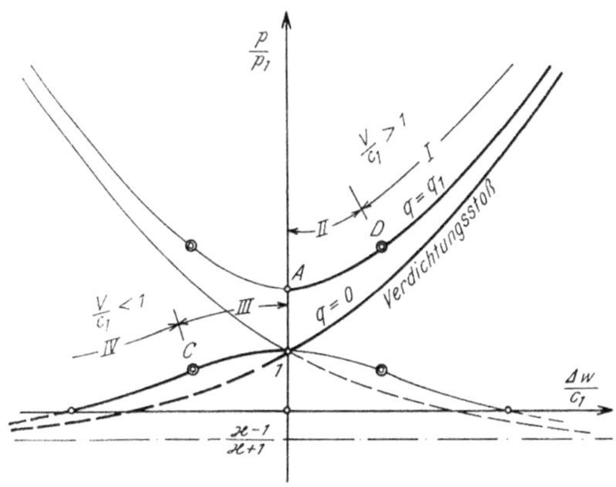

Abb. 5.5 Reaktionsfrontpolaren-Diagramm in der $\Delta u - p$-Ebene.
In der Abb. lies $\frac{\Delta u}{c_1}$ statt $\frac{\Delta w}{c_1}$

Jedem Punkt der Polare entspricht ein ganz bestimmter Betrag der Fortpflanzungsgeschwindigkeit V. Er hat im Punkt A der Überschall-Reaktionsfrontpolare den Wert unendlich, erreicht im Punkt D ein Minimum, um dann wieder über alle Grenzen anzusteigen. Auf der Unterschall-Reaktionsfrontpolare ist V im Punkt B gleich Null, steigt bis zu einem Maximum im Punkt C an und sinkt dann wieder gegen Null ab.

Es mag auf den ersten Blick irritierend wirken, daß eine rechtslaufende Unterschallreaktionsfront durch den linken Ast der Polare repräsentiert wird. Aus der ersten Gleichung (5.18) kann man jedoch sofort sehen, daß wegen $V/c_1 < 1$ der Klammerausdruck negativ wird. Folglich ist auch $\Delta u/c_1 < 0$, da für eine in x-Richtung laufende Welle per Definition $V/c_1 > 0$ ist. Dasselbe gilt für die Geschwindigkeit hinter der Front, wenn letztere in ein ruhendes Gas hineinläuft. Dies bedeutet, daß die Reaktionsprodukte bei einer Unterschallreaktionsfront von der Front wegströmen, was wir bereits in Abschnitt 5.4 festgestellt haben (siehe auch Abb. 5.4).

Mit zunehmender Wärmezufuhr verschiebt sich der Überschallast („Detonationsast") nach oben (Abb. 5.6). Der Unterschallast muß natürlich nach wie vor durch den Punkt $p/p_1 = 1$ gehen, wird jedoch immer flacher. Die strichpunktierte Kurve in Abb. 5.6 ist der Ort aller Chapman-Jouguet-Punkte.

Die Gleichung für die instationären Reaktionsfrontpolaren in der $p - \Delta u$-Ebene kann leicht aus den Gleichungen (5.18) gewonnen werden:

$$\frac{\Delta u_R}{c_1} = \frac{u_2}{c_1} - \frac{u_1}{c_1} = \pm \frac{1}{x} \sqrt{\frac{\left(\frac{p_2}{p_1} - 1\right)\left[\left(\frac{p_2}{p_1} - 1\right) - \varkappa Q_1\right]}{1 + \frac{\varkappa + 1}{2\varkappa}\left(\frac{p_2}{p_1} - 1\right)}}. \tag{5.27}$$

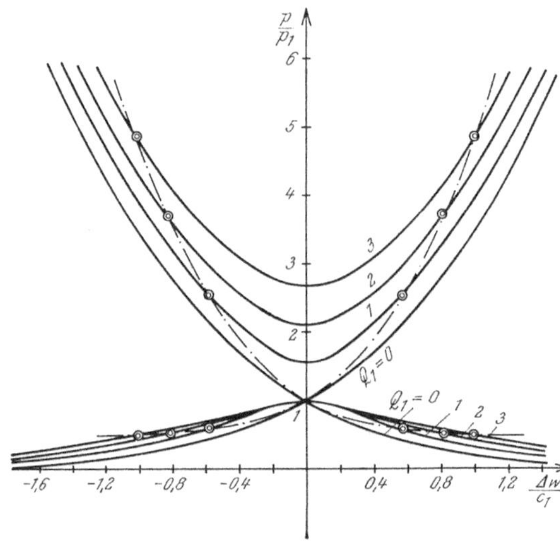

Abb. 5.6 Reaktionsfrontpolaren in der $\Delta u - p$-Ebene für verschiedene Wärmezufuhr q. In der Abb. lies $\frac{\Delta u}{c_1}$ statt $\frac{\Delta w}{c_1}$

Für eine rechtslaufende Überschallreaktionsfront gilt das obere, für eine rechtslaufende Unterschallreaktionsfront das untere Vorzeichen.

Die Gleichung (5.27) geht für $q = 0$ in die bekannte Gleichung für instationären Stoßpolaren über.

$$\frac{\Delta u_s}{c_1} = \frac{u_2}{c_1} - \frac{u_1}{c_1} = \pm \frac{1}{x} \frac{\left(\frac{p_2}{p_1} - 1\right)}{\sqrt{1 + \frac{\varkappa + 1}{2\varkappa}\left(\frac{p_2}{p_1} - 1\right)}}. \tag{5.28}$$

Manchmal ist es ausreichend, anstelle der exakten Gleichung (4.27) die vereinfachte Form für $V/c_1 \ll 1$ zu verwenden:

$$\frac{\Delta u_R}{c_1} \cong \mp \left[1 + \frac{\varkappa + 1}{2\varkappa}\left(1 - \frac{p_2}{p_1}\right)\right] \sqrt{\frac{1}{\varkappa} Q_1 \left(1 - \frac{p_2}{p_1}\right)} + \cdots. \tag{5.29}$$

Da es sich hier um eine Unterschallreaktionsfront handelt, ist immer $p_2 < 1$. Das obere Vorzeichen gilt für eine rechtslaufende Front.

Die zu Abb. 5.5 analoge Polarendarstellung in einer $\Delta u - c$-Ebene finden wir in Abb. 5.7. Die Gleichung dieser Kurve ist ziemlich unhandlich, daher soll auf ihre Wiedergabe hier verzichtet werden.

Eine etwas andere Form der Polarendarstellung haben A. K. OPPENHEIM und Mitarbeiter [6, 7] verwendet, indem sie anstelle des Druck- bzw. Schallgeschwindigkeitsverhältnisses den Logarithmus derselben eingeführt haben. Beim Studium des Überganges von der langsamen Verbrennung zur Detonation wurde davon ausgiebig Gebrauch gemacht. Wir kommen noch darauf zurück.

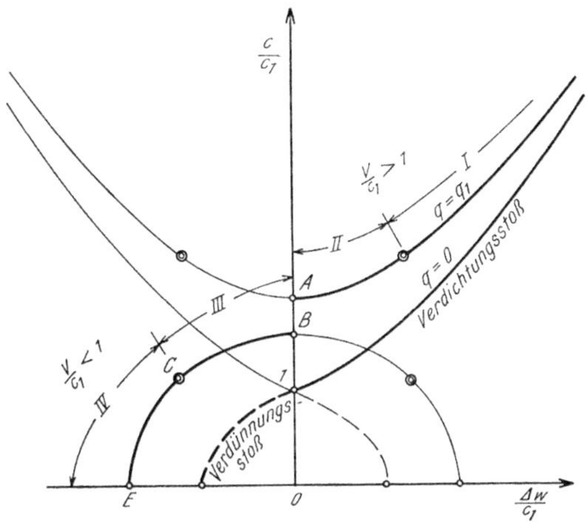

Abb. 5.7 Reaktionsfrontpolaren in der Δu—c-Ebene. In der Abb. lies $\frac{\Delta u}{c_1}$ statt $\frac{\Delta w}{c_1}$

5.8 Entstehung von Druckwellen an ebenen Flammenfronten

Das Verhalten einer Flamme, die in ein vorgemischtes Gas hineinläuft, wird durch den Zustand des unverbrannten Gemisches, ihre Laufgeschwindigkeit und durch die bei der chemischen Reaktion frei werdende Wärme bestimmt. Die beiden letzteren sind über ein Reaktionsgesetz mit dem Zustand des Gases vor der Flamme gekoppelt.

Jede Änderung der Flammengeschwindigkeit, der Wärmezufuhr oder des Frischgaszustandes hat die Entstehung von Druckwellen zur Folge. Andernfalls wären die Erhaltungssätze nicht erfüllt. Nimmt z. B. die Wärmezufuhr in die Strömung zu, so muß zwangsläufig die Dichte der Verbrennungsprodukte abnehmen. Diese Dichteänderung ist dann die Ursache für eine Druckwelle.

Genaugenommen hat man eine Flamme von endlicher Dicke, und der Übergang zum neuen Zustand wird sich daher in einer endlichen Zeit vollziehen. Diese Zeit nennt man *Relaxationszeit*. Sie hängt von der Dicke der Flamme ab und muß bei verschwindender Dicke derselben ebenfalls gegen Null gehen. Behandeln wir den Vorgang mit unserem Modell der Reaktionsfront, so bedeutet dies, daß wir die Einzelheiten des Überganges im Inneren der Flamme ignorieren und uns nur um die Zustände vor bzw. nach Entstehung der Druckwellen kümmern. Trotz dieser starken Idealisierung können damit wichtige grundsätzliche Fragen der Verbrennungsgasdynamik geklärt werden. Die Kenntnis solcher Wellenausbreitungsvorgänge ist für das Studium von beschleunigten oder oszillierenden Flammen, Flammenlärm, Zündvorgängen wesentlich.

Erste theoretische Studien über die Entstehung von Druckwellen an ebenen Flammenfronten stammen von B. T. Chu [8, 9, 10]. Später folgten weitere experimentelle und theoretische Untersuchungen von A. J. Ladermann, P. A. Urtiew, A. K. Oppenheim [11, 12] und anderen, vor allem im Zusammenhang mit beschleunigten Flammen. Im folgenden wird eine Behandlung des Problems vorgenommen, wie sie vom Verfasser in [13] angegeben wurde.

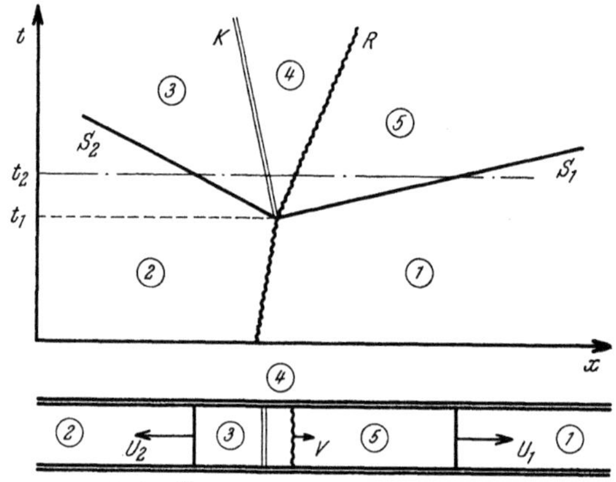

Abb. 5.8 Plötzliche Änderung der Flammenfrontgeschwindigkeit (Beschleunigung) in der x—t-Ebene

Wir betrachten eine Flamme, die mit konstanter Geschwindigkeit in ein vorgemischtes Gas hineinläuft und bei der die Fortpflanzungsgeschwindigkeit $\overline{V}$ sowie die pro Masseneinheit zugeführte Wärmemenge $\overline{q}$ plötzlich um den Betrag V' bzw. q' zunehmen*. Ein solcher Fall kann sehr leicht durch eine kleine Inhomogenität im unverbrannten Gemisch eintreten.

Der Vorgang ist in Abb. 5.8 in einer x-t-Ebene dargestellt. Der Zustand im Feld 1 entspricht dem Zustand des unverbrannten Gemisches, der Zustand im Feld 2 dem Zustand der Reaktionsprodukte der ungestörten Flamme. Die Neigung ihrer Weg-Zeit-Linie entspricht der Geschwindigkeit V. (Je stärker die Neigung, um so größer die Geschwindigkeit.) Zu einem bestimmten Zeitpunkt $t = t_1$ werde die Flammengeschwindigkeit V plötzlich um einen Betrag V' erhöht. Zwei von der Flammenfront ausgehende Druckwellen S_1 und S_2 laufen stromauf- bzw. stromabwärts. Eine sogenannte Kontaktfläche K trennt das strömende Medium in jene beiden Teile, die sich vor der Störung zu beiden Seiten der Flammenfront befanden. Sie ist durch Geschwindigkeits- und Druckgleichheit charakterisiert. Nach der Störung hat die Flamme die Geschwindigkeit $V = \overline{V} + V'$ und die pro Masseneinheit zugeführte Wärmemenge ist $q = \overline{q} + q'$. Die Laufgeschwindigkeit der beiden Druckwellen wird mit U_1 bzw. U_2 bezeichnet. Im unteren Teil von Abb. 5.8 sind die Verhältnisse im Falle einer Rohrströmung zu einem beliebigen Zeitpunkt $t = t_2$ dargestellt.

Wir wollen voraussetzen, die Flammengeschwindigkeiten V und V' seien klein gegen die Schallgeschwindigkeit des Frischgemisches; eine Annahme, die in der Regel von Flammen gut erfüllt wird. Ferner sei auch die Änderung der Wärme-

* Mit einem Querstrich werden die Ausgangsgrößen und mit einem Strich die Störungsgrößen bezeichnet.

zufuhr q' klein, so daß man schließlich hat:

$$\frac{\bar{V}}{c_1} \ll 1, \quad \frac{V'}{c_1} \ll 1, \quad \frac{q'}{c_p T_1} \ll 1. \tag{5.30}$$

Unter diesen Voraussetzungen wird nicht nur der Drucksprung an der Flammenfront ebenfalls klein sein, sondern es werden auch die beiden von der Flammenfront ausgehenden Druckwellen S_1 und S_2 schwach sein. Dann gilt:

$$\frac{p_2}{p_1} - 1 \ll 1; \frac{p_4}{p_5} - 1 \ll 1; \quad \pi_{S1} = \frac{p_5}{p_1} - 1 \ll 1; \quad \pi_{S2} = \frac{p_3}{p_2} - 1 \ll 1. \tag{5.31}$$

An der ungestörten Flammenfront von 1 nach 2 haben wir unter den angegebenen Voraussetzungen gemäß den Gleichungen (5.21) folgende Beziehungen:

$$\begin{aligned}
\frac{\Delta \bar{u}_R}{c_1} &= \frac{u_2}{c_1} - \frac{u_1}{c_1} = -\left(\frac{\bar{V}}{c_1}\bar{Q}_1\right)\left[1 + \frac{\varkappa+1}{2}\left(\frac{\bar{V}}{c_1}\bar{Q}_1\right)\frac{\bar{V}}{c_1}\right] + \cdots; \\
\frac{p_2}{p_1} &= 1 - \varkappa\left(\frac{\bar{V}}{c_1}\bar{Q}_1\right)\frac{\bar{V}}{c_1} + \cdots; \\
\frac{\varrho_1}{\varrho_2} &= 1 + \bar{Q}_1 + \frac{\varkappa+1}{2}\left(\frac{\bar{V}}{c_1}\bar{Q}_1\right)^2 + \left(\frac{\bar{V}}{c_1}\bar{Q}_1\right)\left[1 + \frac{(\varkappa+1)^2}{2}\left(\frac{\bar{V}}{c_1}\bar{Q}_1\right)^2\right]\frac{\bar{V}}{c_1} + \cdots; \\
\frac{T_2}{T_1} &= \left(\frac{c_2}{c_1}\right)^2 = 1 + \bar{Q}_1 - \frac{\varkappa-1}{2}\left(\frac{\bar{V}}{c_1}\bar{Q}_1\right)^2 \\
&\quad - (\varkappa-1)\left(\frac{\bar{V}}{c_1}\bar{Q}_1\right)\left[1 - \frac{1}{2}\frac{\varkappa+1}{\varkappa-1}\left(\frac{\bar{V}}{c_1}\bar{Q}_1\right)^2\right]\frac{\bar{V}}{c_1} + \cdots
\end{aligned} \tag{5.32}$$

mit

$$\bar{Q}_1 = \frac{\bar{q}}{c_p T_1}.$$

Die Gleichungen für die beiden Druckwellen ergeben sich aus (5.25).

Druckwelle S_1:

$$\begin{aligned}
\frac{\Delta u_{S1}}{c_1} &= \frac{u_5}{c_1} - \frac{u_1}{c_1} = \frac{1}{\varkappa}\pi_{S1} + \cdots \\
\frac{p_5}{p_1} &= 1 + \pi_{S1}; \\
\frac{\varrho_1}{\varrho_5} &= 1 - \frac{1}{\varkappa}\pi_{S1} + \cdots; \\
\frac{T_5}{T_1} &= \left(\frac{c_5}{c_1}\right)^2 \\
&\cong 1 + \frac{\varkappa-1}{\varkappa}\pi_{S1} + \cdots \\
\frac{U_1}{c_1} &= 1 + \frac{\varkappa+1}{4\varkappa}\pi_{S1} + \cdots
\end{aligned} \tag{5.33}$$

mit $\pi_{S1} = \frac{p_5}{p_1} - 1$.

Druckwelle S_2:

$$\begin{aligned}
\frac{\Delta u_{S2}}{c_2} &= \frac{u_3}{c_2} - \frac{u_2}{c_2} = -\frac{1}{\varkappa}\pi_{S2} + \cdots \\
\frac{p_3}{p_2} &= 1 + \pi_{S2}; \\
\frac{\varrho_2}{\varrho_3} &= 1 - \frac{1}{\varkappa}\pi_{S2} + \cdots; \\
\frac{T_3}{T_2} &= \left(\frac{c_3}{c_2}\right)^2 \\
&\cong 1 + \frac{\varkappa-1}{\varkappa}\pi_{S2} + \cdots \\
\frac{U_2}{c_2} &= -\left(1 + \frac{\varkappa+1}{4\varkappa}\pi_{S2}\right) + \cdots
\end{aligned} \tag{5.34}$$

mit $\pi_{S2} = \frac{p_3}{p_2} - 1$.

An der Kontaktfläche K von 3 nach 4 haben wir die Bedingung:

$$u_4 = u_3, \qquad p_4 = p_3. \tag{5.35}$$

Schließlich benötigen wir noch die Beziehungen an der gestörten Flammenfront:

$$\begin{aligned}
\frac{\Delta u_R}{c_5} &= \frac{u_4}{c_5} - \frac{u_5}{c_5} \cong -\left(\frac{V}{c_5} Q_5\right) - \frac{\varkappa+1}{2}\left(\frac{V}{c_5} Q_5\right)^2 \frac{V}{c_5} + \cdots; \\
\frac{p_4}{p_5} &= 1 - \varkappa\left(\frac{V}{c_5} Q_5\right)\frac{V}{c_5} + \cdots; \\
\frac{\varrho_5}{\varrho_4} &= 1 + Q_5 + \frac{\varkappa+1}{2}\left(\frac{V}{c_5} Q_5\right)^2 + \left(\frac{V}{c_5} Q_5\right)\left[1 + \frac{(\varkappa+1)^2}{2}\left(\frac{V}{c_5} Q_5\right)^2\right]\frac{V}{c_5} + \cdots; \\
\frac{T_4}{T_5} &= \left(\frac{c_4}{c_5}\right)^2 = 1 + Q_5 - \frac{\varkappa-1}{2}\left(\frac{V}{c_5} Q_5\right)^2 - (\varkappa-1)\left(\frac{V}{c_5} Q_5\right) \\
&\quad \times \left[1 - \frac{1}{2}\frac{\varkappa+1}{\varkappa-1}\left(\frac{V}{c_5} Q_5\right)^2\right]\frac{V}{c_5} + \cdots;
\end{aligned} \tag{5.36}$$

$$\text{mit} \quad Q_5 = \frac{q}{c_p T_5} = \frac{\bar{q} + q'}{c_p T_5} \quad \text{und} \quad \frac{V}{c_5} = \frac{\bar{V}}{c_5} + \frac{V}{c_5}.$$

Für die weitere Rechnung ist es zweckmäßig, Q_5 und den Parameter $(Q_5\, V/c_5)$ auf den Zustand 1 zu beziehen:

$$Q_5 = Q_1 \frac{T_1}{T_5} \cong Q_1 - \frac{\varkappa-1}{\varkappa} Q_1 \pi_{S1} + \frac{(\varkappa-1)(2\varkappa-1)}{2\varkappa^2} Q_1 \pi_{S1}^2 + \cdots; \tag{5.37}$$

$$\left(\frac{V}{c_5} Q_5\right) = \left(\frac{V}{c_1} Q_1\right)\left(\frac{c_1}{c_5}\right)^3 \cong \left(\frac{V}{c_1} Q_1\right)\left(1 - \frac{3}{2}\frac{\varkappa-1}{\varkappa}\pi_{S1}\right) + \cdots \tag{5.38}$$

mit
$$Q_1 = \frac{q}{c_p T_1} = \frac{\bar{q} + q'}{c_p T_1}.$$

In Gleichung (5.37) müssen noch Glieder zweiter Ordnung von π_{S1} mitgenommen werden, weil Q_1 durchaus Werte in der Größenordnung von 10 annehmen kann. Darauf wurde bereits in Abschn. 5.5 hingewiesen.

Ferner erhalten wir für V/c_5:

$$\frac{V}{c_5} = \frac{V}{c_1}\frac{c_1}{c_5} \cong \frac{V}{c_1} + \cdots. \tag{5.39}$$

Nach dieser Vorarbeit erhalten wir aus den ersten beiden Gleichungen (5.34) und (5.36) unter der Berücksichtigung der Bedingung (5.35) nach einiger Rechnung für den Drucksprung an der stromaufwärts laufenden Druckwelle S_1:

$$\pi_{S1} = \frac{p_5}{p_1} - 1 = \varkappa \frac{A + \frac{c_2}{c_1}\left[\left(\frac{V}{c_1} Q_1\right)\frac{V}{c_1} - \left(\frac{\bar{V}}{c_1}\bar{Q}_1\right)\frac{\bar{V}}{c_1}\right]}{\frac{c_2}{c_1} + 1 + (\varkappa - 1)\left(\frac{V}{c_1} Q_1\right)} \tag{5.40}$$

und für den Drucksprung an der stromabwärts laufenden Welle S_2:

$$\pi_{S2} = \frac{p_3}{p_2} - 1 = \pi_{S1} - \varkappa\left[\left(\frac{V}{c_1} Q_1\right)\frac{V}{c_1} - \left(\frac{\bar{V}}{c_1}\bar{Q}_1\right)\frac{\bar{V}}{c_1}\right]$$

$$= \varkappa \frac{A - \left[1 + (\varkappa - 1)\left(\frac{V}{c_1} Q_1\right)\right]\left[\left(\frac{V}{c_1} Q_1\right)\frac{V}{c_1} - \left(\frac{\bar{V}}{c_1}\bar{Q}_1\right)\frac{\bar{V}}{c_1}\right]}{\frac{c_2}{c_1} + 1 + (\varkappa - 1)\left(\frac{V}{c_1} Q_1\right)}; \tag{5.41}$$

mit

$$A = \left\{\left(\frac{V}{c_1} Q_1\right)\left[1 + \frac{\varkappa + 1}{2}\left(\frac{V}{c_1} Q_1\right)\frac{V}{c_1}\right] - \left(\frac{\bar{V}}{c_1}\bar{Q}_1\right)\left[1 + \frac{\varkappa + 1}{2}\left(\frac{\bar{V}}{c_1}\bar{Q}_1\right)\frac{\bar{V}}{c_1}\right]\right\}.$$

In guter Näherung kann in den Gleichungen (5.40) und (5.41) $c_2/c_1 \cong \sqrt{1 + \bar{Q}_1}$ gesetzt werden.

Bei den Gleichungen (5.40) bzw. (5.41) fällt sofort der Parameter $(V/c_1\, Q_1)$ ins Auge, auf dessen Bedeutung bereits im Abschnitt 5.5 hingewiesen wurde. Es ergibt sich, daß die beiden Druckwellen nicht gleich stark sind. Die stromaufwärts laufende Druckwelle S_1 ist etwas stärker als die stromabwärts laufende Druckwelle S_2.

Alle übrigen Zustandsgrößen hinter den beiden Druckwellen können nun leicht mit Hilfe der Gleichungen (5.33) und (5.34) berechnet werden. Ist der Zustand 5 erst einmal bekannt, so kann auch die Zustandsänderung an der gestörten Flammenfront mit den Gleichungen (5.36) berechnet werden.

Im allgemeinen wird die Flammengeschwindigkeit V durch ein Reaktionsgesetz von der Form (5.19) gegeben sein. Das bedeutet, daß sie vom Zustand des Frischgemisches abhängig ist, der sich nun aber durch die Druckwelle S_1 neuerlich, wenn auch nur geringfügig, verändert hat. Unser bisheriges Ergebnis kann daher nur als erste Näherung angesehen werden. Für höhere Genauigkeitsansprüche müßte daher die Rechnung wiederholt werden. Allerdings ist die Temperaturerhöhung in einer schwachen Druckwelle sehr gering, so daß in vielen Fällen darauf verzichtet werden kann.

Im Falle einer Verzögerung der Flammenfront, also für negative Werte von V', treten Prandtl-Meyer-Expansionen an die Stelle der Druckwellen (Abb. 5.9.) Die soeben abgeleiteten Beziehungen behalten ihre Gültigkeit, da die linearisierten Gleichungen (5.33) und (5.34) ja auch für den Verdünnungsfächer gelten.

Besonders einfach werden die Gleichungen, wenn Q_1 nicht allzu groß ist, so daß $(Q_1\, V/c_1)$ immer noch als klein angesehen und $(Q_1\, V/c_1)\, V/c_1 = 0$ gesetzt werden kann. Dann erhalten wir für die Druckwellen S_1 bzw. S_2:

$$\pi_{S1} = \pi_{S2} = \varkappa\left(\sqrt{1+\bar{Q}_1} - 1\right)\frac{V'}{c_1} + \cdots \tag{5.42}$$

oder

$$\frac{p_5}{p_1} = \frac{p_3}{p_2} = 1 + \varkappa\left(\sqrt{1+\bar{Q}_1} - 1\right)\cdot\frac{V'}{c_1} + \cdots.$$

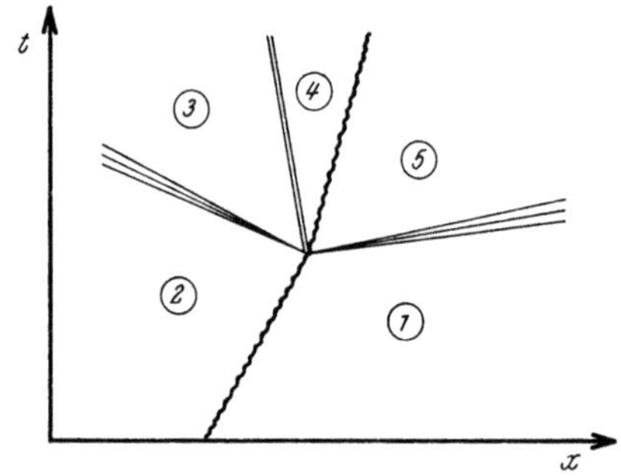

Abb. 5.9 Plötzliche Verzögerung einer Flammenfront

Im Rahmen dieser Voraussetzung sind beide Druckwellen gleich stark und hängen nur mehr von V' ab, nicht aber von q'. Die auf diese Weise erhaltenen Ergebnisse sind praktisch mit jenen von B. T. Chu [8] identisch.

Abschließend sei auch noch der andere Extremfall erwähnt, bei dem die Änderung der Flammengeschwindigkeit oder der Wärmezufuhr so stark ist, daß die linearisierten Gleichungen nicht mehr anwendbar sind. Geschlossene analytische Lösungen sind in diesem Fall nicht mehr möglich. Abb. 5.10 zeigt die Verhältnisse in einer u-p-Ebene (Zustandsebene).

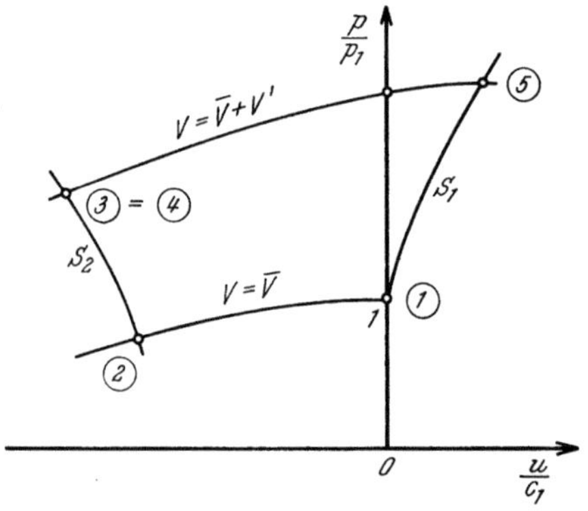

Abb. 5.10 Plötzliche Erhöhung der Flammenfrontgeschwindigkeit im Polarendiagramm

Der Zustand 1 des unverbrannten Gemisches ist bekannt (Punkt 1). Der ebenfalls bekannte Zustand 2 liegt auf einer Reaktionsfrontpolare durch 1. Von 1 und 2 gehen die Stoßpolaren S_1 bzw. S_2 aus, auf denen die zunächst noch unbekannten Zustandspunkte 3 und 5 liegen. Diese müssen durch Iteration oder graphisch gefunden werden.

Die Entstehung von Druckwellen an ebenen Flammenfronten wurde nicht nur wegen ihrer überaus großen Bedeutung für Flammenausbreitungsvorgänge so eingehend behandelt. Vielmehr bildet die hier demonstrierte Berechnungsmethode die Grundlage für die Behandlung zahlreicher weiterer instationärer Probleme, wie in den folgenden Abschnitten noch gezeigt werden soll.

5.9 Zündung am geschlossenen Rohrende

Nahe verwandt mit dem im vorhergehenden Abschnitt behandelten Problem der Entstehung von Druckwellen an Flammenfronten sind Zündvorgänge. Darunter seien jedoch hier nicht die reaktionskinetischen, sondern die gasdynamischen Aspekte verstanden. Der Einfachheit halber nehmen wir an, die Zündung setze gleichmäßig innerhalb eines Rohrquerschnittes ein. Der Vorgang kann dann als eine plötzliche Wärmezufuhr im betrachteten Querschnitt aufgefaßt werden, wobei sich die Flamme mit einer bestimmten Geschwindigkeit V in Bewegung setzt. Mit unseren in Abschnitt 5.8 gewonnenen Erkenntnissen ist es leicht einzusehen, daß je nach zugeführter Zündenergie ein mehr oder weniger starker Verdichtungsstoß, der sogenannte *Zündstoß*, von der Flamme an der Zündstelle ausgeht. Für die Gasdynamik des Zündvorganges kommt es sehr darauf an, an welcher Stelle des Rohres die Zündung stattfindet. Daher müssen wir die verschiedenen möglichen Fälle getrennt behandeln und wenden uns zuerst der Zündung am geschlossenen Rohrende zu.

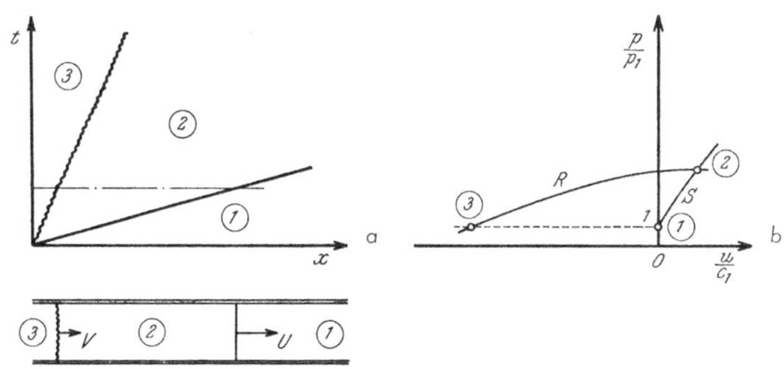

Abb. 5.11 Zündung am geschlossenen Rohrende.
a Geschwindigkeitsebene; b Zustandsebene

Zur Zeit $t = 0$ werde ein brennbares Gemisch am geschlossenen Ende eines Rohres gleichmäßig über den Querschnitt gezündet. Im selben Augenblick setzt sich eine Reaktionsfront R, welche die Flamme repräsentiert, mit der Geschwindigkeit V in Bewegung, und ein Zündstoß S läuft mit einer Geschwindigkeit U in das ruhende Frischgasgemisch ($u_1 = 0$) hinein (Abb. 5.11, linke Seite). Am abgeschlossenen Rohrende und damit näherungsweise im gesamten Bereich 3 gilt die Bedingung $u_3 = 0$. In Abb. 5.11 sind ferner die Verhältnisse in einer Zustandsebene (Polarendiagramm) dargestellt. Der Zustand 2 liegt auf einer vom Zustand 1 des ungestörten Gases ausgehenden Stoßpolare. Von 2 geht eine Unterschall-

Reaktionsfrontpolare aus. Im Schnittpunkt derselben mit der Ordinate liegt wegen der Bedingung $u_3 = 0$ der Zustand 3.

Rechnerisch könnten wir analog zu Abschnitt 5.8 vorgehen, indem wir $V/c_2 \ll 1$ und $(p_2/p_1 - 1) \ll 1$ annehmen und von den linearisierten Gleichungen ausgehend die Stärke des Zündstoßes als Funktion von Q_1 und V berechnen.

Die Annahme V/c_2 wird in der Regel wohl immer zutreffend sein. Es zeigt sich aber, daß der Zündstoß in vielen Fällen keineswegs mehr als schwache Druckwelle angesehen werden kann. Wir wollen daher in diesem Falle auf eine Linearisierung verzichten und die im Rahmen unseres Modells exakte Lösung betrachten.

Die Ausgangsgleichungen werden von der Gleichung für die Stoßpolare (5.28) und der Gleichung für die Reaktionsfrontpolare (5.27) gebildet, wobei letztere mit den entsprechenden Indizes zu versehen ist. Berücksichtigen wir, daß $u_1/c_1 = u_3/c_2 = 0$ ist, so erhalten wir aus (5.27) und (5.28) leicht einen Zusammenhang zwischen den Druckänderungen an der Reaktionsfront und am Zündstoß:

$$\pi_R = \frac{1}{2(1+\pi_S)\left(1+\frac{\varkappa-1}{2\varkappa}\pi_S\right)}\left\{\left[\frac{\varkappa+1}{2\varkappa}\pi_S^2 + \varkappa Q_1\left(1+\frac{\varkappa+1}{2\varkappa}\pi_S\right)\right]\right.$$
$$\left. - \sqrt{\left[\frac{\varkappa+1}{2\varkappa}\pi_S^2 + \varkappa Q_1\left(1+\frac{\varkappa+1}{2\varkappa}\pi_S\right)\right]^2 + 4\pi_S^2(1+\pi_S)\left(1+\frac{\varkappa-1}{2\varkappa}\pi_S\right)}\right\} \quad (5.43)$$

mit

$$\pi_R = \frac{p_3}{p_2} - 1, \qquad \pi_S = \frac{p_2}{p_1} - 1 \quad \text{und} \quad Q_1 = \frac{q}{c_p T_1}.$$

Ferner benötigen wir noch einen Zusammenhang zwischen V und der Stärke des Zündstoßes π_S. Dieser ergibt sich aus der ersten Gleichung (5.18), in Verbindung mit den Stoßgleichungen (5.24), wobei wiederum auf die entsprechenden Indizes zu achten ist.

$$\frac{V}{c_1} = -\frac{1}{2\pi_S}\sqrt{1+\frac{\varkappa+1}{2\varkappa}\pi_S}\left\{\left[\frac{\varkappa+1}{2\varkappa}\frac{\pi_S^2}{\left(1+\frac{\varkappa+1}{2\varkappa}\pi_S\right)} + \varkappa Q_1\right]\right.$$
$$\left. - \sqrt{\left[\frac{\varkappa+1}{2\varkappa}\frac{\pi_S^2}{\left(1+\frac{\varkappa+1}{2\varkappa}\pi_S\right)} + \varkappa Q_1\right]^2 + 4\frac{(1+\pi_S)\left(1+\frac{\varkappa-1}{2\varkappa}\pi_S\right)\pi_S^2}{\left(1+\frac{\varkappa+1}{2\varkappa}\pi_S\right)}}\right\}. \quad (5.44)$$

Es ist zweckmäßig, p_2/p_1 über V/c_1 und p_2/p_1 über p_3/p_2 entsprechend den Gleichungen (5.44) bzw. (5.43) mit Q_1 als Parameter aufzutragen. Dies ergibt ein Diagramm, mit dessen Hilfe wir z. B. für gegebene Werte von Q_1 und V sofort die Stärke des Zündstoßes sowie die Druckänderung an der Flammenfront angeben können (Abb. 5.12).

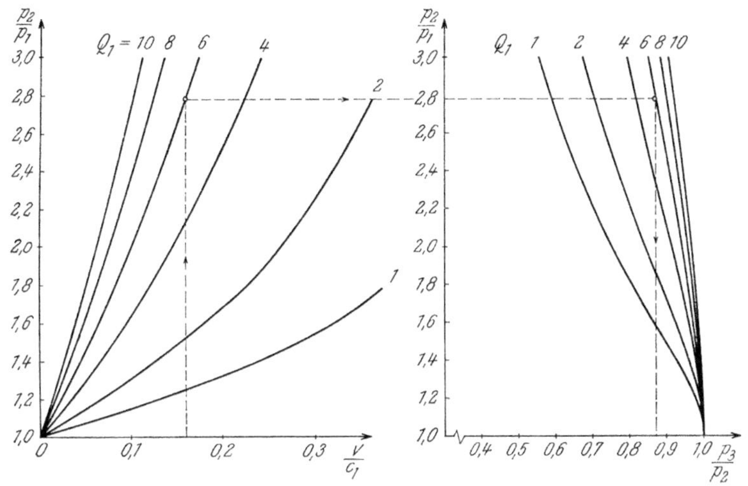

Abb. 5.12 Diagramm zur Ermittlung der Stärke des Zündstoßes und des Druckes hinter der Flammenfront bei Zündung am geschlossenen Rohrende ($\varkappa = 1{,}4$)

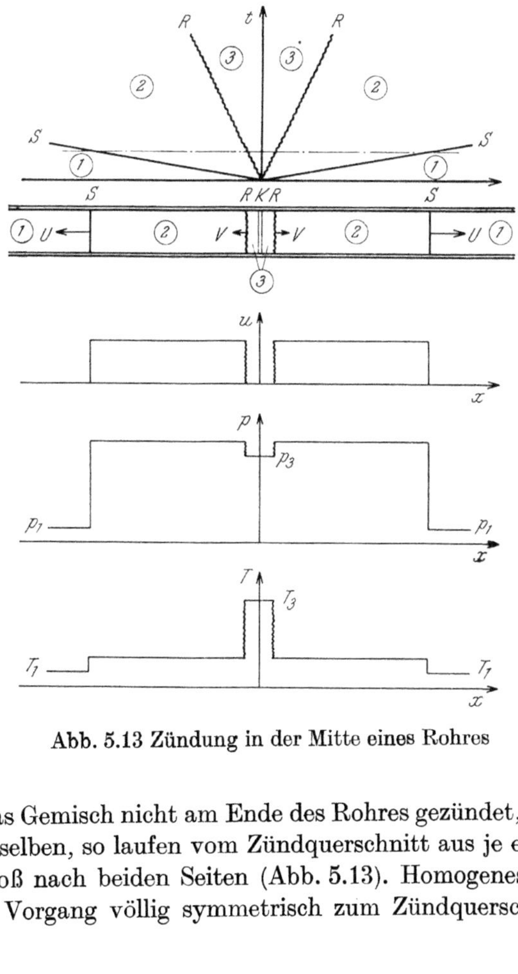

Abb. 5.13 Zündung in der Mitte eines Rohres

Wird aber das Gemisch nicht am Ende des Rohres gezündet, sondern irgendwo in der Mitte desselben, so laufen vom Zündquerschnitt aus je eine Flammenfront und ein Zündstoß nach beiden Seiten (Abb. 5.13). Homogenes Gemisch vorausgesetzt, ist der Vorgang völlig symmetrisch zum Zündquerschnitt, welcher die

Eigenschaft einer Kontaktfläche (Druck- und Geschwindigkeitsgleichheit) besitzt. Da jede Kontaktfläche bekanntlich als eine feste Wand angesehen werden kann, ist dieser Fall praktisch identisch mit dem der Zündung am geschlossenen Rohrende und braucht daher nicht gesondert behandelt zu werden.

5.10 Zündung am offenen Rohrende

Wesentlich anders als bei der Zündung am geschlossenen Rohrende liegen die Verhältnisse bei Zündung am offenen Rohrende*. Hier haben wir die Bedingung $p_3 = p_1$, d. h. der Druck hinter der Flamme ist gleich dem Außendruck. Daraus folgt, daß der Drucksprung am Zündstoß gleich dem Drucksprung an der Flamme ist (Abb. 5.14). Daher ist der Zündstoß in diesem Fall erheblich schwächer als bei Zündung am offenen Rohrende.

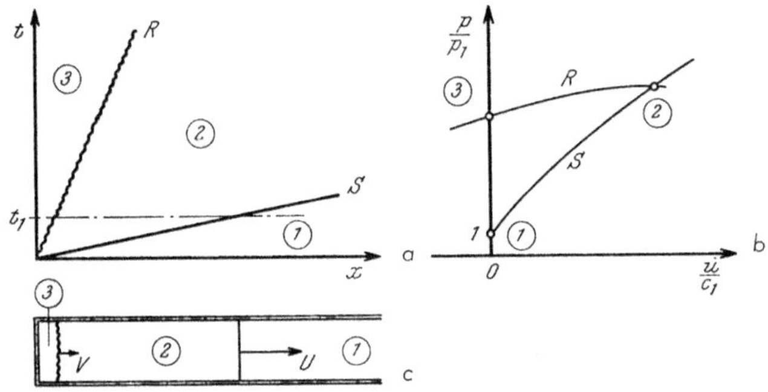

Abb. 5.14 Zündung am offenen Rohrende. a Geschwindigkeitsebene; b Zustandsebene; c Druckverlauf zu einem beliebigen Zeitpunkt $t = t_1$

Die Bedingung $p_3 = p_1$ führt zu folgendem einfachen Zusammenhang zwischen den Größen $\pi_R = p_3/p_2 - 1$ und $\pi_S = p_2/p_1 - 1$:

$$(1 + \pi_R)(1 + \pi_S) = 1$$

oder

$$\pi_R = -\frac{\pi_S}{1 + \pi_S'}. \tag{5.45}$$

p_3/p_2 als Funktion von p_2/p_1 ist in Abb. 5.15 aufgetragen. Der Zusammenhang ist in diesem Fall von Q_1 unabhängig.

Eine Beziehung zwischen der Anfangsgeschwindigkeit der Flammenfront und dem Zündstoß folgt aus (5.18), (5.45) und den Stoßgleichungen (5.24):

$$\frac{V}{c_1} = \sqrt{\frac{\pi_S}{\left[\pi_S + \varkappa Q_1 \dfrac{\left(1 + \dfrac{\varkappa + 1}{2\varkappa}\pi_S\right)}{\left(1 + \dfrac{\varkappa - 1}{2\varkappa}\pi_S\right)}\right]} \frac{\left(1 + \dfrac{\varkappa - 1}{2\varkappa}\pi_S\right)}{\left(1 + \dfrac{\varkappa + 1}{2\varkappa}\pi_S\right)}}\,. \tag{5.46}$$

* In der Praxis ist das offene Rohrende vor der Zündung durch eine dünne Membran verschlossen.

Dieses Ergebnis ist in Abb. 5.16 mit Q_1 als Parameter dargestellt. Sind wiederum Q_1 und V gegeben, so kann die Stärke des Zündstoßes sofort abgelesen werden.

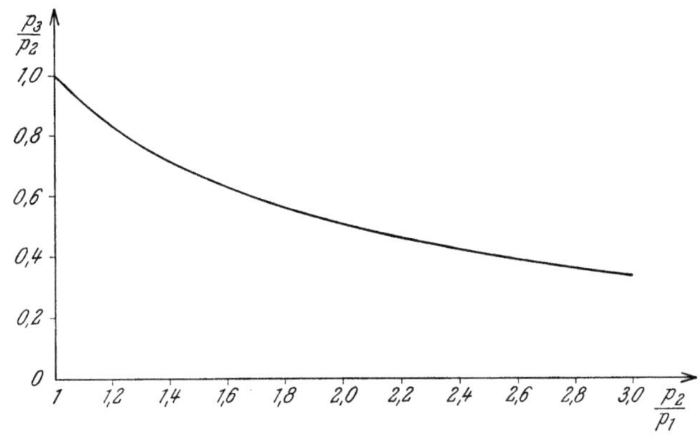

Abb. 5.15 Zusammenhang zwischen Druckänderung an der Flammenfront und am Zündstoß

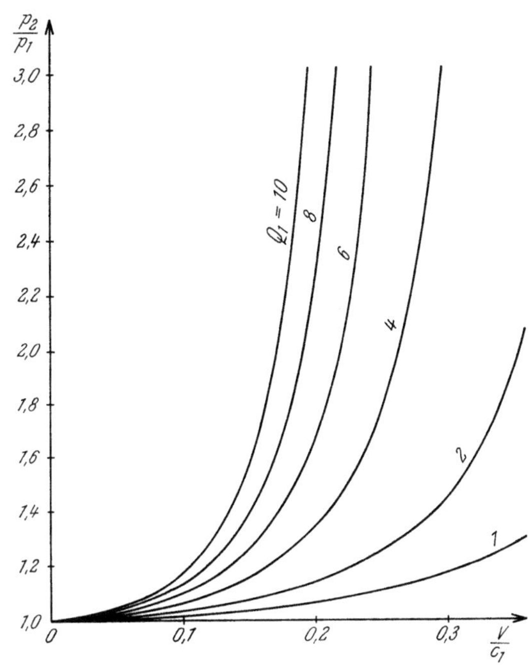

Abb. 5.16 Zusammenhang zwischen Anfangsgeschwindigkeit der Flammenfront und Stärke des Zündstoßes mit Q_1 als Parameter

Alle übrigen Größen ergeben sich dann leicht aus den Stoß- bzw. Reaktionsfrontgleichungen.

Ein Vergleich des Zündstoßdruckverhältnisses in den beiden Fällen der Zündung am geschlossenen und am offenen Rohrende für gleiche Werte von Q_1 und

V ergibt folgendes Bild:

$$Q_1 = 8\,, \frac{V}{c_1} = 0{,}1: \quad \frac{p_2}{p_1} \cong 2{,}2 \qquad \text{geschlossenes Rohrende}$$

$$\frac{p_2}{p_1} \cong 1{,}1 \qquad \text{offenes Rohrende}$$

In dem betrachteten Beispiel ist somit der Zündstoß bei geschlossenem Rohrende doppelt so stark als bei offenem.

Da im vorliegenden Falle, wie bereits bemerkt, die Druckänderung an Flammenfront und Zündstoß gleich groß sind, empfiehlt sich in vielen Fällen wieder eine analytische Lösung durch Linearisierung.

Für $V/c_1 \ll 1$, $\pi_R \ll 1$, $\pi_S \ll 1$ folgt aus den linearisierten Gleichungen:

$$\pi_R \cong -\pi_S + \cdots; \tag{5.47}$$

$$\frac{p_2}{p_1} \cong 1 + \varkappa \left(\frac{V}{c_1} Q_1\right) \frac{V}{c_1} + \cdots; \tag{5.48}$$

$$\frac{p_3}{p_2} \cong 1 - \varkappa \left(\frac{V}{c_1} Q_1\right) \frac{V}{c_1} + \cdots. \tag{5.49}$$

Alle weiteren Größen ergeben sich sofort aus den Gleichungen (5.21) und (5.25).

5.11 Wechselwirkung zwischen Druckwellen und Flammenfront

Ein für die Flammenausbreitung außerordentlich wichtiger Vorgang ist die Wechselwirkung zwischen Flammenfront und Druckwellen. Sie kommt in der Regel dadurch zustande, daß von der Flamme ausgehende Druckwellen an festen Wänden reflektiert werden und wiederum auf die vergleichsweise langsam laufende Flamme treffen. Dies hat eine Beschleunigung oder Verzögerung der Flamme nebst der Bildung neuer Wellen zur Folge. Hierdurch kann es unter Umständen in Brennkammern von Triebwerken und Raketen zu pulsierender Verbrennung kommen. Ferner spielen solche Wechselwirkungsvorgänge eine große Rolle bei der Beschleunigung von Flammenfronten und damit beim Übergang von der langsamen Verbrennung zur Detonation.

Eine der ersten theoretischen Untersuchungen stammt von B. T. Chu [8]. Danach wird ein Verdichtungsstoß beim Durchgang durch eine Flammenfront geschwächt. Später folgen erste experimentelle Studien von G. H. Markstein und D. Schwartz [14, 15, 16] sowie von Salamandra [17]. Sie zeigen, daß der Vorgang in Wirklichkeit sehr kompliziert ist und daß unter Umständen auch eine Verstärkung der Druckwelle möglich ist. Versucht man die experimentellen Ergebnisse zu deuten, so kann man drei, mindestens aber zwei Phasen unterscheiden.

In der ersten Phase verhält sich die Flamme wie eine Diskontinuität, welche kaltes und heißes Gas voneinander trennt. Die ankommende Welle geht teilweise hindurch und wird teilweise reflektiert. Diese Phase ist einer gasdynamischen Behandlung, die im folgenden auch geschehen soll, gut zugänglich.

Die zweite ist eine Übergangsphase. Hier werden die Vorgänge unübersichtlich. Infolge der Wechselwirkung zwischen Druckwelle und Flamme nimmt die frei werdende Wärmemenge zu, hindurchgehende und reflektierte Wellen werden verstärkt, sofern die Energieabgabe an die Wellen deren Verluste durch Dissipation überwiegt. Dies dürfte im wesentlichen durch Reaktionsgeschwindigkeit und Einwirkungsdauer der Druckwelle bestimmt werden. Untersuchungen hierzu wurden von S. M. Kogarko und Mitarbeitern [18, 19, 20] angestellt. Sie definieren einen Verstärkungskoeffizienten, welcher aus dem Verhältnis von Reaktionszeit zur Dauer des Wechselwirkungsvorganges besteht. Eine Verstärkung der Wellen tritt nur dann ein, wenn dieses Verhältnis klein ist.

Nach einer gewissen Zeit beginnt sich die Flammenoberfläche als Reaktion auf die Einwirkung der Druckwelle auszubeulen. Dadurch wird die dritte Phase eingeleitet. Die Vergrößerung der Flammenoberfläche führt zu einer weiteren Zunahme der frei werdenden Wärmemenge und zur Bildung von Sekundärdruckwellen, welche die in der ersten Phase entstandenen Primärwellen einholen und verstärken. Auch dieser Vorgang ist derzeit einer befriedigenden theoretischen Behandlung noch nicht zugänglich, da zu wenig über das Verhalten der Flammenoberfläche bei plötzlichen Beschleunigungen bekannt ist. Ein bemerkenswerter Versuch in dieser Richtung ist der von G. H. Markstein [21], bei dem das Taylorsche Instabilitätskriterium für beschleunigte Flüssigkeitsoberflächen [22] in modifizierter Form verwendet wurde. Ein ähnliches Kriterium für ein stark idealisiertes Modell wurde von K. I. Schelkin [23, 24] aufgestellt. Im übrigen dürfte es bei der Auswertung experimenteller Ergebnisse nicht einfach sein, die Phasen zwei und drei voneinander mit Sicherheit zu unterscheiden, worauf auch in [25] hingewiesen wird.

Wir wollen uns nun der gasdynamischen Behandlung des Problems zuwenden, welche im wesentlichen darauf hinausläuft, daß wir die Auswirkungen des Wechselwirkungsvorganges und nicht die eigentliche Übergangsphase betrachten. Die Struktur der Flamme wird dabei nicht berücksichtigt, wohl aber die Abhängigkeit ihrer Fortpflanzungsgeschwindigkeit vom Zustand des unverbrannten Gasgemisches davor. Man kann grundsätzlich zwei Ziele verfolgen:

Zum einen kann man vorhandene experimentelle Ergebnisse auswerten, um so zu versuchen, einen tieferen Einblick in die Vorgänge zu erhalten. Das ist z. B. in der Arbeit von A. J. Laderman, P. A. Urtiew und A. K. Oppenheim [26] geschehen. Da hier möglichst gute quantitative Übereinstimmung mit dem Experiment angestrebt werden muß, wird man in der Regel um die vollständige Stoß- und Reaktionsfrontgleichungen nicht herumkommen. Die Lösung muß entweder numerisch durch Iteration gefunden, werden oder man verwendet graphische Methoden mit Hilfe der Reaktionsfrontpolaren. In dem Fall empfiehlt sich auch die sogenannte „Vector-polar-method“ von A. K. Oppenheim [6, 7, 27]. Das Reaktionsgesetz und die damit verbundene veränderliche Flammengeschwindigkeit werden dadurch berücksichtigt, daß man die Weg-Zeit-Linie der Flammenfront aus dem Versuch entnimmt.

Zum anderen kann man versuchen, einfache analytische Ergebnisse zu erlangen, eventuell auch unter Verzicht auf gute quantitative Übereinstimmung mit dem Experiment, um möglichst allgemein qualitative Aussagen zu machen. Dies mag durch Störungsrechnungen, ausgehend von den Erhaltungssätzen, geschehen. Auf die bereits erwähnte Arbeit von B. T. Chu [9] folgt eine Anzahl weiterer, u. a. von G. Rudinger [28], S. S. Novikov und Yu. S. Riazantsev [29] sowie vom Verfasser [13].

Als erstes betrachten wir den Fall, bei dem eine Druckwelle frontal gegen die Flammenfront trifft. Es wird angenommen, der Vorgang finde in einem Bereich statt, der klein sei gegen die übrigen Abmessungen im Strömungsfeld und in so kurzer Zeit, daß er abgeschlossen ist, bevor weitere Druckwellen auf die Flammenfront einwirken.

Gegeben sind eine in x-Richtung laufende Flammenfront $\overline{R}$ und ein in entgegengesetzter Richtung laufender Verdichtungsstoß S_1', welcher als schwach

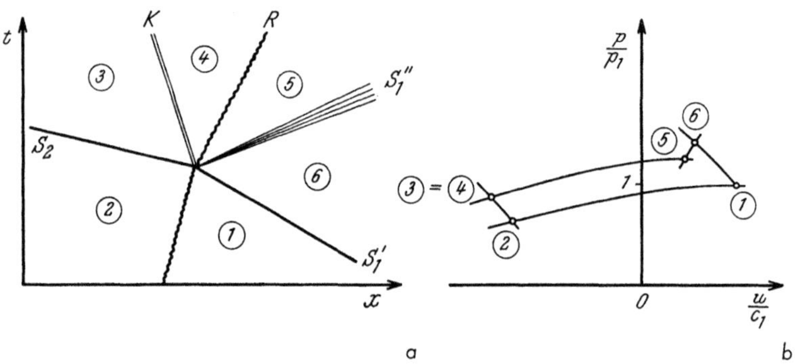

Abb. 5.17 Druckwelle trifft auf Flammenfront (schematisch). a Geschwindigkeitsebene; b Zustandsebene

angenommen wird (Abb. 5.17). Zur Zeit $t = t_1$ trifft die Druckwelle auf die Flammenfront und wird teilweise reflektiert (Welle S_1''), teilweise geht sie durch die Flammenfront hindurch (Welle S_2). Dabei ändert natürlich auch die Flammenfront selbst ihre Geschwindigkeit (Reaktionsfront R). Ob die Reflexion der ankommenden Druckwelle als Verdünnungsfächer oder wiederum als Verdichtungsstoß erfolgt, sei zunächst noch dahingestellt. Eine Kontaktfläche K trennt jene beiden Teile des Gases, welche sich zum Zeitpunkt des Aufpralls der Druckwelle zu beiden Seiten der Flammenfront befunden haben.

Die Zustände 1, 2 und 6 sind bekannt. Da sowohl die Geschwindigkeit $\overline{V}$ der ungestörten Flammenfront $\overline{R}$ als auch die Geschwindigkeit V der gestörten Flammenfront R als klein gegen die Schallgeschwindigkeiten c_1 bzw. c_5 angesehen werden können, sind die Zustände 1 und 2 sowie 4 und 5 durch die linearisierten Reaktionsfrontgleichungen (5.21) verknüpft. Für die Wellen S_1', S_1'' und S_2 gelten die Gleichungen (5.25). Dabei ist es völlig gleichgültig, ob die reflektierte Welle S_1'' eine Druckwelle oder ein Verdünnungsfächer ist. An der Kontaktfläche K hat man wieder die Bedingung der Druck- und Geschwindigkeitsgleichheit.

Dieses Gleichungssystem gestattet, ähnlich wie in den vorhergehenden Abschnitten, geschlossene analytische Lösungen. Der Rechenvorgang ist ganz analog zu jenem in Abschnitt 5.8 und braucht daher hier nicht mehr im Detail vorgeführt zu werden.

Für das Druckverhältnis der reflektierten Welle S_1'' folgt nach längerer Rechnung:

$$\pi_{S1}'' = \varkappa \frac{A + \frac{c_2}{c_1}\left[\left(\frac{V}{c_1} Q_1\right)\frac{V}{c_1} - \left(\frac{\bar{V}}{c_1} Q_1\right)\frac{\bar{V}}{c_1}\right]}{\frac{c_2}{c_1} + 1 + (\varkappa - 1)\left(\frac{V}{c_1} Q_1\right)} - \frac{\frac{c_2}{c_1} - 1 + (\varkappa - 1)\left(\frac{V}{c_1} Q_1\right)}{\frac{c_2}{c_1} + 1 + (\varkappa - 1)\left(\frac{V}{c_1} Q_1\right)} \pi_{S1}' + \cdots \tag{5.50}$$

oder

$$\pi_{S1}'' = (\pi_{S1})_V - \frac{\frac{c_2}{c_1} - 1 + (\varkappa - 1)\left(\frac{V}{c_1} Q_1\right)}{\frac{c_2}{c_1} + 1 + (\varkappa - 1)\left(\frac{V}{c_1} Q_1\right)} \pi_{S1}' + \cdots. \tag{5.50a}$$

mit

$$\pi_{S1}'' = \frac{p_5}{p_1} - 1, \qquad \pi_{S1}' = \frac{p_6}{p_1} - 1$$

und

$$A + \left\{\left(\frac{V}{c_1} Q_1\right)\left[1 + \frac{\varkappa + 1}{2}\left(\frac{V}{c_1} Q_1\right)\frac{V}{c_1}\right] - \left(\frac{\bar{V}}{c_1} \bar{Q}_1\right)\left[1 + \frac{\varkappa + 1}{2}\left(\frac{\bar{V}}{c_1} \bar{Q}_1\right)\frac{\bar{V}}{c_1}\right]\right\}.$$

Für das Druckverhältnis der hindurchgehenden Welle erhalten wir:

$$\pi_{S2} = \pi_{S1}'' - \varkappa \left[\left(\frac{V}{c_1} Q_1\right)\frac{V}{c_1} - \left(\frac{\bar{V}}{c_1} \bar{Q}_1\right)\frac{\bar{V}}{c_1}\right] + \pi_{S1}' + \cdots \tag{5.51}$$

oder

$$\pi_{S2} = (\pi_{S2})_V + 2\pi_{S1}' + \cdots. \tag{5.51a}$$

mit

$$\pi_{S2} = \frac{p_3}{p_2} - 1.$$

Alle übrigen Zustandsgrößen und die Geschwindigkeiten in den Feldern 3, 5 und 6 können mit den Stoßgleichungen (5.25) leicht errechnet werden. Wegen der Bedingung an der Kontaktfläche, $p_3 = p_4$ und $u_3 = u_4$, sind die Zustandsänderungen an der gestörten Reaktionsfront über die Gleichungen (5.21) ebenfalls bekannt.

Wie man sieht, setzt sich das Ergebnis aus zwei Teilen zusammen. Der erste Term in den Gleichungen (5.50) und (5.51), mit $(\pi_{S1})_V$ bzw. $(\pi_{S2})_V$ bezeichnet, ist jener Anteil, der von der Änderung der Flammengeschwindigkeit herrührt. Er ist identisch mit Gleichung (5.40) bzw. (5.41). Der zweite Teil hängt hauptsächlich von der Stärke des ankommenden Stoßes ab. Im allgemeinen dominiert er. Daher wird π_{S1}'' negativ, d. h. $p_5 < p_6$. Der ankommende Verdichtungsstoß wird somit als Verdünnungsfächer reflektiert. Die Situation ist hier ähnlich wie bei der Reflexion eines Verdichtungsstoßes an einem offenen Rohrende. Die Temperaturabhängigkeit der Flammenfront müßte schon extrem stark sein, wenn die Druckwelle S_1' wieder als Druckwelle reflektiert werden soll. Dazwischen gibt es — zumindest rein theoretisch — einen Fall ohne Reflexion.

Wegen der Temperaturabhängigkeit von V müssen die Gleichungen (5.50) und (5.51) analog zu Abschnitt 5.8 wiederum als erste Näherung angesehen werden. Nötigenfalls muß das Ergebnis durch Iteration verbessert werden.

Sofern es sich beim ankommenden Stoß S_1' tatsächlich um eine schwache Druckwelle handelt, kann man die Temperaturabhängigkeit von V vernachlässigen. Der erste Term in den Gleichungen (5.50) und (5.51) fällt dann weg und man erhält sehr einfache Beziehungen, die den großen Vorteil haben, von einer speziellen Reaktion unabhängig zu sein.

Nimmt das Druckverhältnis des Verdichtungsstoßes S_1' höhere Werte an, so müssen die vollständigen Stoßgleichungen (5.24) angewendet werden. Eine numerische Lösung des Gleichungssystems ist dann nicht mehr zu vermeiden. Die Temperaturabhängigkeit der Flammenfront darf dann auf keinen Fall mehr vernachlässigt werden. Abb. 5.18 zeigt die Ergebnisse einer solchen exakten Rechnung für ein Propan-Sauerstoff-Luft-Gemisch. Der Rechnung wurde ein halbempirisches Reaktionsgesetz [13] zugrunde gelegt. Die gestrichelten Kurven sind die Lösungen für $V =$ konst. Daraus sieht man, daß diese Annahme nur für kleine Werte von p_6/p_1 sinnvoll ist.

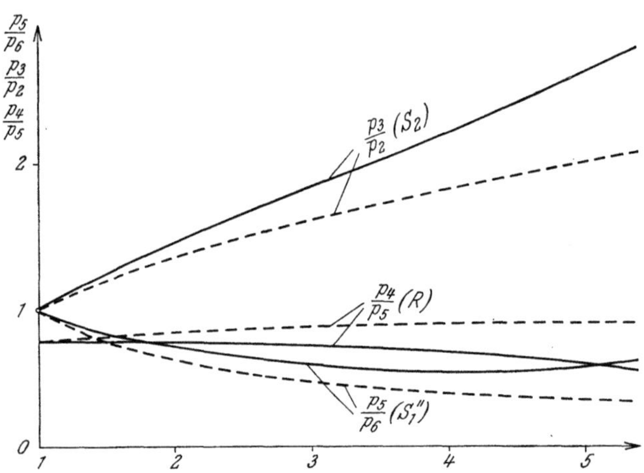

Abb. 5.18 Druckänderungen p_3/p_2, p_4/p_5 und p_5/p_6 in Abhängigkeit von der Stärke des ankommenden Verdichtungsstoßes p_6/p_1 für ein Methan-Sauerstoff-Luft-Gemisch. (— — — Werte für $V =$ konst.)

Nachdem wir den ersten Fall, bei dem eine Druckwelle von vorn auf die Flammenfront trifft, ziemlich ausführlich behandelt haben, können wir uns im zweiten wichtigen Fall der Wechselwirkung zwischen Druckwellen und Flammenfronten kurz fassen.

Eine Druckwelle S_2' läuft hinter einer Flammenfront her, holt diese ein und wird als Druckwelle S_2'' reflektiert (Abb. 5.19). Eine zweite Druckwelle S_1 läuft in x-Richtung weiter. Durch diese wird das unverbrannte Gemisch auf eine höhere Temperatur gebracht, was eine Erhöhung der Flammengeschwindigkeit zur Folge hat. Eine Kontaktfläche K liegt zwischen dem reflektierten Stoß S_2'' und der gestörten Flammenfront R. Da das Medium vor der Flammenfront erheblich dichter ist als das dahinter, hat dieser Fall eine gewisse Verwandtschaft mit der Reflexion eines Verdichtungsstoßes an einer festen Wand.

Die analytische Behandlung dieses Falles kann unter der Voraussetzung, daß der Stoß S_2' schwach ist, auf ähnliche Weise erfolgen wie im vorhergehenden Fall.

Wir erhalten für die hindurchgehende Welle S_1:

$$\pi_{S1}'' = \varkappa \frac{A + \frac{c_2}{c_1}\left[\left(\frac{V}{c_1} Q_1\right)\frac{V}{c_1} - \left(\frac{\bar{V}}{c_1}\bar{Q}_1\right)\frac{\bar{V}}{c_1}\right]}{\frac{c_2}{c_1} + 1 + (\varkappa - 1)\left(\frac{V}{c_1} Q_1\right)} + \frac{2\frac{c_2}{c_1}}{\frac{c_2}{c_1} + 1 + (\varkappa - 1)\left(\frac{V}{c_1} Q_1\right)} \pi_{S2}' + \cdots$$

$$= (\pi_{S1})_V + \frac{2\frac{c_2}{c_1}}{\frac{c_2}{c_1} + 1 + (\varkappa - 1)\left(\frac{V}{c_1} Q_1\right)} + \cdots \tag{5.52}$$

und für den reflektierten Stoß S_1:

$$\pi_{S2}'' = \pi_{S1} - \varkappa\left[\left(\frac{V}{c_1} Q_1\right)\frac{V}{c_1} - \left(\frac{\bar{V}}{c_1}\bar{Q}_1\right)\frac{\bar{V}}{c_1}\right] - \pi_{S2}' \tag{5.53}$$

mit

$$\pi_{S1} = \frac{p_6}{p_1} - 1, \quad \pi_{S2}' = \frac{p_3}{p_2} - 1, \quad \pi_{S2}'' = \frac{p_4}{p_1} - 1.$$

A ist wie in den vorhergehenden Abschnitten definiert.

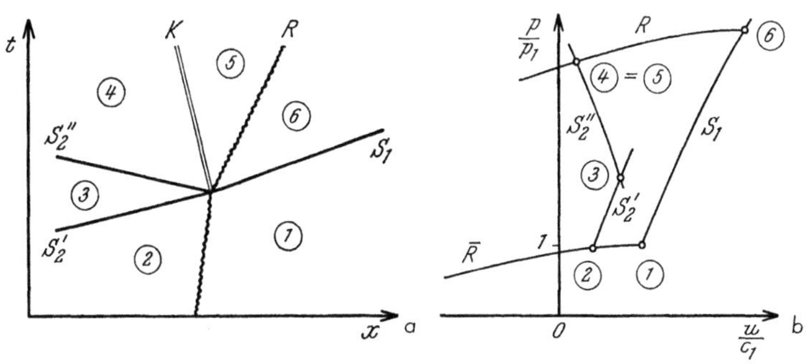

Abb. 5.19 Druckwelle überholt Flammenfront (schematisch).
a Geschwindigkeitsebene; b Zustandsebene

Der erste Teil von (5.52) ist wieder der Anteil, der auf die Änderung der Flammengeschwindigkeit zurückgeht. Kann man letztere vernachlässigen, so gilt:

$$\pi_{S1} = \pi_{S2}' + \pi_{S2}''. \tag{5.54}$$

Das Druckverhältnis des stromabwärts laufenden Stoßes S_1' ist gleich der Summe der Druckverhältnisse der beiden Stöße S_2' und S_2''.

5.12 Wechselwirkung zwischen Flammenfront und Temperaturdiskontinuität

Temperaturdiskontinuitäten, auch Kontaktflächen genannt, zeichnen sich, wie wir bereits wissen, durch die Eigenschaft aus, daß Druck und Geschwindigkeit zu beiden Seiten gleich sind, die Temperatur aber einen Sprung hat. Sie treten immer dann auf, wenn Diskontinuitäten irgendwelcher Art im Strömungsfeld aufeinandertreffen. Die vorangehenden Abschnitte geben einige Beispiele dafür.

Eine häufige Ursache von solchen Temperaturdiskontinuitäten ist das Zusammenlaufen zweier Verdichtungsstöße (Abb. 5.20).

Da dieser Fall zur klassischen Gasdynamik gehört, soll hier jetzt nicht näher darauf eingegangen werden.

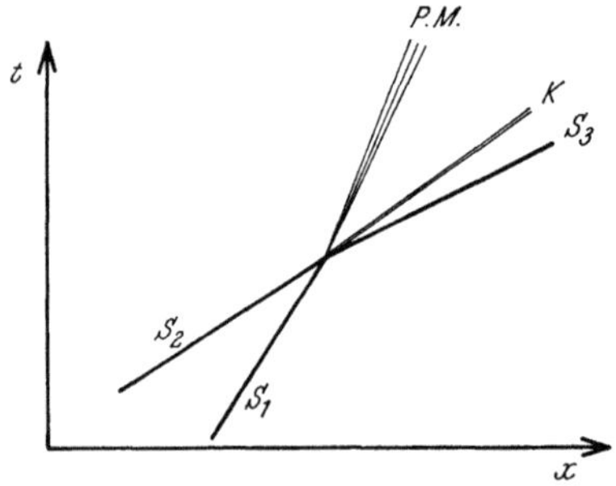

Abb. 5.20 Zusammenlaufen zweier Verdichtungsstöße

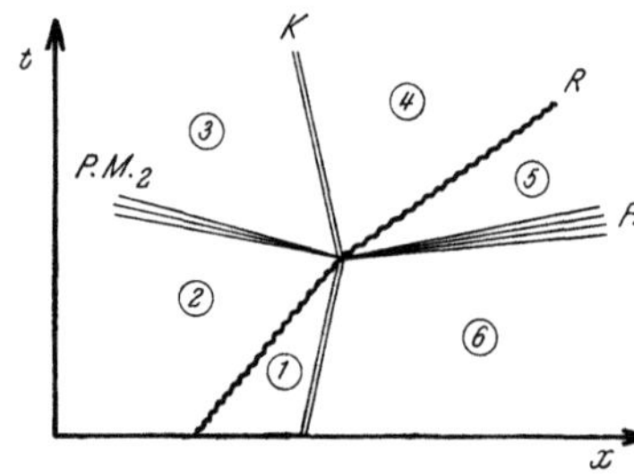

Abb. 5.21 Flammenfront trifft auf Temperaturdiskontinuität

Wenn nun die Flammenfront auf eine so entstandene Kontaktfläche trifft, läuft sie plötzlich in ein Gemisch mit höherer oder niedrigerer Temperatur und ändert entsprechend ihre Geschwindigkeit. Dabei entstehen die beiden Prandl-Meyer-Fächer (Abb. 5.21).

Unter der Annahme, daß der Temperatursprung an der Kontaktfläche klein ist gegen die Temperatur T_1, ergibt sich für den Verdünnungsfächer P. M. 1:

$$\pi_{S1} = \varkappa \frac{A + \frac{c_2}{c_1}\left[\left(\frac{V}{c_1} Q_1\right)\frac{V}{c_1} - \left(\frac{\bar V}{c_1}\bar Q_1\right)\frac{\bar V}{c_1}\right]}{\frac{c_2}{c_1} + 1 + (\varkappa - 1)\left(\frac{V}{c_1} Q_1\right)} - \varkappa \frac{\frac{1}{2}\frac{u_1}{c_1} + \left(\frac{V}{c_1} Q_1\right)}{\frac{c_2}{c_1} + 1 + (\varkappa - 1)\left(\frac{V}{c_1} Q_1\right)}\tau + \cdots$$

$$= (\pi_{S1})_V - \varkappa \frac{\frac{1}{2}\frac{u_1}{c_1} + \left(\frac{V}{c_1} Q_1\right)}{\frac{c_2}{c_1} + 1 + (\varkappa - 1)\left(\frac{V}{c_1} Q_1\right)}\tau + \cdots \tag{5.55}$$

und für den Verdünnungsfächer P. M. 2:

$$\pi_{S2} = \pi_{S1} - \varkappa\left[\left(\frac{V}{c_1} Q_1\right)\frac{V}{c_1} - \left(\frac{\bar V}{c_1}\bar Q_1\right)\frac{\bar V}{c_1}\right] + \cdots \tag{5.56}$$

mit

$$\pi_{S1} = \frac{p_5}{p_1} - 1, \quad \pi_{S2} = \frac{p_3}{p_2} - 1 \quad \text{und} \quad \tau = \frac{T_6}{T_1} - 1 \ll 1.$$

5.13 Verallgemeinerte Hugoniot-Kurven

Wir haben gesehen, daß häufig eine Reaktionsfront allein nicht existieren kann, weil die Erhaltungssätze nicht mehr erfüllt werden. Es entsteht daher vor der Reaktionsfront ein Verdichtungsstoß, welcher vor ihr herläuft. Dieses aus einer Reaktionsfront und einem Verdichtungsstoß gebildete System nennt man „*Doppeldiskontinuität*". Es wurde von YA. K. TROSHIN und K. I. SCHELKIN [30, 31] eingehend behandelt. Im allgemeinen sind solche Doppeldiskontinuitäten instationär. Ein stationärer Sonderfall ist die Chapman-Jouguet-Detonation, bei der sich Reaktionsfront und Verdichtungsstoß mit der gleichen konstanten Geschwindigkeit bewegen.

Das aus Reaktionsfront und vorauslaufendem Verdichtungsstoß bestehende System der Doppeldiskontinuität kann durch die in Abschnitt (3.6) beschriebene Hugoniot-Kurve nicht mehr dargestellt werden, es ist jedoch eine Verallgemeinerung der Hugoniot-Beziehung auch für diesen Fall möglich.

Die Gleichung für die verallgemeinerte Hugoniot-Kurve erhält man leicht durch Kombination der Hugoniot-Beziehungen (3.22) und (3.12) für die Reaktionsfront bzw. den Verdichtungsstoß.

$$\frac{p_3}{p_1} = \frac{p_2}{p_1} \frac{\dfrac{\varkappa+1}{\varkappa-1} \dfrac{\left(\dfrac{\varkappa+1}{\varkappa-1}\dfrac{p_2}{p_1}+1\right)}{\left(\dfrac{\varkappa+1}{\varkappa-1}+\dfrac{p_2}{p_1}\right)} \dfrac{\varrho_1}{\varrho_3} + \dfrac{2\varkappa}{\varkappa-1} Q_1 \dfrac{\left(\dfrac{\varkappa+1}{\varkappa-1}\dfrac{p_2}{p_1}+1\right)}{\dfrac{p_2}{p_1}\left(\dfrac{\varkappa+1}{\varkappa-1}+\dfrac{p_2}{p_1}\right)}}{\dfrac{\varkappa+1}{\varkappa-1} \dfrac{\left(\dfrac{\varkappa+1}{\varkappa-1}\dfrac{p_2}{p_1}+1\right)}{\left(\dfrac{\varkappa+1}{\varkappa-1}+\dfrac{p_2}{p_1}\right)} \dfrac{\varrho_1}{\varrho_3} - 1}. \tag{5.57}$$

Die Indizes 1, 2 und 3 beziehen sich auf die Zustände vor dem Verdichtungsstoß zwischen Stoß und Reaktionsfront bzw. hinter derselben.

Die Gleichung (5.57) gilt ganz allgemein für jede beliebige Unterschallverbrennung bis hin zum unteren Chapman-Jouguet-Punkt. Man erhält durch sie das Druckverhältnis p_3/p_1 als Funktion des Dichteverhältnisses ϱ_1/ϱ_3 mit der Stoßstärke p_2/p_1 als Parameter, wenn die Wärmezufuhr $Q_1 = q/c_p T_1$ gegeben ist. Praktisch wird jedoch nicht der vorauslaufende Verdichtungsstoß gegeben sein, sondern es werden bestimmte Bedingungen hinter der Doppelkontinuität zu erfüllen sein. Zum Beispiel $u_3 = 0$ wie im Falle der Zündung am geschlossenen Rohrende oder $p_3 = p_1$ im Falle der Zündung am offenen Rohrende. Die Stoßstärke liegt dann für eine bestimmte Wärmezufuhr fest. Schließlich könnte auch noch die Chapman-Jouguet-Bedingung $u_3 = c_3$ zu erfüllen sein. Besonders die beiden erstgenannten Fälle lassen sich durch verallgemeinerte Hugoniot-Kurven sehr anschaulich darstellen.

Sind jedoch keine Bedingungen von außen her vorgeschrieben, dann muß hinter der Reaktionsfront noch ein zweiter Verdichtungsstoß oder eventuell ein Verdünnungsfächer auftreten.

5.14 Beschleunigung einer Flamme in einem Rohr konstanten Querschnitts

Als ein Beispiel für die Anwendung unserer bisherigen Überlegungen soll die Beschleunigung einer turbulenten Flamme in einem Rohr konstanten Querschnitts berechnet werden. Die Zündung erfolge am geschlossenen Rohrende. Die Länge des Rohres sei so groß, daß Reflexionen von Druckwellen am anderen Ende derselben für das betrachtete Zeitintervall noch keine Rolle spielen. Es handle sich um ein Propan-Sauerstoff-Luft-Gemisch.

Da die Theorie der turbulenten Flammenausbreitung, wie in Teil II gezeigt, noch unzureichend entwickelt ist, wurde ein halbempirisches Flammenausbreitungsgesetz aufgestellt, welches zur Kategorie des sogenannten gestreckten laminaren Flammenmodells gerechnet werden kann und das die Formel hat:

$$V_t^2 = K \frac{1}{Q_0^2} \left(\frac{RT_0}{E}\right)^2 \left(\frac{T_1}{T_0} + Q_0\right)^3 \frac{T_1}{T_0} \, e^{-\frac{E}{RT_0} \frac{1}{\left(\frac{T_1}{T_0} + Q_0\right)}} \tag{5.58}$$

mit

$$Q_0 = \frac{q}{c_p T_0}.$$

Dabei ist V_t die turbulente Flammengenauigkeit. Der Index 0 bezieht sich auf das ruhende Frischgasgemisch, der Index 1 auf den Zustand unmittelbar vor der Flamme. Der Faktor K wurde aus Versuchen entnommen und konnte mit einer für unsere Zwecke ausreichenden Genauigkeit als konstant angenommen werden. Die Annahme einer Reaktion erster Ordnung für die Gesamtreaktion wurde durch das Experiment ebenfalls bestätigt.

Der Zündstoß läßt sich auf die in Abschnitt 5.9 gezeigte Art berechnen. Genaugenommen hat die Beziehung (5.58) für den Übergangsbereich von der laminaren zur turbulenten Verbrennung keine Gültigkeit, doch ist dieser Bereich im vorliegenden Fall sehr kurz. Er wurde dadurch berücksichtigt, daß die in diesem Bereich erfolgte Beschleunigung der Flamme zu einer einzigen „Störung" der Flammenfrontgeschwindigkeit zusammengefaßt wurde. Der weitere Verlauf der Beschleunigung der Flammengeschwindigkeit ergibt sich dann sozusagen automatisch auf Grund der Wellenausbreitungsvorgänge.

Wie wir in Abb. 5.22 sehen, wird ein Teil der von der Flamme ausgehenden Druckwellen am geschlossenen Rohrende reflektiert. Diese reflektierten Wellen beschleunigen wiederum die Flammenfront. Die nach vorn laufenden Druckwellen holen den Zündstoß ein und verstärken ihn. Da mit Ausnahme des Zündstoßes alle Wellenausbreitungsvorgänge mit Hilfe geschlossener analytischer Ausdrücke, wie sie in den vorhergehenden Abschnitten angegeben wurden, berechnet werden können, erübrigen sich sowohl eine umständlichere graphische Lösungsmethode als auch ein kompliziertes Rechenprogramm.

Selbstverständlich ist das hier vorgeführte Rechenmodell etwas grob, doch kann man mit ihm ohne großen Aufwand die wesentlichen Vorgänge erfassen. Eine Verfeinerung der Methode für höhere quantitative Genauigkeitsansprüche ist bei entsprechendem Mehraufwand leicht möglich.

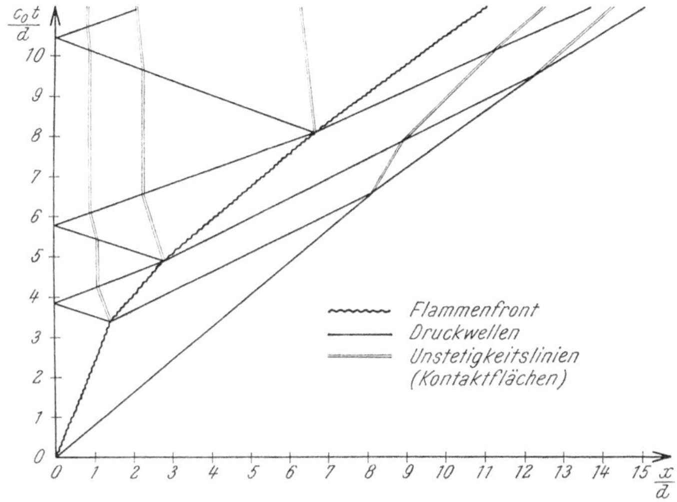

Abb. 5.22 Beschleunigung einer Flamme in einem Rohr konstanten Querschnitts

Was die beschleunigten Flammen selbst betrifft, so sind sie von großem praktischem Interesse. Sie spielen eine wesentliche Rolle bei instabilen Verbrennungsvorgängen (z. B. in Strahltriebwerken). Häufig können sie zur Detonation führen (siehe Abschn. 5.16). Ihr Studium ist daher vor allem wichtig, wenn man Detonationen verhindern will.

5.15 Instationäre Strömungsvorgänge beim Überschreiten der kritischen Wärmezufuhr

Wenn wir in einem stationär durchströmten Rohr konstanten Querschnitts in irgendeiner Form Wärme zuführen, so erreichen wir bei einer bestimmten pro Masseneinheit des strömenden Mediums zugeführten Wärmemenge einen kritischen Zustand. Dieser ist unter der Beziehung „*Choking*" oder „*thermische Blockierung*" bekannt. Die zugehörige Wärmemenge wird als „kritische Wärmemenge" bezeichnet. Wird sie überschritten, so ändert sich der Zustand vor der Aufheizzone, durch einen instationären Vorgang. Auf diesen Umstand wurde bereits in Abschnitt 3.4 hingewiesen.

Die Tatsache, daß bei einer bestimmten Machzahl Wärme nur bis zu einem gewissen Betrag stationär zuführbar ist, führte ursprünglich zu der weit verbreiteten irrigen Meinung, daß eine Wärmezufuhr über diesen Punkt hinaus überhaupt nicht möglich sei. Demnach könnte z. B. in einem Rohr bei Schallgeschwindigkeit gar keine Wärme mehr zugeführt werden (siehe Abb. 3.3).

J. V. Foa und R. Rudinger [31] haben als erste gezeigt, daß Wärme auch bei Schallgeschwindigkeit zugeführt werden kann und daß in diesem Fall der Zustand vor der Aufheizebene durch einen Verdichtungsstoß geändert werden muß. Sie berechnen u. a. den stationären Endzustand, der sich für eine bestimmte geometrische Konfiguration aus den jeweiligen Randbedingungen ergibt.

Uns interessiert hier der instationäre Übergangsvorgang selbst, welcher einsetzt, wenn wir im einfachsten Fall einer Rohrströmung bei gegebenem Ausströmzustand die kritische Wärmemenge überschreiten. Unterschall- und Überschallreaktionsfront sollen getrennt behandelt werden. Die Überlegungen gelten jedoch ganz allgemein für jede beliebige Art der Wärmezufuhr und sind keineswegs an den Fall einer chemischen Reaktion gebunden.

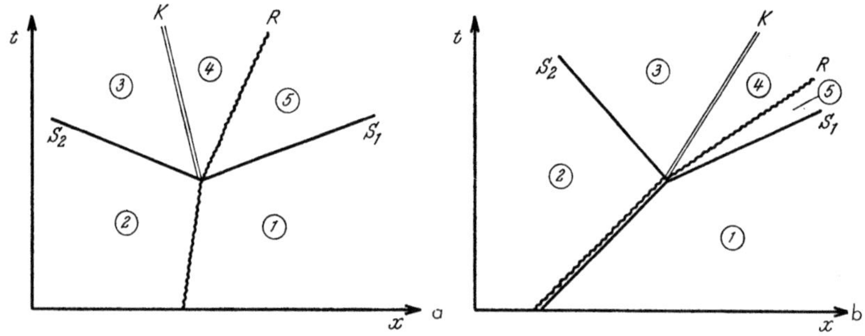

Abb. 5.23 Überschreiten der kritischen Wärmezufuhr.
a Unterschallanströmung; b Überschallanströmung

Wir nehmen an, in einer zunächst stationären Unterschallströmung sei die kritische Wärmezufuhr $\bar{q} = q_{\text{krit}}$ erreicht*. Zur Zeit $t = t_1$ werde $\bar{q}$ plötzlich um den Betrag q' erhöht. Wie jede Änderung der Wärmezufuhr hat auch diese Druckwellen zur Folge, welche von der Aufheizfront ausgehen (Abb. 5.23a). Im Prinzip unterscheidet sich dieser Fall nicht von dem in Abschnitt 5.8 behandelten, wenn man in die Ausgangsgleichungen die Gleichungen für die kritische Wärmezufuhr (3.9) einführt. $\bar{q}$ ist durch die Beziehung (3.8) gegeben. Unter der Annahme $q'/c_p T_1 \ll 1$ werden auch die Druckwellen schwach sein, ebenso ist im Falle einer Verbrennung die Störung der Flammengeschwindigkeit V' klein. Damit kommen wir zu den linearisierten Ergebnissen (5.40) und (5.41), wenn $M_1 \ll 1$, d. h. $\bar{V}/c_1 \ll 1$ angenommen werden kann.

Anders liegen die Verhältnisse bei Überschallströmung. Hier ist der kritische Zustand und damit der Ausgangszustand identisch mit der Chapman-Jouguet-Detonation. Wir haben also unmittelbar vor der Aufheizfront einen kräftigen adiabatischen Verdichtungsstoß. Wird nun die Wärmezufuhr unter gleichbleibenden Anströmbedingungen erhöht, so löst sich der vorgelagerte Verdichtungsstoß von der Aufheizzone ab (Abb. 5.23b). Solche Erscheinungen sind an sich z. B. bei Detonationsvorgängen nicht unbekannt (vgl. Abschn. 4.17).

Zwar ist nun der vorgelagerte Verdichtungsstoß keine schwache Druckwelle mehr und daher eine Linearisierung in der bisherigen Art nicht mehr möglich, wohl aber eine Linearisierung des Stoßes S in bezug auf den ungestörten Stoß.

Auch beim Überschreiten der kritischen Wärmezufuhr in Schallnähe können durch geeignete Linearisierung noch geschlossene Lösungen gefunden werden, so daß der gesamte Machzahlbereich überdeckt wird. Die Ergebnisse wurden vom Verfasser in [32, 33] mitgeteilt. Die Übereinstimmung mit der exakten Rechnung ist in allen Bereichen gut.

* Alle Größen des Ausgangszustandes werden wie bisher mit einem Querstrich ($\bar{q}, \bar{V}, \bar{p}, \ldots$), alle Störungsgrößen mit einem Strich ($q', V', p', \ldots$) bezeichnet.

5.16 Übergang von der langsamen Verbrennung zur Detonation

Nicht selten geht die langsame Verbrennung in eine Detonation über. Daher ist es von großem Interesse, den Mechanismus dieses Vorgangs näher zu kennen, vor allem, wenn es darum geht, die Entstehung einer Detonation zu verhindern. Das Interesse an diesem Thema wird durch eine überwältigende Anzahl von publizierten Arbeiten unterstrichen.

Beim Übergang von der langsamen Verbrennung zur Detonation können wir drei Abschnitte unterscheiden (Abb. 5.24): 1. Die Zündung, 2. die Vordetonationsperiode, 3. die eigentliche Entstehung der Detonation.

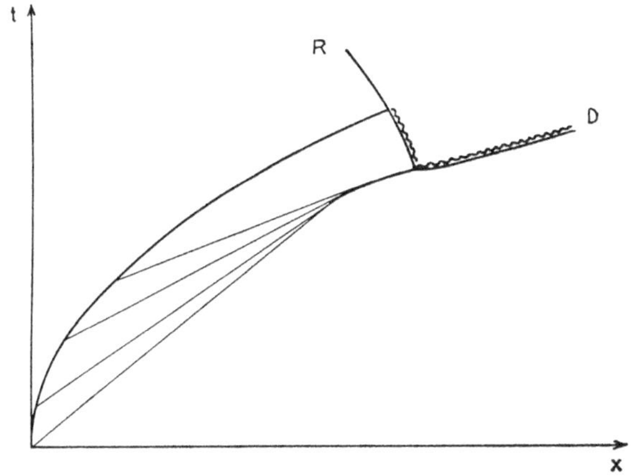

Abb. 5.24 Übergang von der langsamen Verbrennung zur Detonation in einer x—t-Ebene

Wir betrachten den einfachsten Fall der Entstehung einer Detonation in einem Rohr konstanten Querschnitts und nehmen an, die *Zündung* erfolge an einem geschlossenen Rohrende. Der Zündvorgang wurde bereits in Abschnitt 5.8 behandelt. Wenn die Zündenergie hinreichend klein ist, wird sich die Flamme mit der laminaren Flammenausbreitungsgeschwindigkeit in Bewegung setzen, und es beginnt die zweite Phase, die *Vordetonationsperiode* oder *Übergangsperiode*. In ihr vollzieht sich der eigentliche Übergang von der laminaren Verbrennung zur Detonation.

Im Fall der Rohrströmung entsteht an den Wänden Turbulenz, welche in die Flamme hineingetragen wird. Die ursprünglich laminare Flamme wird turbulent, ihre Geschwindigkeit nimmt zu. Die mit der Geschwindigkeitszunahme verbundenen Wellenvorgänge einerseits und die Vergrößerung der Flammenoberfläche infolge der Turbulenz andererseits bewirken zusätzlich eine Beschleunigung der Flamme.

Handelt es sich um ein Rohr großen Durchmessers oder um einen großen Behälter, in dem sich die Flamme nach Zündung in einem Punkt kugelförmig ausbreitet, kann es auch ohne Wandeinfluß zu einer turbulenten Verbrennung kommen. Dieser Mechanismus, Eigenturbulenz genannt, wurde theoretisch erstmals von L. D. LANDAU [34] behandelt. LANDAU zeigt, daß laminare Flammen in bezug auf kleine Störungen instabil sind. An dieser Stelle sei jedoch darauf hingewiesen, daß die Stabilität laminarer Flammen in bezug auf Druckwellen noch nicht befriedigend theoretisch untersucht worden ist.

Der Weg zwischen Zündung und Einsetzen der Detonation, die sogenannte *Übergangsstrecke*, hängt, wie leicht einzusehen, von zahlreichen Parametern ab. Untersuchungen hierfür stammen u. a. von L. E. BOLLINGER, R. EDSE und Mitarbeitern [35, 36, 37]; W. BAUMANN, P. A. URTIEW und A. K. OPPENHEIM [38] sowie von W. BAUMANN und H. GG. WAGNER [39].

Um einen generellen Überblick zu vermitteln, sind in Tabelle V.1 die Längen der Übergangsstrecken x_D (Abb. 5.24) für einige Gase nach Versuchen von D. PAWEL, P. J. VAN TIGGELEN, H. VASATAKO und H. GG. WAGNER [40] angegeben. Daneben finden sich noch die zugehörige Zeit t_D und das unter der Bezeichnung Oppenheimgeschwindigkeit bekannte Verhältnis $V_D = x_D/t_D$. Weitere Angaben hierzu findet man u. a. in [III.56].

Tabelle V.1. *Länge der Übergangsstrecke, Übergangszeit und Oppenheimgeschwindigkeit nach* [40]. *Raumtemperatur.* $p_0 = 1$ atm, *Rohrdurchmesser* $d = 26$ mm)

Gasgemisch	Rohrlänge m	X_D cm	t_D sec	V_D m/sec
$2H_2 + O_2$	1,8	98	1,2	810
$4H_2 + O_2$	3	190	3,1	620
$H_2 + O_2$	2	106	1,8	580
$H_2 + 2O_2$	4	240	8,3	290
$H_2 + N_2O$	2,8	136	2,6	521
$CH_4 + 2O_2$	2,0	111	2,1	537
$C_2H_6 + 3{,}5O_2$	2,0	74	1,3	566
$8C_2H_2 + 92\%$ Luft	3,0	239	13	181
$C_2H_4 + 3O_2$	0,8	35	0,75	468

Eine genaue Analyse der Wellenausbreitungsvorgänge in der Übergangsperiode wurde von A. K. OPPENHEIM und R. A. STERN [41] gegeben (Abb. 5.25). Sie gehen von den bereits klassischen Experimenten von E. SCHMIDT und Mitarbeitern [42, 43] aus, indem sie die Weg-Zeit-Linie der Flammenfront als gegeben ansehen und das zugehörige Strömungsfeld berechnen (Abb. 5.25). Dabei wird ein graphisches Verfahren benutzt, das sich im wesentlichen der instationären Stoß- und Reaktionsfrontpolaren bedient [44]. An weiteren Untersuchungen über Wellenausbreitungsvorgängen in der Übergangsperiode seien nur noch einige von A. K. OPPENHEIM, A. J. LADERMAN und P. A. URTIEW [45 bis 48] genannt. Darüber hinaus gibt es eine große Anzahl russischer Arbeiten, z. B. von R. I. SOLOUKHIN [49], G. D. SALAMANDRA und I. K. SEVASTYANOVA [53], S. M. KOGARKO und Mitarbeitern [51, 52], um nur einige zu nennen.

Ganz allgemein können wir feststellen, daß die Wellenausbreitungsvorgänge *hinter* der Flammenfront für deren Beschleunigung entscheidend sind. Nur etwa bei kurzen, beidseitig geschlossenen Rohren spielen auch die Druckwellen *davor* eine wichtige Rolle, indem sie reflektiert werden und so die Übergangsstrecke erheblich verkürzen.

Unter Umständen kann es auch zu Vibrationen der Flammenfront in der Vordetonationsperiode kommen. Damit befaßt sich eine Arbeit von V. A. POPOV [53].

Über die dritte Phase der eigentlichen *Entstehung der Detonation* besteht keine einheitliche Vorstellung. Häufig setzt die Detonation in einiger Entfernung vor der Flammenfront ein. Auf den photographischen Aufnahmen ist dieser Punkt

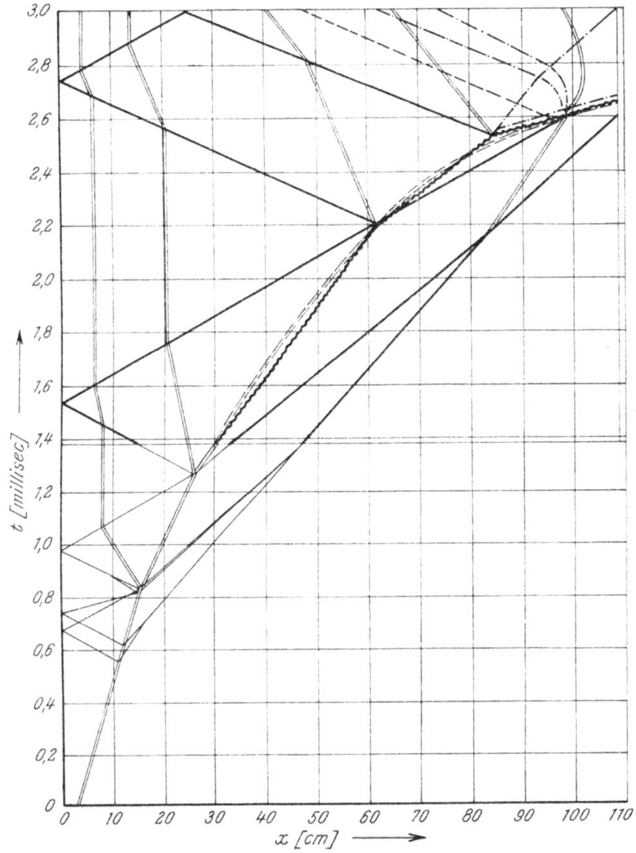

Abb. 5.25 Wellenausbreitungsvorgänge beim Übergang langsame Verbrennung-Detonation nach A. K. OPPENHEIM und R. A. STERN [41]

wegen einer großen Helligkeit leicht zu lokalisieren. Eine Detonationswelle *D* läuft stromabwärts, während sich eine Retonationswelle *R* stromaufwärts bewegt (Abb. 5.24). Letztere ist nichts anderes als eine zweite Detonationswelle, die so lange stromaufwärts läuft, bis sie auf die Flammenfront trifft. Von da ab läuft sie als gewöhnlicher Verdichtungsstoß weiter. Die Detonation resultiert in diesem Fall aus einer örtlichen Zündung des komprimierten Gemisches, meist in Wandnähe. Die früher verbreitete Ansicht, daß die Detonation dann entsteht, wenn die Flammenfront den vorauslaufenden Verdichtungsstoß einholt, ist nicht zutreffend. Wohl gibt es aber Fälle, in denen die Detonation in unmittelbarer Nähe der Flammenfront, ja manchmal innerhalb der turbulenten Flammenzone einsetzt, wenn in letzterer noch Nester unverbrannten Gases vorhanden sind [54]. Im wesentlichen scheint es darauf anzukommen, daß irgendwo im komprimierten Gas die Bedingungen für Selbstzündung erreicht werden. Da dies auf unterschiedliche Weise geschehen kann, so erklären sich auch die verschiedenen Erscheinungsformen. Sie können durch gasdynamische Vorgänge allein nicht mehr erklärt werden, da hier Transportvorgänge eine große Rolle spielen [55, 56]. Der Stand der Theorie ist in diesem Punkt noch unbefriedigend.

5.17 Struktur von Detonationsfronten; pulsierende Detonation

Bisher haben wir uns eine Detonationsfront immer als ein System, bestehend aus einem Verdichtungsstoß, gefolgt von einer mehr oder weniger dünnen Reaktionszone, vorgestellt. Betrachten wir die Struktur einer solchen Detonationsfront genauer, so stellen wir fest, daß eine ebene Front gar nicht stabil ist. Unter

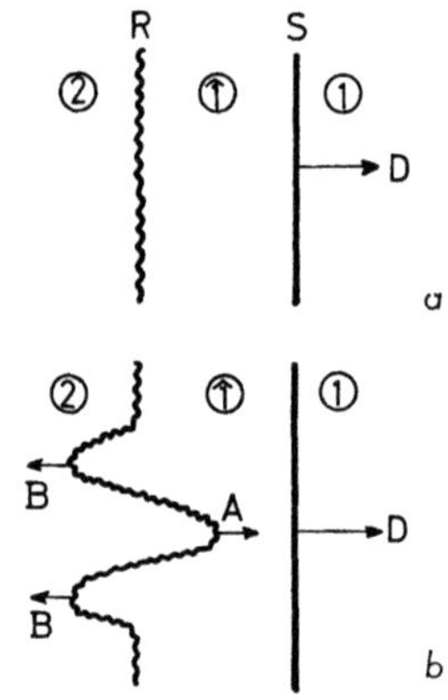

Abb. 5.26 Ungestörte (a) und gestörte Detonationsfront (b) nach K. I. Shchelkin und Ya. K. Troshin [III, 1]

„Stabilität" sei hier gemeint, daß eine ebene Front ihre eindimensionale Struktur beibehält.

Im oberen Teil von Abb. 5.26 ist die Detonationsfront, wie eingangs erwähnt, bestehend aus einem Verdichtungsstoß S und einer als dünn angenommenen Reaktionsfront R dargestellt. Letztere folgt wegen eines gewissen Zündverzugs dem Verdichtungsstoß in einigem Abstand. Infolge einer kleinen Störung, hervorgerufen z. B. durch eine geringe Inhomogenität im unverbrannten Gemisch, beginnt sich die Reaktionszone auszubeulen (Abb. 5.26, unterer Teil). Innerhalb der einzelnen Ebenen wird ein Druckausgleich quer zur Front vor sich gehen. Dadurch kommt es in der Gegend des Punktes A zu einer Kompression, in der Gegend des Punktes B zu einer Expansion. Da die Kompression mit einer Temperaturerhöhung verbunden ist, haben wir im Bereich des Punktes A eine örtliche Zunahme der Reaktionsgeschwindigkeit zu verzeichnen. Für den Punkt B gilt wegen der Expansion das Gegenteil. Die Ausbuchtungen der Reaktionsfront werden also größer

(Pfeile in Abb. 5.26); die Reaktionsfront wird instabil. Dies kann aber gleichzeitig auch zu einer Ausbeulung der Stoßfront führen und damit wird diese ebenfalls instabil.

K. I. SHCHELKIN und YA. K. TROSHIN [III.1] geben folgendes Stabilitätskriterium an:

$$\frac{E}{RT_2}\left[1-\left(\frac{p_2}{p_1}\right)^{\frac{\varkappa-1}{\varkappa}}\right]>1 .$$

Zwar ist die Aktivierungsenergie E bei hohen Temperaturen nur ungenau bekannt, doch scheinen fast alle detonierbaren Gasgemische den Wert eins zu überschreiten. Dies bedeutet, daß eine ebene Detonationsfront praktisch immer instabil ist.

Wenn nun eine ebene Detonationsfront auf die oben beschriebene Art ihre Stabilität verliert, erhält sie eine komplizierte dreidimensionale Struktur, welche aus Dreifrontkonfigurationen gebildet wird, wie sie in Abschnitt 4.19 behandelt wurden. Wir sprechen dann von *pulsierenden Detonationsfronten*. An Stellen, wo Verdichtungsstöße zusammentreffen, können dann erheblich höhere Temperaturen als in ebenen Detonationsfronten auftreten.

Die inhomogene Struktur einer Detonationswelle ist besonders deutlich zu sehen, wenn man sie gegen eine mit Ruß überzogene Platte prallen läßt. Die Dreifrontkonfigurationen hinterlassen dann in der Rußschicht ein Netz von Spuren. Diese Methode geht bereits auf E. MACH zurück und wurde erstmals von YU. DENISOV und YA. K. TROSHIN [57] sowie von R. E. DUFF [58] angewendet. Von den zahlreichen weiteren Arbeiten auf diesem Gebiet seien hier nur noch die von YU. DENISOV, YA. K. TROSHIN und K. I. SHELKIN [59 bis 62], R. I. SOLOUKHIN [63 bis 65] sowie von R. A. STREHLOW und Mitarbeitern [66] genannt. Die erwähnte Methode in Verbindung mit verfeinerten photographischen Techniken lassen heute noch in manchen Fällen inhomogene Strukturen erkennen, die man bisher für stabile Detonationsfronten hielt. Die Vermutung ist nicht von der Hand zu weisen, daß es solche gar nicht gibt.

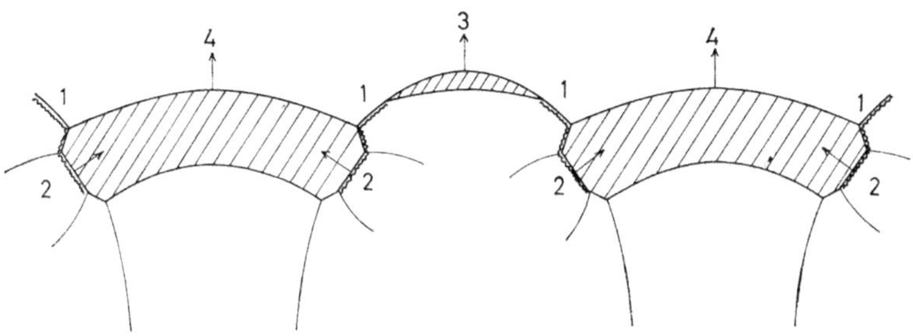

Abb. 5.27 Struktur einer pulsierenden Detonationsfront nach R. I. SOLOUKHIN [63]

Um uns ein ungefähres Bild von einer pulsierenden Detonationsfront zu machen, wollen wir uns das Modell einer solchen nach R. I. SOLOUKHIN [63] ansehen (Abb. 5.27). An den Fronten 1 und 2 haben wir stoßinduzierte Verbrennung, wobei es sich bei den Fronten 2 um Transversalwellen handelt. 3 und 4 sind dagegen gewöhnliche adiabatische Verdichtungsstöße, deren Stärke allmählich abnimmt. In den schraffierten Gebieten befinden sich Teile des unverbrannten Gases. Die dünnen Linien sollen schwache Druckwellen in den Verbrennungsprodukten andeuten. Wir müssen uns das gesamte aus Dreifrontenfigurationen bestehende System natürlich dreidimensional vorstellen.

Es ist interessant, daß sich das oben beschriebene Gebilde einer pulsierenden Detonationsfront als ganzes gesehen mit einer Geschwindigkeit bewegt, welche der Detonationsgeschwindigkeit der klassischen Theorie entspricht. Der Grund hierfür liegt offenbar darin, daß die Verluste infolge der Pulsation durch andere Faktoren wiederum ausgeglichen werden. Damit behält das in Teil III beschriebene ZDN-Modell durchaus seine Brauchbarkeit. Die Chapman-Jouguet-Bedingung hinter der Detonationsfront bleibt ebenfalls erhalten. Der Druck p_1 (Abb. 5.26) stimmt jedoch nicht mehr.

5.18 Die Spindetonation

Die Größe der Inhomogenitäten einer pulsierenden Detonationsfront ist außer vom Gemisch auch noch vom Rohrdurchmesser abhängig. Stellen wir uns vor, daß unter gewissen Bedingungen, sei es durch eine geeignete Wahl des Rohrdurchmessers oder der Gemischeigenschaften, nur mehr eine einzige der in Abschnitt 5.17 beschriebenen Inhomogenitäten vorhanden ist. Die Dreifrontkonfiguration an der Wand bewegt sich dann auf einer spiralförmigen Bahn. Diese Erscheinung ist als *Spindetonation* bekannt, die Inhomogenität selbst wird *Spinkern* genannt.

Zwar wurde die Spindetonation bereits im Jahre 1926 von C. Campbell und D. W. Woodhead [III.15] entdeckt, doch man benötigte mehr als dreißig Jahre, um diese Erscheinung zu erklären. Nach den gegenwärtigen Vorstellungen ist die Spindetonation nichts anderes als ein Grenzfall der pulsierenden Detonation. In Abschnitt 3.14 wurde darauf hingewiesen, daß dieser Fortpflanzungsmechanismus für Detonationswellen dann auftritt, wenn das Gemisch an den Detonationsgrenzen liegt.

Das oben geschilderte Modell einer einköpfigen Spindetonation stammt von R. I. Soloukhin. Es sind jedoch auch noch andere Formen der Spindetonation möglich. Bei diesen betrifft der Spinkern ebenfalls eine Feinstruktur ähnlich der in Abb. 5.27. Auch dieser Fall einer mehrköpfigen Spindetonation wurde von R. I. Soloukhin [63] behandelt. Daneben gibt es noch weitere Modellvorstellungen für Spindetonationen, z. B. von K. I. Shchelkin [67], Ya. B. Zeldovich [68], Yu. N. Denisov und Ya. K. Troshin [61], G. L. Schott [69] und anderen. Je nach Anzahl der Spinköpfe ist jeweils das eine oder andere Modell besser geeignet.

Die Laufgeschwindigkeit der Spindetonation in Richtung der Rohrachse kann mittels der klassischen Detonationstheorie recht gut berechnet werden, ohne daß man die Feinstruktur berücksichtigen muß. Die Spinfrequenz wurde von N. Manson [79] und Y. A. Fay [71] mit Hilfe der akustischen Theorie berechnet. Bei den experimentellen Methoden hat sich wiederum die Methode der längs der Rohrwand aufgetragenen Rußschicht gut bewährt.

Eine ausführliche Übersicht über dieses Spezialgebiet nebst umfassenden Literaturangaben findet man bei A. K. Mac Pherson [72] und R. A. Strehlow [73].

Abschließend kann festgestellt werden, daß noch nicht alle Details der pulsierenden Detonation, einschließlich der Spindetonation, restlos geklärt sind. Es scheint jedoch ziemlich sicher zu sein, daß es stabile Detonationsfronten überhaupt nicht gibt. Bei den wenigen stabil erscheinenden Detonationsfronten ist offenbar nur die Frequenz der Pulsationen so hoch, daß sie bisher der Messung entgehen konnten.

5.19 Literatur

1. Courant, R., and Friedrichs, K. O.: Supersonic flows and shock waves. New York: Interscience. 1948.
2. Rudinger, G.: Wave diagrams for non-steady flow in ducts. Toronto: Van Nostrand. 1955.
3. Stanyukovich, K. P.: Unsteady motion of continuous media. London: Pergamon Press. 1960.
4. Sauer, R.: Nichtstationäre Probleme der Gasdynamik. Berlin—Heidelberg—New York: Springer. 1966.
5. Schultz-Grunow, F.: Zur Behandlung nichtstationärer Verdichtungsstöße und Detonationswellen. ZAMM **24**, 5/6, 284—288, (1944).
6. Oppenheim, A. K., and Stern, R. A.: On the development of gaseous detonation-analysis of wave phenomena. Seventh Symposium (Int.) on Combustion, 837—850. London: Butterworths. 1959.
7. Oppenheim, A. K.: On the dynamics of the development of detonation in gaseous medium. Fluid Dynamic Transactions, Bd. 2, Herausg. W. Fiszdon. London: Pergamon Press. 1965.
8. Chu, B. T.: On the generation of pressure waves at a plane flame front. Fourth Symposium (Int.) on Combustion, 603—612. Baltimore: Williams & Wilkins. 1953.
9. Chu, B. T.: Pressure waves generated by heat addition in a gaseous medium. NACA TN 3411, 1955.
10. Chu, B. T.: Mechanism of generation of pressure waves fo flame fronts. NACA TN 3683 (1956).
11. Laderman, A. J., Urtiew, P. A., and Oppenheim, A. K.: On the generation of a shock wave by flame in an explosive gas. Ninth Symposium (Int.) on Combustion, 265—274. New York: Academic Press. 1963.
12. Urtiew, P. A., Laderman, A. J., and Oppenheim, A. K.: Dynamics of pressure generation by an accelerating flame. Tenth Symposium (Int.) on Combustion, 797—804. Pittsburg, Pa.: The Combustion Institute. 1965.
13. Bartlmä, F.: Instationäre Reaktionsfronten. DLR FB 71-66, (1971).
14. Markstein, G. H., and Schwartz, D.: Interaction between pressure waves and flame fronts. Jet Propulsion **25**, 173—174 (1955).
15. Markstein, G. H.: A shock-tube study of flame front pressure wave interaction. Sixth Symposium (Int.) on Combustion, 387—398. New York: Reinhold. 1959.
16. Markstein, G. H.: Experimental studies of flame-front instability. Nonsteady Flame Propagation, AGARDograph 75, 75—105. London, New York: Pergamon Press. 1964.
17. Salamandra, G. D.: Interaction between a flame and a shock discontinuity. ARS Journ. **30**, 1, 73—76 (1960).
18. Kogarko, S. M., und Skobelkin, V. I.: Relaxiernde Wechselwirkung von Stoßwellen mit der Verbrennungszone. Dokl. Akad. Nauk. SSSR **120**, 1280—1283 (1958). In Russisch.
19. Kogarko, S. M., Skobelkin, V. I., und Kazakov, A. N.: Wechselwirkung von Stoßwellen mit der Flammenfront. Dokl. Akad. Nauk. SSSR **122**, 1346—1348 (1958).
20. Kogarko, S. M.: Amplification of compression waves in the combustion zone. Eight Symposium (Int.) on Combustion, 1159—1164. Baltimore: Williams & Wilkins. 1962.
21. Markstein, G. H.: Flow disturbances induced near a slightly wavy contact surface or flame front, traversed by a shock wave. Journ. Aeron. Sci. **24**, 238 (1957).
22. Taylor, G. I.: The instability of liquid surfaces when accelerating in a direction perpendicular to their planes. Proc. Roy. Soc. (Ser. A) **201**, 192 (1950).
23. Shchelkin, K. I.: Über den möglichen Mechanismus zur Verstärkung schwacher Stoßwellen in der turbulenten Verbrennungszone. IZV. Akad. Nauk. SSSR, Otd., Teckhn. Nauk, Energ. i Automat. **5**, 86—96 (1959), in Russisch.

24. SALAMANDRA, G. D., and SEVASTYANOVA, I. K.: Formation of weak shock waves ahead of a flame front and their intensification during passage through the flame. Combustion and Flame **7**, 2, 169–174 (1963).
25. LADERMAN, A. J., URTIEW, P. A., and OPPENHEIM, A. K.: Gasdynamic effects of shock-flame interactions in an explosive gas. AIAA Journ. **3**, 5, 876–883 (1965).
26. OPPENHEIM, A. K., URTIEW, P. A., and LADERMAN, A. J.: Vector polar method for the evaluation of wave interaction processes. Arch. Machine Design, Polish Academy of Science **2**, 441–495 (1964).
27. RUDINGER, G.: Shock wave and flame interactions. Combustion and Propulsion. Third AGARD Colloquium, 153–176. London: Pergamon Press. 1958.
28. NOVIKOV, S. S., und RIAZANTSEV, YU. S.: Wechselwirkung schwacher Druckwellen mit der Flammenfront. Dokl. Akad. Nauk. SSSR **137**, 6, 1409–1412 (1961).
29. TROSHIN, YA. K.: Izv. Akad. Nauk SSSR, Otd. Techn. Nauk **1**, 80 (1956).
30. TROSHIN, YA. K.: The generalized Hugoniot adiabatic curve. Seventh Symposium (Int.) on Combustion, 789–798. London: Butterworths. 1959.
31. FOA, F., and RUDINGER, G.: On the addition of heat to a gas flowing in a pipe at subsonic speeds. Journ. Aeron. Sci. **16**, 84–95 (1949).
32. BARTLMÄ, F.: Berechnung des Strömungsvorganges bei Überschreiten der kritischen Wärmezufuhr. DVL-Bericht Nr. 168 (1961).
33. BARTLMÄ, F.: Instationäre Strömungsvorgänge bei Überschreiten der kritischen Wärmezufuhr. Zeitschr. Flugwiss. **11**, 4, 160–168 (1963).
34. LANDAU, L. D., und LIFSCHITZ, E. M.: Lehrbuch der Theoretischen Physik. Bd. VI, Hydro-Dynamik. Berlin: Akademie-Verlag. 1966. Siehe auch Zh. Eksperim. i. Teor. Fix **14**, 240 (1944).
35. BOLLINGER, L. E., FONG, M. G., and EDSE, R.: Theoretical analysis and experimental measurements of detonation induction distances at atmospheric and elevated initial pressures. ARS Journ. **31**, 588–595 (1961).
36. BOLLINGER, L. E., LAUGHREY, J. A., and EDSE, R.: Experimental detonation velocities and induction distances in hydrogen nitrogen oxide mixtures. ARS Journ. **32**, 81–82 (1962).
37. BOLLINGER, L. E., LAUGHREY, J. A., and EDSE, R.: Effect of ignition method on detonation induction distances in hydrogen-oxygen mixtures. ARS Journ. **32**, 428–430 (1962).
38. BAUMANN, W., URTIEW, P. A., and OPPENHEIM, A. K.: On the influence of tube diameter on the development of gaseous detonation. Z. Elektrochem. **65**, 898–920 (1961).
39. BAUMANN, W., und WAGNER, H. GG.: Einfluß der Frischgasströmung auf die Beschleunigung von Flammen und den Anlaufvorgang von Detonationen. Z. Elektrochem. **65**, 895–897 (1961).
40. PAWEL, D., VAN TIGGELEN, P. J., VASATKO, H., and WAGNER, H. GG.: Initiation of detonation in various gas mixtures. Combustion and Flame **15**, 173–177 (1970).
41. OPPENHEIM, A. K., and STERN, R. A.: On the development of gaseous detonation. Analysis of wave phenomena. Seventh Symposium (Int.) on Combustion, 837–850. London: Butterworths. 1959.
42. SCHMIDT, E., STEINICKE, H., und NEUBERT, U.: Aufnahmen der Verbrennung von Gasgemischen in Rohren im Eigenlicht der Flamme und bei Schlierenbeleuchtung. VDI Forschungsheft 431. Düsseldorf: Deutscher Ingenieur-Verlag. 1951.
43. SCHMIDT, E., STEINICKE, H., and NEUBERT, U.: Flame and schlieren photographs of combustions in tubes. Fourth Symposium (Int.) on Combustion, 658–666. Baltimore, Md.: Williams & Wilkins. 1953.
44. OPPENHEIM, A. K., URTIEW, P. A., and LADERMAN, A. J.: Vector polar method for the evaluation of wave interaction processes. Archiwum Budowy Maszyn **11**, 3, 441–495 (1964).
45. LADERMAN, A. J., and OPPENHEIM, A. K.: Influence of wave reflections on the development of detonation. Phys. Fluids **4**, 778–782 (1961).
46. LADERMAN, A. J., URTIEW, P. A., and OPPENHEIM, A. K.: Effect of ignition geometry on initial flame acceleration in a spark ignition explosive gas. Combustion and Flame **6**, 325 bis 375 (1962).
47. OPPENHEIM, A. K.: Development and structure of plane detonation waves. Combustion and Propulsion: Furth AGARD Colloquium, 186–258. New York: Pergamon Press. 1961.

48. OPPENHEIM, A. K.: On the dynamics of the development of detonation in a gaseous medium. Fluid Dynamics Transactions, Vol. 2, W. FISZDON (Ed.), 255–276. London: Pergamon Press. 1965.
49. SOLOUKHIN, R. I.: Übergang von Verbrennung zur Detonation in Lasern. (In Russ.) Zh. Prikl. Mekhan. i. Tekhn. Fiz **4**, 128–132 (1961).
50. SALAMANDRA, G. D., and SEVASTYANOVA, I. K.: Formation of weak shock waves ahead of a flame front and their intensification during passage through the flame. Combustion and Flame **7**, 2, 169–174 (1963).
51. KOGARKO, S. M., und NOVIKOV, A. S.: Untersuchung von Kompressionswellen bei der Verbrennung in Rohren. (In Russ.) Zh. Prikl. Mekhan. i Tekhn. Fiz **4**, 36–42 (1960).
52. KOGARKO, S. M., und RYZHOV, D. L.: Untersuchung der Verstärkung von Druckwellen während der Verbrennung. (In Russ.) Zh. Tekhn. Fiz **3**, 211–216 (1961).
53. POPOV, V. A.: On the pre-detonation period of flamepropagation. Seventh Symposium (Int.) on Combustion, 799–806. London: Butterworths. 1959.
54. OPPENHEIM, A. K., LADERMAN, A. J., and URTIEW, P. A.: On the onset of retonation. Combustion and Flame **6**, 193–197 (1962).
55. MEYER, J. W., URTIEW, P. A., and OPPENHEIM, A. K.: On the inadequacy of gasdynamic processes for triggering the transition to detonation. Combustion and Flame **14**, 13–20 (1970).
56. ZAJAC, L. J., and OPPENHEIM, A. K.: Dynamics of an explosive reaction center. AIAA Journ. **9**, 4, 545–553 (1971).
57. DENISOV, YU., und TROSHIN, YA. K.: Pulsierende und Spin-Detonation von Gasgemischen in Rohren (in Russ.). Dokl. Akad. Nauk SSSR **125**, 110–113 (1959).
58. DUFF, R. E.: Investigation of spinning detonation and detonation stability. Phys. Fluids **4**, 1427–1433 (1961).
59. DENISOV, YU. N., und TROSHIN, YA. K.: Struktur von Gasdetonationen in Rohren. (In Russ.) Zh. Tekhn. Fiz. **30**, 450–459 (1960).
60. DENISOV, YU. N., und TROSHIN, YA., K.: Mechanismus detonativer Verbrennung (In Russ.). Zh. Prikl. Mekhan. i Tekhn. Fiz. **1**, 21–35 (1960).
61. DENISOV, YU. N., and TROSHIN, YA. K.: On the mechanism of detonative combustion. Eighth Symposium (Int.) on Combustion, 600–610. Baltimore, Md.: Williams & Wilkins. 1962.
62. DENISOV, YU. N., SHCHELKIN, K. I., and TROSHIN, YA. K.: Some questions ofa nalogy between combustion in a thrust chamber and in a detonation wave. Eighth Symposium (Int.) on Combustion, 1152–1159. Baltimore, Md.: Williams & Wilkins. 1962.
63. SOLOUKHIN, R. I.: Multihead structure of gaseous detonation. Combustion and Flame **10**, 51–57 (1966).
64. SOLOUKHIN, R. I.: Shock waves and detonations in gases. (Übers. a. d. Russ.) Baltimore, Md.: Mono Book Corp. 1966.
65. SOLOUKHIN, R. I.: Quasi-stationary reaction zone in gaseous detonation. Eleventh Symposium (Int.) on Combustion, 671–676. Pittsburgh, Pa.: The Combustion Institute. 1967.
66. STREHLOW, R. A.: Gas phase detonations: Recent developments. Combustion and Flame **12**, 81–101 (1968).
67. SHCHELKIN, K. I.: Über eine Theorie des Phänomens der Spindetonation. (In Russ.) Dokl. Akad. Nauk SSSR **47**, 482–484 (1945).
68. ZELDOVICH, YA. B.: Über die Theorie der Spindetonation. (In Russ.) Dokl. Akad. Nauk SSSR **52**, 147–150 (1966).
69. SCHOTT, G. L.: Observations of the structure of spinning detonation. Phys. Fluids **8**, 850–865 (1965).
70. MANSON, N.: Propagation des détonations et des déflagrations dans les mélanges gaseux. Office National d'Etudes et des Recherches Aéronautiques et Institut Français des Pétroles. Paris (1964).
71. FAY, J. A.: A mechanical theory of spinning detonation. J. Chem. Phys. **20**, 942–950 (1952).
72. MAC PHERSON, A. K.: Spinning detonation. Zeitschr. f. Flugwiss. **15**, 6, 203–214 (1967).
73. STREHLOW, R. A.: Gas phase detonations: Recent developments. Combustion and Flame **12**, 81–101 (1968).
74. GÜNTHER, R.: Verbrennung und Feuerung. Berlin–Heidelberg–New York: Springer. 1974.

Namenverzeichnis

Sachverzeichnis

GPSR Compliance

The European Union's (EU) General Product Safety Regulation (GPSR) is a set of rules that requires consumer products to be safe and our obligations to ensure this.

If you have any concerns about our products, you can contact us on ProductSafety@springernature.com

In case Publisher is established outside the EU, the EU authorized representative is:

Springer Nature Customer Service Center GmbH
Europaplatz 3
69115 Heidelberg, Germany

Batch number: 10584556

Printed by Printforce, the Netherlands